TRAITÉ

DES

AMENDEMENTS

PAR A. PUVIS

ANCIEN OFFICIER D'ARTILLERIE, ANCIEN DÉPUTÉ, MEMBRE CORRESPONDANT DE L'INSTITUT
PRÉSIDENT DE LA SOCIÉTÉ D'ÉMULATION DE L'AIN

Idoneus patriæ, utilis agris.

TROISIÈME ÉDITION

Mai 1868

PREMIÈRE PARTIE
EMPLOI DE LA MARNE

DEUXIÈME PARTIE
EMPLOI DE LA CHAUX

TROISIÈME PARTIE
DES DIVERSES ESPÈCES D'AMENDEMENTS

PARIS
LIBRAIRIE AGRICOLE DE LA MAISON RUSTIQUE
RUE JACOB, 26.

Mai 1868

TRAITÉ

DES

AMENDEMENTS

PARIS. — IMP. SIMON RAÇON ET COMP., RUE D'ERFURTH, 1.

INTRODUCTION

CONSIDÉRATIONS GÉNÉRALES SUR LES AMENDEMENTS

Parmi les sciences exactes et les sciences naturelles qu'exigeait la carrière de l'auteur, l'agriculture, dans ses différentes branches, a toujours été chez lui un goût passionné. Il l'a toujours regardée comme la base la plus sûre du bonheur et de la richesse de son pays; aussi, dans les contrées qu'il a parcourues ou habitées pendant le temps qu'il a suivi la carrière militaire, il a toujours observé avec attention et persévérance les méthodes, les procédés et les résultats de la culture.

Rappelé depuis longtemps de l'armée par des circonstances de famille, la science agricole et les sciences économiques devinrent la principale occupation de ses loisirs; mais, au lieu de se charger d'une exploitation, il préféra exercer une action sur celles où il avait intérêt. Ce parti lui convenait, parce qu'il lui laissait son indépendance et lui permettait des voyages nombreux dont les questions agricoles étaient le but principal.

Frappé de la différence tranchée qui existait entre les sols siliceux et les sols calcaires, et de l'effet des amendements sur le sol, il crut trouver, dans cette question, un ensemble d'idées neuves, justes et fécondes, qui pouvaient servir de base à une branche importante de la science agronomique, et dont l'application pouvait devenir éminemment utile à la pratique agricole et par conséquent à la prospérité du pays.

Le sol siliceux, trois fois plus étendu au moins en France que le sol calcaire, lui semblait appartenir aux forêts, à une nature inculte, et dans ses défrichements à un commencement de civilisation. Le sol calcaire, au contraire, plus spécialement propre à la culture des végétaux nécessaires à la nourriture de l'homme, à son existence et à l'entretien des animaux qui l'aident dans ses travaux, semble appartenir à une civilisation plus avancée, et ce qui le distingue surtout, c'est la faculté d'absorber dans l'atmosphère les principes favorables à la végétation. L'homme, en défrichant le premier sol, avec beaucoup de travail et d'engrais, y recueille le seigle, le blé noir et des fourrages graminés; dans le second sol, c'est le froment, les légumineuses de toute nature, les végétaux de luxe qui réussissent particulièrement, en exigeant une moindre dépense de main-d'œuvre et d'engrais.

Mais le sol siliceux peut prendre, à la volonté de l'homme, toutes les qualités du sol calcaire et produire bientôt tous les végétaux ; il suffit pour cela qu'il emprunte au sol calcaire quelques-unes des substances qu'il renferme en abondance : la marne, la chaux ou les différents composés calcaires. La chaux et ses composés calcaires seraient donc en quelque sorte un condiment du sol siliceux, et lui communiqueraient la fécondité et les caractères du sol calcaire; c'est une compensation providentielle accordée aux sols médiocres par le suprême auteur de toutes choses; bien plus même, avec la fécondité, le principe calcaire semble porter la salubrité dans ce sol siliceux souvent peu favorable à la santé de l'homme.

Toutefois ces idées ne se sont pas présentées toutes ensemble; elles sont nées successivement de l'étude théorique et pratique de la question, et se sont reliées par un enchaînement systématique dont le temps qui s'est écoulé a confirmé de plus en plus la vérité.

En 1811, l'auteur publia, sur les sols siliceux et sur les sols calcaires, un premier mémoire qui renferme en germe le développement que ses idées ont pris plus tard; dès lors il s'est attaché à connaître les substances qui pouvaient communiquer aux différents sols siliceux les caractères des sols calcaires, il s'est occupé de l'emploi de la marne, de la chaux, des divers amendements calcaires; puis enfin il s'est livré à l'étude des substances salines et autres qui possèdent la faculté de modifier la composition des sols et d'accroître leur fécondité.

La première question à laquelle il s'appliqua fut la marne et son emploi; les différentes parties de son travail, confiées d'abord à un journal agronomique, furent plus tard réunies et publiées; l'édition épuisée en nécessite une nouvelle; vingt-cinq ans d'expériences, de voyages et d'étude de la question ont permis de l'améliorer, mais n'ont fait que confirmer l'ensemble des opinions émises lors de la première publication.

La marne joue dans la végétation un grand rôle; elle est un des plus puissants agents de fécondité mis à la disposition de l'homme, mais l'action de cet agent est, comme tout ce qui a été créé, bornée par des limites qui la circonscrivent, régie par des lois qui la gouvernent.

Cette question n'avait encore fixé l'attention sérieuse d'aucun des hommes supérieurs qui ont éclairé l'agriculture. Les grands recueils agronomiques français donnent, sur ce sujet, des généralités peu capables de diriger la pratique; les renseignements se trouvent épars dans une foule d'ouvrages plutôt étrangers que nationaux, et qui ne traitent ce sujet qu'incidemment; et même, le plus souvent, ces renseignements ne se composent que de la description d'une foule de procédés dissemblables.

Cependant Thaër, dans le petit nombre de pages qu'il y a consacrées, avait déjà cherché à établir des moyennes et quelques préceptes pour conduire à une pratique raisonnée et uniforme; il eût sans doute peu laissé à dire, s'il eût fait de ce sujet important l'objet d'une étude un peu suivie; il sentait lui-même ce vide qui existait dans la science et surtout dans les règles de la pratique; ce fut ce qui l'engagea à traduire, dans les *Annales* de Mœglin, les principaux articles du travail de l'auteur.

Mais la chaux est elle-même le principe général de fécondité que ses différents composés portent avec eux; quelques essais de chaulage faits dans le pays de l'auteur, avant la Révolution, avaient laissé des souvenirs; quelques propriétaires avaient même imité cette pratique; l'auteur avait pu observer, dans d'autres pays, les bons effets de la chaux répandue sur le sol dans une forte proportion. Il entreprit donc l'étude théorique et pratique de son emploi. Il publia dans un journal agronomique les résultats qu'il obtenait et ceux qu'il observait ailleurs; ses publications, reproduites dans d'autres recueils plus importants, furent suivies d'effets heureux; l'usage de la chaux se répandit bientôt dans tout le pays. Encouragé par ces résultats, il compléta son travail, et fit paraître, sur l'emploi de la chaux calcaire, un mémoire dans lequel il développa les principales questions de physiologie végétale que soulevait l'emploi des amendements. Il traita ensuite, dans les *Annales d'Agriculture*, de la plupart des autres amendements, et plus tard un résumé de ces différentes questions prit place dans la *Maison rustique du 19e siècle*. C'est tout cet ensemble de travaux revus et améliorés qu'il réunit, avec l'espoir qu'utiles sous leur première forme, ils pourront l'être encore davantage aujourd'hui.

Mais il est temps d'entrer en matière.

Amender le sol, c'est modifier sa composition de manière à le rendre plus fécond.

Cette définition, qui pourrait s'étendre aux engrais chargés d'humus ou de substances animales, qui modifient bien aussi la composition du sol, se restreint, dans le sens adopté par l'agriculture française, aux substances qui agissent sur le sol ou sur les végétaux, sans contenir une quantité notable de matières animales ou végétales.

Les engrais, nous dit-on, servent à la nutrition des plantes, mais il en est de même des amendements, et ceux qui fournissent au sol des substances qui lui manquent pour être fécond, et aux végétaux des terres et des composés salins qui entrent comme éléments essentiels dans leur composition, leur charpente et leurs produits, doivent bien aussi être regardés comme nutritifs.

Ainsi la chaux, la marne et tous les composés calcaires employés en agriculture, puisqu'ils fournissent la chaux et ses composés, qui entrent quelquefois pour moitié dans les principes fixes des végétaux, doivent être considérés comme aliments, ou, ce qui revient au même, comme fournissant une partie de la substance des végétaux. Ainsi encore, les cendres de bois, les os pilés, le noir d'os, qui fournissent à la végétation les phosphates calcinés salins qui composent un sixième des cendres, ou principes fixes des tiges végétales, et les trois quarts des cendres des grains, doivent être et sont certainement nutritifs. Il semblerait donc que les amendements auraient, sur les engrais animaux, l'avantage de fournir aux végétaux spécialement les terres et les composés salins qui entrent dans leurs principes fixes. Au moyen des nitrates et des bicarbonates, dont ils provoquent la formation, ils leur fournissent encore le carbone, l'oxygène et l'azote, principes volatils. Aussi les sols amendés exercent encore, avec plus d'énergie que les sols engraissés, leur puissance d'absorption sur les principes atmosphériques qui entrent dans la composition des végétaux ; ils remplissent ainsi l'un des grands buts que doit se proposer l'agriculture, de tirer beaucoup de l'atmosphère et le moins possible du sol.

La plupart des sols, pour être portés au plus haut point de fécondité, ont donc besoin des amendements; les engrais donnent beaucoup de vigueur aux produits foliacés, mais multiplient les plantes adventices, soit en portant leurs graines dans le sol, soit en favorisant leur croissance, et, lorsqu'ils sont très-abondants, ils font souvent verser les récoltes. Les amendements aident plus particulièrement à la formation des grains, donnent plus de consistance aux tiges des végétaux, et les empêchent de verser; mais c'est par l'emploi simultané de ces deux moyens de fécondité qu'on parvient à donner au sol toute l'activité dont il est susceptible; ils sont nécessaires l'un à l'autre, doublent réciproquement leur action, et, partout où on les emploie ensemble, la fécondité va sans cesse croissant au lieu de diminuer.

La plupart des amendements sont des composés calcaires; leur effet se prononce sur tous les sols qui ne contiennent point de chaux, et nous verrons que les trois quarts peut-être des sols français sont dans ce cas. Ces sols non calcaires, quelle que soit la culture et la quantité d'engrais qu'on leur donne, ne sont pas propres à tous les produits, sont souvent froids et humides, et se couvrent d'herbes nuisibles; les amendements calcaires, en y portant la chaux qui leur manque, facilitent les labours et les sarclages, détruisent les mauvaises herbes et rendent le sol propre à toutes les cultures.

On a appelé les amendements des stimulants; on les a ainsi qualifiés parce qu'on a cru que leur effet consistait uniquement à stimuler le sol et les végétaux; cette qualification n'est pas juste, elle a conduit à les envisager sous un faux point de vue; il semblait qu'ils n'apportassent rien au sol ni aux végétaux, et cependant leur effet principal consiste à donner aux plantes les principes qui leur manquent. Ainsi le grand effet des amendements calcaires tient à ce que, d'une part, ils fournissent au sol le principe calcaire qu'il ne contient pas et qui lui est nécessaire pour pouvoir développer toute son action sur l'atmosphère et y puiser les principes de la végétation, et, d'autre part, à ce qu'ils fournissent aux végétaux eux-mêmes la quantité de chaux dont ils ont besoin pour leur charpente et leur constitution intime.

On donnerait donc une définition des amendements plus générale et plus spéciale même que celle qui précède, en disant qu'amender le sol c'est lui donner les principes dont il a besoin et qu'il ne contient pas.

La question des amendements est d'un haut intérêt en agriculture. Ce moyen d'améliorer le sol est trop peu connu, et surtout trop peu pratiqué dans une grande partie de la France, et cependant son emploi est indispensable à la prospérité agricole d'un pays. Le voisinage des grandes villes, en fournissant les engrais à bon marché, peut bien vivifier le sol qui les entoure; mais l'engrais animal ne peut suffire pour de grandes étendues de sol que dans des cas exceptionnels; et, dans tous les pays où la prospérité agricole est grande, les amendements sont en usage.

Le département du Nord, la Belgique, l'Angleterre, leur doivent en grande partie leur richesse; le département du Nord, qui est le pays de l'Europe dont l'agriculture est la plus avancée et la plus productive, dépense tous les ans, sur deux tiers de son sol, un million de francs [1] en chaux, marne, cendres de mer, cendres pyriteuses, cendres de tourbe et de houille, et c'est principalement à ces agents et non à la qualité particulière de son sol qu'il doit la supériorité de ses produits. Son meilleur sol fait partie du même bassin, est de même formation, de même qualité que celui d'une grande partie de l'Artois et de la Picardie, dont le produit est à peine moitié du sien. Il ne doit pas sa supériorité à la proportion élevée de ses prairies naturelles, car elles ne couvrent que le cinquième de sa surface, et Lille, le meilleur arrondissement, en a à peine un vingtième, tandis qu'Avesne, le moins bon de tous, en a

[1] Statistique du département du Nord.

un tiers. Ce n'est pas même à l'étendue de ses prairies artificielles qu'il faut l'attribuer, puisqu'elles ne couvrent qu'un vingt-sixième de la surface du sol. On n'en fera pas honneur à la suppression de la jachère, puisque dans ce pays modèle elle occupe encore, chaque année, un sixième du sol en labour. Enfin les Flamands n'ont qu'une tête de gros bétail pour deux hectares, proportion dépassée dans une grande partie de la France; leur grande richesse agricole est donc due à l'excellent aménagement des engrais, au travail assidu du cultivateur, à ses assolements bien raisonnés, mais surtout aux amendements qu'ils joignent à leurs engrais. Les deux tiers de leur sol labourable en reçoivent régulièrement, et c'est à la réaction réciproque de ces deux agents d'amélioration que paraît due cette suite non interrompue de fécondité qui étonne tous ceux qui en sont témoins.

L'agriculture anglaise, marchant sur les traces de l'agriculture flamande, emploie aussi une masse immense d'amendements; mais, loin qu'elle ait égalé son modèle, il nous semble que sa direction se fausse; les engrais lui manquent pour une grande partie de son sol en culture; cependant plus de la moitié, les deux tiers peut-être de l'étendue totale du pays, sont destinés à la nourriture du bétail; mais plus de moitié de cette surface, à l'état de pâturage, est consacrée à des bestiaux qui, en raison de la douceur du climat, y passent le jour et la nuit dans presque toutes les saisons. Toute cette étendue ne produit point d'engrais pour le sol labourable, en sorte qu'il ne reste, pour nourrir les bestiaux des étables et par conséquent pour fournir l'engrais, qu'un quart à peine de la surface totale. Comme une forte partie de cet engrais se porte encore sur la prairie elle-même et sur les récoltes destinées aux bestiaux, la dose s'amoindrit encore pour les autres récoltes; il en résulte donc un déficit, et c'est là, nous le pensons, un côté faible du système agricole anglais.

Ces pâturages vont, il est vrai, s'améliorant de jour en jour, et arrivent à renfermer des trésors que tôt ou tard on saura bien en tirer; mais, en attendant, le sol manque de la quantité d'engrais qui lui serait nécessaire pour se soutenir à un grand état de fécondité.

Les Anglais emploient d'abord, pour y suppléer, la chaux et la marne à très-haute dose; mais cette pratique, qui augmente beaucoup le rendement du sol, nécessite par contre un surcroît d'engrais, qu'ils cherchent à remplacer par l'emploi des amendements qui semblent en être l'équivalent; leur commerce va les chercher dans toutes les parties du monde; ils achètent nos marcs d'huile de sésame, de colza, de lin; nous leur livrons ainsi la fécondité de notre sol! Ils importent les os et leurs débris de tous les coins de l'Europe; ils demandent à l'Amérique et à l'Inde les nitrates de soude et de potasse; ils exploitent maintenant le guano d'Amérique et d'Afrique, le guano qui, par son activité et le faible volume que le sol en demande, peut être assimilé aux amendements. Avec toutes ces ressources nouvelles, leur agriculture doit bien autant au moins sa fécondité aux amendements de toute espèce qu'aux engrais animaux. Mais la Belgique et la Flandre ont sur la Grande-Bretagne l'avantage de tirer de leur propre sol tous leurs engrais et tous leurs amendements. L'Angleterre demande les siens à son commerce, mais on ne peut compter qu'en partie sur de pareilles ressources; la guerre les tarirait pour les peuples du continent, et l'Angleterre elle-même, quoique la plus puissante sur mer, les verrait beaucoup s'amoindrir.

Les engrais animaux sont sans doute un grand moyen de fécondité, ils donnent aux végétaux des substances analogues, de même origine, presque immédiatement assimilables, et dont le résultat immédiat est toujours une végétation plus forte et plus productive; mais leur effet est peu durable; ils semblent avoir plus d'action sur les végétaux que sur le sol; au bout de quelques années, ils n'y laissent que peu de traces de leur passage.

Mais, comme dans ce parallèle entre les amendements et les engrais il semblerait que les faits donnent l'avantage aux amendements, nous devons dire de la manière la plus absolue que ces deux moyens d'amélioration et de réparation du sol sont nécessaires l'un à l'autre, que les engrais abondants sont indispensables pour soutenir et rendre durable l'élan de fécondité donné par les amendements. Ce n'est qu'à l'emploi simultané des amendements et des engrais que tous ces pays que nous venons de citer doivent leur grande richesse agricole, et mieux vaudrait beaucoup de fumier sans amendements que beaucoup d'amendements avec peu de fumier. L'amendement double l'énergie du sol et des engrais; mais, pour que l'effet de cette multiplication soit plus grand, il faut que la masse d'engrais soit considérable, et, toutes les fois que le sol amendé ne recevra pas une quantité d'engrais proportionnelle au produit, il n'éprouvera qu'une prospérité éphémère.

Si maintenant nous voulons indiquer le plan de notre travail, nous dirons que nous distinguons quatre classes d'amendements.

La première, en ordre et en importance, renferme les amendements calcaires. Nous comprenons sous ce nom la marne, la chaux, les plâtras ou débris de démolition, le falun ou substance coquillière, le plâtre ou sulfate de chaux, les cendres de bois, les os moulus, le noir d'os.

Nous placerons dans une deuxième catégorie les cendres de tourbe, de houille, de lignite, et les cendres pyriteuses rouges; leur effet ne serait pas dû à la chaux, mais bien plutôt à l'effet du feu sur les parties terreuses et particulièrement sur l'argile qu'elles contiennent. Par ce motif, nous placerons dans la même division l'argile calcinée et l'écobuage.

Nous traiterons ensuite des engrais de mer, des engrais salins, des nitrates, des chlorhydrates, du sulfate de fer.

Une quatrième section traitera du mélange des terres, de leur amendement par la tourbe, par les lignites, et enfin par les composts.

Sans doute, plusieurs de ces amendements se rapprochent les uns des autres, mais nous trouvons de l'avantage à les distinguer en classes; un ordre méthodique éclaircit, simplifie les questions et facilite le travail de l'auteur comme celui de ses lecteurs

---

TRAITÉ

DES

AMENDEMENTS

PREMIÈRE PARTIE

EMPLOI DE LA MARNE

L'emploi de la marne est l'une des améliorations agricoles les plus importantes et les plus durables; sans autres avances qu'un peu de travail et des transports de terre, la marne féconde pour longtemps des sols souvent médiocres et quelquefois tout à fait improductifs.

Mais c'est un sujet sur lequel il est très-dangereux de se tromper, puisque les erreurs auxquelles il a donné lieu ont fondé dans beaucoup de pays le proverbe : que la marne *enrichit les pères et ruine les enfants*. Le mal provient de ce qu'on agit sans connaissance de cause. La pratique n'a encore rien de fixe. Il sera donc très-utile d'exposer ici comme une saine théorie les notions précises qui peuvent ressortir de la comparaison des meilleurs procédés.

Nous chercherons donc à considérer la question d'une manière générale, et à la traiter dans son application à toutes les localités.

Il est peu de sujets agricoles qui offrent autant de questions douteuses que celui-ci, autant d'incertitudes pour la plupart des circonstances qu'ils présentent. La pratique varie presque dans chaque pays : ici on préconise la marne, et les propriétaires tiennent compte des frais de marnage aux fermiers; là, dans les baux, on leur en interdit l'emploi comme amenant la ruine du sol. Dans certains cantons, on l'emploie à doses énormes; dans d'autres, à de très-petites doses; dans beaucoup de lieux, on proscrit les seconds marnages; dans d'autres, ils sont, de temps immémorial, une opération régulière de l'agriculture.

Les auteurs eux-mêmes qui en ont traité ont décrit les procédés des différents pays, mais sans résoudre les questions ni les doutes que présente le marnage.

Toutes ces divergences dans la pratique s'expliquent par la manière dont le marnage a généralement pris naissance; rarement le désir d'imiter les procédés d'autrui ou l'expérience acquise par d'autres ont déterminé les premiers marnages d'un pays; presque partout le hasard a fait apercevoir l'effet de la marne sans qu'on le recherchât; ici, les terres extraites d'un puits; là, des *curures* de fossés ou des déblais quelconques, répandus sur le sol, ont produit sur la végétation des effets qui ont étonné et qu'on a voulu reproduire. Dans quelques pays, de bons esprits ont régularisé ce qu'une première pratique avait de vicieux, et des procédés rationnels s'y sont établis; tandis que dans d'autres des faits mal observés ont conduit à condamner la marne et à en abandonner l'usage.

Quoiqu'il semble, au premier aperçu, que la variété des sols soit bien grande, cependant, sauf les modifications apportées par le climat, la même composition détermine, dans les divers pays, les mêmes nuances de sols, avec les mêmes qualités et les mêmes défauts.

Et cette composition des sols ne peut beaucoup varier; car la silice, l'alumine et la chaux, en différente proportion, et sous un nombre très-limité de combinaisons, sont, avec une petite proportion d'humus et d'oxydes métalliques, à peu près les seuls composants des sols; ils en déterminent les propriétés, suivant que l'une de ces trois substances y prédomine.

Ici nous devons remarquer la Suprême Prévoyance qui, dans la création d'une si grande variété de substances dont elle a composé le monde, a borné à un petit nombre celles qui entrent dans la composition du sol qui doit nourrir l'homme. Une plus grande variété de sols eût trop compliqué l'art déjà si difficile du cultivateur; dès lors cet art, dépassant l'intelligence humaine, fût devenu impuissant à nous nourrir.

Dans l'état de choses qui existe partout, on distingue les sols calcaires et les sols siliceux; partout l'argile rend les sols tenaces, et le sable les rend légers; partout on trouve des sols humides et des sols secs : dans les différents climats, les produits principaux, les plantes d'affection de chacun de ces sols, se retrouvent partout à peu près les mêmes.

La *forte terre* en Bourgogne, la *terre forte* dans le midi, la *terre mare* en Bresse, les *causses* de différentes espèces dans l'Aveyron et les départements voisins, sont, dans chacun de ces pays, des terres calcaires propres aux froments et aux légumineuses.

Les *boulbènes* du Midi, les *puisayes* de Bourgogne, les *terrains blancs* de Bresse, sont des nuances analogues de terrains siliceux et humides, qui, cultivés de même, offrent les mêmes produits.

Les terres de la Dombe, celles de la Sologne, offrent aussi une composition semblable, elles sont argilo-siliceuses, froides et humides; la couche inférieure est le même sable argileux, coupé de veines jaunâtres, et imperméable à l'eau : aussi même produit de seigle et de blé noir, même stérilité, et de plus, même insalubrité.

Ainsi, dans les différents climats, les sols de même nature[1] ayant des qualités tout à fait analogues, le marnage doit produire, dans tous les pays (et l'expérience le prouve mieux que la théorie), des effets semblables sur des sols semblables : par conséquent, sauf quelques modifications légères, provenant du plus ou moins de chaleur ou d'humidité, il doit être conduit par des règles uniformes. Il y a donc, dans les questions principales que fait naître sa pratique, des solutions générales qui s'appliquent partout aux sols de même espèce, fixent les incertitudes, et à l'aide desquelles on peut assigner au sol, d'après sa nature, une dose à peu près fixe et précise de marne, qui le fécondera sans le compromettre pour l'avenir.

C'est en comparant les diverses pratiques et les différents résultats

[1] Par sols semblables nous n'entendons pas des sols de composition identique; car le climat, suivant sa chaleur et la quantité de pluie annuelle, donne à un sol de même composition des qualités diverses. Les sables de la Pologne, si productifs en froment, pourraient bien être trop secs en Provence; des terres humides en Angleterre, seraient, avec la même composition, sèches en Italie; dans des pays humides, des sables gras peuvent produire des fèves et du froment, tandis qu'ils ne produiraient que du seigle et du blé noir dans des pays secs. Pour faire l'application de ces principes à notre pays, on ne peut mettre en doute que la grande humidité du sol de la Bresse ne provienne, en grande partie, de la quantité d'eau de pluie qui y tombe en moyenne chaque année (1 m. 13); si nos terres étaient placées dans le midi de la France, où les chaleurs sont plus grandes et les pluies moindres, elles seraient moins froides et moins humides; la culture en serait par conséquent plus facile, moins dispendieuse et plus productive.

des pays où le marnage se continue et de ceux où il a cessé; c'est en recherchant la théorie des effets de la marne, c'est en s'aidant des lumières fournies par les autres questions agricoles relatives au marnage, qu'il serait possible d'arriver à ce but si important : heureux encore, si on ne peut parvenir à l'atteindre, d'avoir recueilli du moins quelques idées capables d'être utiles à la pratique, et d'aider nos cultivateurs à mieux faire.

Ce sujet, qui n'a guère encore été traité que comme accessoire et non comme objet principal de recherches, présentant une foule de questions à la fois importantes, difficiles et douteuses, nous avons été entraîné malgré nous à donner à nos observations une certaine étendue, qui nous semble encore loin d'être en rapport avec son importance.

CHAPITRE PREMIER

Nature et classement de la Marne.

La marne est un composé de carbonate de chaux, d'argile et de sable siliceux; le sable paraît n'y être que mélangé, et peut, quand il n'est pas très-fin, s'en séparer avec assez de facilité; mais, dans la marne, l'argile et le carbonate de chaux, comme dans l'argile, la silice et l'alumine, sembleraient être à l'état de combinaison et non pas de simple mélange.

L'art n'a pu parvenir à imiter la marne avec les apparences et les propriétés qu'elle a dans la nature; l'œil le plus exercé, armé du microscope, ne peut distinguer les deux substances qui la forment, et les molécules de l'une ne peuvent se séparer de celles de l'autre.

Pour rechercher si ce n'était qu'un mélange, on a mis en suspension dans l'eau et agité dans une fiole un gros échantillon de marne terreuse; dans le cas d'un simple mélange, les différences de pesanteur spécifique, et particulièrement les différences dans la ténuité des parties, auraient séparé plus ou moins l'argile du carbonate de chaux; mais deux portions égales du précipité, l'une prise au-dessus et l'autre au fond de la fiole, ont contenu exactement une même quantité d'acide carbonique, et par conséquent de carbonate de chaux, ce qui semblerait prouver que, comme le pensait Thaër, l'union de l'argile et du principe calcaire n'est pas dans la marne un simple mélange, mais serait une combinaison. Nous verrons même plus tard que cette combinaison modifie l'action de la marne, et que les propriétés de cette substance sont sensiblement modifiées par les proportions diverses de sable ou d'argile qu'elle contient.

La marne se trouve dans les terrains de troisième formation, et particulièrement dans les bassins formés par les chaînes calcaires; elle est placée le plus souvent à peu de distance des montagnes, ou sur le penchant des collines, soit en sacs, soit en couches horizontales ou inclinées. Elle est plus rare dans la plaine, et lorsqu'on l'y rencontre, on la trouve à une plus grande profondeur dans le sol.

On a beaucoup disserté sur l'origine de la marne; mais elle se montre sous des aspects si divers, sous des formes et des contextures si variées, qu'il a été impossible de lui assigner une origine commune.

Les caractères extérieurs de la marne peuvent la faire classer en un assez grand nombre d'espèces, qu'il est à propos de caractériser rapidement, pour faciliter la suite de ce travail.

On distinguera d'abord les marnes blanches; elles sont généralement préférées aux marnes grises, terreuses, parce qu'elles agissent sur le sol avec beaucoup plus d'activité; elles sont éminemment calcaires et contiennent ordinairement plus de 70 pour 100 de carbonate de chaux. Parmi les marnes blanches on rencontre le plus souvent la marne pierreuse, qui se distingue de la craie par sa couleur d'un blanc jaunâtre, par ses effets sur le sol, par sa pesanteur spécifique moindre, et par la faculté qu'elle a de se déliter et de se mêler au sol par suite des labours et des variations de température. Elle se rencontre aux derniers échelons des chaînes calcaires, et sur la limite des pays calcaires avec les pays siliceux. Toutefois on la trouve aussi dans la plaine. Ainsi nous l'avons vu exploiter et tirer des profondeurs du sol, dans les plaines de Picardie, près Montreuil, et dans celles de Normandie.

On trouve aussi quelquefois la marne blanche sous la forme de grumeaux, liée ou non par un ciment argileux qui se délite dans l'eau : les graviers calcaires d'Irlande, et la marne grumeleuse de Leugny, près d'Auxerre, se rangent dans cette classe.

La marne pulvérulente se trouve placée en grands sacs à des profondeurs variables dans le sol : cette marne est le plus souvent très-calcaire; cependant elle contient quelquefois beaucoup de sable et prend alors le nom de sable marneux.

Il paraît que, lorsque la marne arrive à contenir plus de 70 pour 100 de carbonate de chaux, elle se durcit et ne se délite plus facilement ni promptement : c'est à cet état qu'elle prend le nom de marne pierreuse, et que, plus riche en calcaire, il lui faut, par compensation, plus de temps pour se déliter sur le sol, pour se mélanger avec lui et pour y produire de l'effet. Quelques marnes puvérulentes blanches font exception, et contiennent parfois plus de 70 pour 100 de chaux.

La marne terreuse est la plus commune; elle se trouve placée par sacs de toute épaisseur, et d'autres fois par couches stratiformes ; elle est le plus souvent grise; mais on la rencontre néanmoins sous toutes les nuances : elle varie beaucoup dans sa composition; la chaux carbonatée s'y trouve dans toutes les proportions, depuis 1 jusqu'à 60 pour 100 et plus; c'est cette marne qui est la plus répandue dans la nature : on la rencontre aussi dans les pays où se trouve la marne pierreuse, mais elle y est peu employée, parce que, contenant moins de chaux, son effet est moins actif.

Les couches de marne terreuse, lorsqu'elles ne sont pas à une grande profondeur, sont annoncées par l'arrête-bœuf, *ononis;* le pas d'âne, *tussilago farfara;* le trèfle jaune, *medicago lupulina;* le mélampyre, les chardons, la ronce et les sauges.

Enfin, on remarque la marne coquillière, qu'on divise encore en deux classes, suivant que les débris qu'elle renferme sont marins ou fluviatiles; cette marne est la plus précieuse de toutes : elle semblerait, plutôt que d'autres, contenir des principes d'engrais, et peut-être un reste de parties non encore détruites de principes animaux.

On classera, comme marne coquillière, le *cragg,* qui, en Suffolk, par son mélange avec le fumier, renouvelle sans cesse la fécondité du sol de ce comté ; le *falun,* qui fertilise des cantons entiers de la Touraine, et enfin une foule d'autres bancs de coquilles non liées entre elles par un ciment, et qui sont employées utilement en France sous différents noms.

Il paraît que l'examen des coquillages qui se rencontrent souvent dans les marnes terreuses, peut offrir aux géologues des renseignements précieux sur la formation des marnes elles-mêmes, et sur celle des terrains où elles se rencontrent. M. Vésin, ancien sous-inspecteur aux revues, et conservateur du cabinet et de la bibliothèque de la Société royale de l'Ain, a cherché à reconnaître le genre et l'espèce des coquilles renfermées dans les marnes de différents pays que nous lui avons soumises, et il nous a remis la note qui suit :

COQUILLES TERRESTRES ET FLUVIATILES TROUVÉES DANS QUELQUES MARNES DE L'AIN, DE SAÔNE-ET-LOIRE, DE L'YONNE ET DE L'ISÈRE.

Dans une marne de Saint-Trivier, jaunâtre, compacte, d'apparence homogène, se délayant facilement et uniformément dans l'eau, en produisant un léger sifflement, j'ai trouvé les coquilles ci-après :

TERRESTRES

* 1. *Cyclostome élégant*, Draparnaud, de Lamarck; *Turbo elegans*, Gmelin.

FLUVIATILES

* 2. — *obtus*. Drap.; *valvée*, de Lam.; *Helix fascicularis*, Gmelin.

3. — *vivipare*. Drap.; *Paludine vivipare* de Lam ; *Helix vivipara*, Gmelin.

4. — ressemble un peu au précédent, mais plus petit de moitié.

5. — ressemble un peu au précédent. La *spire* paraît plus obtuse que dans le n° 4; il est douteux cependant que ce soit une espèce différente : il n'existe aucun échantillon entier ni de l'une ni de l'autre.

6. — *Impur*, Drap.; *Paludine imp.*, de Lam.; *Helix tentaculata*, Gmelin.

7. — ressemble au cycl. aigu de Drap.; *Paludine*, de Lam.; mais l'ouverture est moins arrondie, plus ovale, et le péristome est continu.

8. *Mulette des peintres*. Drap.; de Lam. id.; *Mya Pictorum*, Gmelin. Quelques fragments conservent encore le nacré dont l'intérieur de cette coquille est revêtu

Dans une marne de Cuiseaux, j'ai remarqué :

FLUVIATILES

9. *Mélanopside*... Lam. Cette coquille est ovale, un peu allongée; spire conique, aiguë, composée de six tours, dont l'inférieur est très-grand, sa longueur égalant les 2/3 de celle de la coquille; ouverture ovale, la lèvre gauche formant sur la columelle une callosité assez saillante.

N. B. De l'intérieur de ces coquilles sont sortis quelques échantillons de celle indiquée ci-dessus sous le n° 7.

Dans une marne venant des environs de Leugny, département de l'Yonne, j'ai trouvé les deux espèces suivantes :

TERRESTRES

* 10. *Clausilie ridée*. Drap., Lam. id.

* 11. *Bulime brillant. id.* Lam. id.; *Helix lubrica*, Gmelin.

Cette marne est un composé de grumeaux de couleurs et de duretés différentes, dont quelques-uns paraissent être des débris de corps organisés; je crois y avoir découvert un fragment d'oursin de mer (*Echinus*) pétrifié.

Les espèces suivantes ont été trouvées dans une marne terreuse, jaunâtre, se délayant très-facilement et provenant des environs de Saint-Priest, département de l'Isère.

TERRESTRES { * 12. *Ambrette allongée*. Drap., Lam. id.
* 13. *Hélice hispide*, Drap., Lam. id. *Helix hispida*, Gmelin.

Dans une marne analogue à la précédente, servant de couche végétale, près de Vienne (Isère), j'ai trouvé le *cyclostome élégant*, espèce terrestre. Dans une autre, de formation analogue, trouvée encore dans le bassin du Rhône, entre Meximieux et Montluel, se rencontre en grande abondance l'*hélix striée*, espèce terrestre.

Les débris de coquillages de diverses espèces [1] trouvés dans ces marnes qui appartiennent aux bassins de trois grandes rivières, la Saône, le Rhône et l'Yonne, nous donnent l'occasion de remarquer que ces dépôts marneux, bien que contenant en grande quantité l'élément calcaire, sembleraient avoir été formés sous l'eau douce, ainsi peut-être que l'ensemble des couches où ils se rencontrent, puisqu'on n'y trouve aucun débris marin, mais seulement des coquilles fluviatiles. Si l'on remarque ensuite que ces marnes contiennent des coquilles terrestres souvent en assez grande abondance, il faudra bien aussi conclure que la révolution qui a entassé les marnes a été précédée par un temps où le sol n'était pas couvert d'eau, et où la terre, à découvert, et peuplée de végétaux, permettait l'existence et la multiplication des espèces terrestres qui se rencontrent dans ces marnes.

Nous nous dispenserons de pousser plus loin ces remarques, qui nous entraîneraient au delà de notre but; mais elles nous fournissent l'occasion d'observer que l'étude de la nature est intimement liée dans toutes ses parties; que tous ces détails peuvent devenir importants pour l'observateur, et que souvent des études qui peuvent paraître minutieuses, deviennent le fondement des sciences les plus élevées. Ainsi la conchyliologie, qui, au premier aspect, semble l'une des branches les moins importantes de l'histoire naturelle, peut fournir à la géologie de précieux renseignements, parce qu'appliquée aux fossiles elle se lie intimement et se confond avec l'étude des fossiles de tous les règnes. Ces branches réunies d'une même science, se confirmant et se contrôlant les unes les autres, exhument du sein de la terre des témoins contemporains des anciennes révolutions du globe, qui donnent des lumières précises sur plusieurs points importants de la science, et appuient d'arguments irrécusables des résultats qui, sans eux, ne seraient que des conjectures.

[1] Les analogues vivants des espèces dont le nom est précédé d'un astérisque se trouvent aujourd'hui dans le pays.

CHAPITRE II

Ancienneté de l'usage de la Marne.

L'usage de la marne date de la plus haute antiquité. Pline rapporte que de son temps les Gaules et la Grande-Bretagne s'étaient enrichies par son emploi : il décrit les procédés de marnage des Grecs, et distingue cinq à six espèces de marne.

Pline est le seul des auteurs agronomiques latins qui parle de cet amendement; Caton, Varron, n'en disent mot; Columelle parle bien, il est vrai, du mélange des terres, mais seulement du mélange du sable pour les terres argileuses, et de l'argile pour les terres sablonneuses. Il fait de ces mélanges le plus grand éloge, mais rien de ce qu'il dit n'indique la marne ni ses effets. Palladius, qui a écrit longtemps après eux et après Pline, n'en parle pas davantage : son usage n'était donc ni connu ni pratiqué en Italie, et même en Espagne, où Columelle était né. Il est donc bien probable que la Gaule ne l'a pas reçu des Romains.

A cette époque, dit Pline, cette pratique y paraissait très-anciennement établie. Il nous a même conservé les noms gaulois qu'on donnait aux diverses espèces de marne; ce sont les seuls débris peut-être que nous connaissions de la langue de nos pères. Varron le Géoponique raconte aussi que, se rendant en Germanie, à la tête de légions romaines, il traversa, sur les bords du Rhin, des contrées où les habitants fumaient leurs terrains avec une craie blanche fossile. Dans quelques cantons, ainsi qu'en Angleterre et en Grèce, on tirait la marne de puits de plus de trente mètres de profondeur, et ayant des galeries comme les mines. Il semble donc qu'on faisait à cette amélioration d'aussi grands sacrifices d'industrie et de temps qu'aujourd'hui, ce qui prouverait que l'agriculture florissait à cette époque dans notre pays, et que par conséquent il n'était point couvert de bois et de druides comme l'opinion en paraît établie, et qu'enfin la civilisation, qui suit toujours le progrès des arts et de l'agriculture, y était plus avancée qu'on ne paraît le croire.

Bernard Palissy, qui écrivait il y a près de trois siècles, dans un mémoire remarquable sur la marne et la fécondité qu'elle produit, nous parle, comme d'un usage habituel et ancien, des marnages pratiqués dans un grand nombre de provinces de la France. Le traducteur de Pline, Dupinet, qui a écrit plus tard, cite les marnages de Normandie. La Bruyère nous parle du vieillard qui, marnant sa terre, *n'aura de quinze ans besoin de fumier.*

L'usage de la marne est donc très-ancien en France, et il ne paraît pas avoir cessé dans un grand nombre de lieux.

Cependant il est des localités dans lesquelles cet usage, autrefois en vigueur, est tombé en désuétude sans laisser de souvenir dans la mémoire des hommes. En Angleterre dans plusieurs comtés, en France dans divers cantons de l'Yonne, de l'Ain et de Saône-et-Loire, où depuis peu d'années seulement on a repris le marnage, on trouve, dans les bancs de marne, ici de grandes mares qui ne tiennent pas l'eau, et par conséquent n'ont point été faites pour abreuver des bestiaux, là de grandes dépressions de sol sur des pentes de coteaux qui recouvrent des bois, quelquefois même de grands arbres ou des terres cultivées. Ces grands vides, dont on n'a évidemment pu tirer que de la marne sont l'ouvrage des hommes, et sont les restes d'anciennes extractions qui ont servi à marner les terres du voisinage.

CHAPITRE III

Fécondité produite par la Marne.

L'emploi de la marne sur les sols auxquels elle convient est l'une des plus puissantes améliorations agricoles.

Dans beaucoup de pays on regarde le marnage comme doublant les produits nets; dans une partie du Norfolk, nous dit Arthur Young, les fermages ont doublé dans l'espace de quinze ans par l'effet de cette pratique : la marne est le principe de l'amélioration du canton d'Holkham, où est située la propriété de M. Coke, qu'on cite comme un des plus riches et des plus habiles agriculteurs de l'Angleterre. Cette propriété de deux mille huit cent soixante hectares loués 6 à 7 francs chaque il y a quatre-vingts ans, est affermée maintenant 50 francs l'hectare, dîme non comprise. Avant le marnage, dit Arthur Young, ce n'était qu'un pacage de moutons aride, inculte et inhabité : cette contrée est maintenant couverte de fermes dont le sol est bien cultivé et très-productif. Ce prodige est dû, ajoute-t-il, à la marne. Sans doute, depuis quarante ans qu'Arthur Young écrivait, l'industrie de M. Coke a encore beaucoup ajouté à la prospérité de ce pays : néanmoins la première et grande impulsion en est due au marnage. Mais ce qu'il y a de remarquable, c'est que dans les derniers rapports sur l'agriculture d'Holkham, on ne parle plus de la marne ; il faut donc conclure de ce silence que les premiers marnages auront été assez abondants pour changer la nature du sol, et pour dispenser d'y revenir.

Dans une grande partie du comté de Norfolk, nous dit aussi Marshall, la marne est regardée comme le principe de la richesse agricole, et comme l'agent qui a métamorphosé, depuis une époque peu éloignée, des cantons entiers couverts de sables arides en pays très-productifs. L'usage de la marne est très-ancien dans ce comté, puisque Marshall a vu, il y a plus de quarante ans, de vieux et énormes chênes qui s'étaient développés dans d'anciennes marnières encore en exploitation.

Dans le Holstein, la marne a accru de moitié le produit du froment, et dans une plus grande proportion le produit des autres récoltes; et M. Inverseen, qui habite ce pays, annonce que depuis 50 ans la marne continue à donner aux fonds marnés une fertilité qui n'a point encore sensiblement diminué. Thaër, dont l'ouvrage est, en quelque sorte, le résumé de l'agriculture de l'Allemagne, et dont l'avis est d'un si grand poids, estime que, là où elle convient, la marne double souvent le produit brut aussi bien dans les mauvais sols que dans les bons.

Dans le département de l'Yonne, entre les bassins calcaires de l'Yonne et de la Loire, se trouve un plateau en terrain siliceux et humide, qui a 30 à 40 kilomètres de longueur sur 20 à 25 de largeur; dans ce pays, qui porte le nom de Puisaye, se trouvent des cantons qu'on marne de temps immémorial; d'autres parties sont marnées depuis soixante ans, d'autres depuis quarante. En ce moment, dans toute la partie de la contrée qui se trouve à portée de la marne, on s'en occupe avec la plus grande activité; les parties anciennement marnées continuent de montrer une grande fécondité, et depuis vingt ans des communes entières ont triplé de valeur et presque de revenus; car le demi-hectare, qui y valait de 120 à 180 francs, vaut maintenant de 4 à 500 francs.

Dans les environs de Toulouse, les effets de la marne, décrits par M. Cazaux, enrichissent des cantons entiers et ont changé la face du pays.

Dans une partie du Dauphiné, le long du Rhône, et dans l'intérieur des terres de Crémieux jusqu'au Péage, la marne a, depuis quarante ans, métamorphosé un sol généralement aride, et qui ne donnait que du seigle, en un sol productif, propre au froment et aux autres récoltes.

Si nous arrivons maintenant à notre pays, où les premiers essais de marnage ont été faits il y a cinquante ans, l'intelligent et actif Meysson, qui, le premier en Bresse, a donné l'exemple du marnage, a doublé le produit net de la ferme qu'il cultive à Foissiat; Laurent du Châtelet, à Attignat, a presque doublé son produit en froment; M. Favre de Coligny a mis en valeur des terrains qui ne valaient pas les frais de culture; Benoît Grézeriat de Cormoz, Denis Chapaton d'Etrez, l'adjoint à la mairie d'Attignat, Joseph Brevet, ont plus que doublé le produit net de leur sol : aussi de toutes parts le marnage s'étend, et il ne s'est pas borné à la limite du département. On le pratique avec un égal succès dans la partie de l'arrondissement de Louhans (Saône-et-Loire) qui est la continuation au nord du grand plateau argilo-siliceux humide, auquel on a donné le nom de terrain blanc, situé dans la plus grande partie du bassin de la Saône.

Dans ce pays, où l'on emploie la marne dans une proportion quatre fois moindre que la quantité généralement employée en Bresse, on juge qu'elle a doublé les pailles, augmenté d'un tiers le produit en grain du froment, et doublé celui du maïs et des autres menus grains[1].

La marne a donc autant de succès dans notre pays que dans ceux où elle en a le plus; mais on est encore loin, comme dans la Puisaye, et dans l'arrondissement de Toulouse, d'aller la chercher au besoin à plus de 5 kilomètres, et surtout, comme en certain canton de l'Angleterre, de la tirer de 20 à 25 kilomètres de distance, ou de la payer, loin de la ferme, 5 ou 6 francs la voiture, c'est-à-dire le double du prix du fumier : ces exemples prouvent que, dans les terres où la marne convient, elle est le plus puissant moyen d'amélioration.

CHAPITRE IV

Dangers de l'abus de la Marne.

Il en est pour nous de la marne comme de tous les biens que le ciel nous a départis; l'abus est près de l'usage. Elle ne doit être employée qu'avec réserve et mesure, et non comme un engrais proprement dit, mais comme un amendement qui dispose la terre à

[1] Toutefois l'amélioration marche bien lentement; depuis vingt ans, elle n'a pas fait quatre kilomètres de chemin, et cependant la marne conviendrait éminemment à toute l'étendue du grand plateau qui, depuis les portes de Lyon, se prolonge sur le côté oriental du bassin de la Saône, en remontant le département de l'Ain jusqu'à ceux de Saône-et-Loire et du Jura. Ce plateau argilo-siliceux d'une même nature de sol, de cent cinquante kilomètres de longueur, sur vingt à trente kilomètres de largeur, occupe plus de trois cent mille hectares, sur un quart desquels tout au plus on emploie la marne ou la chaux.

produire, sans nous dispenser de fournir des sucs à une végétation devenue plus active.

Dès le temps des Romains l'abus en était connu; Pline reconnaît qu'une trop grande quantité de marne blanche brûlerait le sol au lieu de l'amender. Dans une partie du Holstein, dit M. de Voght, les seconds marnages ont manqué leur effet dans les terres marnées depuis longtemps; ils semblent même leur avoir nui. Arthur Young raconte que, dans un comté de l'Irlande, l'abus de la marne a ruiné le terrain. Après un marnage très-abondant, on a tiré indéfiniment des récoltes de froment; on a ainsi épuisé le sol, et la dîme d'un canton, louée trente-cinq ans auparavant 2,300 livres sterling (57,500 fr.), était tombée à 1,600 livres (40,000 fr.); ce qui, eu égard à l'augmentation du prix des grains, annonce plus de moitié de diminution dans les produits.

Marshall rapporte que, dans un canton assez étendu de l'Angleterre, un grand nombre de puits encore ouverts annoncent d'anciennes et immenses exploitations de marne, qui, après avoir fertilisé le sol, lui ont ensuite beaucoup nui par la trop grande consistance et l'appauvrissement qu'elles ont déterminé : c'était, il est vrai, une marne très-argileuse, ne contenant que 30 pour 100 de principe calcaire.

En Normandie, tandis que quelques cantons marnent avec succès depuis un temps immémorial, dans d'autres localités, où on n'a pas su se borner à un usage modéré, on interdit dans les baux l'emploi de la marne.

Enfin, il est de toute probabilité que dans les pays où, comme nous l'avons vu, on a trouvé d'anciennes extractions dans des bancs de marne, l'usage en aura été établi et aura cessé par suite de l'abus qu'on en aura fait; c'est à cet abus souvent répété que l'on doit le proverbe déjà cité en Allemagne, en Angleterre et en France, que la marne *enrichit les pères et ruine les enfants.*

Les anciennes extractions qu'on trouve dans notre pays doivent donc faire croire que peut-être on y aurait aussi abusé du marnage. Ainsi nous sommes avertis par le passé de ne pas abuser du présent : et, bien que nos premiers marnages, qui datent de près de trente ans, n'aient laissé paraître que peu d'inconvénients, nous devons les employer avec d'autant plus de réserve et de mesure, que déjà nos marnages ont été poussés au delà de toute borne.

Partout où le hasard ou l'imitation avait conduit à employer la marne, lorsqu'elle était à proximité et facile à extraire, on a dû naturellement la prodiguer. En voyant les produits énormes qu'elle faisait sortir du sol, on a dû, par analogie, la regarder comme un engrais. Cet engrais coûtait peu, on en avait à sa disposition d'inépuisables mines, on crut donc n'en pouvoir jamais trop mettre. On fit succéder les unes aux autres les récoltes épuisantes, le fumier fut réservé pour les végétaux de commerce, et, quoiqu'on vît décroître les produits, on continua de surcharger le sol, dans cette pensée qu'en recommençant le marnage on lui rendrait toute sa fécondité : le second marnage détruisit l'illusion, mais trop tard, et bientôt se propagea contre la marne la prévention qui ne devait s'établir que contre son abus. Là où l'abus avait été moins grand, et où la terre offrait plus de ressources, l'expérience apprit aux cultivateurs à se borner à de moindres doses, à les proportionner à la nature du sol, à celle de la marne, et enfin surtout à y associer le fumier.

En général les marnages se sont soutenus en Angleterre, pendant qu'ils avaient presque cessé en France. Ce fait extraordinaire peut s'expliquer facilement. En France, le système agricole est essentiellement producteur de grains. On a profité des forces nouvelles données au sol pour recueillir beaucoup de grains sans songer à lui rendre une quantité proportionnelle d'engrais, et par conséquent on l'a surchargé et fatigué. De nouveaux amendements n'ayant pu renouveler la fécondité, la marne a été abandonnée, excepté dans quelques provinces, comme la Flandre, la Picardie et la Normandie, où l'agriculture était dans de meilleures voies, et où on avait rendu des engrais au sol en raison des produits.

En Angleterre, le système agricole était déjà généralement producteur d'engrais; la marne et la chaux ont accru les fourrages comme les grains, en sorte que le sol s'est enrichi au lieu de s'épuiser par l'emploi de ces amendements, et on a continué les moyens auxquels on devait la première impulsion de fécondité.

CHAPITRE V

Des sols auxquels la Marne convient.

Nous avons vu, dans le chapitre précédent, le danger de l'abus de la marne; nous allons maintenant nous occuper de rechercher quelle est la nature des sols auxquels elle convient.

L'effet de la marne paraît tenir principalement à la proportion de principes calcaires qu'elle contient : partout l'expérience, et par suite le langage, ont consacré ce fait; ainsi l'on dit qu'une marne est riche ou pauvre, suivant qu'elle contient peu ou beaucoup de chaux carbonatée : dans tous les sols donc où ce principe existe en assez grande abondance pour s'annoncer par l'effervescence avec les acides, la marne est tout à fait inutile, et serait nuisible si elle apporte l'argile sur un sol argileux, ou le sable sur un sol léger. Ainsi, dans les *terres mares* de la Bresse, dans les *terres fortes* et les *causses* du Midi, dans la *forte terre* de Bourgogne, son emploi a été et a dû être sans succès; mais, dans la *Puisaye* de Bourgogne, nom qu'on donne à la fois au pays et à la nature du sol, dans les *Boulbènes* du Midi, dans les *terrains blancs* de la Bresse, terres qui ont entre elles la plus grande analogie, qui sont plus ou moins argileuses, généralement froides et humides, et sans principes calcaires, la marne produit d'excellents effets.

Dans les défrichements nouveaux, dans les sols couverts de bruyère et de genêt, dans ces terrains acides qui contiennent une grande proportion d'humus, son effet est encore plus extraordinaire, et il semblerait qu'il pourrait y être plus loin de l'abus.

Lorsqu'un sol se couvre de persicaire, de *chrysantemum segetum*, ou petite matricaire, de chiendent et d'oseille sauvage, la marne lui convient beaucoup, et elle détruit presque complétement ces plantes nuisibles, qui semblent ne se plaire que dans les terres qui ne contiennent pas de principes calcaires.

La marne argileuse, c'est-à-dire celle qui contient avec beaucoup d'argile moins d'un quart de carbonate de chaux, convient peu aux sols très-argileux, parce qu'elle y augmente la proportion d'argile qui déjà surabonde. Cependant il est bon que même dans cette circonstance, l'expérience décide la question, parce que, si d'un côté l'argile qu'on ajoute rend le terrain plus compacte, de l'autre le principe calcaire l'ameublit et lui donne la faculté de se déliter à l'air.

En général, les fonds dont la couche végétale repose immédiatement sur la marne, ne doivent pas être marnés, parce que la couche supérieure en contient ordinairement une proportion plus ou moins grande. Cependant, lorsqu'il arrive qu'une couche purement siliceuse repose sur une couche calcaire, la marne peut être essayée.

Au premier coup d'œil, il paraît difficile qu'une couche végétale, souvent à moins de $0^{m},33$ du dépôt calcaire, n'en contienne point dans sa composition : cependant l'expérience prouve que souvent des couches peu épaisses sont d'une formation différente, et n'ont aucune analogie avec celles sur lesquelles elles reposent : ce cas arrive assez souvent pour la couche végétale. D'ailleurs, comme le principe calcaire, ainsi que nous le verrons, joue un grand rôle dans la végétation, comme le carbonate de chaux particulièrement y est employé, soit en nature, soit en se décomposant, les végétations successives et annuelles diminuent la proportion de ce sel dans la couche végétale; et, lorsque cette couche en contenait peu; comme aucune force naturelle ne reproduit cette substance dans le sein de la terre, elle finit par disparaître entièrement de la couche cultivée; c'est alors à l'industrie de l'homme à réparer les pertes, et la nature semble avoir mis tout exprès à sa portée les moyens réparateurs. Cependant c'est dans cette position, plutôt que dans toute autre, que des essais en petit doivent précéder les marnages en grand.

Lorsque la marne est placée à quelque profondeur, elle n'exerce aucune action sur la surface du sol, et alors elle peut très-bien lui convenir : en effet, dans beaucoup de pays, en Normandie, en Picardie, dans le Norfolk, dans plusieurs localités de la Bourgogne, du Dauphiné et même de la Bresse, on marne la surface avec de la marne tirée d'une couche inférieure du sol.

En dernière analyse, la marne convient particulièrement aux sols non calcaires, froids et humides, sans être marécageux. Quelle que soit la cause de leur humidité, qu'elle soit due à une couche inférieure imperméable, à leur position dans une plaine sans pente, ou à des eaux qui sortent du terrain, l'humidité y engendre un acide qui y conserve et accumule l'humus; la terre y est paresseuse, sans activité; la marne qu'on y met donne au sol de la chaleur, de l'énergie, semble en quelque sorte le dessécher, neutralise l'acide du sol, rend soluble l'humus accumulé, et double l'effet du fumier qu'on y apporte.

Elle convient encore aux sols non calcaires, qu'ils soient graveleux ou sablonneux, légers ou consistants. Lorsqu'ils proviennent de défrichements nouveaux, les bruyères, mousses et genêts y ont accumulé de l'humus acide que la marne rend soluble; s'ils sont anciennement cultivés, comme ces terrains jouissent à un haut degré de la propriété de décomposer l'humus, ils n'ont pas besoin de la marne pour produire cet effet : cependant ces sols peuvent lui devoir les autres qualités si importantes des sols calcaires, et en conséquence la marne peut leur être très-utile; mais alors elle a besoin dès le principe, et plus impérieusement qu'ailleurs, d'être associée au fumier.

L'usage de la marne convient dans les climats chauds comme dans les climats froids. On la voit réussir dans le midi de la France; Pline raconte ses succès en Grèce; d'autre part elle est éminemment avantageuse en Angleterre, dans le Holstein et dans le nord de la Prusse. Il n'y a point de raison de croire que son effet disparaîtrait au delà de ces limites, soit au midi, soit au nord; la marne doit être envisagée comme un agent général de la végétation sous toutes les latitudes, partout où le sol contient de l'humus non décomposé sans principe calcaire. Mais, l'humidité étant en général plus grande au nord qu'au midi, et la marne convenant surtout aux climats et aux sols humides, nous pensons que son emploi pourrait être plus avantageux au nord qu'au midi.

Pour juger si un sol contient ou non, en certaine proportion, le principe calcaire, et par conséquent si la marne peut ou non lui convenir, il suffit d'en jeter un échantillon dans un acide ; s'il ne se fait point d'effervescence, le principe calcaire n'y existe pas ou n'y est qu'en très-petite proportion[1] : on peut alors croire que la marne y réussirait. Cependant, avant de se livrer à de grands travaux, il convient toujours, lorsque dans le pays on n'a point encore marné des fonds analogues, de faire quelques expériences de marnage en petit.

Le coup d'œil et l'habitude peuvent aussi faire juger si le sol est ou non calcaire. Lorsqu'un sol, quoique très-consistant, se délite facilement aux variations de température; lorsqu'il donne peu de mauvaises herbes, qu'au lieu de chiendent, d'oseille sauvage, de petite matricaire, il ne produit que les différentes variétés de légumineuses des champs, alors il est calcaire, n'a pas besoin d'être marné, et le marnage pourrait peut-être même lui être nuisible.

CHAPITRE VI

Effet de la Marne sur le sol.

Les détails qui précèdent conduisent naturellement à chercher l'explication de la manière dont la marne agit sur le sol.

Il est difficile d'admettre qu'en général elle fournisse au sol un engrais proprement dit, c'est-à-dire des sucs végétaux et animaux, comme les fumiers de différentes espèces ; cependant la marne argi-

[1] Il pourrait s'y trouver, ou combiné à l'état de chaux caustique avec la silice et l'alumine, comme dans les mortiers, ou même à l'état de chaux carbonatée, comme dans le stélonide, et ne point produire d'effervescence; mais ces cas sont assez rares dans les sols cultivés, et peut-être n'excluraient-ils point l'emploi de la marne, qui y porterait du carbonate de chaux d'une décomposition facile, dont l'effet pourrait être avantageux au sol.

Nous remarquerons encore que la propriété de se déliter facilement aux variations atmosphériques n'appartient pas exclusivement aux sols calcaires. Nous avons rencontré à diverses reprises des sols qui jouissaient, à un degré assez éminent, de la faculté de fuser dans l'eau comme la marne, et de s'ameu-

leuse, par la propriété qu'a l'argile de se combiner avec les principes végétaux et animaux, peut quelquefois en contenir sans les laisser apercevoir. En outre, les dépôts de marne paraissent avoir été généralement formés sous les eaux : les uns sont dus à des dépôts marins, d'autres à des dépôts fluviatiles ; dans l'un et l'autre cas, mais particulièrement peut-être dans celui de formation marine, la marne pourrait contenir une petite portion des substances animales et végétales dont elle montre encore les débris, et qui pourraient servir d'aliment à la végétation. Thaër parle bien aussi de dépôts marneux qui contiennent une grande proportion d'humus appréciable, et qui fournissent à la fois l'amendement et l'engrais : mais, pour la plupart des marnes, rien n'a encore démontré une composition analogue. Nous rejetterons donc, comme n'étant pas démontrée et comme pouvant entraîner le cultivateur dans tous les abus de la marne, l'hypothèse de plusieurs naturalistes agriculteurs qui prétendent expliquer les effets de la marne en y admettant un engrais animal très-puissant, reste des corps organisés auxquels elle paraît devoir, en grande partie, sa formation, et nous admettrons que, sauf les exceptions démontrées, les marnes ne doivent pas être considérées comme des engrais.

L'expérience et le raisonnement paraissent avoir amené tous les agronomes à penser que l'effet de la marne serait particulièrement dû au carbonate de chaux qu'elle contient. Ce composé calcaire agit sur l'humus du sol, le rend soluble et susceptible de passer dans la circulation, et d'être assimilé par les organes végétaux.

On rencontre dans presque tous les sols, mais particulièrement dans les sols humides, un principe qui, soit qu'il provienne des végétaux qui y croissent naturellement, soit qu'il résulte de l'action et du séjour de l'eau sur le sol, paraît analogue au tannin du chêne, se porte sur les débris de la végétation, sur l'humus, et le rend insoluble. Après le marnage, ce principe, qu'on range parmi les acides végétaux, en vertu des lois des affinités chimiques, se porte sur le carbonate de chaux et dégage son acide carbonique qui, d'après les expériences de Saussure, donne beaucoup d'activité à la végétation ; en même temps l'humus dépouillé de son acide devient soluble, et se trouve entraîné par la sève dans le végétal dont il forme une partie de la substance et du produit. Le carbonate de

blir spontanément par le seul effet de la pluie qui succédait à un temps sec, sans que pour cela ces sols continssent du carbonate de chaux effervescent ; il suffit, pour que cet effet ait lieu, que ce sol contienne des parties dont le volume augmente plus que d'autres en se saturant d'eau : il en résulte une désagrégation spontanée.

chaux lui-même passe en nature dans la charpente végétale, et surtout dans le grain, puisqu'il se retrouve assez abondamment dans les cendres des végétaux, plus particulièrement dans celles du froment et des légumineuses : la marne paraît donc offrir à la végétation des secours de plus d'une espèce.

L'action de la marne sur l'humus, que nous venons d'expliquer, paraît absolument démontrée; les sols qu'elle a épuisés montrent leur appauvrissement par les faibles récoltes qu'ils produisent, et parce qu'on ne retrouve plus l'humus qu'ils contenaient avant le marnage. La marne doit donc être évidemment rangée à côté des amendements calcaires, tels que la chaux, les cendres de toutes espèces, le plâtre [1]. Ces engrais, dit Chaptal, *sont aux végétaux ce que les liqueurs fortes sont à l'homme :* leur usage modéré accroît l'énergie vitale, et leur abus l'élève quelques instants pour finir par la détruire.

Cependant nous pensons que la marne, dans les pays où on sait l'employer, serait moins épuisante que la chaux. Dans plusieurs pays on a eu lieu de se plaindre de l'usage de la chaux; les cendres de tourbe et de houille ont fatigué certains sols; le plâtre même a été abandonné dans plusieurs pays à terres médiocres, parce qu'après le beau trèfle que procurait le plâtrage, et après le beau froment que les débris du trèfle faisaient croître, le sol semblait épuisé sans que les fumures ordinaires pussent le rétablir.

D'ailleurs la marne offre à l'agriculture des compensations que ne présentent pas les autres engrais calcaires : ses effets sur le sol sont nombreux et multiples.

Dans la marne argileuse, l'argile empâte les molécules calcaires, et joint son effet à celui de l'acide carbonique, pour modérer l'action de la chaux sur les parties végétales.

Dans les sols légers, la marne argileuse, en se délitant, se mêle intimement au sol, les parties argileuses le pénètrent, lui donnent de la consistance; par ce seul effet, les terres à seigle deviennent pour toujours propres au froment et à toutes les récoltes. Mais, ce qui paraît étrange au premier coup d'œil, et ce qui est cependant un point de fait et d'observation dans les pays où la marne est anciennement

[1] Sans doute le plâtre ne doit pas être assimilé entièrement aux autres amendements calcaires, parce qu'il ne produit point d'effet sur les sols froids et humides, qu'il agit à très-petites doses, plutôt sur les feuilles que sur le sol, et que son action semble se borner à une famille de plantes : mais, comme il a pour base la chaux, qui ne convient qu'aux sols contenant de l'humus, que dans beaucoup de lieux on pense qu'il les épuise, et que son effet est très-sensible sur les légumineuses, nous sommes justement fondé à le classer à la suite et non loin des amendements calcaires.

connue, et notamment en Bourgogne et en Dauphiné, c'est que ces mêmes terrains légers, qui sont des sables en Bourgogne, et des graviers en Dauphiné, doivent à la marne pierreuse dans le premier pays, et à la marne graveleuse dans le second, plus de consistance et de liant, et, par conséquent, la faculté de produire toute espèce de récoltes.

Dans les terres fortes, la marne sablonneuse produit un effet mécanique opposé : elle les adoucit et les rend plus faciles à travailler.

En outre, l'un des principaux inconvénients des sols argilo-siliceux est de se durcir et de ne pas se déliter aux changements de température; la marne leur communique à tous la propriété de se fondre en quelque sorte par l'action de l'humidité; cette propriété la distingue éminemment, et s'accroît en proportion de la quantité de chaux qu'elle contient.

La terre marnée se durcit moins : elle est donc plus facile à travailler; les racines des plantes, pendant la sécheresse, sont moins serrées et moins gênées dans leur action et leur développement; la terre, devenue plus meuble, laisse mieux circuler les sucs et les agents fluides de la vie végétale, pour être aspirés par les suçoirs et les racines.

Enfin la marne, par son mélange intime à un sol humide, lui donne la faculté, en le délitant, de s'assainir en laissant passer l'eau surabondante à la couche inférieure; quoique sans doute à elle seule elle ne le dessèche pas, elle diminue cependant, soit l'humidité elle-même, soit surtout le mauvais effet que produisent les eaux trop abondantes sur la végétation.

Mais un effet bien remarquable de la marne sur le sol est de le rendre semblable aux sols calcaires de bonne qualité, aux sols les meilleurs et les plus productifs : cette idée simple, mais juste, que l'expérience démontre aussi bien que le raisonnement, semble être restée jusqu'ici inaperçue. Cependant, comme nous le verrons dans la suite de notre travail, elle devient le fondement d'une théorie simple et lumineuse du marnage. C'est un fait prouvé que personne ne peut rejeter, il explique tous les autres, qui en deviennent alors la suite naturelle.

La marne donne au sol l'élément calcaire que Thaër et Davy, dans leurs analyses et leurs expériences, ont presque toujours rencontré dans les plus excellents sols.

Devenus calcaires, les sols marnés sont donc susceptibles d'être travaillés presque en tout temps; les plantes des sols siliceux, fléau de la végétation, le chiendent, la petite matricaire, l'oseille sauvage, la persicaire, qui épuisent le sol qui les porte, croissent d'abord sans vigueur et disparaissent bientôt entièrement. Le sol devient net, plus facile à cultiver, ne donne plus naissance qu'aux plantes des sols calcaires, au trèfle, à la lupuline, qui ne l'appauvrissent point et qui sont un excellent aliment pour les animaux.

Il serait sans doute difficile de donner une explication complète de cet effet de la marne, qui consiste à faire disparaître certaines plantes dont le sol était infesté avant qu'on la répandît.

Il y a ici un tout autre effet que celui de ne pas faciliter la végétation de ces plantes dans le sol, puisqu'elles finissent par n'y plus naître. Il faudra donc bien admettre que, dans le nouvel état de choses, l'une des substances que contient la marne s'oppose à la conservation des semences de certaines plantes qui se conservaient indéfiniment dans le sol ancien.

Mais l'argile et la silice de la marne ne peuvent produire sur le sol un semblable résultat, puisqu'elles en sont les principes constituants anciens : cet effet ne peut donc être dû qu'à la chaux carbonatée de la marne, qui exerce sur ces semences la même action que sur l'humus, les décompose et en fait même un engrais pour le sol. Elle exercerait encore une action analogue sur les racines de chiendent et autres plantes à racines traçantes : pendant l'hiver et les labours d'été, leurs racines restent inertes dans le sol marné; la végétation ne leur donne ni force ni activité pour se défendre de l'action dissolvante du principe calcaire sur les substances organiques : quelques circonstances inconnues aident peut-être cette action, et il en résulte que, dans le sol marné, le chiendent, qui naguère résistait à tous les soins apportés à son extirpation, disparaît maintenant presque de lui-même et sans difficulté.

La jachère devient plus facile à supprimer dans un sol duquel ont disparu la plupart des plantes qui la rendent quelquefois nécessaire. Les fourrages légumineux trouvent le principe calcaire qui favorise leur végétation; enfin les récoltes les plus recherchées y viennent plus vigoureuses et donnent plus de produits.

Les récoltes sarclées, débarrassées des mauvaises herbes, qui sont leur plus grand fléau, y sont d'une culture plus facile, moins dispendieuse, et, par suite de la nouvelle composition du sol, croissent en force et en produit.

La marne active la végétation de toutes les familles de plantes cultivées; toutefois son effet sur les menus grains et sur les fourrages est plus sensible que sur les céréales; elle augmente de deux semences en moyenne le produit des céréales d'hiver, mais elle double presque le produit des menus grains, de l'orge, du maïs, du trèfle. L'avoine marnée croît vigoureuse, mais elle prolonge sa floraison et graine peu. Le froment d'hiver, semé par le sec, est sujet à laisser tomber sa paille comme dans le sol calcaire. Au lieu du grain rond, jaune, et à écorce mince que donne le sol chaulé, le grain produit par le sol marné est long, grisâtre, lourd cependant, mais il donne plus de son ; la marne sablonneuse donne plus de grains, et la marne argileuse plus de fourrages.

L'agriculture française emploie peu la marne dans les prés ; l'agriculture anglaise l'emploie au contraire avec avantage sur les pâturages et les prés non arrosés ; mais c'est plutôt la marne en compost que la marne seule, et la marne pierreuse plutôt que la marne argileuse qui servent à cet usage[1].

Les sols calcaires, et par conséquent les sols marnés, ne laissent pas, comme les sols siliceux, entraîner leurs engrais ; c'est pour cette raison que les prés placés au-dessous des terrains calcaires, et qui reçoivent leurs eaux, sont souvent médiocres, tandis que ceux qui reçoivent les eaux des terrains siliceux qui laissent entraîner leurs engrais en sont beaucoup améliorés : ainsi, en Bresse, le plus souvent, les prés placés sous les terres *mares* sont médiocres, par la double raison que les terres calcaires laissent écouler moins d'eau, et que les eaux qui s'écoulent n'entraînent pas d'engrais avec elles.

Cet effet peut très-bien se concevoir, d'après ce que nous avons dit précédemment : dans les sols calcaires, l'humus et les engrais sont toujours en décomposition et sont devenus en partie solubles ; ils se trouvent donc en union intime avec le sol qu'ils pénètrent et dont ils sont pénétrés, tandis que dans les sols siliceux une grande partie de l'humus et des engrais restent libres, sans combinaison, et sont entraînés avec les eaux qui s'en écoulent.

Les terrains sablonneux, à couche inférieure imperméable, sont pénétrés par les eaux qui les délayent et les rendent en quelque façon fluides ; dans cet état, les diverses parties du sol obéissent à leur pesanteur spécifique, l'humus qui s'y trouve gagne la partie supérieure, et les eaux l'entraînent avec les parties du sol les plus ténues.

Lorsque ces terrains sont en pente et que la couche labourée est peu profonde, il devient presque impossible de les améliorer par les engrais d'une manière durable ; les plus petites pluies leur enlèvent leurs engrais et une partie du sol. L'addition de marne argileuse, dans des sols de cette nature, paraît éminemment convenir : le principe calcaire s'empare de l'humus, et l'enchaîne en quelque sorte, tandis que, d'un autre côté, l'argile donne au terrain la propriété des sols argileux, de ne prendre qu'une certaine quantité d'eau, en laissant le reste à la surface. Alors les terres ne sont plus entraînées, parce qu'elles ne prennent plus assez d'eau pour former une boue liquide ;

[1] Mémoire sur les sols calcaires et les sols siliceux, publié en 1813.

elles conservent donc leur humus et leur engrais, et sont par conséquent améliorées pour toujours ; une dose de marne un peu forte paraît leur convenir pour produire ce double effet.

Le sol argilo-siliceux se bat à la pluie, forme une croûte dure, et, lorsque la sécheresse arrive, la croûte reste ; si elle continue, le sol s'affaisse et se durcit. L'effet absorbant de cette surface unie sur les principes atmosphériques, sur la chaleur et surtout sur l'eau, est presque nul ; elle leur présente une moindre surface d'action, et leur ferme pour ainsi dire l'intérieur de la terre. Des travaux nombreux sont nécessaires pour donner et surtout pour conserver de l'ameublissement à ce sol. Ce sol étant presque toujours trop humide ou trop sec, le cultivateur n'a que de courts instants pour le travailler à propos, tandis que, modifié par le marnage, il reste, comme les sols calcaires, plus soulevé après la pluie, et la transmet aux couches inférieures ; il conserve son ameublissement, sans beaucoup de travail, aux diverses successions de température ; il laisse évaporer plus facilement l'eau des grandes pluies : lorsque la sécheresse arrive, ses molécules divisées agissent avec plus de force d'absorption sur l'atmosphère ; elles absorbent surtout l'eau avec avidité ; aussi arrive-t-il que le sol marné, quoique séchant plus vite, craint néanmoins beaucoup moins la sécheresse qu'avant le marnage, et nos cultivateurs ont remarqué que, même dans les terres argileuses, où ils avaient mis de la marne argileuse, ils pouvaient, après la pluie, commencer le travail huit jours plus tôt qu'avant le marnage. La surface supérieure blanchit après un peu de vent et de soleil, tandis que celle du sol non marné reste grise et imbibée d'eau.

Enfin, lorsqu'on travaille par un temps humide le sol argilo-siliceux, il se lisse sous la charrue ou les instruments, et reste en grosses mottes, qui ne peuvent être divisées qu'à force de travail.

Dans cet état, si la sécheresse arrive, la couche végétale formée de mottes qui se durcissent reste pour ainsi dire ouverte ; les racines sentent le hâle, et ne peuvent pénétrer dans la terre durcie, tandis que le sol marné, travaillé dans les mêmes circonstances, se délite sans secours étranger par le seul effet des rosées ; sa surface devient meuble ; elle tient à l'abri de la sécheresse la partie du sol où travaillent les racines, et y conserve de l'humidité.

C'est par ces considérations qu'on peut expliquer comment il arrive que les sols marnés, comme les bons sols calcaires, craignent à la fois moins la sécheresse et moins l'humidité qu'avant le marnage.

Mais nous venons d'indiquer un grand effet de la marne sur le sol, effet plus puissant, plus actif que ceux que nous avons développés jusqu'ici. La marne accroît, dans une très-forte proportion, l'action du sol et des plantes qu'il produit sur les principes atmosphériques : cette action tient à des lois générales, et se rattache à des faits que nous ne pouvons nous dispenser d'indiquer.

L'atmosphère est un immense réservoir dans lequel les plantes puisent la plus grande partie des principes qui la composent. Les expériences de Priestley, d'Ingenhous, de Saussure, de Sennebier, de Cadet-Gassicourt, de Shübler, et de beaucoup d'autres, expériences que nous ne pouvons détailler ici, ont mis en évidence que les végétaux absorbent l'oxygène; que l'acide carbonique de l'air atmosphérique est nécessaire à la végétation, et, par conséquent, est absorbé par elle; que cet acide absorbé est décomposé par l'action des forces végétales; que, dans cette décomposition, les végétaux conservent le carbone, qui fait la plus grande partie de leur substance; enfin que l'eau elle-même, après son absorption, est décomposée en partie, et fournit dès lors à la végétation une portion de ses principes; qu'elle semble particulièrement lui laisser l'hydrogène, puisque ce corps ne se rencontre pas parmi les gaz qu'expirent les plantes; or le carbone, l'hydrogène et l'oxygène, avec un peu d'azote, et une portion peu considérable de chaux, de silice et d'alumine que fournit le sol, composent presque seuls toutes les différentes natures de produits végétaux : les végétaux peuvent donc devoir à l'atmosphère la plus grande partie des principes dont ils sont composés.

Mais, pour pouvoir juger quelle proportion de leurs principes les plantes prennent dans l'atmosphère, constatons d'abord que les engrais apportés dans le sol fournissent bien, il est vrai, une partie des principes des végétaux que l'homme cultive, mais ils n'en donnent que la plus petite partie; et le sol serait bientôt épuisé et la terre inhabitée, si l'homme et les animaux devaient rendre en engrais tout ce que la terre leur fournit pour leur consommation et leur usage; car, d'une part, l'homme à lui seul consomme, tant pour sa nourriture que pour ses vêtements, pour ses différents besoins, son chauffage, ses constructions, ses établissements et les usages de son luxe, beaucoup plus de la moitié, les trois quarts peut-être des produits du sol; et ces produits sont presque entièrement perdus pour la végétation.

D'autre part, si les animaux consomment les produits de l'autre quart, ou, si l'on veut, de l'autre moitié, comme la transpiration du corps de l'animal dissipe dans l'atmosphère plus de la moitié des aliments qu'il a pris, et que l'animal s'en assimile une partie, il s'ensuit qu'il resterait, pour être converti en engrais et pour être rendu à la terre, beaucoup moins du quart des produits du sol entier; or cette portion bien employée dans l'état actuel des choses, malgré tant de mauvais procédés agricoles, malgré la destruction d'une grande partie de l'engrais par la mauvaise économie des fumiers, suffit pour entretenir et même pour améliorer l'agriculture, et par conséquent le sol : donc l'atmosphère fournit beaucoup plus des trois quarts des principes nécessaires à la nutrition végétale.

Tull, Duhamel et Châteauvieux avaient fondé leur système agricole sur des considérations analogues, auxquelles il attribuaient trop d'importance : ils prétendaient que les labours sans engrais devaient suffire pour obtenir, chaque année, des récoltes abondantes. En voyant la grande étendue de sol et les nombreux produits pour lesquels la nature faisait tous les frais de végétation, ils concluaient que les plantes que l'homme cultive n'ont besoin que du travail de ses mains ou de celui des animaux qu'il emploie ; malheureusement leur système n'est vrai que pour le petit nombre de ces sols favorisés, qui, depuis des siècles, se cultivent sans engrais, et auxquels l'atmosphère rend effectivement autant que la végétation leur soutire ; mais, à cette exception près, dans tous les pays, à mesure que la qualité du sol diminue, on est obligé, pour le faire produire, de lui donner d'autant plus d'engrais, et sa force absorbante pour l'eau, suivant les expériences de Humphry Davy et de Shübler d'Hofwill, décroît dans la même proportion que la fécondité du sol.

Ce que nous remarquerons particulièrement dans la question présente, c'est que les sols les plus absorbants, ceux qui n'ont pas besoin d'engrais, contiennent presque tous une certaine quantité de principe calcaire ; et en descendant des plus excellents sols à ceux de moindre qualité, le carbonate de chaux fait encore presque toujours partie des meilleurs : bien plus, dans les pays où l'on cultive concurremment des sols siliceux et des sols calcaires, on admet comme un fait qui sert de base à l'agriculture, que les sols siliceux produisent très-peu sans fumier, tandis que les sols calcaires donnent encore sans engrais un produit passable : la terre calcaire, ou plutôt ses mélanges, possède donc, particulièrement et plus que les autres terres, la faculté d'absorber les principes atmosphériques[1].

Cette vérité, qui, jusqu'ici, n'avait pas été présentée sous ce point de vue, nous conduit à expliquer le principal effet de la marne sur le sol.

En ajoutant la marne au sol auquel elle convient, on y ajoute l'a-

[1] Cette importante question de l'absorption des principes de l'atmosphère par le sol et les plantes aurait besoin d'être traitée avec une tout autre étendue, au lieu de n'être qu'indiquée comme nous venons de le faire : les développements en sont de la plus haute importance et ressortent d'une multitude de faits ; ils s'appliquent à un grand nombre de questions agricoles : lorsque nous traiterons plus loin de l'emploi de la chaux en agriculture, nous leur donnerons plus d'étendue.

gent le plus actif d'absorption; par conséquent on augmente la puissance absorbante du sol sur l'atmosphère, et, par suite, on lui donne les moyens de produire plus avec une même quantité d'engrais.

D'ailleurs, le résultat particulier du marnage mettrait encore, au besoin, cette vérité dans un plus grand jour: en effet, l'expérience de tous les pays où la marne a été employée prouve qu'en lui associant autant de fumier qu'avant le marnage, les produits sont souvent doublés, et que le sol reste au moins en aussi bon état qu'auparavant: or cet état de choses, dans beaucoup de lieux, dure depuis des générations sans épuiser le sol, et même en l'enrichissant; il prouve donc, d'une manière précise, que l'atmosphère a fourni de plus qu'avant le marnage au moins tous les principes végétaux qui composent cette seconde moitié de produit que la marne fait sortir du sol. Donc la marne en accroît la force d'absorption, et c'est là son effet principal, son effet le plus essentiel, parce qu'il transforme en produits de première nécessité pour l'homme des principes qui ne lui coûtent rien, et que la nature répand à pleines mains.

Nous remarquerons ici que, si le principe calcaire en général, et la marne en particulier, tendent à accroître la fertilité du sol, néanmoins il s'en faut beaucoup que cette fertilité, et surtout la force absorbante sur les principes atmosphériques, croissent avec la quantité du principe calcaire. En effet, les sols de la plus excellente qualité ne le contiennent pas en très-grande masse: les bons sols, même en prairies arrosées, qui en renferment beaucoup, tels que ceux des alluvions du Rhône, dans la composition desquels il entre pour plus de moitié, demandent plus d'engrais que s'ils étaient moins riches en principe calcaire. Les sols marneux sont souvent peu fertiles, et surtout demandent beaucoup d'engrais: enfin, la plupart des terrains qu'on désigne comme calcaires, et qui en possèdent les qualités, en contiennent le plus souvent moins d'un vingtième: ainsi, entre autres, les sols des environs de Lille, qui, s'ils ne sont pas les meilleurs des sols connus, sont tout au moins les plus productifs, n'en renferment que de 2 à 3 pour 100. Le principe calcaire semble donc, pour développer tous ses effets sur le sol, devoir y entrer, en quelque sorte, plutôt comme condiment que comme principe constituant en grande proportion. Cette condition est un des grands bienfaits du Suprême Ordonnateur des choses, parce qu'en bornant la quantité nécessaire de principe calcaire pour produire un grand effet, il a mis par là même à la portée de l'homme et de ses forces si restreintes le moyen d'accroître beaucoup, et dans une plus forte proportion que le travail nécessaire, le produit du sol qu'il lui a donné à travailler.

CHAPITRE VII

Pratique du marnage dans divers pays.

L'agriculture, plus encore que les autres sciences physiques, est une science de faits, dans laquelle la théorie sans pratique est un guide aveugle qui ne peut qu'égarer.

Dans une question aussi importante que celle du marnage, qui intéresse peut-être la moitié du sol cultivé, la pratique des pays où la marne est bien employée doit être consultée avant tout.

C'est en réunissant et en comparant toutes ces pratiques, en les liant ensuite par une théorie qui en serait la suite nécessaire, que nous nous sommes proposé de faire du marnage une opération régulière, facilement comprise par tous ceux qui l'exécuteront; c'est ainsi que, peut-être, nous parviendrons à résoudre une partie des doutes et des incertitudes que jusqu'ici elle a offerts à la pratique.

Nous allons donc réunir, dans ce chapitre, les faits principaux de marnage pratique, que les livres ou nos propres observations nous ont fournis.

Il paraît que les pays où l'on a eu le plus à se plaindre de la marne sont des pays sablonneux et secs, auxquels on a appliqué une grande quantité de marne trop riche. Le sol léger et sec retient peu son humus; le fumier s'y décompose promptement et facilement, tandis que dans le sol argileux l'humus paraît se combiner avec l'argile, et se trouve ainsi défendu contre l'action stimulante d'une marne trop active ou trop abondante: c'est ce qui a établi partout l'usage de mettre dans des terrains sablonneux une dose de marne sablonneuse égale tout au plus aux deux tiers de celle que l'on met dans les sols argileux. Mais si la marne est argileuse, la marche doit être différente; les terrains sablonneux peuvent en recevoir autant que les sols argileux, parce que l'argile donne au sol la consistance dont il a besoin, en même temps que le calcaire lui donne de l'activité.

L'humus acide s'accumule dans les sols légers et humides, surtout s'ils ne sont pas depuis longtemps défrichés: ces sols sont la plupart du temps infertiles, à moins qu'on n'y répande une grande abondance de fumier; dans le département de l'Ain on leur donne le nom de terrain *mort*, parce qu'ils sont sans chaleur et sans énergie. Cependant, quoiqu'ils contiennent souvent trop d'humus, on ne s'est pas bien trouvé de leur donner une dose de marne plus forte qu'aux terrains légers.

La marne pierreuse peut, sans inconvénient, s'employer en plus grande abondance que la marne pulvérulente ou en grumeaux, qui contiendrait autant de calcaire qu'elle, parce qu'une grande partie de la marne pierreuse reste dans le sol sans se déliter, et fournit pendant de longues années le principe calcaire.

Dans tous les pays où l'usage de la marne est ancien et se continue, on est arrivé à en donner au sol des doses modérées : en Angleterre, en Allemagne et en France, dans les cantons où le marnage revient régulièrement, on le recommence tous les quinze à vingt ans ; cependant ces doses, quoique modérées, varient encore entre elles de plus de moitié.

Thaër nous dit que l'usage en Allemagne est de mettre de la marne argileuse contenant 60 pour 100 et plus de carbonate de chaux dans la proportion de quatre-vingt-seize mètres cubes, ou deux cent quatre-vingts voitures de cinq cents kil. par hectare, ce qui donne une couche d'un peu plus de neuf millimètres sur le sol; et, pour la marne calcaire, une couche d'environ quatre millimètres. Au bout de 12 à 15 ans, on recommence le marnage, mais à moitié dose du premier, et ainsi de suite.

Arthur Young et Marshall annoncent aussi qu'on a assez généralement renoncé, en Angleterre, aux marnages très-abondants, comme pouvant nuire au sol par la suite, et comme excluant les seconds marnages ; mais dans les doses qu'ils donnent, il existe encore beaucoup de variations ; cependant les moyennes qu'on peut former des différentes proportions usitées dans divers lieux se rapprochent en général de celles de Thaër; toutefois les premiers marnages sont souvent confondus avec les seconds ; et, en général, on voit encore, dans tous les lieux où l'on emploie la marne, beaucoup de vague et d'arbitraire dans la marche qu'on suit, fût-ce dans un même pays.

Il est une condition qui doit faire varier beaucoup la quantité de marne, c'est l'épaisseur de la couche labourée, épaisseur qui varie suivant les pays et le sol, depuis moins de huit centimètres jusqu'à vingt-deux. On voit évidemment que, comme le but du marnage ne peut être que de modifier la composition de la couche labourée, la dose de marne doit diminuer ou s'accroître suivant l'épaisseur de cette couche, et qu'en général elle doit être d'autant plus forte que la couche labourée sera plus épaisse ; les divers auteurs qui ont écrit sur ce sujet, et Thaër lui-même, ne prennent point en considération cette circonstance si essentielle pourtant dans tous les marnages ; c'est en n'ayant aucun égard à l'épaisseur de la couche labourée, en ne disant rien sur la composition de la marne, et en ne désignant pas si les marnages qu'ils décrivent sont des premiers ou des seconds marnages, qu'ils ont jeté beaucoup de vague dans ce qu'ils ont dit, et donné peu de directions exactes à ceux qui ont voulu se servir d'eux pour se diriger dans l'adoption et l'exécution du marnage.

Mais arrivons aux détails de pratiques locales, que nous avons annoncés.

La marne de Norfolk est de deux qualités; l'une, blanche et pierreuse, l'autre argileuse et grise; la première est de beaucoup la plus estimée : les doses du marnage varient de deux à trois millimètres, et quelquefois moins, suivant les variétés de sol ou de marne; suivant la distance ou la proximité des marnières ; suivant qu'on fait un premier ou un second marnage, ou même un marnage prudent ou exagéré.

On emploie en Irlande, sur des landes, des bruyères, des terrains tourbeux, des défrichements, un gravier calcaire qui paraît être une marne grumeleuse; cent milliers par hectare, formant à peine une couche d'un millimètre, suffisent pour changer absolument la nature et les produits du sol. Depuis très-longtemps que cet usage est introduit, on n'en a point encore vu diminuer sensiblement les effets; ce gravier est lié par un ciment d'argile calcaire, et contient beaucoup de pierres grumelées d'un aspect savonneux.

En Suffolk on emploie, sous le nom de *cragg*, une espèce de marne coquillière. On en met 25 à 30 charretées par hectare, ce qui fait à peine une couche de deux millimètres sur le sol; on l'associe toujours au fumier, et, avec cette précaution, son usage se continue depuis longues années, en améliorant toujours le sol. On a repris dans le Holstein les marnages abandonnés dans le siècle précédent : on a profité avec empressement, quelques-uns disent avec imprudence, de la fécondité nouvelle du sol. On a surtout produit beaucoup de colza; quelques agronomes ont menacé d'épuisement; mais près d'un demi-siècle s'est écoulé dès lors, et la fécondité se soutient.

Nous avons suivi, à une certaine époque, avec quelque attention les marnages du département de l'Yonne : ce département, calcaire dans une grande partie de son étendue, renferme néanmoins, entre les bassins de l'Yonne et de la Loire, un grand plateau qui se prolonge sur les départements voisins, et qui porte le nom de Puisaye : ce plateau est composé presque entièrement d'un terrain argilo-siliceux humide, auquel on donne le nom même du pays, le nom de Puisaye, terrain analogue, comme on l'a dit précédemment, au terrain blanc de Bresse et aux *boulbènes* du Midi. La marne convient éminemment à ce sol; elle en a déjà fertilisé une grande étendue, mais elle n'a peut-être pas encore couvert le quart de la surface du plateau : on y rencontre en grande abondance la marne blanche pierreuse, qui se trouve sur le passage du sol calcaire au sol siliceux. Il y a des cantons où l'usage de la marne est immémorial; dans d'autres, il remonte à quarante, à soixante ans; mais dans un plus grand nombre il ne fait que commencer.

On y trouve aussi la marne argileuse, mais on préfère la pierreuse : la dose moyenne par hectare pour la marne pierreuse est de 160 à 200 tombereaux de un mètre cube à un mètre vingt-cinq centimètres cube chacun, ou plus de deux cents mètres cubes, ce qui fait sur le sol une couche d'environ deux centimètres d'épaisseur; sur les terrains sablonneux, on n'en met que 100 à 120 tombereaux ou environ douze millimètres.

Cette marne contient 90 pour 100 de carbonate de chaux, le reste serait de l'argile mêlée d'un peu de sable siliceux. Les seconds marnages paraissent n'avoir que médiocrement réussi : nous avons vu des champs marnés depuis quarante ans, qui contiennent des morceaux de marne non délitée, et qui éprouvent encore suffisamment son effet.

Les environs de Leugny, près Auxerre, ont, sous leur prairie, un lit de marne de toute épaisseur : c'est une espèce de tuf calcaire et léger, composé de petits grumeaux dans quelques-uns desquels on croit apercevoir des formes semblables, qui annonceraient que cette marne devrait sa naissance à des corps organisés. Ces grumeaux sont liés entre eux par un ciment argileux qui se fond sur-le-champ dans l'eau, avec plus de promptitude que la chaux. Cette marne contient 80 pour 100 de chaux : le ciment qui lie ses parties offre cela de remarquable, que, dans le dégagement de l'acide carbonique, il rend visqueux le dissolvant, les bulles s'élèvent sans crever, et font, si on n'y prend pas garde, extravaser le liquide.

Le résidu exposé au feu n'a point donné d'odeur animale, et n'a pas paru diminuer de poids par la combustion d'aucune de ses parties; mais il serait cependant à désirer qu'il fût analysé par un chimiste exercé qui s'assurât si réellement cette marne ne contient point de parties végétales ou animales.

Cette marne, qu'on emploie dans le pays de temps immémorial, paraît produire encore plus d'effet que la marne pierreuse, du moins on la met en moindre quantité : cinquante tombereaux de six à sept quintaux métriques paraissent suffire dans le pays pour un hectare, ce qui fait à peu près deux millimètres d'épaisseur sur le sol.

Cette marne est en grande réputation : on vient la chercher de plusieurs kilomètres; on l'emploie alors à une plus forte dose que dans le pays même où elle est sous la main, ce qui doit faire regarder les marnages du pays comme de seconds marnages, bien que la mémoire des premiers soit tout à fait passée.

Du côté de la Puisaye, qui verse ses eaux dans l'Yonne sur presque toute la longueur du plateau, l'emploi de la marne est très-répandu, et a tout à fait changé la face de la contrée; malheureusement elle est rare, ou on l'a mal cherchée dans l'intérieur du pays; sur quelques points, on l'amène de 15 kilomètres; ailleurs, on la tire du sol même auquel on l'applique, mais en la prenant à quelque profondeur.

La grande analogie de ce pays avec la Bresse nous ferait penser qu'on devrait, dans beaucoup de lieux, y rencontrer une marne terreuse, analogue à celle de cette contrée; dans ce moment on ne paraît la connaître et l'employer, à défaut de la marne pierreuse, qu'à Toucy, petite ville placée sur le bord de la Puisaye.

Sur le côté de ce plateau qui verse dans la Loire, la marne est moins répandue que sur le versant qui regarde l'Yonne; cependant les marnages gagnent beaucoup, et tout annonce qu'ils ne s'arrêteront pas dans leurs heureux progrès.

En Picardie, dans les environs de Montreuil, on marne tous les vingt ans, en mettant sur le sol, par hectare, vingt à vingt-cinq mètres cubes seulement d'une marne blanche, très-calcaire, tantôt dure, tantôt friable : cette quantité couvrirait le sol d'une couche de deux millimètres d'épaisseur, si la marne se délitait exactement à mesure qu'on la répand. On l'extrait de puits pratiqués sous le sol même : les hommes qui la tirent à la tâche reçoivent 75 centimes par cent de petits monceaux qu'on met à 2m,30 l'un de l'autre, de manière à ce qu'il y ait à peu près deux milliers de ces petits tas par hectare, ce qui porte le prix du marnage à 15 fr. Cette opération, que nous avons suivie il y a quarante ans passés dans tous ses détails, épargne, nous a-t-on dit, plus de la moitié du fumier.

Dans les environs de Toulouse, on met souvent 7 à 9 millimètres de marne pierreuse; mais on varie beaucoup les doses, et on emploie à peu près le double de marne argileuse.

Dans presque toute l'étendue du bassin de la Seine et de ses affluents, on trouve à une profondeur plus ou moins grande, sous la couche argilo-siliceuse de la surface, une marne pierreuse blanche, plus ou moins friable et qui semble tout à fait analogue à celle qu'on trouve sous les plateaux du bassin de l'Yonne, comme sous ceux de l'Oise, de l'Eure et du reste de la Normandie. Cette marne, qui contient de 60 à 80 pour 100 de carbonate de chaux, s'emploie dans le département de l'Eure à la dose de cinquante à cent hectolitres par hectare, ce qui fait sur le sol une couche d'un demi-millimètre à un millimètre d'épaisseur. La couche de marne, qui se trouve quelquefois à la surface, s'exploite dans les environs de Lisieux à cent dix-sept mètres de profondeur. Les marnages se répètent tous les quinze, vingt, trente, quarante ans, suivant le besoin et la nature du terrain. Dans quelques parties où l'on n'a pas pu arriver à la couche de marne pierreuse, on se contente de la marne terreuse, dont les doses sont plus fortes et se répètent plus souvent.

Le marnage paraît exister de toute ancienneté en Normandie; on le voit recommencer sur des points où il était oublié, mais où les creux des marnières en rappellent le souvenir. Il n'a peut-être point été interrompu depuis Pline; il aurait donc ainsi été appliqué à une grande partie du sol auquel il convient, et la plupart seraient des seconds marnages ou des retours au marnage, après leur cessation pendant plusieurs générations, ce qui en explique les petites doses. Dans quelques parties, la chaux et l'engrais de mer font oublier la marne; mais le sol gagne à l'alternance des amendements comme à celui des récoltes.

La marne est peu en usage dans les environs de Paris. Cependant avant d'arriver à la couche de marne pierreuse, on trouve dans le sous-sol des marnes sablonneuses, que j'ai vu employer avec succès par M. Perrault de Jotemps sur le sol sablonneux de Croissy. Dans les environs de Grignon, j'ai vu des champs couverts de marne pierreuse.

La grande abondance et le bas prix des fumiers rendent sans doute le besoin de marne moins pressant; mais il est bien certain que, là au moins autant qu'ailleurs, dans beaucoup de cantons, elle ajouterait à la qualité et aux produits du sol.

Dans le pays de Bray, les marnages se font avec la marne argileuse, mais alors la dose est plus forte.

Les meilleures leçons d'un art se reçoivent sans doute de la bouche de ceux qui l'exercent; mais, lorsqu'on peut le suivre dans les lieux mêmes où on le pratique, les informations qu'on reçoit doivent encore être plus complètes et plus exemptes d'erreurs. Voisin du Dauphiné, j'avais beaucoup entendu parler de ses marnages; mais, pour pouvoir joindre un témoignage oculaire à ceux déjà reçus de la bouche des cultivateurs qui avaient pratiqué le marnage sur les lieux, j'ai cru devoir aller, dans le pays même, voir les choses de près, et consulter les habitants sur les effets anciens et nouveaux de la marne.

Les leçons à prendre sur la théorie et la pratique de cet art important offrent là d'autant plus d'intérêt que le marnage a eu lieu sur une très-grande étendue de pays avec une marne sablonneuse, très-active, mise en grande proportion sur un sol presque partout sec, léger, graveleux et souvent peu profond, c'est-à-dire avec la plupart des circonstances qui en font une opération quelquefois dangereuse. Je ne dois donc pas craindre de donner quelque étendue aux différentes remarques que j'ai faites dans le cours de mon voyage.

Les marnages, en Dauphiné, remontent à cinquante ans, époque à laquelle, à Parilly, village situé à quatre kilomètres de Lyon, un homme, en creusant un puits, et embarrassé de ses déblais, les répandit sur son fonds; l'effet prodigieux et inattendu qui en résulta l'engagea à continuer le marnage. Au bout de peu d'années il fut imité par beaucoup de voisins, et le marnage s'est étendu le long du Rhône, depuis le péage du Roussillon jusqu'au delà de Crémieux, et s'est avancé dans les terres à plusieurs lieues du fleuve.

Le sol de cette grande étendue de pays est généralement graveleux et sec : il est presque partout siliceux; cependant on rencontre, sur des plateaux qui dominent le pays, quelques parties de terre douce, calcaire: ces plateaux forment le meilleur sol, et paraissent être une terre d'alluvion.

La couche végétale de la plaine repose presque immédiatement sur une couche de gravier pur, et sa qualité dépend souvent de son plus ou moins d'épaisseur; le sol est généralement si sec, qu'au milieu de février 1823, après les 0m,33 de neige de la première quinzaine de janvier, les 0m,24 d'eau de la deuxième quinzaine, et les 0m,16 de la première moitié de février, les chemins étaient sains, et on labourait partout.

Le pays, avec une couche inférieure de cette nature, est sans eaux et sans prairies; les trèfles y manquent très-souvent par la sécheresse: ainsi celle de 1822 les avait presque tous détruits.

L'assolement du pays est biennal: les terres se reposent ordinairement la seconde année, et, par conséquent, le produit presque unique du pays est le froment et le seigle.

On y laboure très-bien; les labours ont de 0m,15 à 0m,20 de profondeur: les plus profonds se font avec la charrue, et ceux qui le sont moins avec l'araire.

Les bons agriculteurs du pays justifient leur assolement avec jachère biennale, par des raisons qui nous paraissent assez puissantes: ces raisons sont que les fourrages sont très-rares dans le pays, soit parce qu'il n'y a pas de prairies, soit parce que les foins artificiels manquent souvent; que dans une contrée sans fourrages, on ne se procure des fumiers qu'avec beaucoup d'argent et de frais de transport; que les bras nécessaires pour la culture des récoltes sarclées sont rares et coûtent cher à cause du voisinage de Lyon; que les étés secs détruisent très-souvent les menus grains; et qu'enfin la récolte de printemps, qu'elle réussisse ou qu'elle manque, nuit beaucoup au froment de l'année suivante.

Le fumier étant dans le pays très-rare et très-précieux, les cultivateurs ont été conduits à en soigner beaucoup l'emploi et l'économie: ils le laissent dans l'écurie, sous les pieds de leurs chevaux et de leurs bestiaux, pendant trois semaines ou un mois. Pendant ce temps, ils mettent de mauvaise paille et des débris de toute espèce dans les cours, dans les passages fréquentés, sous les égouts des écuries et des tas de fumier précédemment faits : quand ils tirent de l'écurie le fumier bien imprégné d'urine, et qui a commencé à s'y faire, ils le disposent, par couches alternatives, avec le terreau des cours, aussi à demi consommé; ils laissent fermenter ce compost pendant trois semaines ou un mois, et au bout de ce temps, ils le conduisent en toute saison, à demi consommé et à l'état de fumier long, sur le sol destiné à la jachère. Ils l'épandent sans retard, et le couvrent par un labour : ce procédé de l'emploi du fumier, aussitôt qu'il est prêt, peut, à notre avis, économiser au profit du sol cette moitié effective de l'engrais qui, d'après les expériences de Humphry Davy, de Gazzeri, et l'opinion maintenant adoptée à l'unanimité, s'évapore pendant la fermentation du fumier qu'on laisse se consommer tout l'été dans les cours jusqu'au moment des semailles.

Toutefois il s'est introduit dans le pays un usage tout à fait en contradiction avec les principes d'une saine agriculture, et qui a étendu son influence jusque sur les suites du marnage.

Lorsque après une fumure abondante ou un trèfle bien réussi, le blé a été très-vigoureux, l'usage est de faire suivre, sans intervalle de repos, une ou deux récoltes de seigle, jusqu'à ce que le fonds soit rétombé au niveau des autres.

Le marnage, récemment introduit dans ce système d'agriculture, en détruisant le chiendent, qui s'opposait quelquefois aux récoltes consécutives de grains blancs, est venu faciliter ce cours de récoltes tout à la fois si peu raisonné et si épuisant : on s'est donc livré avec la plus grande ardeur à l'emploi de cet amendement qui faisait produire à la terre beaucoup de grains de suite sans fumier ; les grains, à cette époque, étaient généralement chers ; aussi, après le marnage, les récoltes de froment, à peine intercalées de celles de seigle, se sont, pendant quatre ou cinq ans, succédé sans fumier.

En recueillant beaucoup et en dépensant peu, l'agriculture du pays s'est beaucoup enrichie ; et heureusement il ne paraît pas que jusqu'ici une partie notable du sol se soit appauvrie. Bien qu'on n'ait pas donné d'engrais aux fonds nouvellement marnés, comme la quantité des pailles a doublé, que le laboureur plus riche a pu se procurer à Lyon une plus grande quantité d'engrais, a tenu plus de bestiaux, a dû à la marne des trèfles plus beaux et meilleurs, l'abus de cet amendement laisse jusqu'ici assez peu de traces, et ce pays est mieux cultivé, mieux fumé et plus productif qu'auparavant.

Toutefois il paraît que, dans certains cantons de terres plus arides, le marnage, suivi de récoltes sans fumier, a nui aux récoltes de printemps, aux trèfles, aux pommes de terre, et même aux lupins.

La marne sablonneuse a été employée à grande dose sur des fonds où elle ne devait être mise qu'en petite quantité; et tout en continuant de produire avec avantage les blés d'hiver, le sol, déjà trop sec, s'est désséché davantage, mais cet inconvénient ne s'est montré jusqu'ici que pour de petites quantités.

Si on consulte les grands et les petits propriétaires sur les effets de la marne dans le pays, leurs réponses ne sont pas tout à fait unanimes; la raison en est que les grands propriétaires ont profité des bénéfices que leur a donnés l'accroissement des produits pour améliorer leurs fonds, les fumer davantage et les mieux cultiver; tandis qu'un grand nombre de petits propriétaires ont profité sans prévoyance des heureux effets de la marne; de là vient que les grands propriétaires s'en louent beaucoup plus que les petits.

Du reste, les hommes âgés et les jeunes gens n'ont pas non plus la même opinion sur la marne: les jeunes, qui ont vu depuis vingt ans les effets prodigieux des premières années du marnage, qui ont vu ensuite ces fonds arriver à un état à peu près stationnaire, qui savent qu'un nouveau marnage est sans utilité, regardent l'effet de la marne comme fini, et ne lui attribuent plus aucune action; les hommes âgés, qui ont vu le pays avant les marnages, c'est-à-dire il y a cinquante ans, en comparant les produits de ce temps avec ceux qu'on recueille maintenant sur les fonds anciennement marnés, sentent encore tout l'avantage qui en reste; mais les anciens passent, les jeunes restent: l'opinion des jeunes prévaudra donc. S'il arrive, ce qui est probable, que l'avantage général de deux semences, dans le produit des fonds marnés sur ceux de même nature qui ne le sont pas, se réduise encore, alors on accusera tout à fait la marne, qui sera condamnée, parce que ses défenseurs seront morts et auront emporté avec eux l'expérience des temps anciens: ainsi peut-être, dans plus d'un pays, a-t-on exagéré les abus de la marne, et l'a-t-on accusée de stériliser des champs, alors même que leurs produits, baissés d'un tiers depuis les premiers temps du marnage, conservaient encore une grande supériorité sur ce qu'ils étaient auparavant: toutefois, nous sommes loin de nier les abus possibles de la marne, puisqu'ils paraissent évidents même sur plusieurs points de notre contrée, où cet amendement, en général, s'est montré si éminemment favorable.

C'est ici le lieu de faire quelques remarques sur les effets différents et presque opposés que produit la marne, suivant sa composition et la nature des sols auxquels on l'applique. Nous n'avons jusqu'ici envisagé la marne que par rapport à la proportion de carbonate de chaux qu'elle contient; mais il paraît qu'elle est susceptible d'agir très-différemment sur le sol, suivant que la substance jointe dans la marne au carbonate de chaux se trouve être du sable siliceux ou de l'argile. Nos observations sur cet objet seront peut-être mieux senties ici, au moment de l'exemple qu'offre l'expérience, qu'elles ne l'eussent été dans le chapitre où nous avons traité des effets de la marne.

L'effet général de la marne est bien de détruire les plantes des sols siliceux, de faire croître les trèfles et les plantes des sols calcaires, et d'accroître les récoltes d'hiver et de printemps. Cependant on lui reproche, dans quelques cantons du Dauphiné, de nuire aux récoltes de printemps, aux trèfles et aux fourrages en général; cet effet se remarque aussi quelquefois ailleurs: ainsi, tandis qu'en Angleterre, dans beaucoup de cantons, on marne les pâturages, qu'on rend ainsi plus productifs, dans les environs de Brackstead, au contraire, nous dit Arthur Young, la marne, qui améliore puissamment les terres labourées, est regardée comme nuisible aux pâturages; il semble qu'on peut expliquer cette anomalie avec les connaissances que nous possédons sur la marne.

De tout temps on a remarqué, et Pline nous le dit expressément, que certaines marnes favorisent particulièrement la production des grains, et d'autres, la production du fourrage. Il cite les marnes rudes au toucher comme produisant le premier effet, et les marnes grasses comme produisant le second: dans la marne rude au toucher, on retrouve évidemment la marne sablonneuse ou graveleuse, celle employée en Dauphiné; et, dans la marne grasse, la marne argileuse de beaucoup de pays, et de la Bresse en particulier.

Ces deux nuances de marne *siliceuse* et de marne *argileuse* sont, en quelque sorte, les extrêmes de l'échelle; et on conçoit très-bien comment il arrive que celles qui tiennent le milieu entre ces extrêmes, et qui renferment à la fois de l'argile et de la silice (c'est le cas le plus fréquent), participent aux qualités des deux extrêmes, et favorisent en général, mais peut-être avec moins d'énergie, la végétation des fourrages et des céréales.

Il paraît que, même dans les marnes pierreuses, qui sont toutes très-actives, parce qu'elles contiennent généralement plus de 70 pour 100 de principe calcaire, on trouve aussi des marnes favorables et des marnes défavorables à la production des fourrages. Lorsque le principe joint au carbonate de chaux, qui reste en résidu après la dissolution dans les acides, se trouve être du sable siliceux, la marne peut, dans les terrains secs, nuire à la production des fourrages; mais lorsque ce résidu est de l'argile, la marne alors leur est favorable; le toucher peut d'ailleurs suffire pour faire juger de la nature de ces résidus; la rudesse et la sécheresse indiquent la silice; la douceur et le moelleux annoncent l'argile ou l'alumine; mais les effets produits sur le sol décident encore mieux la question.

La nature du sol modifie encore ces propriétés différentes des marnes; d'une part, dans un sol argileux la marne sablonneuse développe, à notre avis, tous ses avantages: sa propriété desséchante tourne au profit du sol; d'autre part, dans un sol léger et sec, la marne argileuse rafraîchit la terre, et lui donne la faculté de produire des légumineuses; mais si on met la marne sablonneuse dans un sol à la fois léger, sec, graveleux et peu profond, comme celui de quelques cantons du Dauphiné, alors la marne *brûle*, comme on le dit, la terre; elle favorise bien encore les céréales d'hiver, mais elle dessèche tellement le sol, qu'en été elle reproduit presque chaque année tous les effets principaux de la sécheresse, qui consistent à détruire les grains et les fourrages semés au printemps.

Du reste, il nous semble qu'on pourrait, en Dauphiné, échapper à cet inconvénient causé sur quelques points par la marne sablonneuse: il suffirait d'employer la marne argileuse qu'on trouve dans presque toutes les localités, près de la marne sablonneuse; mais on trouve cette marne faible; on la rejette, parce qu'elle ne produit pas autant de froment que l'autre, et que dans cette contrée, cette céréale est presque l'unique récolte que l'on demande à la terre.

En résumé, pour peindre l'état du pays par rapport au marnage, nous dirons que des propriétaires instruits, qui font valoir eux-mêmes, et qui ont vu naître, il y a cinquante ans, l'usage de la marne, entre autres M. Raymond, maire à Saint-Priest, et M. Sandier, propriétaire à l'Abbaye, près Pusignan, pensent que si cet amendement a accru dans un petit nombre de graviers peu profonds, les dangers de la sécheresse, néanmoins, même dans les fonds secs de la plaine, des terres qui, avant le marnage, doublaient à peine leur semence en seigle, donnent encore, quarante ans après cette opération, quatre pour un, après avoir rendu huit pour un pendant les dix ou douze premières années qui ont suivi le marnage.

En général, la marne, dans la plupart des fonds où on l'a mise, a au moins doublé, pendant dix à douze ans, les produits bruts, et depuis, même après quarante ans, le produit est encore plus fort de deux semences qu'il n'était auparavant.

Après ce laps de temps, ce qu'il y a encore de très-remarquable, c'est que les plantes qui infestent les sols siliceux, et particulièrement le chiendent, auquel on donne dans le pays le nom d'herbe froide, ne reparaissent plus sur le sol d'où la marne les avait chassés dès la première année.

On remarque que pendant les quatre ou cinq premières années du marnage, l'avoine fleurit longtemps, ne retient pas de grains à la floraison, mûrit à peine et graine peu : on reproche aussi à la marne de nuire, dans le pays, aux arbres fruitiers et même aux autres espèces d'arbres : la cause en est sans doute à ce que cet amendement dessèche trop activement le sol ; que les arbres placés dans un terrain déjà si sec manquent plus vite de l'eau nécessaire à leur existence, quoiqu'ils aient besoin de transpirer abondamment, ainsi que cela a été établi par de nombreuses expériences.

Les doses de marne sont à peu près les mêmes dans les divers cantons ; cependant on emploie la marne argileuse en proportion un peu plus forte que la marne sablonneuse.

Dans ce qu'on appelle *terres fortes, terres froides,* qui produisent du chiendent, on en met un cinquième de plus que dans les graviers.

La dose ordinaire dans les graviers est de cent mètres cubes par hectare, soit un mètre cube par are ; cette dose, qu'on accroît d'un cinquième pour les terres fortes, produit sur le sol une couche de $0^{m},01$ d'épaisseur, et en conséquence forme un douzième de la couche labourée, qui a le plus souvent $0^{m},12$ d'épaisseur.

Avec cette dose de marne, les seconds marnages ont été essayés et jugés inutiles ; cependant on les emploie lorsque le chiendent ou d'autres mauvaises herbes reparaissent dans le sol, afin de les en chasser de nouveau.

On rencontre dans ce pays la marne sur presque toutes les hauteurs, placée à peu de profondeur dans le sol ; elle est, comme nous l'avons dit précédemment, de plusieurs qualités. Celle qu'on préfère généralement est la marne sablonneuse, plus ou moins mêlée de cailloux et de gravier. Cette marne, d'une couleur gris bleuâtre, renferme très-peu d'argile : analysée à part de ses gros graviers et de ses cailloux, elle contient plus de 70 pour 100 de carbonate de chaux, très-peu d'argile ; le reste se compose presque entièrement de sable siliceux.

Nous avons analysé des échantillons de cette marne pris à plusieurs kilomètres les uns des autres, et nous avons trouvé qu'au mélange près des graviers, sa composition était partout à peu près identique : à Pusignan, on la rencontre presque toujours pure ; tandis qu'à Saint-Priest elle sert souvent de gangue à beaucoup de graviers siliceux, gros et petits.

Les marnes argileuses qu'on rencontre n'ont pas toujours l'uniformité de composition des marnes sablonneuses.

A défaut de marne, on emploie quelquefois un gravier ou sable marneux, qu'on trouve partout, à peu de profondeur, sous la couche rougeâtre siliceuse qui forme la couche cultivée de presque toute la plaine; mais, comme il est moins riche en parties calcaires que la marne, on en met le double sur le sol.

On se sert quelquefois à Saint-Priest d'une marne coquillière, qui ne paraît pas différer sensiblement de la couche végétale de tout le plateau de terre douce sur lequel est placé le village : elle contient 20 pour 100 de carbonate de chaux. Ces terres, avec cette proportion de principe calcaire, ne se marnent point, et sont de très-bonne qualité.

Six échantillons, pris dans les autres marnes de différentes espèces de Saint-Priest, et analysés sans être séparés de leur gravier siliceux, ont donné 35 pour 100 de carbonate de chaux, tandis que sur neuf échantillons, pris à Pusignan, la proportion moyenne a été de 60 pour 100.

Cette grande différence dans la richesse des marnes de diverses espèces, dans ces deux pays, tient à la grande quantité de gravier siliceux qui se trouve engagée dans les marnes de Saint-Priest. Malgré la grande différence dans la proportion de carbonate de chaux, on marne dans les deux pays à la même dose : aussi trouve-t-on à Pusignan plus de fonds qui en ont souffert qu'à Saint-Priest.

Quoique la marne ait déjà répandu ses bienfaits sur une assez grande étendue de sol en Dauphiné, on ne peut s'empêcher d'être étonné en remarquant combien cette pratique s'étend lentement, et arrive péniblement aux lieux où son emploi est facile, et où elle convient éminemment au sol. La moindre barrière semble l'arrêter; une rivière, des limites départementales, paraissent des obstacles qu'elle ne peut franchir.

Pratiqué d'abord aux portes de Lyon, sur la rive gauche du Rhône, le marnage a remonté le cours du fleuve jusqu'à Crémieux, qui en est éloigné de 25 kilomètres; il est descendu à peu près jusqu'au Péage, qui en est à 40 kilomètres; mais il est à peine sorti de l'arrondissement de Vienne, et ne s'est point encore établi sur la rive droite du fleuve.

Cependant, sur la partie de cette rive qui appartient au département de l'Ain, on en est aux premières tentatives. Quelques Dauphinois ont traversé la rivière pour essayer, sur notre sol, leur culture et leur marnage : malheureusement peu de cultivateurs avancés se sont décidés à émigrer; pour pouvoir se transporter avec avantage dans un climat et sur un sol un peu différents, il faut avoir des connaissances étendues, peu de préjugés, beaucoup d'avances; conditions qui se rencontrent bien rarement chez les cultivateurs qui quittent leur pays.

Heureusement ils ne sont pas seuls à tenter des essais : M. de La Chapelle, qui a déjà donné tant de bons exemples en agriculture, a commencé des expériences.

M. Plantier, maire de Saint-Maurice-de-Gourdan, sur les bords de la rivière d'Ain, en a fait un emploi qui a très-bien réussi; et l'amélioration de ses récoltes est pour tous ses voisins un exemple et un encouragement qui ne sera sans doute pas perdu.

Il y a encore bien loin, il est vrai, des premiers essais de la marne dans un pays, à son introduction dans la pratique générale de l'agriculture; cependant c'est déjà beaucoup que d'avoir commencé, si les essais entrepris se font dans des circonstances et des localités favorables.

Le raisonnement et les analogies conduisaient naturellement à conclure que le sol des bords du Rhône dans tout son cours, et le sol de la partie du bassin de ce fleuve qui s'étend jusqu'aux montagnes, étaient d'une composition analogue et due aux mêmes formations : l'inspection des lieux a confirmé l'exactitude et la vérité de ces analogies.

Dans le désir de justifier nos conjectures, nous avons parcouru, à diverses reprises, et sur les deux rives, une partie du bassin du Rhône; nos excursions, poussées jusqu'à Arles, nous ont fait reconnaître partout des formations analogues : la couche végétale des plaines caillouteuses du Dauphiné, sur lesquelles la marne a produit tant d'effet, de la plaine de Valbonne, dans le département de l'Ain, des graviers de Valence, des garigues de Vaucluse, et par aperçu, de la plaine de la Crau, est généralement composée d'un sol rougeâtre siliceux, abondant en cailloux siliceux, qui annoncent une même origine.

On trouve le plus souvent sous ce sol, à plus ou moins de profondeur, des formations calcaires, des marnes sablonneuses, des sables et des graviers calcaires, et quelquefois des marnes argileuses.

Nous ne nous étendrons pas davantage sur ces observations, que nous ont fournies nos voyages dans le bassin du Rhône, et qui trouveront peut-être leur place ailleurs; mais nous en avons rapporté l'entière conviction que, à l'exception des fertiles alluvions du Rhône, qui contiennent le calcaire peut-être en trop grande proportion, une grande partie du sol qui forme cet immense bassin, et particulièrement celle à laquelle on a droit de reprocher son aridité, peut devoir à la marne les mêmes bienfaits qu'en a retirés et en retire encore l'arrondissement de Vienne.

Quant à ce qui regarde particulièrement le département de l'Ain, il semble que la formation du gravier rougeâtre s'est avancée jusque dans le bassin des affluents du Rhône, et particulièrement dans celui de la rivière d'Ain : ainsi, sur la rive gauche, la plupart des graviers rouges, vis-à-vis Pont-d'Ain, et, en suivant, Château-Gaillard, Saint-Denis, jusqu'au confluent, appartiennent à la même formation; et sur la rive droite, la plaine entière de la Valbonne serait l'une des parties les plus ingrates de cette formation de sol siliceux rougeâtre, superposé à des graviers marneux.

Sur la côtière et dans l'intérieur des terres, dans une partie du sol, de Meximieux à Chalamont, on remarque à peu près les mêmes circonstances; mais, comme le sol y est coupé, inégal et ondulé, les formations n'y ont pas la même régularité qu'en plaine : on y trouve fréquemment le gravier rougeâtre siliceux à la surface; mais ces couches n'ont pas partout la même épaisseur : assez rarement on trouve, comme dans la plaine, les formations marneuses sous la couche végétale; mais il est assez ordinaire qu'on les trouve à plus ou moins de profondeur : ainsi, dans plusieurs arrachements des bords de la route, entre Meximieux et Chalamont, on trouve le gravier marneux et effervescent; la tuilerie placée sur la grande route travaille dans la marne; M. Rivoire en a trouvé dans son clos, à Chalamont, et dans le trajet de cette ville à Bourg, on rencontre le gravier marneux sous le gravier rougeâtre.

En avançant dans l'intérieur des terres de la Dombes, dans le bassin des petites rivières qui se jettent dans la rivière d'Ain ou dans le Rhône, on trouve aussi des bancs de marne : M. Rivoire m'a envoyé de Saint-Éloi une marne blanche qui contient 65 pour 100 de carbonate de chaux; enfin à Rigneux, on rencontre des bancs d'une couleur gris blanchâtre qui annoncent une marne très-riche. On pourrait donc regarder comme probable que dans la partie du département qui verse ses eaux au Rhône ou dans ses affluents (et cette partie en compose plus de la moitié), on pourrait trouver de la marne sans la prendre à de trop grandes distances. Par conséquent, dans cette grande surface, une portion de la Bresse, une assez grande étendue du Bugey, et près de la moitié de la Dombes, qui ont leurs versants du côté du Rhône, peuvent devoir à la marne l'amélioration de toutes les parties de leur sol qui ne contiennent pas l'élément calcaire, c'est-à-dire de presque toute leur surface.

Mais le pays de France où nous trouvons peut-être les plus anciens exemples de marnage, c'est le département du Nord, où quatre arrondissements sur six en font usage de temps immémorial, et où cette pratique est devenue, sur de très-grandes étendues, une opération régulière.

La surface des deux arrondissements de Dunkerque et d'Hazebrouck est composée, pour les deux tiers à peu près en étendue, d'un sol glaiseux, froid, auquel on donne dans le pays le nom de *terre à bois;* cette terre blanchâtre, qui ne devient fertile qu'au moyen du principe calcaire, paraît avoir la plus grande analogie avec notre terrain blanc.

Ce sol forme un long plateau qui s'étend de la Belgique au Pas-de-Calais; il s'élève au-dessus du sol d'alluvion qui forme le reste du pays, et qui paraît dû à des atterrissements de la mer ou des rivières qui s'y jettent : aussi sa formation exclut-elle les marnages.

Les arrondissements de Dunkerque et d'Hazebrouck emploient donc la marne sur les deux tiers de leur surface, et tous les vingt ans on y répand sur le sol, par hectare, une vingtaine de voitures à deux chevaux de cet amendement; cette dose fait à peu près $0^{m},34$ cubes de marne par 77 mètres de surface, ou, sur le sol, une couche d'environ 3 millimètres.

La marne arrive dans ces contrées par les canaux des environs de Saint-Omer; comme les canaux circulent particulièrement dans le pays d'alluvion, on est obligé de la charrier sur le plateau jusqu'à 15 à 20 kilomètres dans les terres : elle revient en moyenne, sur place, suivant l'estimation de M. Dieudonné, dans la statistique du Nord, à 6 francs la voiture.

Cette marne est une pierre blanche, tendre, très-friable, qui semble analogue à celle des environs d'Auxerre, que nous avons déjà décrite. C'est probablement aussi celle dont nous avons suivi l'emploi dans les environs de Montreuil-sur-Mer, ville peu distante de Saint-Omer, et nous remarquerons, en passant, que les doses, les procédés et les intervalles auxquels se font les marnages ont la plus grande analogie, à cette différence près que les uns la tirent du sol même auquel ils l'appliquent, tandis que les autres vont l'acheter cher et loin des lieux où ils l'emploient.

Dans cette même Flandre, où les villes sont très-nombreuses et et très-rapprochées, les boues des rues sont des engrais fort importants et fort estimés; on les emploie particulièrement après la marne dont elles paraissent accroître beaucoup l'effet; dans les environs de Dunkerque et de Bergues, on obtient par leur mélange avec elle des composts très-fertilisants.

Les arrondissements de Cambrai et d'Avesnes, quoique plus près des carrières de marne, en font beaucoup moins usage que les deux autres; M. Dieudonné ne porte qu'à un quarantième de la surface totale les parties où on l'emploie encore, et on ne renouvelle les marnages que tous les trente ans.

On la juge cependant très-utile aux terrains bas et humides pour les dessécher, et aux argiles tenaces pour les diviser.

Dans le reste du pays, on préfère à la marne les autres amendements calcaires, tels que la chaux, les cendres de tourbe, de houille, les cendres fossiles, mélangées ou non avec la chaux, soit qu'on les trouve moins chers, soit qu'ils exigent moins de transport, ou enfin, peut-être, parce qu'ils produisent un effet plus actif et plus prompt.

Les environs de Lille n'emploient en fait d'amendements de cette espèce que les cendres de tourbe sur les trèfles; la raison en est toute simple : le sol du pays contient 2 à 3 pour 100 de carbonate de chaux, ce qui suffit pour lui donner les principales qualités que nous avons vu appartenir aux sols calcaires; peut-être aussi l'amendement des cendres de tourbe, qui revient regulièrement sur le sol, à mesure qu'il passe par la rotation des prairies artificielles, suffit-il pour lui rendre les parties calcaires qu'absorbe la rotation entière : nous remarquerons, à ce sujet, que les cendres de tourbe sous-marine, qui contiennent en plus grande proportion le principe calcaire, sont beaucoup plus estimées que celles de tourbe terrestre.

On voit que les marnages sont en usage dans la plupart des départements qui forment les côtes du nord-ouest de la France : nous avons parlé de ceux du Nord, du Pas-de-Calais, de la Seine-Inférieure; ceux du Calvados méritent aussi d'être remarqués : deux de ses arrondissements, Pont-l'Évêque et Lisieux, lui doivent leur fécondité.

On y emploie la marne blanche ou pierreuse, et, à défaut de celle-ci, la marne grise.

La marne blanche s'emploie à la dose de 25 à 28 mètres cubes par hectare, ou d'un peu plus de 2 millimètres sur la surface du sol, c'est-à-dire à la même dose que dans le département du Nord. La marne grise s'emploie à une dose triple. On renouvelle les marnages tous les quinze ans sur les terres humides, et tous les vingt-cinq ans sur les terres sèches. On trouve que la durée de la marne blanche, quoique à dose moindre, est plus longue que celle de la marne grise; dans les environs de Honfleur, on va chercher cette dernière à 25 et même 34 mètres de profondeur. Serait-ce là le canton des Gaules où, du temps de Pline, on la tirait déjà de 33 mètres sous terre? Dans l'Ain, à cette profondeur, l'exploitation serait très-difficile, parce que les bancs de marne y retiennent presque toujours l'eau à leur surface. Peut-être est-ce la même raison de l'affluence des eaux qui force les Flamands à aller chercher la marne au loin plutôt que de la tirer de leur propre sol, où il est à présumer qu'ils la trouveraient à une profondeur plus ou moins grande[1].

[1] M. Garnier, ingénieur des mines, auteur de l'*Art du Fontainier sondeur*,

Mais, pour en revenir enfin au marnage de l'Ain, le premier qui ait fait usage de la marne est le fermier Meysson, de Foissiat. Un hasard semblable à celui qui favorisa le Dauphinois de Parilly lui fit connaître il y a trente ans l'effet de la marne : les terres d'un fossé, dont il était embarrassé, répandues sur un fonds, lui en montrèrent toute l'efficacité; il chercha et trouva son nom dans quelques vieux ouvrages d'agriculture qu'il consultait quelquefois. Après avoir fait plusieurs essais pour confirmer les premiers résultats, il se détermina bientôt à entreprendre ce travail en grand sur son exploitation.

Il fallut à cet homme industrieux du courage, de la constance et de fortes avances (circonstances qu'il est rare de trouver réunies), pour tenter cette entreprise sur une terre qui ne lui appartenait pas.

En Bresse, on a l'usage de charger aussi souvent qu'on le peut les fonds, et particulièrement ceux en terrain blanc, de terres extraites des fossés, des chaintres ou des prés. Cette opération est nécessaire sur une grande partie des fonds situés en plaine, pour les élever, les égoutter et leur donner une pente factice que la nature leur a refusée.

Elle est nécessaire aussi pour les fonds en pente dont la terre, par suite de la forme des labours, qui se font en petits sillons, est facilement entraînée par les eaux.

La dose de terre qu'on y charrie est ordinairement d'une couche d'un pouce et demi répandue sur la surface. L'analogie conduisit Meysson à charger ses fonds de cette quantité de marne argileuse; son sol, moins argileux que la plupart de ses analogues de Bresse, a éprouvé tous les bienfaits de la marne, et n'a ressenti que plus tard les inconvénients de sa trop grande abondance, ce qui a été très-heureux pour la propagation de la méthode.

L'exemple partait d'un fermier, et d'un fermier que ses voisins estimaient depuis longtemps pour son intelligence et sa capacité: Meysson eut donc bientôt d'autres fermiers pour imitateurs, mais ils firent la même faute que lui.

Le fermier Laurent, d'Attignat, l'un des premiers qui aient suivi son exemple, a marné à 350 mètres cubes par hectare, ou plus de $0^m,03$ d'épaisseur sur le sol; d'autres l'ont imité, mais les frais énor-

dans toutes les fouilles qu'il a faites pour des puits artésiens, dans les pays limitrophes de l'Artois, a toujours trouvé les bonnes eaux dans le calcaire crayeux et friable, qui n'est autre chose que la marne de tous ces pays: bien plus, il annonce que, dans tous les sondages faits en Flandre, jusqu'à Gand et Anvers, on a toujours trouvé le calcaire crayeux à des profondeurs variables

mes de charroi et d'extraction ont dérangé les affaires de quelques-uns des fermiers les plus zélés pour le marnage, qui avaient ainsi placé sur le fonds d'autrui tout le capital dont ils disposaient.

Ces considérations, le temps qu'exigeait une opération ainsi conduite, et les conseils de quelques personnes qui, connaissent les proportions admises dans les pays où le marnage était ancien, ont bientôt diminué d'un tiers cette énorme quantité; on en met maintenant généralement moins de 27 millimètres d'épaisseur, proportion qui devra encore être diminuée peut-être des trois quarts avant d'être arrivée à la dose la plus convenable.

Sans doute, dans l'Ain comme ailleurs, la quantité de marne doit dépendre beaucoup de sa nature et de celle du sol; mais jusqu'ici nous n'avons employé que des marnes argileuses, qui contiennent moins de 50 pour 100 de chaux carbonatée, et les sols sur lesquels on l'a placée sont des sols humides, qui craignent moins l'abus de la marne que les terrains secs : nous courons donc jusqu'ici moins de risque que les cultivateurs d'autres pays, de ceux surtout où l'on a marné des sols légers et secs avec de la marne blanche. Cependant cette trop forte dose de marne a amené deux notables inconvénients : le froment se laisse aller et tombe après la fleur ; en outre, le grain des champs *surmarnés* a été moins brillant, moins rond, d'une moins belle couleur; on a diminué ces inconvénients, dont le second dépend peut-être du premier, en semant moins épais et en mettant du fumier à mesure qu'on s'est éloigné de l'époque du marnage.

Le marnage, en s'étendant, a varié dans sa pratique; il s'est introduit, depuis plus de vingt ans, dans la partie de l'arrondissement de Louhans (Saône-et-Loire), qui fait la suite du plateau de Bresse, et qui a avec lui les plus grandes analogies de sol, de culture, de langage et même de costume.

Dans ce pays, près de la moitié du sol est divisée en petites exploitations qui ne se travaillent qu'avec des vaches : les moyens de transport sont donc, en général, beaucoup plus faibles, et ils paraissent avoir conduit à une dose de marnage en rapport avec eux. La couche marneuse s'y trouve généralement plus près du sol; en Bresse, on ne la voit guère affleurer que sur les pentes des ondulations de terrain, tandis que plus loin on la rencontre souvent au niveau du sol, sur les parties les moins élevées des plateaux : elle y est en général moins riche qu'en Bresse; et cependant la dose moyenne n'y est à peu près que de $4^{m},10$ par coupée, ce qui forme une couche de 6 millimètres sur le sol.

Cette quantité est le quart au plus de la dose usitée en Bresse, et encore tend-elle à diminuer. Le cultivateur paraît convaincu qu'il suffit d'en mettre sur le sol un peu plus que de *terrée*, espèce de compost qu'il fait en hiver, dans ses cours, avec de la terre, du fumier, des balles de grains et des débris de végétaux pourris. Cependant l'effet qui en résulte est très-grand : le produit de la paille a presque doublé, la quantité de céréales d'hiver s'est accrue de deux semences, et les maïs et menus grains produisent près du double.

Ce grand effet, causé par une petite dose de marne peu riche, a propagé le marnage au point que, dans les communes où il s'est étendu, plus de la moitié du sol est marnée.

Nous verrons plus loin que cette dose, à laquelle un instinct juste et heureux semble les avoir amenés, est précisément la plus convenable, et qu'elle est celle des pays où le marnage est le mieux entendu.

Quoique cette pratique semble avoir fait beaucoup de progrès en Bresse, la dose en usage y est tellement forte, qu'il n'y a probablement pas un huitième du sol auquel la marne convient, qui ait été marné.

A peine s'est-elle introduite dans la moitié des communes qui renferment des terres siliceuses de diverses qualités et qui se trouvent à portée des marnières; dans celles où elle a gagné, on a en moyenne marné à peine la moitié du sol qui aurait pu l'être avec avantage.

Il reste donc beaucoup à faire, quoique le plus difficile, l'introduction de cette pratique dans la culture générale, soit déjà fait, et quoique la conviction des grands avantages de cette amélioration soit devenue populaire.

On conçoit qu'une grande partie des obstacles disparaîtrait si la dose de marne était réduite au quart de celle maintenant en usage; il faudrait que les propriétaires donnassent eux-mêmes l'exemple sur les fonds qu'ils cultivent; qu'ils ne se contentassent pas de recommander vaguement la marne à leurs fermiers, mais qu'en leur prescrivant d'en essayer de moindres doses, ils vinssent expressément à leur secours, soit en les aidant dans les charrois, soit encore en leur accordant quelque indemnité, compensation bien méritée, puisqu'une semblable amélioration est réellement pour le domaine un grand accroissement de valeur foncière. En accordant cette indemnité, ils ne seraient que justes et imiteraient ce qui se passe dans la plupart des pays où le marnage est une opération générale de l'agriculture.

Il est résulté plusieurs notables inconvénients de cette forte dose de marne. Lorsque son plus grand effet a cessé, on a voulu recommencer à marner; mais, comme la dose nouvelle était dans la proportion de la première, les labours étant très-peu profonds, l'addition d'une dose de deux centimètres aux trois ou quatre du premier marnage a fait que plus de la moitié du sol s'est trouvée être de marne pure, et il en est résulté une mauvaise qualité de sol.

Dans les sols argileux, alors même qu'on n'en a pas remis une nouvelle dose, lorsque l'effet de la marne est devenu moins sensible, on s'est aperçu qu'en augmentant sensiblement la dose d'argile du sol, on l'avait rendu plus compacte et plus difficile à travailler, et que le blé noir et les pommes de terre y réussissaient moins bien. Dans les terrains sablonneux et profonds, cette dose de marne a été plus nuisible qu'utile ; elle les a rendus trop secs, trop chauds ; on a vu s'y multiplier les coquelicots et les rhinantus ; on a voulu en conclure que la marne ne leur convenait pas, quand seulement c'était la dose qui était au delà de ce que le sol demandait. Ces raisons, et la diminution de fécondité des fonds marnés auxquels on n'a pas donné de l'engrais en proportion de leur produit, ont un peu discrédité l'emploi de la marne. Il en est résulté que désormais les fermiers font moins d'efforts pour marner les fonds qui n'ont pas reçu cet amendement. On conçoit que ce mouvement, retardé dans le pays où il a pris naissance, se propage d'autant moins dans les pays voisins. Aussi le marnage s'étend-il peu sur ce grand plateau dont nous avons parlé précédemment, et qui pourrait lui devoir cette première impulsion de fécondité sur laquelle doit s'établir tout avenir de prospérité agricole.

Pour compléter ce que nous avons à dire sur les pratiques de marnage, il nous reste à rendre compte des marnages de la Sologne ; nous y trouverons de très-utiles leçons pour le marnage des terrains sablonneux.

Partout où on l'a essayée sur ce grand plateau, cette pratique a fait prospérer toute la famille des légumineuses, et a transformé les sols arides, à ce point que le cultivateur étonné les reconnaît à peine. Cet effet est déjà produit sur d'assez grandes étendues : à la Chapelle d'Angillon, entre Aubigny et Bourges ; à Chilly, chez M. Mallet, et dans un assez grand nombre de communes peu éloignées du Val-de-Loire, elle a changé la face de l'économie agricole ; mais la marne y est souvent rare et éloignée ; on ne l'a point encore cherchée dans les profondeurs du sol, où probablement on l'eût rencontrée sur un grand nombre de points. Là, on ne la rencontre pas à la surface, on la tire des lieux où les affleurements la montrent. On va la chercher souvent à plusieurs kilomètres de distance, et on l'achète quelquefois sur les lieux mêmes de l'extraction jusqu'à 1 fr. 50 c. la voiture. Enfin il est des points où elle revient à 6 francs, 10 francs même la charge de moins d'un demi-mètre cube. Pour qu'on l'achète à ce prix, il faut donc que ses résultats aient été bien grands.

La marne qu'on emploie est le plus souvent terreuse, peu riche. Celle d'Aubigny ne m'a donné que 40 pour 100 de carbonate de chaux; celle de la Chapelle d'Angillon semble n'en pas différer pour la richesse. Les marnes d'un même pays offrent le plus souvent la même composition.

On n'emploie en général que huit à dix mètres cubes de cette marne peu riche par hectare, ou une couche d'un millimètre d'épaisseur. Cette quantité ne donne pas à la couche labourable de treize centimètres d'épaisseur, trois millièmes de carbonate de chaux.

Nous n'avions vu nulle part la marne employée avec autant de parcimonie qu'en Sologne; l'on conçoit alors que pour qu'elle produise son effet sur toute l'étendue du sol, il faut qu'elle soit bien soigneusement répandue, puisque, réduite en poussière, elle ferait tout au plus une couche d'un millimètre d'épaisseur. Toutefois, malgré la faiblesse de ces doses, l'effet de la marne est encore très-sensible et se prolonge pendant plus de dix ans. Le froment paraît sur ces terres qui n'ont jamais produit que du seigle, le trèfle surtout y réussit, et donne les moyens de fumer ce sol aride.

M. Mallet, à Chilly, en emploie une plus forte dose, à peu près quinze mètres cubes par hectare, quoiqu'il soit obligé de la tirer de huit kilomètres de distance. Si la composition de cette marne est analogue à celle d'Aubigny, la couche labourable n'en reçoit pas un demi pour cent de carbonate de chaux, quoiqu'elle soit supérieure de moitié à la dose en usage à la Chapelle d'Angillon et dans les environs d'Aubigny. Nous trouverions bien ici la confirmation de ce que nous avons dit ailleurs, que c'est plutôt comme condiment que comme partie constituante du sol que la marne est utile.

Ces doses sont faibles sans doute, mais je ne pense pas que ce soit seulement le hasard ou le besoin d'épargner qui y ait conduit; l'abus qu'on a fait de la marne sur les lieux où elle était à portée a conduit à en réduire la quotité et à la fixer à la dose que nous venons de désigner. Il en est même résulté, sur quelques points, le préjugé que l'on retrouve ailleurs, *que la marne enrichit les pères et ruine les enfants*. Mais là, comme ailleurs, on a confondu dans quelques communes l'usage avec l'abus. On conçoit comment a dû s'établir ce préjugé; d'une part, quand l'exemple du succès a déterminé un pays de terres légères à employer la marne, le raisonnement conduisait naturellement, dans la vue d'accroître la consistance du sol, à employer une dose plus forte de cette marne argileuse; il en est résulté bientôt plus de mal que de bien; d'autre part, alors même qu'on a employé une dose plus convenable, on a voulu profiter de la fécondité miraculeuse qu'on avait créée. On a fait succéder les récoltes épuisantes les unes aux autres sans intervalle et sans rendre au sol l'engrais nécessaire; on a augmenté les récoltes de grains et diminué les années de pâturage. Le sol s'est alors épuisé, et a semblé redescendre à son ancienne stérilité qui a paru d'autant plus grande qu'elle succédait à la fécondité. Mais avec des engrais, une culture prudente, et des assolements judicieux, la fécondité produite par la marne se soutient longtemps et peut être renouvelée; c'est ce que prouve l'expérience de pays immenses, où la marne a été de temps immémorial et est aujourd'hui encore la base de la prospérité agricole. L'expérience même de la Sologne le confirme; tous ceux qui y ont employé la marne avec réserve et mesure, n'ont pas cessé un moment de s'en applaudir.

Il faut bien remarquer qu'en marnant un mauvais sol, on le met en état de produire comme un sol fécond, et surtout on lui donne la faculté qui distingue éminemment les bons sols, de prendre, d'absorber dans l'atmosphère la plus grande partie des principes qui composent les végétaux: mais la marne ne leur donne pas l'humus qui constitue une partie notable des bons sols, et qui est aussi un élément nécessaire à une végétation active, en sorte que la marne, qui dispose l'humus à s'assimiler, a consommé dans les végétations successives la petite quantité d'humus qui se trouvait dans le sol sans que le cultivateur l'ait remplacé. Le sol est encore actif et capable de produire; mais il a perdu son humus, élément essentiel de son activité. Toutefois ses avantages sont plutôt suspendus que perdus, et peuvent encore être rétablis. En lui rendant sans parcimonie le fumier qu'on lui a retiré, on peut encore le rappeler à une fécondité supérieure à celle qu'il avait avant le marnage.

La faculté essentielle de la marne, que rien ne peut lui faire perdre et qu'elle partage avec tous les composés calcaires employés dans les sols privés de ce principe, c'est de multiplier la force et les effets soit de l'humus naturel du sol, soit des engrais qu'on lui donne. Cette faculté survit aux imprudences assez naturelles du cultivateur qui veut toujours retirer le plus possible, en faisant peu de sacrifices. Mais, qu'il redevienne juste envers son terrain, et il le trouvera de nouveau reconnaissant de ses soins.

Il existe en Sologne des sols légers qui se refusent à produire, qui ne consomment pas même l'engrais qu'on leur fournit; c'est surtout dans ces sols que la marne ne doit être mise qu'à petite dose. Douze à seize voitures d'un demi-mètre cube par hectare, ou moitié de la dose que nous avons énoncée ci-dessus leur suffisent; l'expérience a prouvé qu'une dose plus forte aurait plus d'inconvénients que d'avantages.

Un effet analogue s'est produit dans le département de l'Ain. Sur quelques parties du plateau sablonneux et humide de la Bresse, dites *terrain mort*, de fortes doses de marne ont été aussi nuisibles qu'utiles. Dans d'autres parties encore, des marnages à doses considérables sur des terres sablonneuses sèches, ont altéré les produits pendant plusieurs années. Pour ces sols, on a renoncé tout à fait à la marne; c'était seulement sa dose qu'il fallait modifier.

Il résulte de ce que nous venons de dire sur la marne et sur son application à la Sologne, que cette substance, employée avec discernement, est pour ce pays, comme pour tous ceux qui lui sont analogues, un agent précieux de fécondité; que l'expérience a appris à ses cultivateurs la dose convenable de marne qui convient à leur sol; que cet amendement a d'autant plus de prix pour ce pays, qu'une moindre dose suffit pour le féconder. Une dose moyenne de dix mètres cubes par hectare suffit au sol pour lui faire produire du trèfle, et pour accroître de moitié toutes les récoltes. Il s'ensuit qu'alors même qu'en Sologne on payerait la marne 15 francs le mètre cube, la dépense d'un amendement dont l'effet se prolonge au delà de dix ans se retrouverait tout entière dans le surplus de produit des deux ou trois premières années. Les autres pays y trouveront la confirmation de ces principes essentiels, mais trop peu connus des marnages bien conduits, que la dose de marne doit être proportionnée à la consistance du sol; qu'en général de faibles doses peuvent produire de grands effets, et qu'on peut sans aucun inconvénient réduire de moitié, des trois quarts peut-être, les doses en usage ailleurs. Il en résulterait que les bienfaits de la marne s'appliqueraient, dans un même espace de temps et sans plus de dépense, à de plus grandes surfaces, et pourraient s'étendre à des pays qui sont éloignés des gisements de cette précieuse substance, et où les cultivateurs ont peut-être été jusqu'ici rebutés par le trop grand nombre de charrois dispendieux que demande la dose ordinaire.

Mais arrêtons-nous, pour ne pas anticiper sur ce que nous avons à dire sur ce sujet dans les chapitres qui vont suivre.

CHAPITRE VIII

Théorie et pratique des seconds marnages; durée des effets de la Marne.

Les détails qui précèdent peuvent nous donner quelques lumières sur les seconds marnages, pour lesquels, dans les livres, et même dans la pratique, il reste beaucoup de vague et de doute.

Ici, on les admet, et ils sont une opération régulière de l'agriculture; là, on les rejette comme étant inutiles et même quelquefois nuisibles. Ces différentes circonstances peuvent maintenant s'expliquer au moyen des considérations précédemment développées.

L'effet essentiel du marnage sur le sol est de modifier sa nature et sa composition ; de lui donner, en un mot, les qualités des sols calcaires, et de lui ôter les inconvénients des sols siliceux.

La végétation annuelle, en s'exerçant dans ces sols, consomme, comme nous l'avons vu, une partie de l'élément calcaire. S'il y a été mis en très-grande quantité, les années qui s'écoulent le laissent encore en assez forte proportion ; une nouvelle addition de marne est alors inutile, et même nuisible.

Si la marne hâte trop la décomposition de l'humus, ou si elle ajoute à la ténacité ou à la légèreté déjà trop grande du sol, le marnage ne doit pas se répéter.

L'expérience de tous les pays où les seconds marnages ne conviennent pas appuie effectivement cette théorie : en examinant avec attention la pratique des lieux dont Arthur Young, Marshall et autres auteurs, décrivent le marnage ; en réfléchissant sur les marnages que nous avons vus nous-mêmes, on juge, d'une manière positive, que partout où cet amendement a été employé à haute dose, comme par exemple, de dix à quinze millimètres de marne pierreuse en poussière ou en grumeaux, ou de quinze à vingt millimètres de marne argileuse, les seconds marnages sont généralement inconnus ou rejetés.

On conçoit très-bien que, dans un pays où l'on met 0^{m},03 de marne argileuse, et où, comme dans la plupart des cantons du département de l'Ain, on remue à peine, à la charrue, 0^{m},07 à 0^{m},08 de la surface, la première dose de 0^{m},03 fait déjà, à elle seule, plus du tiers de la surface remuée, et le sol se trouve pour toujours changé de nature. Si à ce sol où il y a déjà surabondance, on vient, au bout de quelques années, en ajouter encore une pareille dose, les 0^{m},07 à 0^{m},08 de terre remuée seront plus de moitié composés de marne, substance tenace de sa nature et peu fertile ; le sol sera peut-être alors dans un état pire qu'avant : les seconds marnages, dans notre pays, pour les terres marnées dans cette proportion seront donc pour longtemps, et pour toujours peut-être, à rejeter. Dans les lieux, au contraire, où les premiers marnages sont tout au plus de moitié des premières proportions que nous venons d'indiquer, c'est-à-dire de deux à quatre millimètres de marne pierreuse, et du double en marne argileuse, le marnage, devenu une opération d'agriculture qui se répète régulièrement, donne à la terre une fécondité soutenue, et qui s'accroît au lieu de diminuer.

Tous les raisonnements, et de puissantes considérations pratiques, appuient ce système de marnage modéré.

Le Créateur a mis entre les mains de l'homme un agent très-énergique, dont il lui est très-aisé d'abuser; employé sans mesure, il détruit les ressources du sol, tandis que, convenablement ménagé, il peut agir indéfiniment, et développer dans le sol une fécondité soutenue, qui récompensera la main discrète qui l'aura dirigé.

Dans un marnage modéré, on fait à son fonds une avance deux ou trois fois moindre que dans un marnage exagéré, et cette avance, le fermier peut la faire sans crainte; si la marne est peu éloignée, les frais rentreront par la différence seule des produits d'une année; le marnage peut alors laisser le temps nécessaire aux autres travaux agricoles, et surtout il est sans danger pour l'avenir. Au bout de quinze ou vingt ans, quand les parties calcaires ont diminué et ont perdu de leur activité, un nouveau marnage, de moitié à peu près du premier, rend à l'élément calcaire sa force de décomposition sur l'humus, renouvelle les forces absorbantes du sol, et présente en plus grande abondance, comme aliments, aux plantes qu'on cultive, soit l'acide carbonique, soit le carbone soit la chaux carbonatée.

Si, dans notre pays, le marnage ne s'est pas répandu plus activement, et s'il n'y a souvent qu'une petite partie du sol marnée, dans les lieux mêmes où la marne est le plus à portée, la faute en est aux marnages surabondants; un fermier n'a ni le courage ni le capital nécessaires pour faire au fonds dont il n'est pas propriétaire une avance qui souvent équivaut à près du quart de sa valeur, et qui doit, après les courtes années de son bail, profiter indéfiniment à tous ceux qui le remplaceront. En adoptant au contraire la dose de marne que nous avons vu que les cultivateurs de Saône-et-Loire ont admise, nos fermiers donneraient facilement la même extension à cette pratique, et nous verrions, au bout d'une période de quinze ou vingt ans, s'établir les seconds marnages. Les marnages modérés offrent donc un immense avantage; ils ménagent le sol, le cultivateur et son capital, facilitent l'introduction générale de la marne et sa prompte application à tout le sol; en outre, en amenant naturellement les seconds marnages, ils tendent à introduire un usage qui existe dans plusieurs lieux où l'on marne régulièrement le sol, et qui consiste à rembourser au fermier sortant, en même temps que les engrais qui restent dans le sol, une portion des frais de marnage, calculée sur le temps qui reste encore à courir jusqu'à ce qu'on recommence. Cet usage est une juste compensation pour celui qui cultive le fonds d'autrui, et il encouragerait puissamment l'extension des marnages, puisqu'il consiste à payer, à celui qui a travaillé, tout le travail qui ne lui profitera pas.

D'ailleurs, il n'en coûte rien au propriétaire; c'est une affaire entre fermiers, qui reçoivent dans la ferme qu'ils quittent ce qu'ils donnent dans celle où ils entrent. La propriété y gagne beaucoup, parce qu'elle n'a plus à essuyer l'appauvrissement que lui font subir d'ordinaire les fermiers dans les dernières années de leur bail.

Il paraîtrait assez naturel de conclure de l'ensemble des remarques qui précèdent qu'en général les marnages de divers lieux, que nous avons vu être à peine de deux à trois millimètres, seraient des seconds marnages, alors même que le souvenir des premiers n'existerait plus dans le pays.

Dans quelques cantons, où l'abondance des premiers marnages a rendu les seconds inutiles jusqu'ici, on s'est très-bien trouvé de donner aux fonds des composts de marne et de fumier : par ce moyen, tout l'effet de la marne semble se renouveler sur le sol, et on reste, en quelque façon, dans cet état de fécondité qui a signalé les premières années de son application.

C'est ici le lieu de parler de la durée de l'effet de la marne sur le sol. On voit, dans les détails des pratiques des différents pays, que la marne dure depuis dix, jusqu'à soixante, quatre-vingts ans, et dans quelques-uns même indéfiniment. Ce que nous venons de dire explique ces différences, qui, au premier coup d'œil, paraissent si étranges. La durée de l'effet s'étend en proportion des doses et de la richesse de la marne employée; et lorsqu'on examine de près les détails des diverses pratiques que nous avons décrites, cette opinion se trouve complétement justifiée.

Nous ne serions pas éloigné de penser que les marnages de la Flandre, qui ne s'élèvent guère qu'à une couche d'un millimètre, ceux de la Picardie, qui ne sont pas beaucoup plus forts, auraient été plus abondants en commençant; car ils se font avec de la marne pierreuse, à laquelle il faut du temps pour se déliter, et qui, souvent, reste longtemps en grumeaux. Il paraît donc impossible que cette quantité de marne, qui, réduite en poussière, ne fournirait qu'une couche d'un millimètre, mise en grumeaux sur le sol, et ne touchant, par conséquent, qu'en un petit nombre de points à la couche végétale à laquelle on la mêle, eût pu la modifier dans l'origine de manière à lui donner les qualités des sols calcaires : il a donc fallu que les premiers marnages fussent plus abondants pour produire un effet capable d'encourager à des marnages ultérieurs.

On peut croire aussi que les seconds marnages ne seront pas, dans un même pays, d'une utilité indéfinie; on doit regarder comme certain que la végétation n'absorbe pas toute la partie calcaire qu'amènent les marnages successifs : on conçoit donc que le moment arrive où le sol en a reçu et en conserve à peu près la dose la plus convenable, et où il a acquis toutes les qualités des sols calcaires. Dans cet état de choses, la marne a désormais peu de chose à lui faire gagner : mais son effet se continue pendant une longue série d'années, à la suite desquelles l'élément calcaire peut arriver de nouveau à une proportion telle, qu'un nouveau marnage soit très-productif.

Ce qui se passe généralement après les premiers marnages abondants est la confirmation de notre conjecture; le Norfolk, après un petit nombre de marnages, paraît être arrivé à n'en avoir plus besoin. Arthur Young parle des marnages qu'il a vu pratiquer dans les environs d'Holkham, et qui ont métamorphosé ce pays, auparavant aride et couvert de bruyères, en un pays très-productif. C'est précisément sur ce sol que M. Coke exerce maintenant la plus riche agriculture de l'Angleterre, et il est à remarquer qu'il n'y emploie pas la marne : il est donc probable que ses devanciers en ont donné au sol toute la quantité qui pouvait lui être utile, et que c'est à eux d'abord, autant qu'à son activité, son intelligence et ses capitaux, qu'il doit ses grands succès.

On peut croire aussi qu'en Flandre, les parties des arrondissements de Cambrai et d'Avesnes qui ont conservé l'usage du marnage, et qui ne le renouvellent, même à très-petite dose, que tous les trente ans, sont prés d'arriver à ce point de saturation du sol par l'élément calcaire.

Toutefois, nous nous garderons bien d'admettre la fausse opinion qui s'est répandue aujourd'hui dans beaucoup de pays où les nouveaux marnages se sont faits sans succès, que l'effet de la marne sur le sol serait fini. Oubliant le passé, ou trop jeune pour en avoir été témoin, le cultivateur qui voit que son sol ne gagne rien à de nouvelles doses de marne en conclut que sa terre ne se ressent plus d'avoir été marnée; mais, au fait, elle conserve encore, et sans doute pour longtemps les qualités des sols calcaires; elle se délite à l'air, elle a perdu de sa ténacité, elle produit moins de mauvaises herbes, et reste desséchée si auparavant elle était humide.

Ce que nous venons d'observer sur les seconds marnages nous conduit à expliquer d'une manière assez plausible comment il peut arriver que, dans un pays où l'on trouve des traces irrécusables d'anciens marnages, l'usage en ait cessé sans qu'on en ait fait abus. A une époque éloignée, le sol aura été saturé de marne; de longues années se seront écoulées pendant lesquelles la mémoire des marnages se sera éteinte. Bientôt, à l'aide des végétations successives, la marne de la couche labourée se sera consommée, et le sol sera redevenu ce qu'il était avant les marnages anciens : de longues années d'infécondité se seront peut-être écoulées avant que de nouveaux hasards, de nouvelles circonstances favorables, aient renouvelé, dans le pays, la pratique du marnage.

Peut-être est-ce le cas où nous nous trouvons en Bresse, où des traces d'anciens marnages subsistent encore : et c'est là l'un des inconvénients des marnages à grande dose, parce qu'il est bien plus aisé de perdre la trace d'une seule opération, une fois faite, que celle d'opérations successives que se lèguent les générations.

Toutefois, en résumé, nous devons dire qu'il résulte de l'expérience de tous les pays, ainsi que de longues et mûres observations sur ce sujet, que les premiers marnages donnent une grande impulsion de fécondité aux sols auxquels la marne convient, et que cette fécondité ne se renouvelle pas entièrement. Cependant elle peut, jusqu'à un certain point, se soutenir avec des engrais abondants et une culture vigoureuse. Si les premiers marnages ont été très-abondants, les seconds doivent indéfiniment se reculer; les marnages, en général, ayant pour but de donner le principe calcaire, les seconds ne viennent à propos que lorsque les végétations successives ont à peu près épuisé la chaux des premiers.

C'est moins l'analyse du sol que la manière dont il se conduit, qui doit faire juger si les seconds marnages sont opportuns : lorsqu'on y voit reparaître le chiendent, l'oseille, les végétaux parasites des sols siliceux, qu'il redevient plus humide, qu'alors même qu'on n'épargne pas le fumier le trèfle et le froment cessent d'y réussir, il est temps de renouveler le marnage; mais, comme la chaux du premier n'est probablement pas tout à fait épuisée, il est à propos que les seconds marnages ne soient guère que moitié du premier.

Du reste, il est facile de remédier à un premier marnage trop fort : il suffit de donner à sa terre un labour un peu plus profond; on ramène ainsi à la surface un sol vierge de marne, que les labours ultérieurs mélangent avec la couche labourable, et suivant que ce labour l'a approfondi d'un sixième, d'un tiers ou d'un quart en sus de son épaisseur, la dose de marne s'affaiblit proportionnellement. Par ce moyen, on renouvelle en quelque sorte l'effet de la marne, qui donne cette première impulsion de fécondité à la terre nouvelle ramenée à la surface. On approfondit la couche labourable, la couche marnée, la couche perméable; seulement il est à propos d'augmenter un peu la dose de fumier, dont n'avait pas profité jusqu'ici la portion de terre ramenée à la surface.

Il est aussi tout à fait à propos de faire précéder les seconds marnages d'un labour un peu plus profond; la marne se trouve ainsi en contact avec une portion de sol non marné, et son effet est d'autant plus énergique.

La consommation de chaux dans le sol est plus considérable qu'il ne semble au premier coup d'œil. En traitant plus loin, dans cet ouvrage, de l'emploi de la chaux en agriculture, nous arriverons à apprécier, avec plus ou moins d'exactitude, la quantité de chaux absorbée par la végétation dans des assolements donnés. Dans l'espèce actuelle, la chaux est combinée avec l'acide carbonique, dont elle doit être dégagée; mais le carbonate de chaux est très-peu soluble par lui-même; ce n'est que par suite des réactions intérieures du sol et des réactions atmosphériques qu'il devient plus soluble et qu'il peut être conduit par la séve dans les végétaux, dont il forme une partie des principes fixes.

Mais toute la chaux dissoute ne monte pas dans le végétal; les eaux de pluie, qui s'en chargent, s'infiltrent dans les profondeurs du sol ou s'en écoulent lorsqu'il en est saturé. En outre, dans les réactions qui s'opèrent; et sur lesquelles nous reviendrons, il se forme des silicates et peut-être des aluminates de chaux que la plupart des acides ne peuvent pas décomposer, qui remplissent bien encore un rôle utile dans le sol pour l'ameublir et accroître son énergie, mais qui n'abandonnent que difficilement leur chaux à la végétation. Cette chaux ne peut donc pas remplir le rôle du carbonate de chaux ou de la chaux caustique; elle est en quelque sorte immobilisée dans le sol, qui cesse alors d'être effervescent et semble ne plus contenir de chaux; il en a de nouveau besoin et reprend les caractères du sol siliceux, qui révèlent pour lui la nécessité des seconds marnages.

On conçoit, d'après cela, comment il se fait que des couches de sol qui recouvrent les composés calcaires, qui en contiennent les débris, et qui, suivant toute probabilité, ont renfermé le principe calcaire, en paraissent actuellement privés et peuvent être améliorés par son addition. On explique encore de la même manière la convenance des nouveaux marnages, alors qu'il serait évident que la masse végétale qu'on a tirée du sol depuis le premier marnage contient à peine un sixième de la chaux qu'il a fournie. On doit alors nécessairement admettre que le reste a été entraîné par les pluies, ou s'est combiné dans le sol de manière à ne plus y exercer l'action puissante des composés calcaires.

CHAPITRE IX

De la nécessité d'allier le fumier à la Marne, et des moyens d'y suppléer.

Lorsqu'un propriétaire, et à plus forte raison un fermier, a pris beaucoup de peine pour marner ses fonds et qu'il voit son sol donner de grands produits sans engrais, il veut destiner son fumier à d'autres fonds, l'employer à produire des végétaux de commerce qui ne rendent rien au sol et ruinent ainsi la terre, si une semblable pratique s'étend dans un pays, la marne devient alors un mal au lieu d'être un bienfait; mais, avec le fumier, tout nous prouve qu'elle peut être une source incessante de produits. Son effet, qui s'étend aux fourrages légumineux, aux pailles et à toutes les récoltes destinées aux animaux, augmente nécessairement dans la ferme la quantité d'engrais en proportion des récoltes, et, par conséquent, permet au fermier d'en mettre encore plus qu'auparavant.

La marne accroît dans une grande proportion, comme nous l'avons vu précédemment, l'absorption des principes atmosphériques par le sol et les plantes; mais elle ne peut exercer cette action que par l'intermédiaire de l'humus et des engrais; car d'une part, les terres marneuses dont la couche végétale est toute dans la marne sont par elles-mêmes très-peu fertiles et ont besoin de beaucoup d'engrais pour donner de bons produits; d'autre part, sur un sol sans humus, la marne produit peu d'effet, à moins qu'on ne l'associe à du fumier; enfin on s'est assuré, au moyen d'observations attentives, que les sols épuisés par la marne ne cessent de produire que lorsque des végétations successives sans engrais et des produits abondants sans compensation ont absorbé la plus grande partie de l'humus qu'ils contenaient : donc l'humus ou les engrais sont absolument nécessaires à l'effet de la marne; mais avec cet humus, comme nous l'avons vu, la marne exalte la puissance du sol sur l'atmosphère; elle le rend semblable aux bons terrains calcaires, et multiplie les effets du fumier.

Dès le temps de Pline, l'usage s'était établi de joindre le fumier à la marne; dans presque tous les cantons de l'Angleterre, où l'usage de la marne est anciennement établi, son emploi, concurremment avec le fumier, est regardé comme indispensable : Arthur Young et Marshall insistent sur ce point chaque fois qu'ils parlent de marnages dans des pays de culture soignée.

Thaër, dont l'opinion doit avoir tant de poids dans les questions de pratique ou de théorie agricole, en recommandant expressément l'emploi du fumier, nous dit qu'un fonds marné est plus appauvri par des récoltes successives sans fumier, que si on les lui eût fait produire sans marne et sans fumier.

Toutefois, il semble que, pour donner un même produit, le sol ait besoin d'une moindre dose d'engrais après qu'avant le marnage, et qu'alors, avec moins de fumier, il peut conserver toute sa fécondité; Thaër donne ce fait comme résultat de ses observations. Arthur Young, en énonçant la même opinion, nous cite un pays où douze chars, dont six de marne et six de fumier, fument mieux un acre (environ 40 ares de France) que dix voitures de fumier qu'on donne aux champs non marnés. Nous avons vu qu'en Picardie une longue expérience a prouvé que le marnage épargne moitié du fumier; enfin, en Flandre, la fécondité que produit sur le sol l'engrais des boues des rues est multipliée par l'addition de la marne.

Malgré cette faculté que la marne donnerait au sol de produire davantage sans s'appauvrir, et avec moins d'engrais, je suis bien loin de conseiller de lui retirer une partie des engrais qu'on lui donne. Dans les pays dont le sol a besoin de marne, il est presque toujours fumé d'une manière insuffisante; il faut donc profiter du luxe de végétation donné par la marne à tous les produits, et, afin d'accroître les engrais, multiplier les fourrages légumineux, dont la marne favorise particulièrement la végétation, et ne se livrer qu'avec réserve à la culture des végétaux de commerce, qui rendent si peu au sol.

S'il pouvait y avoir besoin d'appuyer cette pratique par le raisonnement, nous remarquerions que la marne, rendant soluble l'humus du sol, en diminue chaque année la quantité; lorsqu'on ne lui ajoute point d'engrais, bien que la force absorbante du sol soit de beaucoup accrue par le marnage, il n'y a pas moins une consommation annuelle d'humus qui finit par le faire disparaître, et avec lui la fécondité du sol; mais en y suppléant chaque année avec du fumier, le sol retrouve des forces à mesure qu'il en dépense, et jouit de tous les bienfaits de la marne sans craindre aucun de ses inconvénients.

Nous avons dit précédemment que les marnages trop abondants faisaient verser le froment après la fleur, et donnaient au grain une couleur grisâtre et une peau plus épaisse.

Quoique ce phénomène se remarque plus particulièrement dans les fonds surchargés de marne, cependant, en général, dans les pays marnés, le grain du froment a un peu changé de couleur et perdu un peu de sa qualité; aussi, dans les marchés, a-t-il un peu moins de valeur. Le grain, au lieu d'être jaune, rond et à peau mince, s'est allongé, a perdu son brillant, et a changé de nuance. Sa qualité devient analogue, quoique supérieure, à celle des blés de trèfle et des blés défrichés; on pourrait penser que ce phénomène, sur les fonds marnés, provient en partie des mêmes causes. Dans les défrichements et dans les trèfles rompus, l'aliment végétal produit par les racines et par les débris des trèfles et des plantes qui couvraient le défriché est très-abondant, tandis que les sucs animaux sont relativement plus rares. Dans l'abondante production de grains qui se fait, le froment, qui contient souvent jusqu'à deux cinquièmes de gluten, substance qui a tous les caractères des produits animaux, manque un peu des éléments nécessaires pour produire ce gluten, et subit le petit changement que nous venons de signaler.

La marne a mis le sol dans un état un peu analogue à celui des terrains défrichés : elle a rendu soluble beaucoup d'humus, mais cet humus ancien contient peu de parties animales, parce qu'il est, en général, le produit de débris végétaux, et qu'alors même qu'il proviendrait d'anciens engrais, les parties animales de ces engrais étant en général très-solubles et d'une décomposition facile, auront été avec le temps employées dans la végétation.

Les engrais animaux sont en grande partie le remède au mal dans les défrichements; notre propre expérience nous a prouvé, sans doute comme à une foule d'autres, que dans les prés défrichés le fumier empêchait la paille de verser et donnait un grain plus plein; l'analogie vient donc encore ici à l'appui de l'expérience pour établir que le fumier, sur les sols marnés comme sur les terrains défrichés, soutient la paille du froment, l'empêche de verser, et rend au grain toute sa qualité.

D'après les expériences de Gazzeri, les parties animales du fumier se détruisent en grande partie dans la fermentation qui fait le fumier consommé : le fumier frais doit donc être préféré pour les champs marnés, soit qu'on l'étende sur les récoltes, soit qu'on l'enfouisse dans le sol. Le cultivateur y trouvera beaucoup de profit, car, d'une part, en employant le fumier frais, il en aura une beaucoup plus grande masse, et un poids à peu près double de celui qu'il aurait s'il le faisait consommer; d'autre part, un poids donné de fumier frais contenant plus de parties animales qu'un même poids de fumier consommé, produira avec plus d'intensité sur les récoltes des champs marnés l'effet désiré, c'est-à-dire donnera de la force à la paille et améliorera le grain.

Nous trouvons encore la confirmation de cette théorie dans un autre fait très-connu dans la pratique : c'est que le fumier frais, répandu à l'entrée de l'hiver sur les blés de trèfle, réussit mieux que le fumier consommé.

Il y aura donc tout avantage à fumer aussi par-dessus le blé des sols marnés, à l'entrée, dans le courant ou à la fin de l'hiver, quand le fumier sera prêt et à peine à demi consommé.

Dans les sols marnés, les légumineuses dont le grain, d'après les analyses d'Einhoff, contient encore plus de substance animale que le froment, ne s'altèrent pas néanmoins dans leurs produits : ainsi les fèves et les pois produisent de bons grains et en grande quantité. Il semble que ces plantes, à l'aide de leurs feuilles nombreuses, larges et persistantes, puisent dans l'atmosphère les principes qui les composent, et particulièrement l'azote, avec plus d'énergie que les graminées pourvues seulement de feuilles étroites, minces, peu nombreuses, et qui périssent de bonne heure.

Le seigle, le maïs, les pommes de terre, l'orge et l'avoine, augmentent aussi considérablement en produit, sans diminuer de qualité; ces produits contiennent en proportion relative beaucoup moins de gluten que le froment; par conséquent ils se ressentent moins de l'absence de sucs animaux dans le sol.

On a remarqué que les lupins et les fèves enterrés remplacent très-bien le fumier dans les sols marnés, parce que ces plantes, de même que leurs graines, contiennent beaucoup de substance animale, et par conséquent fournissent au sol ce qui lui manque.

Mais la verse des blés dans les sols marnés ne paraît pas seulement provenir du défaut de sucs animaux dans le sol; en devenant calcaires, les sols marnés ont pris les inconvénients de leur nouvelle nature aussi bien que ses avantages; et on retrouve ici une analogie de plus entre les uns et les autres, mais ici analogie fâcheuse, tandis que toutes celles que nous avions remarquées jusqu'ici étaient des analogies d'amélioration. Les *terres calcaires*, *terres mares* de Bresse, *fortes terres* de Bourgogne, et surtout les *causses et terre-forts* du Midi, voient souvent tomber leurs blés au printemps, et on a remarqué que cela a particulièrement lieu dans les terres où le froment a été semé par un temps sec; cet accident est plus fréquent et plus dangereux dans le Midi, où l'automne est souvent sec, que dans l'Est, où il est ordinairement humide, et où les terres calcaires sont beaucoup plus rares; c'est ce qui y a accrédité cet adage agricole, qui s'est aussi vulgarisé chez nous, que *le froment veut être semé dans la boue.*

Dans les mêmes circonstances de semailles sèches, les sols marnés éprouvent le même accident : ainsi la récolte de 1823, sur ces fonds améliorés, a beaucoup souffert parce que les semailles se sont ressenties de la sécheresse de 1822. Le mal s'y est développé avec plus d'intensité que dans les terres calcaires, parce que deux circonstances se sont réunies pour cela : la première, dont nous avons déjà parlé, est le défaut de sucs animaux en proportion de l'humus végétal soluble; et la seconde, leur nouvelle nature de sol calcaire. De tous ces faits, nous devons conclure que pour voir reprendre au blé des sols marnés sa couleur, son poids et toute sa qualité, il serait nécessaire d'ajouter au fumier frais la condition de semailles humides, dussent-elles être plus tardives.

Amené par notre sujet à rentrer dans les analogies des sols marnés avec les sols calcaires, après avoir fait remarquer, dans ces deux espèces de sols, des défauts semblables, il ne sera pas sans intérêt d'offrir, comme compensation, plusieurs remarques récentes, plus précises que celles qui précèdent, sur les qualités qu'acquièrent les terres marnées, et qu'elles partagent avec les terres calcaires.

En examinant avec quelque attention, dans le courant de l'hiver, pendant de fortes pluies, des terres blanches marnées ou seulement en partie marnées, voisines de terres de même nature qui n'avaient pas été ainsi amendées, l'œil y distinguait très-bien, et on aurait pu tracer à la main, à quelques centimètres près, la limite des parties marnées d'avec celles qui ne l'étaient pas. La terre marnée était restée soulevée et meuble, avec une teinte jaunâtre, comme la terre *mare* (terre calcaire); tandis que le reste du champ était devenu serré et compacte, et offrait la couleur gris blanchâtre qui a fait donner à ce sol le nom de terrain blanc.

La terre marnée, outre qu'elle prend la couleur de la terre mare, fuse aussi promptement qu'elle à la pluie, et conserve comme elle, malgré des pluies abondantes et successives, sa texture friable et percée de petits insterstices : aussi, les semences scellées dans la terre non marnée étaient-elles mal sorties, tandis qu'elles avaient levé presque trop serré dans la terre marnée.

Bien plus, dans cette dernière, les raies qui séparent les sillons contenaient un assez bon nombre de plantes, tandis que les terres voisines non marnées semées dans les mêmes circonstances, n'en avaient presque point gardé : ainsi l'humidité superflue semble avoir été absorbée ou neutralisée dans le sol marné, tandis qu'elle a fait périr une partie des plantes dans celui qui ne l'était pas; d'où nous devons conclure, à l'appui du conseil que nous donnions précédemment, que les sols marnés, comme les sols calcaires, craignent peu les semailles humides, et nous pourrions même ajouter les semailles tardives; circonstance très-heureuse pour les pays comme le nôtre, où les récoltes de froment souffrent beaucoup, au moins une année sur trois, des grandes pluies qui tombent pendant les semailles.

Mais, pour rentrer plus particulièrement dans notre sujet, et revenir à l'emploi du fumier dans le sol marné, nous ferons remarquer qu'un moyen de suppléer en grande partie à son insuffisance serait de le remplacer par la tourbe; cette substance fournit l'humus nécessaire à la végétation, et la marne le rend soluble et propre à la nourriture des plantes; cependant il faut bien se garder de supprimer tout à fait le fumier : la tourbe ne fournit que l'engrais végétal, et contient peu d'azote. Elle donne effectivement beaucoup de vigueur à la partie herbacée des plantes, mais elle ne suffit pas à une *grenaison* abondante, parce que, comme nous l'avons dit précédemment, les grains ont besoin, pour former leur gluten, de principes animaux que ne peut pas fournir la tourbe, qui est un détritus de substances végétales.

De tous les principes atmosphériques qui composent les végétaux, l'azote est celui que le sol et les plantes, et surtout les graminées, absorbent le moins activement; il faut donc que l'homme y supplée par les engrais animaux, qui le contiennent en notable proportion.

Un compost fait avec de la tourbe, de la marne et du fumier frais serait un excellent engrais, et donnerait au sol tout ce qu'il peut demander pour une végétation active.

En Bresse, dans les cours, on fait tous les hivers avec les balles de grains, les poussières de granges, les fanes de pommes de terre, et les débris de toute espèce unis à du fumier, un compost qu'on emploie au printemps avec plus de profit que le fumier seul pour la semaille des menus grains. L'union de la marne à ce compost augmenterait à peu de frais sa qualité et sa quantité. Dans l'une des fermes que nous avons marnées, nous faisions couvrir de marne un compost de cette espèce : lorsque les gelées avaient fait déliter la marne, on mélangeait le tout, et son emploi au printemps, a toujours confirmé les espérances que nous en avions conçues. Le seul inconvénient que nous en ayons éprouvé, c'est la difficulté de mélanger un peu intimement notre marne très-argileuse avec le terreau; circonstance cependant essentielle au plein succès du procédé.

En 1818, un de nos frères, ingénieur des mines, fit marner trois parties égales d'un sol sablonneux et frais : la première avec un compost de marne et de fumier, la seconde avec un mélange de marne et de tourbe, et la troisième avec de la marne seule.

La dose de marne était peu considérable par rapport à l'étendue du terrain; les produits de ce sol ont été et sont encore beaucoup plus abondants que ceux du sol non marné. Comme on devait s'y attendre, le compost de fumier a produit plus d'effet que celui de tourbe, et ce dernier plus que la marne seule. Malheureusement la marnière était éloignée de 2 kilomètres, en sorte que, malgré le succès, l'opération n'a pu être continuée; cependant des recherches ont fait trouver des bancs de marne qui ne renferment guère que 30 pour 100 de carbonate de chaux; on a donc repris le marnage commencé, pour le continuer avec la tourbe que le pays fournit en abondance. Le sol de ce canton est un sable profond, peu riche en humus, sur lequel la marne devra être employée avec discrétion ; mais, par l'alliance de la tourbe à la marne, le sol sera mis à l'abri de tout épuisement, sans exiger beaucoup de fumier. L'effet de cette marne peu riche a été très-sensible sur ce sol : elle a très-notablement accru les récoltes, donné au sol la consistance qui lui manquait, et de plus a détruit les graminées et l'oseille qui l'infestaient; ces plantes parasites sont remplacées par un tapis de mousse, lorsque la terre passe quelque temps sans être remuée.

C'est ici le lieu d'indiquer un emploi très-avantageux que les Chinois font de la marne terreuse. Ils s'en servent comme d'excipient pour recueillir toutes les déjections humaines. La nouvelle substance qui en résulte est sèche, sans odeur, d'un commerce facile et très-étendu;

réduite en poudre, elle produit un très-grand effet sur la végétation; ce peuple industrieux a ainsi trouvé le moyen d'accroître, en augmentant sa qualité, la masse d'un engrais très-puissant, qui, malheureusement, est presque tout entier perdu pour notre agriculture.

Le procédé chinois paraît devoir être d'une manipulation assez facile; il est économique, puisque la marne se rencontre en abondance et à bas prix presque partout; le mélange mis en pain est sans odeur et d'un transport facile. Enfin, pour le pulvériser au moment du besoin, la faculté délitante de la marne indique qu'il suffit de le mouiller.

Nous avons dit dans ce qui précède que la marne rendait soluble l'humus du sol; c'est ce qui résulte évidemment de l'expérience et de l'observation de tous les temps. Par quelle action s'opère cette solubilité? Il est évident que l'argile de la marne n'y entre pour rien; c'est donc au carbonate de chaux, comme principe actif, qu'elle serait due. Mais comment expliquer cette action du carbonate de chaux au moyen de nos connaissances actuelles? comment se fait-il que le carbonate de chaux, qui est insoluble dans l'eau, arrive à se dissoudre dans la séve? que la fécondité du sol s'en augmente, et qu'il arrive à être lui-même partie constituante de la charpente végétale? Les causes que nous recherchons seraient, nous le pensons, multiples; essayons de les assigner.

Nous savons que l'humus se conserve dans le sol sans se dissoudre, lorsqu'il est combiné à un principe astringent à l'aide duquel l'humus peut s'accumuler dans le sol sans être absorbé par les végétations successives. Or il est admis en fait que la présence du carbonate de chaux rend l'humus soluble; il jouit donc de la faculté de neutraliser le principe astringent. D'après les expériences de Saussure, l'humus fournit alors, par son exposition à l'air, une solution qui se renouvelle à mesure que les eaux l'entraînent ou que la végétation l'absorbe. Plus tard les chimistes, et M. Braconnot le premier, ont reconnu à cet extrait les qualités d'acide, l'ont jugé identique à l'acide ulmique produit par les exsudations de l'orme, et lui ont donné le nom d'acide humique; ils ont reconnu que cet acide se présentait sous la forme d'un mucilage gélatineux soluble dans deux mille fois son poids d'eau: lorsque la chaux se rencontre dans le sol sous la forme de carbonate ou d'hydrate, il se combine avec elle et présente un composé soluble, l'humate de chaux, qui renferme à la fois le carbone, l'oxygène, l'azote et la chaux, et qui, charrié par la séve dans le végétal, lui fournit les principaux éléments nécessaires à son organisation. M. Dubuc, dans l'analyse des terres fécondes de la Normandie, a reconnu l'existence de ce composé, comme formant une portion notable des parties constituantes du sol. Liebig a contesté à l'extrait de terreau la qualité d'acide ; si c'est avec raison, cet extrait serait donc une substance neutre, un composé basique qui aurait néanmoins la faculté de s'unir à la chaux en dégageant l'acide carbonique du carbonate de chaux.

Mais il est un moyen à l'aide duquel le carbonate de chaux de la marne arrive dans la charpente végétale dont il fait partie. L'humus du sol, parvenu à l'état d'humus doux, devient, d'après tous les observateurs, et même d'après Liebig, qui a contesté sa puissance dans la végétation, une source incessante d'acide carbonique qui se dissout au fur et à mesure dans l'eau du sol. Cet acide dissous attaque le carbonate de chaux pour en former du bicarbonate dont la solution est bientôt absorbée par les spongioles des racines. Arrivé dans l'organisation végétale, la force vitale s'en approprie les éléments, distribue le carbone, la chaux et le carbonate de chaux dans la charpente des plantes, et rend à l'atmosphère l'oxygène superflu ; cet effet a lieu avec d'autant plus d'énergie qu'il se rencontre plus d'humus et par conséquent d'engrais dans le sol.

Une autre réaction plus puissante encore que celle que nous venons d'indiquer agit sur le carbonate de chaux. L'acide nitrique, qui n'est qu'une combinaison des deux éléments de l'air, se forme incessamment dans l'atmosphère par l'action de l'étincelle électrique qui combine ses deux éléments, l'azote et l'oxygène. Il existe dans toutes les eaux de pluies d'orage et arrive avec elles sur le sol ; mais il se forme aussi spontanément sans cet intermédiaire. Dans les nitrières artificielles, chaque année la terre lessivée donne aux salpêtriers de nouveaux nitrates, surtout lorsqu'on y ajoute du fumier ou toute autre substance contenant des débris animaux. Nous voyons sous nos yeux les murs se salpêtrer à l'aide de l'humidité seule, et le nitrate de chaux se former, attaquer et dissoudre les meilleurs mortiers, traverser bientôt l'épaisseur des murs et développer jusque dans nos appartements sa funeste faculté déliquescente. Les salpêtriers cherchent et retrouvent des nitrates dans nos caves, nos écuries, dans le sol de nos habitations, et surtout dans les débris de démolition. C'est au nitrate de chaux que ces débris doivent leur grande fécondité, supérieure à celle des autres composés calcaires. En Champagne, où beaucoup de maisons, surtout à la campagne, sont faites avec la craie, on voit le salpêtre effleurir à la surface des murs, dans leurs parties inférieures. M. de Gasparin rappelle la nitrification qui se produit à la surface des craies de la Roche-Guyon, et qui se renouvelle promptement lorsqu'on l'a enlevée. Le nitrate de potasse de l'Inde semble aussi se reproduire à mesure qu'on l'exploite. Le nitrate de soude du Pérou se produit aussi par efflorescence, sans qu'on soit fondé à attribuer son origine à des roches salines. Les réactions atmosphériques forment donc des nitrates, et leur formation est hâtée lorsque le sol contient des substances animales et surtout des substances calcaires.

Mais ces combinaisons que nous voyons se former dans nos habitations doivent nécessairement s'établir par les mêmes réactions et au moyen des mêmes composés dans le sol labourable. En Espagne, dans le royaume de Murcie, et dans une grande partie des provinces méridionales, le cultivateur sème son champ ou en lessive la surface suivant qu'il juge qu'elle a produit plus ou moins de nitrate par son exposition à l'air. Cette production et cette exploitation du salpêtre du sol a lieu de temps presque immémorial sans que le sous-sol semble en contenir des parties notables ; les réactions atmosphériques le renouvellent donc à mesure que les lessivages ou la végétation le consomment.

Ces faits ne peuvent être regardés comme de simples hypothèses ; il est évident que la formation du nitrate est incessante, à l'aide surtout de la chaux et de l'humus. Il se forme alors spécialement du nitrate de chaux, substance éminemment soluble qui, unie à l'acide humique ou extrait de terreau, passe avec la sève dans la charpente végétale, et lui fournit tous les principes dont la plante a besoin. D'ailleurs la fécondité des nitrates est surabondamment prouvée par le succès de l'agriculture anglaise, qui en emploie chaque année des milliers de tonnes comme engrais, et augmente ainsi notablement ses produits, particulièrement en froment.

Ce phénomène expliquerait en grande partie la fécondité que les labours et tout travail, tout mouvement, donnent au sol. Dans ces expositions successives du sol, surtout du sol fécond, au contact de l'atmosphère, il se formerait des nitrates pour activer la végétation. Cet effet a lieu plus spécialement dans le Midi où s'est accrédité le proverbe : *Labour d'été vaut fumier*. Ainsi encore s'expliquerait la supériorité des sols calcaires sur les sols siliceux, par une formation plus abondante et plus facile des nitrates. Enfin, ainsi se justifieraient cette opinion des anciens agronomes sur les nitres de la terre, les sels de la végétation, et jusqu'à un certain point ces liqueurs végétatives qu'on nous propose chaque année. Si ces préparations ne restent pas dans la pratique usuelle, ce n'est pas toujours qu'elles y seraient sans efficacité, mais c'est parce que le charlatanisme s'en empare et en exagère les effets.

La formation du bicarbonate et la nitrification ont lieu avec d'autant plus d'énergie qu'il se rencontre plus d'humus dans le sol. Il en résulte donc que l'humus et par conséquent les engrais jouent un grand rôle dans l'action du carbonate de chaux ou de la marne sur le sol ; qu'ils s'y décomposent facilement ; qu'ils semblent nécessaires pour que le carbonate de chaux et la chaux elle-même puissent arriver dans la circulation végétale, et enfin qu'ils aident puissamment la formation des nitrates : ainsi l'on pourrait dire que les engrais sont aussi nécessaires à l'action du principe calcaire que ce principe lui-même le serait à l'action puissante des engrais.

Il nous semble que la nitrification incessante qui s'opère dans le sol et plus particulièrement dans le sol calcaire et dans le sol fumé expliquerait jusqu'à un certain point la puissance absorbante du sol sur l'atmosphère. C'est en formant l'acide nitrique, en appelant ses éléments dans le sol, que la végétation s'active : mais nous sommes néanmoins bien éloignés de pouvoir rendre compte de tout ce qui se passe ultérieurement. Ainsi, si nous avons expliqué d'une manière assez plausible comment le carbonate de chaux peut arriver dans l'organisation végétale, comment la marne peut aider à la végétation; si nous sommes parvenus à faire voir que l'azote, l'oxygène, la chaux, le carbone, peuvent, par suite des réactions naturelles produites par la marne alliée au fumier, arriver dans la circulation végétale, qui nous expliquera les réactions à l'aide desquelles ces principes se transformeront en substances végétales? Nous avons essayé de rendre compte des effets produits par les affinités chimiques, par les forces matérielles de la matière inorganique; mais dans le végétal nous rencontrons la matière organisée, et en outre une force nouvelle, la force vitale, dont les effets se produisent à nos yeux de la manière la plus incontestable, sans que, dans l'état actuel de la science, nous connaissions en aucune manière les lois qui la régissent. Ici nous sommes obligés de nous arrêter. Nous avons livré aux organes de la plante les éléments de son organisation, maintenant c'est la plante elle-même qui se les approprie et les modifie, suivant ses besoins, en obéissant à des lois dont il ne nous a pas été donné jusqu'à ce jour de pénétrer le secret.

CHAPITRE X

Analyse de la Marne.

Ainsi que nous l'avons dit précédemment, la marne se rencontre dans un grand nombre de lieux, mais souvent elle est méconnue par ceux mêmes qui croient la bien connaître : comme elle présente toutes les nuances de couleur qu'on rencontre dans les mélanges terreux, qu'elle affecte toutes les formes, qu'elle varie dans sa contexture et sa consistance, l'œil est souvent trompé; ainsi en Prusse, le grand Frédéric a fait faire en vain dans les Deux-Marches de grandes recherches de marnes ; cependant, selon Thaër, elle abonde dans ces deux provinces.

D'ailleurs, rien ne ressemble plus à la marne terreuse que l'argile, et réciproquement ; malgré l'habitude, déjà longue, que j'ai de faire des recherches de marnes, et d'en manier de diverses qualités, j'ai toujours besoin, pour pouvoir prononcer, du petit flacon d'acide; ces apparences semblables ont amené dans beaucoup de pays des mécomptes très-pénibles par suite de l'emploi qu'on a fait d'argile ou de marne très-peu calcaire, au lieu de marne très-riche, qui était aussi à portée, mais que l'analyse n'avait pas fait connaître.

En Angleterre, pour amender le sol, on emploie dans certains cantons sous le nom de glaise, ou d'argile, des substances que nous pensons être de la marne argileuse; et ce procédé, qu'on a voulu imiter dans d'autres contrées, a conduit à des résultats fâcheux, parce que, trompé par le nom de glaise, et ne s'aidant d'aucun moyen d'analyse, on a employé l'argile au lieu de la marne argileuse. Ces mécomptes arrivent très-souvent, et presque partout où, sans employer aucun moyen chimique, on veut faire des essais de marnage : ordinairement, il est vrai, l'essai se fait sur de petites étendues, et l'on est désabusé avant d'avoir beaucoup travaillé ; néanmoins, faute d'avoir employé des procédés d'essais bien simples et à portée de tous, on a perdu du temps, de la peine, et souvent il arrive qu'après des tentatives mal réussies dès le principe, on perd courage mal à propos.

Mais si la marne terreuse peut souvent donner lieu à de graves erreurs, il n'en est pas de même de la marne pierreuse : elle se présente presque toujours sous la forme d'un calcaire blanchâtre, qui tache les doigts et qui se délite plus ou moins facilement aux changements de température. En général, on peut qualifier de marne pierreuse tout calcaire non magnésien qui se délite facilement à l'air. La marne pierreuse est presque toujours riche, et contient le plus souvent au delà de 80 pour 100 de carbonate de chaux ; d'ailleurs, bien différente de la marne terreuse, sa composition varie peu dans une même contrée. Cela paraît tenir à ce qu'elle appartient en général à des bancs uniformes qui règnent dans un même pays sous toute la surface à des profondeurs variables; l'analyse est donc moins indispensable pour cette espèce de marne que pour la marne terreuse.

Cependant il est, même pour la marne terreuse, des caractères extérieurs qui peuvent d'abord donner des indications très-plausibles. Ainsi l'argile pure se distingue de la marne en ce que son tissu n'est pas feuilleté, comme l'est souvent celui de la marne;

qu'exposée à l'air, elle se fend en morceaux cubiques sans tomber en poussière, et que, jetée sèche dans l'eau, elle ne se délite pas.

Au lieu de rester dans l'eau comme l'argile sans se séparer, la marne se délite aussitôt, et la fusion est d'autant plus prompte que le principe calcaire y est plus abondant. Ce caractère cependant ne distingue pas exclusivement la marne, car il est de gros sables argileux qui se délitent encore plus rapidement.

La marne tache presque toujours les doigts, tandis que cela n'arrive qu'à quelques argiles très-maigres. Enfin la marne terreuse contient souvent de petits grumeaux blanchâtres de carbonate de chaux; mais comme on rencontre des argiles qui présentent jusqu'à un certain point ce caractère, on peut encore s'y tromper.

Un flacon d'acide chlorhydrique ou nitrique, ou même de vinaigre fort, décide bien mieux la question que tous ces caractères vagues et équivoques : en répandant une goutte ou deux sur l'échantillon, s'il se produit de l'effervescence, on a de la marne; on n'a que de l'argile, si l'acide s'étend sans boursouflement. Le carbonate de magnésie, qui, par son effervescence, pourrait être pris pour du carbonate de chaux, se rencontre rarement dans la marne terreuse : il y a donc peu de chances d'erreur.

Les moyens qui précèdent ont bien pu décider si l'échantillon proposé est de l'argile ou de la marne; mais, comme nous l'avons vu précédemment, le carbonate de chaux est le principe actif de la marne, et par conséquent il est surtout important de constater la dose de ce sel : il est donc indispensable, soit pour pouvoir diriger l'opération du marnage avec connaissance de cause et avec chances de succès, soit pour pouvoir choisir entre les différentes marnes qu'on a à sa portée, soit pour éviter des tâtonnements longs et quelquefois décourageants, soit enfin pour donner à son sol la dose qui lui convient, de pouvoir apprécier, au moins par aperçu, la quantité de principe calcaire qu'elle contient.

Une espèce d'analyse chimique est donc absolument nécessaire pour atteindre ce but : dans le désir d'arriver au procédé le plus simple et le plus facile, nous avons essayé tous les moyens indiqués par les chimistes, et nous nous en tenons au procédé suivant :

On met dans une bouteille blanche un sixième de l'eau qu'elle peut contenir; on y ajoute une quantité d'acide chlorhydrique ou nitrique double à peu près du poids de la marne qu'on veut essayer; on met cette bouteille sur le plateau d'une balance; on en fait la tare; on jette ensuite sa marne sèche dans la bouteille, petit à petit et par petits morceaux; l'acide se combine avec la chaux, et le gaz acide carbonique se dégage en bulles; lorsque l'effervescence est finie, on ajoute au côté de la balance où on a placé la tare ce qui manque pour l'équilibre ; ce poids ajouté représente celui de l'échantillon de marne diminué de l'acide carbonique dégagé. On aura donc le poids de l'acide carbonique, et comme le carbonate de chaux contient 43 pour 100 d'acide carbonique, on aura le poids du carbonate de chaux de l'échantillon, en prenant deux fois et tiers celui de l'acide carbonique.

On peut borner là l'opération, parce qu'on connaît, dans la marne essayée, tout ce qu'il importe le plus de savoir, la proportion exacte du carbonate de chaux qu'elle contient.

Si cependant on veut s'assurer de l'exactitude de l'expérience, on pèse un filtre de papier, sur lequel on fait passer le résidu de l'opération, qu'on a préalablement lavé et étendu d'eau, pour se débarrasser de l'excès d'acide qui pourrait attaquer le filtre ; l'eau entraîne le chlorhydrate ou le nitrate de chaux, qui sont solubles ; on fait ensuite sécher le filtre avec le résidu ; on pèse le tout, et le poids, diminué de celui du filtre, indique la proportion d'argile et de sable contenue dans l'échantillon de marne ; on l'ajoute à celui du carbonate de chaux de la première opération, et si l'on a bien opéré, leur poids réuni doit faire celui de l'échantillon de marne.

Si maintenant on veut connaître les proportions relatives d'argile et de gros sable contenues dans la marne, on délaye dans un verre ce qui est resté sur le filtre, on verse lentement de l'eau pour faire extravaser ; l'eau entraîne les molécules d'argile et de sable très-fin, et il reste dans le vase le sable dont les grains peuvent se sentir sous les doigts.

Le sable fin retenant l'eau à peu près autant que l'argile, ils concourent tous deux à rendre le sol tenace, tandis que le sable plus gros joue un rôle tout contraire, et rend le sol léger.

S'il fallait ensuite trouver les proportions d'alumine et de sable fin siliceux qui composent l'argile, l'opération devrait alors être faite par un chimiste exercé plutôt que par un agronome.

La magnésie se rencontre quelquefois dans la marne ; la marne magnésienne est nuisible au sol. On la reconnaît en ce qu'elle donne avec les acides des solutions laiteuses. De plus, il est à remarquer que l'eau qui couvre des creux d'extraction de marne magnésienne, comme celle qui séjourne sur des fonds de carrière de pierre magnésienne, reste blanchâtre, tandis que celle qui recouvre la marne ou la pierre à chaux sans magnésie, est tout à fait transparente et pure.

CHAPITRE XI

De la dose de Marne à donner au sol.

Dans le chapitre précédent, nous avons donné une méthode d'analyse simple et commode, qui nous met dans le cas de pouvoir déterminer la quantité de principe calcaire que contient la marne; cette connaissance nous achemine, à l'aide de tout ce qui a précédé, à résoudre le problème le plus important de la pratique du marnage, qui consiste à déterminer, pour chaque espèce de marne, suivant sa composition, la dose à donner au sol, afin de lui communiquer, avec le moins de dépenses, de temps et de peines possible, les avantages des sols calcaires.

Nous jugeons inutile de rappeler ici ce qui a été précédemment l'objet d'observations étendues, que la marne ne convient qu'aux sols qui ne contiennent point de composés calcaires; ceux qui en contiennent plus ou moins se font connaître par les produits qui y réussissent le mieux, les légumineuses et le froment, et surtout par la faculté qu'ils ont de se déliter à la pluie et aux changements de température : s'il reste de l'incertitude, on fait sécher un échantillon de son sol; s'il se délite dans l'eau, si ensuite l'addition dans cette eau de l'acide chlorhydrique, nitrique ou même du vinaigre fort, produit de l'effervescence, la terre n'a pas besoin de marne.

Nous ne conseillerons pas au cultivateur l'analyse complète des sols qu'il veut marner; c'est une opération délicate et difficile qui réclame beaucoup de temps et de connaissances chez ceux qui la font.

Dans le doute, il n'y a ni inconvénient ni difficulté à répandre pour essai quelques tombereaux de marne sur le sol pour lequel on conserve des doutes; la plus grande perte est ici celle du temps, parce qu'il faut presque le cours d'une année, ou au moins tout le temps nécessaire pour semer et recueillir avant de pouvoir juger d'après l'expérience.

Lorsque les caractères extérieurs ou les essais chimiques ont fait juger qu'un sol contient le principe calcaire effervescent, quelque faible que paraisse sa proportion, il ne serait point avantageux d'y ajouter de la marne. Si la végétation a consommé en grande partie le principe calcaire de la couche labourée, en enfonçant la charrue de deux ou trois centimètres seulement au-dessous des labours ordinaires, on rend à la couche végétale une partie de ce qu'elle avait perdu en principe calcaire.

Après avoir indiqué les moyens de reconnaître si un sol a besoin de marne, nous reviendrons au problème que nous nous sommes proposé, qui consiste à assigner au sol la dose de marne qui lui convient. Pour cela, nous ferons d'abord remarquer que l'effet du principe calcaire est, dans des circonstances convenables, très-sensible sur le sol et ses produits, alors même qu'on l'y ajoute dans une proportion très-peu considérable. Nous avons vu qu'en Sologne le marnage n'était que d'un demi-centième de la couche labourable. D'ailleurs l'emploi des autres amendements calcaires le prouve de la manière la plus positive : ainsi la chaux, dont l'effet se prolonge pendant plusieurs années, s'emploie souvent, comme nous le verrons ultérieurement, à la dose d'un dixième de millimètre sur la surface, ce qui ne donnerait qu'un 1500e de la masse d'une couche labourée de quinze centimètres d'épaisseur.

La dose des cendres lessivées n'est souvent pas plus considérable ; cependant leur action accroît beaucoup, et double même quelquefois les produits : la dose des cendres de tourbe et de houille n'est souvent que la moitié de celle des cendres lessivées : ce qui est plus remarquable encore, c'est que celle du gypse, qui cependant produit un si grand effet sur les légumineuses, n'est souvent que de deux hectolitres par hectare, ou moins d'un cinquantième de millimètre sur la surface : le principe calcaire peut donc agir à très-petites doses dans le sol, et par analogie, on doit penser que la marne, à petite dose, si elle pouvait s'appliquer en poudre comme les amendements dont nous venons de parler, aurait aussi sur le sol un effet très-marqué.

Mais la composition des bons sols peut nous donner encore des lumières plus directes sur la quantité de marne à employer.

Dans plusieurs analyses de sol d'excellente qualité, que donne Humphrey-Davy, le carbonate de chaux se rencontre dans la proportion de 3 à 5 pour 100 : Thaër, après l'analyse de plusieurs centaines de sols, dans le tableau qu'il a formé de la composition ordinaire de leurs diverses qualités, porte à 4 pour 100 la proportion de carbonate de chaux contenu dans les sols de première qualité.

M. Cordier, dans son excellent ouvrage sur l'agriculture du département du Nord, donne deux analyses du sol des environs de Lille, le pays du monde le plus productif, ou du moins le mieux cultivé ; ce terrain présente tous les caractères d'un sol calcaire, et en donne tous les produits ; les habiles cultivateurs qui le travaillent jugent qu'il n'y a pas besoin d'y augmenter la proportion du principe calcaire, puisqu'ils ne lui donnent ni chaux ni marne, quoique ces substances soient à leur portée, et qu'ils soient témoins des succès du marnage et du chaulage chez leurs voisins. Ce sol, analysé par M. Drapier, a donné 1 1/2 pour 100 de carbonate de chaux ; un autre échantillon, pris sans doute dans des lieux différents, a présenté à M. Berthier un peu plus de 3 pour 100 tant d'acide carbonique que de chaux [1].

De nombreuses analyses de sols de notre pays nous ont donné des renseignements parfaitement d'accord avec ce qui précède : des terres de bonne qualité, jouissant de toutes les propriétés particulières aux sols calcaires, c'est-à-dire pouvant se déliter à tous les changements de température, craignant moins que les autres la sécheresse et l'humidité, contiennent depuis 1 jusqu'à 10 pour 100 de carbonate de chaux.

Lorsque ce composant se trouve au-dessous de 1 pour 100, l'effervescence des acides est à peine sensible, et cependant les caractères des sols calcaires se laissent parfaitement apercevoir; il est remarquable que ce ne sont pas les terres de meilleure qualité qui en contiennent le plus : au contraire, elles sont alors plus sujettes à la sécheresse, et prennent le nom de *mares* sèches, tandis que les autres, sous le nom de *mares* douces, sont d'un travail plus facile et d'un produit meilleur. Parmi tous les échantillons que nous avons analysés, celui qui appartenait au meilleur sol en a présenté à peine 2 1/2 pour 100.

Tous ces faits confirmeraient au besoin cette importante vérité agricole que précédemment nous avons cherché à établir, que l'élément calcaire convient mieux dans le sol en petite quantité qu'à grande dose.

Après tous ces renseignements fournis par l'expérience sur la quantité du principe calcaire qui convient au sol, nous pouvons encore puiser dans les faits de pratique que nous avons précédemment développés des données qui s'appliquent plus directement encore à la question.

Thaër, que nous plaçons toujours en première ligne, conseille,

[1] Cette analyse a cela de très-remarquable que cette terre, prise à 0m,05 seulement de la surface, ne contient pas un atome d'humus ni d'engrais; que, quoique présentant les caractères d'un sol argileux, et servant à faire sans mélange de bonnes briques, elle ne contient que 7 pour 100 d'alumine : l'adhérence de ses parties paraît due à la grande division de la silice, qui en forme près des quatre cinquièmes, et peut-être aussi, comme le pense M. le professeur Berthier, à la magnésie qui s'y trouverait combinée à une petite proportion de silice, de manière à former un silicate multiple qui constitue l'*écume de mer*.

Les analyses raisonnées de sol manquent encore à l'agriculture; elles peuvent jeter de grandes lumières sur plusieurs points de pratique.

M. de Gasparin, dans son *Cours d'agriculture*, a donné sur cette partie de l'agrologie des développements qu'on ne trouve nulle part ailleurs.

comme résultat de ses expériences et de ses observations, pour un journal de Berlin, une moyenne de soixante chars de 18 pieds cubes du Rhin de marne contenant 25 pour 100 de carbonate de chaux, dose qui, en admettant une couche labourable moyenne de 15 centimètres d'épaisseur, lui donne un peu plus de 1 1/2 pour 100 en volume de carbonate de chaux.

Si l'on analyse les notes qu'Arthur Young a accumulées dans ses récapitulations sur les marnages des divers lieux qu'il a parcourus, en rejetant, soit les doses trop considérables qui excluent les seconds marnages ou les renvoient à des temps très-éloignés, soit, par compensation, les plus petites doses, qui paraissent s'appliquer à des sols en grande partie saturés par des marnages qui datent de temps immémorial, et en admettant la profondeur de labour généralement pratiquée et une richesse ordinaire dans la marne, la moyenne qu'on forme de ces doses très-variées paraît devoir fournir au sol, à très-peu près, 2 pour 100 de carbonate de chaux.

Si maintenant nous recourons aux détails des marnages français, et particulièrement à ceux des pays que nous avons parcourus nous-même, nous voyons que, dans une partie du département de l'Yonne, la dose d'une marne pierreuse qui se délite assez difficilement, et qui contient 90 pour 100 de carbonate de chaux, serait de 7 pour 100, tandis que, dans une autre partie, la dose de marne d'une richesse égale, se fusant facilement à l'air, ne serait que de 1 1/2 pour 100 de la couche labourable.

Dans le Dauphiné, où les résultats indiquent que les doses employées ont été plutôt trop fortes que trop faibles, le carbonate de chaux donné aux sols par le marnage s'élève de 3 à 5 pour 100 de la couche labourable.

Dans le département du Nord, la dose du carbonate de chaux serait à peine de 1/2 pour 100; elle serait du double dans les départements du Pas-de-Calais et du Calvados.

Enfin, si, dans le département de l'Ain, les premiers essais ont accumulé à grands frais une énorme quantité de marne sur le sol, on a déjà généralement diminué d'un tiers ces doses exorbitantes, et les marnages de Saône-et-Loire, faits cependant à l'imitation de ceux de l'Ain, ont réduit la dose à une couche de 5 à 6 millimètres de marne; ces marnages modérés ont élevé autant les produits du sol que les marnages exagérés pratiqués dans l'Ain; et cependant cette marne ne contient guère en moyenne que 30 pour 100 de carbonate de chaux, ce qui fournirait à une couche labourable de 10 centimètres 2 pour 100 de l'élément calcaire.

En comparant toutes ces doses diverses, en considérant l'effet produit même par les plus petites, nous pouvons, à ce qu'il semble, admettre que tout marnage qui donne à la couche labourable 2 pour 100 du principe calcaire est plutôt au-dessus qu'au-dessous du nécessaire. Cette proportion, fondée sur la composition de beaucoup d'excellents sols dans des positions diverses, et sur la pratique d'un grand nombre de lieux, a quelque chose d'assuré et de général qui peut s'appliquer à toutes les localités, et qui ne peut, à ce qu'il semble, conduire à de faux résultats. A ce point, le marnage devient une entreprise à la portée de tous les cultivateurs : le sol acquiert toutes les propriétés du sol calcaire, l'humus du sol est ménagé, le fumier produit son plus grand effet, et les seconds marnages, lorsque les effets des premiers semblent amortis, peuvent les faire reparaître avec tous leurs avantages.

Cette proportion de carbonate de chaux est bien éloignée de celle de trois huitièmes de parties calcaires, admises par d'illustres auteurs agronomiques comme devant former, avec trois huitièmes de sable siliceux et deux huitièmes d'argile, la composition des meilleurs sols.

En remontant à la source de cette opinion, on trouve qu'elle s'appuie sur les expériences de l'académicien Tillet, faites à Paris dans des pots remplis de mélanges de terre et d'engrais en différentes proportions. Tillet, sans en tirer des conséquences aussi étendues que ceux qui l'ont suivi, a cru devoir proposer comme la meilleure composition de sol celle qui semblait produire la végétation la plus vigoureuse.

On remarquera d'abord que le carbonate de chaux du mélange se composait de retailles de tailleur de pierres, qui rarement ne contiennent que du carbonate de chaux; que ces retailles, restant en petites masses, étaient loin de produire dans le mélange l'effet du carbonate de chaux divisé; nous remarquerons ensuite, quant à la proportion de silice, que le sable qui entrait dans le mélange était du sable de rivière, probablement du sable de la Seine, qui ne se compose pas uniquement de parties siliceuses; enfin, nous ferons observer que l'argile de potier, qui fournit l'alumine aux mélanges en expérience, est très-variable dans sa composition; que souvent elle ne contient pas le quart de son poids d'alumine, et que le reste est composé de silice plus ou moins divisée et d'un peu d'oxyde de fer : une expérience aussi vague, faite avec des éléments aussi peu précis et sur une aussi petite échelle, ne pouvait donc pas servir à fonder une théorie.

Quoi qu'il en soit, des théoriciens en ont tiré la conséquence que ce mélange était le type des bons sols; et, quoique en général, depuis ce temps, les expériences faites dans des pots à fleurs soient tombées en discrédit, cette opinion est restée sans nouvel examen, et a été admise par plusieurs auteurs qui se la sont successivement transmise.

Cette opinion a cela de dangereux dans son application à l'agriculture pratique qu'on en a fait dériver la conséquence que cette proportion des différentes terres entre elles est le point auquel il faut s'efforcer d'amener le sol cultivé; ce qui conduit nécessairement à dégoûter de l'emploi des amendements calcaires, à cause de la masse qu'il en faudrait, ou à les faire accumuler sans mesure, à frais immenses et avec perte de produit.

Heureusement que la nature n'est point d'accord avec ce principe, puisque les analyses de bons sols donnent une proportion très-inférieure de composé calcaire; d'autre part, on emploie souvent avec succès de la marne qui contient à peine la moitié de la proportion de 36 ou 40 pour 100 du composant calcaire qu'on voudrait étendre à tout le sol enfin, l'expérience des lieux nombreux où l'on marne prouve que partout où le marnage a fourni 5 à 6 pour 100 de carbonate de chaux à la couche labourée, les nouveaux marnages ont été non-seulement inutiles, mais souvent nuisibles.

Il nous a paru nécessaire d'insister un peu sur cette question, parce qu'elle a donné lieu à des erreurs très-préjudiciables, erreurs qui ont été jusqu'ici propagées par de graves autorités.

Après cette dissertation, nous sommes donc encore plus qu'auparavant fondé à insister sur la proportion de carbonate de chaux que nous avons admise comme remplissant toutes les conditions essentielles du marnage; ce point une fois bien établi dans chaque localité, après avoir choisi la marne et apprécié sa composition, on pourra, en ayant égard à l'épaisseur de la couche labourée, fixer à l'avance, sans beaucoup de peine, la quantité de marne à appliquer à une étendue donnée.

Pour arriver à déterminer cette quantité, nous remarquerons que la couche labourée demandant 2 pour 100 de carbonate de chaux, chaque centimètre de cette couche exigerait une épaisseur de 2 centièmes de centimètre de marne, si cette marne était entièrement composée de carbonate de chaux, et qu'alors il suffirait, pour avoir la couche de marne à appliquer sur le sol, de prendre 2 centièmes de centimètre autant de fois que la couche labourée contient de centimètres; mais on sent que si cette marne renferme, comme cela arrive toujours, d'autres principes que le calcaire, la dose doit en être augmentée en proportion, et que si elle ne contient plus que 90, 80, 70, 60, 50, 40, 30, etc., pour 100 de carbonate de chaux, sa dose doit s'accroître en proportion, c'est-à-dire de 10, 20, 30, 40, 50, etc., pour 100.

La quantité de marne que l'on doit mettre par centimètre de la couche labourée étant connue, pour avoir celle nécessaire à toute la couche, on devra la multiplier par 5, 10, 15, 20, suivant que cette couche labourée aura 5, 10, 15, 20 centimètres d'épaisseur.

Ce calcul n'offre sans doute pas de sérieuses difficultés, mais cependant il peut être utile de l'épargner à ceux qui sauront l'établir, et de le présenter tout fait à ceux pour lesquels il serait difficile.

Nous avons donc calculé, dans le tableau qui suit, le nombre de mètres cubes de marne nécessaire à 1 hectare de terre, selon que la couche aura une épaisseur de 10 à 20 centimètres, limite ordinaire des labours légers et des labours profonds, et selon que la marne contiendra depuis 10 jusqu'à 100 parties de chaux carbonatée.

Lorsque 100 parties de marne contiennent en carbonate de chaux	NOMBRE DE MÈTRES CUBES DE MARNE NÉCESSAIRES A UNE COUCHE LABOURÉE D'UNE ÉPAISSEUR DE					
	10 cent.	12 cent.	14 cent.	16 cent.	18 cent.	20 cent.
	mèt. cub.	mèt. cub.	mèt. cub.	mèt. cub.	mèt. cub.	mèt. cub.
10	200 »	240 »	280 »	320 »	360 »	400 »
20	100 »	120 »	140 »	160 »	180 »	200 »
30	66 66	80 »	93 33	106 66	120 »	133 33
40	50 »	60 »	70 »	80 »	90 »	100 »
50	40 »	48 »	56 »	64 »	72 »	80 »
60	33 33	40 »	46 66	53 33	60 »	66 66
70	27 14	32 57	38 »	45 42	48 84	54 28
80	25 »	30 »	35 »	40 »	45 »	50 »
90	22 22	22 60	26 43	30 20	33 33	44 44

Nous avons cherché à rendre ce tableau d'un usage facile et applicable à toutes les localités; nous avons pris l'hectare pour unité de mesure de superficie, parce que partout on connaît son rapport avec les mesures locales; nous avons pris les centimètres pour mesure de la profondeur de la couche végétale, parce que leur emploi est devenu familier.

En France, on conduit ordinairement la marne dans des voitures à deux roues qui portent le nom de tombereaux, et qui sont traînées par un cheval; ces tombereaux contiennent ordinairement un tiers de mètre cube qui pèse 500 kilogrammes, charge ordinaire d'un cheval. A l'aide du tableau qui précède, on trouvera facilement le nombre des tombereaux nécessaires par hectare : il suffit pour cela de tripler le chiffre des mètres cubes.

Au moyen de ce tableau, nous aurons réduit, à ce qu'il nous semble, à leur plus simple expression les difficultés que présente le marnage, et nous aurons mis la question principale, qui est la dose à donner au sol, à la portée de tout cultivateur qui n'est pas dépourvu des premières connaissances élémentaires. L'appréciation de la richesse de la marne offrira sans doute encore des difficultés au plus grand nombre des cultivateurs, mais cette partie du problème ne peut absolument se résoudre qu'à l'aide des petites opérations chimiques que nous avons précédemment indiquées avec assez de développement pour qu'il ne soit pas difficile de les répéter.

Toutefois, nous ne donnerons pas les doses que présentent nos tableaux comme absolument invariables; ce sont des points de départ qui, dans la pratique ordinaire, sont bien les moyennes les plus avantageuses; mais il se rencontre des cas où l'on peut avoir quelque avantage à s'en éloigner un peu : ainsi avec de la marne argileuse, on restreindra la dose sur des sols argileux; dans les sols très-légers, on fera peut-être bien de se rapprocher de la dose de Sologne, de 8 à 12 mètres cubes par hectare; dans les pays de labour profond, on pourra encore, sans inconvénient notable, diminuer un peu la dose du tableau pour gagner du temps et épargner de la peine.

Pour se conformer au précepte pratique que l'expérience a partout établi, les doses de marne riche seront plutôt diminuées qu'augmentées pour les terrains légers et secs, surtout quand la couche labourée sera épuisée.

Dans les terres acides, dans les défrichements où abonde l'humus insoluble, dans les sols très-froids, il pourra convenir d'augmenter la dose.

Cependant nous ferons observer que la marne étant un agent puissant de la végétation, elle est toujours utile, même à petite dose, mais peut nuire lorsqu'elle est employée en trop grande quantité. On a, en général, tout à gagner à la répandre d'abord sur une grande étendue au lieu d'en surcharger une plus petite. L'accroissement de produit sur une grande étendue de fonds est beaucoup plus grand; on rentre par conséquent plus tôt dans ses frais, ce qui encourage à continuer et conduit à faire jouir bientôt toute l'exploitation du bienfait du marnage. Le pis aller serait d'arriver plus tôt à l'époque où il faudrait recommencer l'opération. De fortes doses, au contraire, auraient coûté plus de temps et d'argent, fait naître moins de produit, et laissé traîner l'opération pendant un temps presque indéfini.

D'après ces considérations, quoique les doses que nous venons d'indiquer soient beaucoup plus faibles que celles qu'on emploie dans notre pays et dans d'autres départements, il y aurait, à moins de cas particuliers, plus d'avantage à les diminuer qu'à les accroître.

CHAPITRE XII

Des seconds Marnages.

Cette proportion de marnage que nous avons admise, qui consiste à donner 2 pour 100 de chaux carbonatée au sol, est le besoin du moment présent; et comme le principe calcaire diminue continuellement par son travail dans le sol et par la nourriture qu'il fournit aux plantes, cette proportion suppose nécessairement par la suite de nouveaux marnages; c'est le plus souvent quinze ou vingt ans après le premier marnage qu'on en recommencera un second.

Cependant un examen attentif du sol et de ses produits peut seul permettre de fixer le temps qui doit s'écouler entre les deux opérations : ce temps doit dépendre du nombre et de l'abondance des récoltes qui se sont succédé. Dans les pays de jachères, les marnages doivent être plus éloignés que dans ceux où la terre produit tous les ans.

Lorsque le chiendent, l'oseille sauvage et autres plantes des sols siliceux commencent à faire disparaître les légumineuses des sols calcaires; lorsque les récoltes baissent sans qu'on diminue la quantité du fumier, on doit en conclure que la marne a perdu de son énergie; que son principe actif, le carbonate de chaux, s'est en partie décomposé en faveur des végétations successives, et qu'enfin il est temps de recommencer. Alors la moitié de la dose indiquée au tableau est celle qui convient le mieux pour replacer le sol dans un état à peu près analogue à celui où il s'est trouvé après le premier marnage.

Cette proportion de marne pour les seconds marnages est encore appuyée par la pratique des pays où l'on connaît le mieux cet usage, et Thaër, que nous ne nous lasserons pas de citer, donne pour la dose des seconds marnages faits avec le plus de succès la moitié exactement de celle qu'indique notre tableau, qui, par conséquent, servira de direction pour les seconds comme pour les premiers marnages.

Les marnages du département du Nord, du Pas-de-Calais, du Calvados, qui sont évidemment des seconds marnages, puisqu'on y emploie la marne de temps immémorial, sont, il est vrai, généralement plus faibles; mais, dans ces pays, cette pratique est déjà si ancienne, que le temps n'est peut-être pas loin où, la terre ayant une dose suffisante de principe calcaire, les marnages deviendront inutiles pendant une longue période d'années après laquelle le principe calcaire de la surface étant à peu près épuisé, on recommencera à l'appliquer.

Dans les fonds où la marne a été prodiguée un peu aveuglément, lorsque la force de la végétation qu'elle a développée diminuera, au lieu de faire un second marnage, qui serait sans résultat, et peut-être nuisible, il sera avantageux d'imiter la pratique suivie dans un grand nombre de comtés de l'Angleterre, où la marne, appliquée seule aux fonds, produit maintenant peu d'effet, mais où, mêlée à des fumiers, elle renouvelle la fécondité première. Cette pratique, que conseille l'expérience de pays étendus, produit un très-grand effet sur des sols qui paraissent déjà saturés de l'élément calcaire, et auxquels, par conséquent, de nouveaux marnages ne conviendraient pas. On peut difficilement se rendre raison de cette espèce d'anomalie; mais c'est un fait bien constaté par la pratique : la théorie n'a donc qu'à s'y soumettre.

Nous insistons ici pour recommander cet usage, quoique nous en ayons déjà parlé précédemment, parce que nous le jugeons très-utile et particulièrement applicable aux pays qui ont été marnés sans mesure.

CHAPITRE XIII

De la consommation de la chaux par la végétation.

En nous résumant sur ce que nous avons vu des différents procédés de marnage, sur la dose de marne à donner au sol, et sur les seconds marnages, nous pouvons entrevoir un résultat pratique très-utile qui préciserait d'une manière plus nette que nous n'avons pu le faire jusqu'ici les doses des seconds marnages et la quantité de carbonate de chaux que la végétation paraît consommer.

Dans les marnages les plus réguliers, les plus anciens du département du Nord, pays d'agriculture classique, le sol reçoit tous les vingt ans, en moyenne, 160 hectolitres de marne pierreuse qui contient trois quarts à peu près de carbonate de chaux. C'est donc 6 hectolitres par an qu'on donne au sol flamand pour lui faire continuer ses produits avec la même énergie.

Une quantité qui suffirait aux sols argileux devient trop forte pour les sols légers. Nous avons vu qu'on donne en Sologne, tous les dix ans, 80 à 100 hectolitres par hectare d'une marne qui contient 40 pour 100 de carbonate de chaux. C'est par an 3 hectolitres et demi du principe calcaire; le sol et la végétation sembleraient donc absorber ou consommer de 3 à 6 hectolitres de carbonate de chaux par an; nos seconds marnages devront donc être faits de manière à fournir au sol tous les ans depuis 3 jusqu'à 6 hectolitres de carbonate de chaux par hectare, suivant la consistance du sol. Ce résultat, par sa précision, simplifierait, à ce qu'il semble, la question du marnage et son application aux diverses natures de sols. Dans des opérations qui se répètent à vingt ou trente ans l'une de l'autre, la vie des hommes est le plus souvent trop courte pour qu'ils puissent s'éclairer par des comparaisons, et on a un immense avantage quand on peut asseoir un grand travail comme le marnage sur des résumés précis d'une pratique éclairée et ancienne comme celles que nous venons de citer.

Il nous semble, toutefois, qu'une autre considération doit encore entrer dans la détermination des doses de marne; elles doivent être proportionnées à la fécondité et, par conséquent, à l'engrais du sol autant qu'à sa consistance; il est évident que la consommation de la chaux est proportionnelle au produit; cette consommation n'est pas autre chose que l'emploi qu'en fait la végétation pour ses principes fixes et inorganiques, pour ses cendres; en sorte que la quantité de chaux consommée serait la même que celle que contiennent les cendres; et il est évident qu'un produit double donne une quantité double de cendres, et par conséquent, absorbe une quantité double aussi de carbonate de chaux; c'est pour cela particulièrement que le grand produit du sol flamand en demande une quantité double, au moins de celui du sol de la Sologne.

Nous trouverions à appuyer cette opinion par ce qui se passe dans une partie du Berry, d'après un mémoire de M. Lanchère, couronné par la Société du Cher.

Avant le marnage, le sol argilo-siliceux y était presque sans produit et couvert de bruyères; depuis près d'un siècle, on y marne le sol à la quantité de 25 à 60 mètres cubes par hectare, suivant son humidité, avec une marne contenant 75 pour 100 de carbonate de chaux; dans ce sol ainsi marné, à une jachère fumée à 12, à 15,000 kilog., succèdent trois céréales, froment, orge et avoine; au bout de 25 à 30 ans de cette culture, le sol épuisé se couvre de chardons, de moutardes, de coquelicots; on l'abandonne au pâturage pendant 10, 12, jusqu'à 20 ans, suivant l'étendue de la ferme; on défriche ensuite, on marne à moindre dose, et on recommence l'assolement épuisant pendant la même période; le premier marnage a apporté au terrain, en moyenne, 300 hectolitres de carbonate de chaux par hectare, qui, partagés en 30 années, donnent 10 hectolitres de chaux par an et par hectare; mais cet assolement épuise le sol, et l'expérience a prouvé qu'il ne pouvait se rétablir et revenir à son premier produit qu'après trois rotations d'assolement quatriennal avec une fumure double, soit de 30,000 kil., et du trèfle au lieu de jachère ; l'épuisement est donc dû à la quantité de marne trop forte par rapport à celle de l'engrais, bien que la quantité de carbonate de chaux ne se trouve que de 3 pour 100 dans la couche labourable ; cependant le cultivateur continue son assolement, ses marnages, et l'épuisement va croissant ; il ne sème de trèfle que dans ses plus mauvais champs, et demande toujours ses trois céréales consécutives ; toutefois, comme ces marnages successifs auront tout à fait changé la nature de son sol, et lui auront donné le caractère de sol calcaire, nous pensons qu'alors qu'il cessera ses marnages sa terre sera encore susceptible de donner de meilleurs produits qu'avant les marnages.

Nous remarquerons qu'avec la dose de marne que nous avons conseillée précédemment, qui donne 2 pour 100 de carbonate de chaux au sol, une couche labourable de 15 centimètres d'épaisseur en reçoit 300 hectolitres, qui fourniraient pendant 60 ans à une consommation annuelle de 5 hectolitres de carbonate de chaux. Au bout de 30 ans, l'affaiblissement des forces données par la dose première indiquerait le besoin d'un deuxième marnage, qu'il suffirait de faire de moitié inférieur au premier pour retrouver une même dose de marne.

Nous sommes loin d'admettre que tout le composé calcaire disparaisse dans l'intervalle de temps qui sépare les marnages. Une partie est entraînée par les eaux, une autre enterrée par des labours profonds, et une plus grande sans doute passe à d'autres combinaisons ; mais il en reste encore une quantité notable à la fin de la période. Nous pensons donc qu'avec les doses de premier et de second marnage que nous conseillons, le sol arrivera au bout de quelque temps à contenir une proportion de principe calcaire qu'on ne gagnera pas à augmenter, et qui dispensera de recommencer pendant plusieurs générations, pendant lesquelles s'oubliera tout le système du marnage. Après l'épuisement du principe calcaire, lorsque le besoin s'en sera fait sentir pendant longtemps, on y reviendra comme à une nouveauté. Notre sol et notre pays, dans lesquels ces opérations ont eu lieu dès les temps anciens, ont vu, je le pense, passer et se renouveler de pareilles périodes.

On conçoit comment, avec la consommation annuelle de chaux et de carbonate que font les végétaux, il arrive que des sols auxquels la nature en avait donné une petite dose cessent d'en contenir dans leur couche supérieure ; mais la période qui leur enlève la chaux est sans doute fort longue, parce qu'un labour plus profond suffit pour leur rendre ce qu'une suite de générations leur avait ravi.

CHAPITRE XIV

De la recherche et de l'extraction de la Marne.

La marne, comme nous l'avons dit précédemment, est très-abondamment répandue dans la nature; on la rencontre dans tous les pays qui renferment des formations calcaires, ainsi que dans des contrées dont les bassins sont, en tout ou en partie seulement, formés de montagnes calcaires; on la trouve souvent encore dans les parties mêmes où les montagnes qui bordent le bassin sont primitives : dans ce cas, elle y aura été apportée par les eaux, que de grandes circonstances auront refoulées des parties inférieures dans les parties supérieures du bassin.

La formation de la marne, dans ses diverses variétés, semblerait avoir immédiatement précédé la grande formation argilo-siliceuse, que nous croyons avoir couvert toute la surface de la terre, et qui se retrouve partout sous des noms divers : ici, sous le nom de *terrain blanc*, là de *blanche terre*; de *boulbène* dans le Midi; de *terre clytre, terre à bois* dans le Nord; de *terre de Sologne* dans le bassin de la Loire. Presque partout, sur le bord des nombreux plateaux que présentent les terrains de cette grande alluvion, la marne se rencontre en affleurement, et sous la couche qui les forme, on la retrouve à des profondeurs variables. Ainsi la Sologne, sur tous ses bords et dans la plupart des bassins qui la sillonnent; la Bresse, sous ses terrains blancs; les environs de Toulouse, sous leurs boulbènes; la Puisaye, sous ses blanches terres; un grand nombre de cantons de la Normandie et de la Picardie, sous leurs terres froides, trouvent la marne comme placée par une main bienfaisante, pour donner à ces sols l'activité et les moyens de production que la nature leur avait refusés.

Lorsqu'on a trouvé la marne sur quelques points du bassin d'une rivière, il y a grande probabilité qu'on l'y rencontrera presque partout ailleurs, mais à une profondeur plus ou moins grande. Cette remarque, importante pour la théorie et la pratique du marnage, et qui doit présider à la recherche de la marne, demande quelques développements dans lesquels nous allons entrer.

Outre que ce fait est d'observation générale, on peut encore prouver qu'il se fonde sur de puissantes analogies et sur la théorie irréfutable de la formation des couches terreuses.

En effet, le parallélisme des couches terreuses, leur direction souvent horizontale, les coquilles fluviatiles qu'on y rencontre en grand nombre, les cailloux roulés qui s'y trouvent en si grande quantité, et qui n'ont pu recevoir cette forme que par suite d'un séjour longtemps prolongé sous les eaux, prouvent de manière à ne pouvoir le révoquer en doute que les couches terreuses qui composent le sol et ses parties inférieures ont été successivement déposées par les eaux.

Ces couches terreuses n'ont point été formées aux grandes époques où les eaux de la mer, envahissant les continents, ont laissé pour traces de leur séjour ces masses immenses de coquilles et de débris marins qui forment maintenant des montagnes entières; elles l'ont été à des époques postérieures, où les eaux se sont élevées à de moindres hauteurs. Elles contiennent en général peu de débris marins, mais beaucoup de coquilles fluviatiles; on doit nécessairement en conclure qu'elles sont des formations d'eau douce.

Les marnes renferment, encore plus particulièrement que les autres couches terreuses, un grand nombre de coquilles terrestres et fluviatiles : elles seraient donc aussi, et, à plus forte raison, des formations d'eau douce.

Les coquillages les plus abondants dans les marnes de nos pays sont des espèces qui ne vivent que dans le midi de la France, les mêmes qu'on rencontre dans le sol des plaines de Vaucluse, dans les plaines d'Arles, non loin de l'embouchure du Rhône : nos marnes nous viennent donc du Midi, d'où elles n'ont pu nous être apportées que par le remou des eaux douces du fleuve, refoulé dans son lit et dans son bassin par l'élévation des eaux de la mer.

Comme ces coquillages sont les uns terrestres et les autres fluviatiles, il faut en conclure que nos marnes ont appartenu aux couches supérieures du sol méridional, et que les espèces terrestres y ont vécu au milieu et aux dépens de la végétation; que si nos marnes ne contiennent point des parties d'humus de la couche végétale, c'est que dans le refoulement des eaux en sens contraire de leur marche présente, l'humus, plus léger que les parties terreuses, n'a pu suivre le même mouvement. D'ailleurs, les alluvions actuelles des parties méridionales du bassin du Rhône sont encore, à l'humus près, ainsi que le démontrent les analyses savantes de M. de Gasparin, des marnes très-riches : il y a donc toute probabilité qu'elles ont pu être un jour la gangue d'où sont sorties les marnes de nos pays.

Étranger à l'étude de la conchyliologie fossile, j'ai eu recours à un homme aussi remarquable par ses connaissances que par sa modestie, M. Vésin, qui a déterminé avec le plus grand soin les noms et les espèces des coquillages de nos marnes : c'est donc à lui que je dois tout ce que l'hypothèse qui précède peut avoir de plus solide.

Admettant comme démontré que les couches terreuses sont le résultat du travail des eaux, on peut aisément s'expliquer comment elles sont arrivées à une composition uniforme. Dans une même inondation, les eaux, en s'élevant dans le bassin à une certaine hauteur, ont délayé et entraîné les terres placées au-dessous de leur niveau; pendant le grand mouvement des eaux, au milieu des courants qui s'y sont formés, ces débris se sont mêlés entre eux, et sont arrivés à une composition à peu près uniforme; lorsque les grands courants ont cessé, les eaux ont déposé sur la surface du bassin les débris qu'elles entraînaient, et il en est résulté une couche qui s'est trouvée formée à peu près des mêmes éléments. Les inondations subséquentes ont ensuite formé de nouvelles couches terreuses qui diffèrent des premières, parce que, parvenues à des hauteurs variables, elles ont entraîné des débris de couches différentes. Ces couches se sont superposées aux premières et ont remonté à des hauteurs plus ou moins grandes dans le bassin, suivant que les eaux se sont élevées à un niveau plus ou moins haut.

Les lits de marne terreuse laissent souvent apercevoir un grand nombre de couches minces, parallèles et régulières, qui annoncent qu'elles ont dû être déposées dans les eaux devenues tranquilles : comme elles sont composées de molécules très-divisées, elles sont restées suspendues dans toute la masse des eaux jusqu'à ce que ces eaux fussent arrivées à un état de calme, qui seul a pu leur permettre de se déposer; et comme elles ont été les dernières à se précipiter, elles auront eu plus de temps pour se mêler et se répandre dans la masse entière des eaux, et par conséquent plus encore que les autres formations terreuses, les couches marneuses sont homogènes, et ont dû généralement s'étendre sur toute la surface du bassin.

Mais, en s'étendant sur toute la surface du bassin, ces couches terreuses ont dû aussi nécessairement s'y placer dans un même ordre, et cet ordre a été évidemment déterminé par l'époque de leur formation successive.

Le raisonnement vient donc à l'appui de l'observation pour établir que, dans un même bassin, sauf les causes nombreuses de perturbation, les formations terreuses se retrouvent à peu près les mêmes dans ses diverses parties, et suivant un même ordre de superposition.

Nous sommes donc encore en droit de conclure, comme nous l'avons annoncé précédemment, que les couches marneuses mises à découvert sur divers points d'un bassin, doivent presque toujours se retrouver sur son étendue à des profondeurs plus ou moins grandes.

Mais ces lois de composition et de superposition ont éprouvé, comme nous l'avons dit, de profondes modifications.

Dans les grands mouvemens des eaux, la terre des montagnes s'est écoulée dans les plaines, et la composition de chaque partie du bassin a dû être plus ou moins modifiée par celle des montagnes voisines; en outre, les bassins secondaires des affluents et les bassins tertiaires des ruisseaux qui se jettent dans les affluents ont amené dans le grand bassin des mélanges et des débris différents de ceux qu'entraînaient les grandes eaux, et en ont par conséquent modifié aussi la composition; enfin les révolutions successives ont dû déplacer et mélanger quelquefois les différentes couches déposées; en sorte que les couches terreuses du grand bassin, tout en conservant l'analogie générale de composition et de superposition, paraissent cependant s'en écarter assez souvent.

Ces anomalies sont moins grandes dans les pays de plaine que dans ceux dont le sol est inégal et accidenté; cependant le bassin du Rhône, qui contient en général, surtout dans ses parties supérieures, des plaines de peu d'étendue, laisse apercevoir d'une manière frappante les mêmes lois de composition et de superposition : depuis Genève jusqu'au delà d'Arles, une même formation de gravier siliceux rougeâtre un peu élevée au-dessus du fond du bassin forme la surface du sol sur une très-grande étendue. Au-dessous de ce sol rougeâtre on trouve presque toujours un gravier blanc mêlé de quelques cailloux calcaires, qui renferme la marne sablonneuse dont le Dauphiné a tiré un si grand parti; au-dessous, on retrouve souvent le poudingue siliceux connu sous le nom de béton, dont les cailloux sont liés par un ciment calcaire. Dans l'intervalle de ces couches, l'on rencontre parfois un sable silicéo-calcaire, analogue au sable actuel du Rhône, et enfin encore au-dessous, la marne argileuse, qui dans plusieurs parties du Dauphiné et de la Provence, sert à faire la poterie et les briques.

On remarque aussi dans notre pays une grande analogie dans les marnes de chacun des bassins des trois principales rivières; celles du Rhône se partagent en deux variétés très-distinctes : les premières, comme nous venons de le dire, sont graveleuses, et contiennent beaucoup de substance calcaire mélangée avec des cailloux roulés et du sable plus ou moins grossier; les secondes, d'une formation antérieure, contenant des coquillages terrestres et fluviatiles du midi de la France, appartiennent à cette couche de marne terreuse dont nous avons cherché à expliquer l'origine et la formation : les marnes de l'Ain sont argileuses, blanchâtres, très-riches, mais contiennent souvent des sacs d'argile pure; celles de la Saône sont en général les moins riches, les plus argileuses; elles ne contiennent que de 30 à 40 pour 100 de carbonate de chaux, et sont souvent mélangées de petits grumeaux calcaires : il est à remarquer que ces dernières marnes, les moins énergiques de toutes, sont cependant, à peu d'exceptions près, les seules employées dans le département de l'Ain.

La plupart des grandes rivières ne mettent pas ces faits d'identité de composition dans une aussi grande évidence que le Rhône, parce qu'elles coulent dans des pays de plaine, et que le sol ne laisse pas voir des arrachements aussi grands et aussi profonds; d'ailleurs, le Rhône ayant une grande pente, a déchiré le sol avec plus de force, et y a produit plus d'inégalités qui laissent voir les couches inférieures dans un plus grand nombre de lieux.

Ces analogies de composition et de superposition dans un même bassin peuvent être d'une grande importance pour l'agriculture. Il s'ensuit que les récoltes et les méthodes que l'on a vu réussir dans une partie de ce bassin peuvent presque sûrement réussir aussi dans les parties analogues du reste : l'expérience de quelques points peut servir sur presque toute la surface et sur de très-grandes étendues, et l'on peut, par une imitation presque aveugle, réaliser de grandes améliorations : ainsi, par exemple, nous remarquerons, en revenant à ce qui fait plus particulièrement l'objet de ce traité, que, quand les marnages ont réussi dans une partie d'un bassin, on peut avoir la presque certitude d'un succès semblable dans le reste de son étendue, parce qu'on y retrouve à la fois et le sol que la marne a amélioré et la marne elle-même, agent du succès. Pour en faire une application frappante, la même marne qui a fécondé les graviers arides du Dauphiné produirait un effet semblable sur la plus grande partie de la Valbonne, sur les plaines sèches de Valence, sur les garrigues de Vaucluse et sur la plaine de la Crau, près de l'embouchure du Rhône; le sol de tous ces lieux se compose de la même formation de gravier siliceux rougeâtre, qui recèle presque toujours la marne graveleuse dans ses couches inférieures et même encore, mais plus bas, la marne terreuse qu'on emploie presque uniquement à faire des briques, des tuiles et de la poterie.

Revenant aux directions qu'on doit suivre, aux indications qu'on doit consulter dans la recherche de la marne, nous dirons qu'on a remarqué que le sable en couches ou en sacs est une indication à peu près constante de la proximité d'une couche de marne terreuse. Souvent même elle se trouve renfermée entre deux lits de sable; on la trouve fréquemment aussi sous le gravier; mais les couches de gravier sont plus épaisses que celles de sable, et la marne se rencontre alors à une profondeur plus grande.

La marne existe assez rarement à la surface du sol, hormis dans les pays montagneux, où elle recouvre des coteaux et même quelquefois de petits vallons. Il est remarquable que dans les pays vignobles, les meilleurs vins blancs sont récoltés dans le terrain marneux; tandis que les vins rouges demandent un sol rougeâtre, et sont presque toujours médiocres dans la marne grise.

Dans la plaine, elle est presque toujours recouverte d'une couche de terre qui, quand elle est mince, en reçoit une amélioration notable; d'autres fois, si elle est placée à moins de cinquante centimètres de profondeur sous le sol, la couche végétale ne s'en ressent en aucune façon : ainsi, dans les environs de Bourg, nous avons éprouvé un grand avantage à marner le sol même sous lequel nous avons rencontré la marne à peu de profondeur.

On la voit souvent paraître en affleurements dans les pentes des ondulations du sol, et surtout dans celles qui bordent les rivières et même les ruisseaux; mais ces ondulations et ces petits bassins sont séparés et liés entre eux par des surfaces presque unies qu'on doit plutôt qualifier de plateaux que de plaines, parce qu'elles dominent les vallons. Sur ces plateaux on rencontre encore la marne, mais le plus souvent à une profondeur où le travail ordinaire ne peut pas la faire deviner. Comme la marne prise sur les lieux mêmes où l'on doit l'employer offre beaucoup d'avantages sur celle qu'il faut y amener en la prenant sur les pentes, il y a encore grand profit à la rechercher sur les plateaux, et à l'en extraire, si elle n'est pas placée à une profondeur trop grande.

Pour l'y découvrir, les recherches directes, avec les seules ressources que présentent les fouilles faites à l'aide de la pelle ou de la pioche, sont longues et assez difficiles, ce qui en restreint naturellement l'usage; une petite sonde peut être en ce cas très-utile et épargner beaucoup de peine.

Cette tarière, qui est la première idée de la grande sonde minéralogique que l'on conduit maintenant à toute profondeur, paraît due à Bernard Palissy, ce potier de terre dont les ouvrages sont si admirables; Meysson, notre premier marneur, l'a fait exécuter, sans que peut-être personne lui en ait communiqué l'idée : avec cet instrument, on peut juger de la nature des couches inférieures du sol à une profondeur de 3 à 4 mètres. J'en ai fait exécuter une dont la tige en fer carrée de 22 millimètres a $3^{m},56$ de longueur; le long de cette tige glisse un manche en fer qu'on fixe à la hauteur qu'on veut, au moyen d'une vis de pression; la tige se termine par une espèce de tarière, qui finit par une pointe contournée en spirale; deux hommes sont nécessaires à sa manœuvre, et emploient chacun un levier pour la retirer du sol, cependant il est difficile de l'introduire dans le gravier; autant vaut, dans ce cas, employer la pioche et la bêche.

A l'aide de cette tarière, j'ai trouvé sur le plateau, à des profondeurs variables, de la marne dont rien ne pouvait faire soupçonner l'existence; elle est placée sous le sol même à marner, ce qui permet de faire sur place toute l'opération, au lieu d'envoyer chercher la marne à la marnière, placée à 1,000 ou 1,200 mètres de distance. Dans ces conditions, le marnage peut se faire plus promptement, à moindres frais, et sans exiger aussi impérieusement un temps sec. Lorsque l'eau abonde, le travail est plus difficile : alors il faut, à force de bras, pousser chaque jour l'extraction à fond, en ayant soin de n'entamer que ce que l'on peut extraire dans la journée; quand la marne tirée est charriée, l'on fait à côté une nouvelle extraction, en laissant un petit épaulement pour retenir les eaux.

L'importance de la marne est telle en agriculture, qu'on doit la rechercher pour tous les sols auxquels elle peut convenir, et partout où on peut espérer la rencontrer. Si les *tussilages*, l'*ononis*, les *sauges*, le *trèfle jaune*, les *ronces*, les *chardons*, les *mélampyres*, n'annoncent pas la présence de la marne dans les couches supérieures du sol; si la recherche avec la tarière, si le creusement des fossés, des puits, ne l'ont pas mise au jour, on peut la rechercher par des sondages. Mais les grands sondages engagent dans de fortes dépenses; l'extraction de la marne qu'ils découvrent se fait à grands frais, et souvent on rencontre des eaux souterraines qui s'opposent à toute exploitation économique. Toutefois, lorsque l'eau ne nuit pas, l'extraction à de grandes profondeurs est encore beaucoup plus économique que le transport de lieux éloignés. Les extractions de marne à de grandes profondeurs ne sont pas nouvelles en France; Pline parle de marne qu'on tirait dans les Gaules à plus de 33 mètres de la surface. Dans quelques parties de la Normandie, on en extrait encore de cette manière, et du côté de Lisieux quelques marnières ont plus de 117 mètres de profondeur. Dans ce cas un manége mis en mouvement par des bœufs ou des chevaux peut diminuer beaucoup la main-d'œuvre.

On doit diriger plus particulièrement les recherches sur les parties du sol où la terre, moins argileuse, est formée d'un sable rouge, auquel on donne le nom d'*égrillon*. Il faut aussi fouiller préférablement les veines de terre qui, après une pluie, blanchissent ou sèchent les premières. L'expérience a appris que, dans ces localités, la marne se trouve ordinairement plus près de la surface.

Les marnières que l'on pratique sur les pentes offrent plusieurs avantages; quand on est maître du terrain, la pente permet de fair écouler les eaux et de faire des fouilles sans en être sensiblement incommodé; le massif de la marne à extraire, à l'abri des eaux, est d'autant plus considérable, que la pente est plus rapide. Cette position offre encore le moyen de pouvoir extraire une couche de marne plus profonde, et, par suite de cette circonstance, plus riche en principe calcaire.

Cependant il y a toujours un très-grand avantage à prendre la marne sur les lieux mêmes ; il est difficile d'avoir à la fois, dans notre pays, le temps et les chemins favorables, d'avoir les attelages de la ferme disponibles, et même de pouvoir, sans inconvénient, circuler sur nos terres et dans nos *chaintres* humides; tandis que le travail à bras, fait avec des brouettes auxquelles on donne des plateaux pour roulage, a moins besoin d'un temps choisi, et abrége beaucoup l'ouvrage; un homme peut, dans sa journée et avec sa brouette, distribuer plus de terre prise sur les lieux mêmes, que trois tombereaux attelés n'en amèneraient d'une distance de 1,000 mètres.

La sécheresse ou la gelée sont nécessaires pour charrier la marne dans les sols glaiseux : autrement les chemins se défoncent, les terres se broient sous les roues des voitures et les pieds des animaux : sur les terres graveleuses, le marnage peut se faire presque en tout temps.

CHAPITRE XV

Des soins à prendre pour le Marnage.

La première condition de succès lorsqu'on veut marner un sol, c'est qu'il soit bien égoutté et débarrassé des eaux de la surface. La marne peut sans doute aider beaucoup à assainir un sol marécageux, mais elle ne suffit pas. Comme la chaux, elle ne peut exercer son action sur le sol que lorsque, par sa position ou par suite des travaux auxquels on se livre, il est tout à fait débarrassé des eaux surabondantes.

Si le sol des terres en jachère a été nettoyé de bonne heure par les labours, on peut amener la marne dans les mois de juillet et d'août; elle doit être aussitôt répandue et étendue avec soin, pour que les alternatives de temps la fassent fuser autant que possible, car son action, et surtout son action prochaine sur le sol, dépend de son exacte combinaison avec lui : lorsqu'on l'enterre en grumeaux non délités, elle reste dans cet état tant qu'elle n'est pas ramenée à la surface, et sous cette forme elle nuit autant qu'elle sert à la végétation : après donc qu'elle aura été suffisamment délitée, circonstance qu'on doit faire naître par des hersages répétés, on la renverse sous un labour léger, qui est suivi, avant les semailles, de plusieurs autres plus profonds.

Dans le département de l'Ain, où l'on a peu de jachères, on peut la charrier après la moisson sur les terres en chaumes.

Lorsqu'on peut la conduire et la répandre pendant la gelée, elle se réduit mieux en poussière, et les récoltes de printemps qui suivent en montrent déjà toute l'influence.

On peut aussi la répandre sur les trèfles avec grand avantage; depuis la moisson jusqu'au printemps la terre tapissée de trèfles craint moins les pieds des animaux et le passage des chars; on est ainsi dispensé du plâtrage, que la marne remplace très-bien, et il est très-facile de la bien répartir, parce qu'elle reste alors un an et plus à la surface, ce qui la réduit en poussière et augmente peut-être son action par l'influence de l'air et des météores. On trouve partout, soit dans les livres, soit, ce qui est encore plus sûr, dans la pratique, la recommandation de la laisser exposée à l'air aussi longtemps que possible avant de l'enterrer.

Dans les sols humides, il est à propos de faire précéder le marnage par un labour profond, parce que la terre, offrant alors à l'eau une couche plus épaisse à pénétrer, craint moins l'humidité, et que la masse améliorée et ameublie par le marnage est plus grande.

La marne doit être disposée sur le sol en lignes parallèles formées de petits tas égaux placés à six mètres de distance en tous sens. On profite des premiers loisirs de beau temps pour la répandre aussi régulièrement que possible. Après avoir laissé agir pendant quelques jours le soleil et la pluie, on repasse sur le sol afin d'égaliser la marne, et pour qu'elle le couvre le mieux possible de ses débris en poussière; la bonté et la promptitude des résultats dépendent en grande partie de ce soin. On laisse ensuite la couche de marne sur le sol aussi longtemps que possible : il s'établit alors sur la surface du sol, à l'aide de l'air et des variations atmosphériques, un travail de réaction chimique qui prépare les effets de la marne, les hâte et leur donne plus d'énergie.

La marne ne doit être enterrée que par un beau temps, et seulement lorsqu'elle est bien délitée et presque sèche. En l'enterrant mouillée, on lui fait reprendre son adhérence, et elle ne peut se distribuer dans le sol. Il faut encore que le labour soit peu profond, parce qu'alors elle se conserve plus aisément dans l'épaisseur de la couche végétale pour les cultures qui suivent.

Les instructions qui précèdent regardent particulièrement la marne terreuse; mais lorsqu'il est question de marne pierreuse, les gelées d'hiver sont presque nécessaires pour la déliter; le temps qu'elle doit passer à la surface dépend de son plus ou moins de facilité à fuser. Thaër cite des auteurs anglais qui recommandent de laisser la marne passer deux étés et un hiver sur le sol avant de l'enterrer, tandis que, dans la Puisaye, où la marne pierreuse est assez friable, et où l'on marne abondamment, c'est assez d'un hiver pour qu'on puisse l'employer avec avantage. En Picardie et en Flandre, où la marne est pierreuse aussi, l'expérience a démontré aux cultivateurs qu'un hiver ou un été d'exposition à l'air sur le terrain lui suffit.

On sent qu'il est d'autant plus essentiel d'amener la marne à un grand état de division avant de l'enterrer dans le sol, que les doses auxquelles on l'administre sont moindres : celles que nous avons prescrites plus haut exigent cette attention d'une manière particulière, parce que, ces doses étant modérées, ce n'est qu'au moyen de la grande division de la marne que toute la couche labourée peut entrer en contact avec cette substance, et être modifiée par elle dans sa composition, et par suite dans son effet sur la végétation. Les autres amendements calcaires, la chaux, les cendres, le plâtre, agissent avec énergie à des doses dix fois, cent fois moindres que la marne; c'est, il n'en faut pas douter, en grande partie à leur état pulvérulent qui leur permet d'agir à la fois sur toutes les parties du sol et des racines des plantes, qu'il faut attribuer leur grand effet sur l'ensemble de la récolte, à une si petite dose.

Les cendres répandues en grumeaux, la chaux épanchée en pâte, au lieu d'être employées à l'état pulvérulent, produisent peu d'effet, parce qu'elles ne peuvent entrer en contact qu'avec un très-petit nombre de points. Les effets de la marne et de ces amendements étant dus au même principe, il faut donc amener, autant qu'on le peut, la marne à approcher de leur état pulvérulent.

Une fois pulvérisée et répandue de manière à former une couche bien divisée à la surface du sol, on l'enterre au moyen d'un premier labour peu profond; on herse, puis on procède à un second labour suivi de hersages qui opèrent suffisamment son mélange avec la terre.

Si nous avons insisté particulièrement sur cet article, c'est que nous le regardons comme étant d'une grande importance, et que nous pensons que c'est en général à la négligence que l'on apporte à l'épandage de la marne et à son incorporation dans la couche labourée qu'est dû, dans beaucoup de pays, le peu d'effet qu'en reçoivent les récoltes dans la première, et quelquefois même la seconde année du marnage.

CHAPITRE XVI

Salubrité produite par la Marne; son introduction en Dombes et dans les pays insalubres.

Les marnages peuvent être considérés sous un point de vue plus élevé et plus important encore que celui de la fécondité qu'ils donnent au sol : ils peuvent influer beaucoup peut-être sur la salubrité d'un pays où ils seraient devenus une pratique générale.

Cette opinion, bien qu'elle n'ait point encore été émise, est fondée sur de grandes probabilités, sur des analogies puissantes et des faits précis, dont l'ensemble paraît lui donner une assez grande certitude.

Le principe calcaire est, comme on sait, l'un des plus puissants antiputrides; on l'emploie pour assainir les lieux habités par les hommes et les animaux, dans lesquels on craint le développement de la maladie ou de la contagion; il sert à neutraliser les émanations des cadavres en putréfaction; il détruit les principes délétéres qui s'échappent des lieux d'aisances, et qui donnent la mort aux ouvriers qu'on y emploie.

Il semble même que les pays calcaires ne sont insalubres que lorsqu'il s'y rencontre des marais, ou lorsque quelques causes étrangères au sol et au climat déterminent l'insalubrité, comme dans quelques pays situés sur les bords de la mer, où le reflux dans l'intérieur des terres et le mélange des eaux salées avec les eaux douces infectent l'air par les émanations délétéres de leurs combinaisons. Cette source d'insalubrité est certaine, puisque le pays s'assainit lorsqu'on parvient à empêcher ce mélange.

Dans les bassins de rivières bordés de montagnes calcaires, qui renferment dans leur intérieur des pays malsains, l'insalubrité commence seulement alors que les terrains calcaires qui se rattachent à la montagne ont cédé la place aux sols siliceux. Dans la plaine même, et loin de la montagne, on voit la salubrité diminuer en même temps que le terrain calcaire de la surface, et les communes de la Bresse, qui ont beaucoup de terres *mares* ou calcaires, sont remarquablement plus saines que celles en *terrain blanc*. Pendant que les étangs de la Dombes, situés sur terrain siliceux, sont assurément la plus grande cause de son insalubrité, ceux de la Bresse, qui sont sur terres mares, nuisent peu à la salubrité de la contrée où ils se trouvent : ainsi les étangs des pays compris entre la Veyle et la Reyssouze au nord-ouest de Bourg, généralement placés sur des sols calcaires, n'influent pas sensiblement sur l'état sanitaire.

Nous citerons encore, à l'appui de ce système, les étangs du Berry, sur sol calcaire, dont les émanations n'ont rien d'insalubre; le dessèchement des étangs de Parracay, dans le canton de Lignières, n'a rien ajouté à la salubrité d'un pays calcaire naturellement sain; dans le même canton, l'étang de Villiers, auquel on donne trente kilomètres de tour, ne cause point de maladies sur ses bords; d'ailleurs, quand arrive le mois d'août, les eaux de ces étangs sur sol calcaire ne deviennent pas noirâtres comme cela arrive souvent dans les étangs siliceux. Les eaux ainsi que leurs émanations seraient donc assainies par le principe calcaire.

Enfin la Dombes, la Sologne et une foule d'autres pays sont insalubres et sujets à des fièvres intermittentes sans être marécageux; mais aussi leur sol est humide et tout entier siliceux. La Puisaye et une partie de la Bresse, en terrain analogue, ne contenant que peu ou point de terrain calcaire, se ressentent aussi des fièvres automnales.

Sans prétendre expliquer entièrement des faits si remarquables, nous ferons cependant observer que l'élément calcaire, jouissant d'une grande force de combinaison avec les principes qui se rencontrent dans le sol, peut très-bien empêcher la formation ou hâter la décomposition dans le sein de la terre de ces substances si peu connues, qui, devenues volatiles, et respirées par l'homme, ou agissant de toute autre manière sur ses organes, le disposent à la maladie.

Ces substances délétères qui infectent l'air des pays malsains ne peuvent prendre naissance que dans le sol, car le sol est tout ce qui distingue un pays malsain de ses voisins qui sont salubres. Toutes les autres circonstances atmosphériques, la température, ses variations, le climat, lui sont communes avec eux; le pays malsain fait sans cesse échange de son air vicié avec l'air pur de ses voisins : il faut donc que des émanations insalubres du sol renouvellent sans cesse le principe du mal, que des vents bienfaisants tendent à entraîner ailleurs.

Nous ajouterons à ce qui précède que le principe calcaire, jouissant d'une grande force d'absorption sur les composants atmosphériques, peut s'emparer des principes délétères eux-mêmes qui auront échappé à son action intérieure, et les décomposer au profit de la végétation; que ce principe, comme nous l'avons vu précédemment, en activant la végétation, augmente aussi la force d'absorption des plantes, et favorise surtout l'accroissement des légumineuses, qui vivent principalement aux dépens de l'atmosphère; que cette végétation vigoureuse tend, comme on le sait, à assainir l'air, soit par des émissions d'oxygène, soit par l'absorption de l'acide carbonique, soit par tout autre moyen dont la nature s'est réservé le secret.

Nous remarquerons encore que les eaux qui sortent des montagnes calcaires, et qui se chargent plus ou moins du principe calcaire, envoyées sur les prés marécageux, les assainissent et y font croître les légumineuses et les graminées sapides des terrains sains : les eaux calcaires assainissent donc le sol, et le sol assaini dans ses productions le sera aussi dans ses émanations.

En outre, le sol humide en labour, comme nous l'avons vu précédemment, se trouve assaini par la marne, ses produits deviennent ceux des terrains sains : les eaux qui y restent sont donc modifiées aussi bien que le sol. En détrempant le sol marné, ces eaux se chargent plus ou moins de principes calcaires qu'elles transmettent avec la séve aux végétaux ; elles sont donc elles-mêmes assainies et assainissantes, puisqu'elles deviennent favorables, au lieu d'être, comme avant le marnage, contraires à la végétation.

Dans son excellent ouvrage sur la sonde et son emploi, M. Garnier, ingénieur des mines, admet, d'accord avec les observations de Linnée, comme principe d'expérience dans l'art du sondeur fontainier, que les eaux qui coulent sur les bancs d'argile sont souvent malsaines ou impures, tandis que celles qui sortent des bancs calcaires sont légères, limpides et très-saines. Une foule de raisons puissantes nous portent donc à conclure que les eaux sont assainies par le principe calcaire.

Enfin, et surtout dans la Dombes, en chassant les plantes des pays siliceux pour les remplacer par des légumineuses, le principe calcaire détruirait cette plante à odeur cadavéreuse, cette flouve fatale qui couvre et épuise la surface des champs après la moisson, qui infecte l'air de ses miasmes empestés, et qu'on est tenté, à tort toutefois, selon nous, de regarder comme une cause d'insalubrité.

On voudrait vainement opposer qu'il n'est pas probable qu'une petite addition de principe calcaire au sol puisse affecter la salubrité générale d'une contrée ; il semble, au contraire, que ce moyen doit être le plus actif de ceux qui sont à notre disposition, car nous avons vu précédemment que les miasmes délétères qui se mêlent à l'air qu'on respire et qui l'infectent sous la forme gazeuse proviennent du sol ; or, nous devons penser qu'ils s'élèvent de la couche supérieure, parce que la couche inférieure, que l'eau ne peut pénétrer, ne donnerait pas mieux passage aux émanations gazeuses.

D'ailleurs on ne peut imaginer, sur la couche labourée, d'action plus directe, plus voisine, plus intime, que celle de la marne. On conçoit qu'elle peut attaquer dans le sol le principe insalubre, aussi bien et de la même manière que les eaux de chaux ou la chaux en poudre le détruisent dans les habitations, sur les cadavres et dans les lieux d'aisances. Ces grands effets se produisent par une seule application superficielle, tandis que l'addition de marne se fait et agit sur toute la partie de la couche labourée ; et c'est dans leur propre laboratoire, avant qu'ils puissent se former, et jusque dans leurs éléments, qu'elle attaque les principes d'insalubrité.

Enfin le principe calcaire, qui change la nature et les productions de toute la couche végétale, doit nécessairement en changer aussi les combinaisons, en modifier les éléments. Les émanations du sol, qui sont le résultat de ces combinaisons, doivent donc changer aussi, et ces émanations doivent cesser d'être insalubres, parce que l'effet général et reconnu du principe calcaire est assainissant.

L'opinion qui envisage le principe calcaire, et par conséquent la marne, comme un des grands moyens de salubrité, bien qu'elle n'ait encore été sanctionnée ni par l'expérience ni par la discussion des hommes éclairés, est donc non-seulement appuyée de conjectures qui l'expliquent et la rendent probable, mais encore fondée sur des faits qui lui donnent, à ce qu'il semble, un grand degré de probabilité, sinon de certitude.

Nous pouvons donc envisager la pratique du marnage dans les pays malsains au double point de vue de la salubrité et de la fécondité ; ce double but doit soutenir nos efforts, et nous recueillerions une bien douce récompense de notre travail, si nous pouvions concourir à provoquer l'introduction du marnage dans ces importantes et malheureuses parties de notre pays,

Nous ne croyons pas devoir abandonner cette question sans faire observer que, pour diminuer sensiblement l'insalubrité de l'ensemble du pays, le marnage doit probablement s'étendre à une grande partie de la surface. Le marnage de chaque propriété amènerait, à ce que nous pensons, pour cette propriété elle-même et pour ses habitants, une amélioration des conditions hygiéniques ; mais on y souffrirait encore des émanations malsaines des terres voisines qui n'auraient pas été marnées. A mesure que le travail général avancerait, la salubrité s'accroîtrait par degrés sensibles ; et quand la surface entière éprouverait les bienfaits de la marne, alors, avec la salubrité qui conserverait les individus pour le travail et pour l'accroissement de la population, avec la fécondité qui offrirait de plus grands produits sans qu'il fût besoin d'accroître les travaux, on verrait le pays s'avancer rapidement vers un meilleur avenir : alors, par la force des choses, et en même temps que le marnage développerait ses résultats, on arriverait au dessèchement de la plupart des étangs qui sont presque partout la principale cause d'insalubrité. Ces étangs qui, depuis des siècles, reçoivent par le moyen des eaux les engrais des terres qui les environnent, seraient bientôt transformés, les uns en bons prés, d'autres en terres cultivées, les meilleures du pays ; et ces terres, pourvues d'humus accumulé, s'assainiraient par le marnage et deviendraient plus fécondes. La Dombes renferme peu de marais autres que ceux formés par les étangs. La presque totalité des étangs se dessèche pour être pêchée d'abord et labourée ensuite, et par conséquent peut facilement s'égoutter. Les prés marécageux eux-mêmes, qui sont placés aux queues des étangs, s'égoutteraient et s'assainiraient par leur desséchement.

CHAPITRE XVII

Vues générales sur la Marne.

L'un des grands desseins de la nature se montre dans la destination qu'elle a donnée à certaines variétés de plantes de créer, réparer et élever la couche végétale ; dans les sols arides, la bruyère, les genêts et les mousses croissent et se succèdent en laissant beaucoup de détritus sur le sol ; un principe astringent qui se développe dans ces plantes conserve leurs débris pour l'avenir, et enrichit le sol d'humus acide, qui ne se décompose pas.

La nature travaille lentement, et pour ainsi dire secrètement, sur ces vastes plaines de bruyères, qui, jadis peut-être, pourvues de sucs végétaux, furent épuisées par la culture imprudente et avide de l'homme dont maintenant elles excitent le dédain. Avec le temps, qui n'est rien pour la nature, la couche supérieure travaille à s'enrichir, et le moment arrive où ses richesses accumulées n'attendent plus que la main et l'industrie de l'homme pour devenir productives.

La nature est encore bien plus prodigue de ses bienfaits dans les sols marécageux, qui en avaient aussi plus besoin que les autres : des plantes vigoureuses y croissent en grand nombre, portant dans leur sein ce principe conservateur, ce principe astringent, le même, ou à peu près, que celui du chêne et de son écorce, le même que celui de la bruyère, de l'ajonc et du genêt des terrains arides. Au moyen des débris qui s'accumulent chaque année, le sol croît et s'élève au-dessus des eaux stagnantes ; la végétation continue, le sol s'affermit, l'air qui couvrait le marais s'assainit, et bientôt un sol de création nouvelle vient se mettre à la disposition de l'homme et des animaux qu'il gouverne : c'est ainsi que se sont formées les prairies qui bordent un grand nombre de rivières. Les bords de l'Aisne, qui produisent des foins excellents et abondants, tremblent encore sous les pieds, et annoncent le lit de tourbe qui forme la couche inférieure du sol; les bords de la Somme sont eux-mêmes exploités, et fournissent le combustible à tout le pays. Toutes les terres, quelquefois si fertiles, de marais desséchés, doivent leur existence à cette grande et bienfaisante loi de la nature. Bien plus, l'homme peut y trouver, au besoin, d'immenses magasins de combustible toujours renaissant, et des dépôts inépuisables d'engrais fournissant en abondance l'humus aux sols qui en sont dépourvus.

Mais, par une de ces harmonies si admirables et si fréquentes, qui, liant entre elles les différentes parties de la création, régissent l'ensemble de la nature et révèlent si hautement la Suprême Intelligence, d'immenses dépôts de marne se trouvent le plus souvent à portée, soit des parties élevées qu'a enrichies la végétation spontanée des mousses, bruyères et genêts, soit des parties basses qui se sont élevées au-dessus des eaux ; la marne semble particulièrement destinée à ces deux natures de sol si différentes ; elle favorise la végétation des plantes utiles, des légumineuses, qui sont la meilleure nourriture des animaux, et qui prennent la place des plantes, maintenant nuisibles, qui ont créé ou enrichi le sol ; elle sature l'humus acide, le rend soluble, et dispose le sol, que l'homme vient de soumettre à sa culture, à nourrir les produits qu'il lui demande.

C'est encore à des bancs de marne placés dans l'intérieur de la terre que les sources, qui produisent sur la végétation des prairies un si prodigieux effet, semblent devoir leur force fécondante. Ces eaux contiennent du carbonate de chaux dissous dans un excès d'acide carbonique; c'est en passant sur des bancs de marne que ces eaux chargées naturellement d'acide carbonique dissolvent avec son aide le principe calcaire.

Après les grandes pluies, ces eaux sont blanchâtres, parce qu'elles entraînent avec elles, outre le carbonate de chaux dissous, des parties de marne qui ne sont que suspendues, et auxquelles elles doivent leur couleur.

Dans cet état elles sont très-fécondantes, mais alors même qu'elles sont limpides, leur effet est au moins aussi puissant.

Ces eaux, en pénétrant le sol de la prairie, fournissent aux plantes des principes séveux, qui tiennent en dissolution le bicarbonate de chaux ; et ce principe, arrivé dans le végétal, lui donne par la réaction vitale, ainsi que nous l'avons vu précédemment, le carbone, la chaux et l'oxygène dont il a besoin. Une partie de l'acide carbonique abandonne le carbonate de chaux qui, cessant d'être soluble, reste sur le sol, produit ces écumes blanchâtres qu'on remarque sur la prairie, et son effet sur les plantes paraît tout à fait analogue à celui que produit la marne dans les champs.

Ces eaux calcaires font verdir le gazon, lui procurent une vigueur extraordinaire, ne donnent presque jamais naissance aux carex ni aux joncs, mais bien plutôt les détruisent pour les remplacer par des légumineuses et de bonnes graminées; elles peuvent en outre être employées en tout temps avec avantage à l'irrigation des prairies; elles en hâtent la végétation, et la soutiennent même pendant la saison froide. Les autres eaux, au contraire, celles qui ne contiennent point de parties calcaires, qui n'ont pu rencontrer dans le sol des bancs de marne, ne sont bonnes que pendant les temps chauds, ne permettent que des arrosements courts, et demandent après l'arrosement à être promptement égouttées; sans ces précautions, elles donnent naissance à des joncs, à des laiches, et rendent le sol marécageux.

Lorsque les eaux ne se chargent pas du principe calcaire dans le sein de la terre, après avoir couru quelques minutes à l'air libre, elles perdent leur acide carbonique (car les eaux en contiennent presque toutes en sortant de leur source); alors elles peuvent passer sur des bancs de marne sans en dissoudre une quantité notable, et sans acquérir, par conséquent, la faculté fertilisante de celles qui, dans le sein de la terre, ont dissous du carbonate de chaux par l'intermédiaire de l'acide carbonique qu'elles contiennent : l'effet de ces eaux qui n'ont ni la chaleur, ni l'acide carbonique en excès, ni le carbonate de chaux dissous des eaux de bonne source, n'est guère plus grand sur la végétation que celui des eaux qui ne rencontrent point de bancs marneux; c'est ce qui explique comment il arrive que des ruisseaux qui ont une partie de leur lit dans des bancs marneux nuisent quelquefois plus qu'ils ne servent à la végétation des prairies sur lesquelles ils se répandent.

Nous ne finirons pas ce chapitre sans faire observer, comme résultat des développements qui précèdent, que les pays humides sont en général ceux auxquels la marne peut surtout être profitable, parce que l'un des principaux résultats de l'humidité est d'accumuler l'humus et de le rendre insoluble, de même que l'effet principal de la marne est de lui enlever son acide, et par là de le rendre soluble. Elle convient donc éminemment à la Bresse, où l'humidité est si grande; elle serait pour nous une compensation de ces pluies si longues et si abondantes, de ces 125 centimètres annuels d'eau qui rendent notre culture si ingrate et si dispendieuse.

Peut-être un jour la marne nous dispenserait-elle de la nécessité où nous sommes, dans toutes nos terres argilo-siliceuses froides, de découper le sol, par des fossés perpendiculaires entre eux, en pièces de 4 à 5 ares, auxquelles nous donnons une pente artificielle[1].

[1] On donne à ces fossés le nom de *chaintres* ou de *baragnons*. Les chain-

Ce travail, qui coûte, certes, plus que ne vaut le fonds, ne suffit souvent pas, avec nos sillons de 50 centimètres, pour égoutter notre sol dans les années humides.

Avec la marne, qui rendra notre terrain plus perméable, plus facile à sécher, avec un labour un peu plus profond, qui, en épaississant la couche végétale, nous offrira des ressources à la fois contre l'humidité et contre la sécheresse; enfin, en disposant notre terre en larges sillons, pareils à ceux que la nécessité d'égoutter mieux le sol introduit déjà en Dombes, nous pourrions délivrer nos terres des plus grands inconvénients des sols humides et rétablir enfin l'équilibre entre la recette et la dépense de la culture des terres dans notre pays, équilibre détruit depuis plusieurs années, au grand préjudice du cultivateur et, par conséquent, du propriétaire[1].

Nous terminerons ici nos considérations sur la marne et sur son emploi en agriculture. Il y aurait peut-être quelque avantage à résumer et à rapprocher les idées principales de notre sujet. Cependant nous nous en dispenserons, parce que notre travail est peu étendu, et que nous l'avons rendu méthodique autant que nous l'avons pu. Nous avons encore cherché à être concis sans cesser d'être clair; notre but était de rester à la portée de tous. Nous avons aussi voulu être précis, car le vague des idées et des préceptes, dans un travail destiné à la pratique, conduit trop souvent à l'erreur. Si nous nous sommes laissé entraîner à quelques questions de physiologie végétale, de géologie agricole, c'est qu'elles nous ont semblé faire partie essentielle de notre sujet, et qu'elles asseoient en quelque sorte les bases de notre travail sur les amendements; enfin qu'elles commencent le développement d'un système de faits plutôt que de théorie, auquel se rattache comme des conséquences la plus grande partie des questions que nous traiterons successivement.

tres sont des fossés peu profonds, perpendiculaires à la pente du terrain, destinés à recueillir les eaux et les terres qu'entraînent les pluies; les baragnons sont des fossés plus étroits dans le sens de la pente; ils recueillent et conduisent les eaux trop abondantes dans les fossés qui entourent les grandes pièces de terre.

[1] Nous ferons remarquer que ces lignes ont été écrites avant l'emploi du drainage perfectionné. (*Note de l'Éditeur.*)

DEUXIÈME PARTIE

EMPLOI DE LA CHAUX

CHAPITRE PREMIER

De l'emploi de la Chaux en agriculture.

§ 1. Les deux grands composants des sols sont le silice et l'alumine; ces deux principes suffisent pour donner à la terre tous les degrés d'adhérence et pour former les sols les plus légers comme les plus compactes. Unis à un peu d'humus, ils remplissent les conditions nécessaires au développement d'une grande partie des végétaux; mais avec eux cependant la végétation est souvent languissante, et des familles entières de végétaux, même des plus utiles à l'homme, peuvent à peine y vivre si on n'introduit pas dans ce sol un principe actif qui le modifie.

Ce principe est la chaux, ou ses composés naturels ou artificiels; c'est le troisième élément terreux presque nécessaire au sol: mais il se rencontre à peine sur un quart de la surface, et, dans ce quart même, il se trouve le plus souvent en trop grande ou en trop petite proportion.

La bonne qualité de la plupart des sols où il se rencontre, le peu de fécondité de la très-grande partie de ceux qui ne le renferment pas, la grande force de végétation qu'il y développe aussitôt qu'on l'y applique, suffisent pour prouver qu'il doit entrer dans la composition d'un bon sol.

Les effets de l'application de la chaux se prononcent sur les terres qui en sont privées à peu près avec la même énergie, à quelque dose qu'on la répande. Alors même qu'elle ne forme pas un millième de la couche labourable, le sol paraît changer de nature, ses caractères extérieurs se modifient, ses produits s'accroissent, et les engrais animaux semblent y doubler de puissance; tous les caractères des bons sols calcaires apparaissent, et dans les premières années ces sols amendés les surpassent même en produit et en fécondité.

Dans les terres au contraire où la nature a placé elle-même le principe calcaire en quantité appréciable, une dose nouvelle paraît inutile et se montre même le plus souvent nuisible. Cependant tous les sols naturellement calcaires sont loin d'être féconds; l'abondance de ce principe est plutôt désavantageuse que profitable, et c'est parmi les sols calcaires que se trouvent à la fois les sols les plus féconds et les plus arides : cet élément serait donc dans le sol une espèce de condiment essentiel à la végétation; il serait le principe actif particulièrement destiné à en exalter la fécondité; mais, comme tous les agents actifs, comme tous les condiments, lorsqu'il ne trouve pas dans le sol matière à son action, son abondance peut devenir nuisible.

§ 2. Mais ce principe, toujours en action sur l'atmosphère, sur l'humus, sur le sol, sur les parties terreuses qui le composent et sur les végétaux produits, passant en assez grande proportion dans la charpente et la substance végétale, s'use, se consomme comme un engrais par les végétations successives. C'est par cette raison qu'il manque dans beaucoup de sols, superposés cependant à des formations calcaires, où la nature l'avait placé en certaine proportion, mais où il s'est successivement détruit par la suite des temps, par l'effet de la végétation. C'est avec grand avantage qu'on le rend à ces sols, qui le demandent cependant en moindre proportion que d'autres.

Il faut toutefois l'employer avec beaucoup de ménagement; l'avidité du cultivateur est tentée d'abuser de la fécondité qu'il a fait naître, et il épuise son sol s'il ne lui rend pas l'humus consommé. Pour prévenir ce fâcheux résultat, il faut que les engrais animaux alternent avec la chaux ou y soient mélangés; leur effet mutuel s'en accroît alors beaucoup. Mais la science semble avoir exagéré les dangers de son emploi : les points où il a nui sont rares, ils sont peu étendus, tandis que des pays entiers lui doivent leur richesse. Il développe donc dans les plantes des forces nouvelles qui s'exercent presque sans épuiser le sol, et c'est à son action à la fois sur la terre et les végétaux, et à l'action des végétaux sur l'atmosphère, que l'on doit surtout d'obtenir des produits nouveaux pour le sol où on l'applique et supérieurs aux anciens.

§ 3. Outre qu'il semble être un principe universel de fécondité, le principe calcaire remplirait, comme nous l'avons vu, dans l'harmonie générale, un autre rôle peut-être plus important encore : il maintiendrait la salubrité des émanations du sol pour l'homme, et, par son mélange avec la surface du sol, il contribuerait à assainir les pays malsains, où il ne se rencontre pas dans la couche supérieure.

On le trouve abondamment dans beaucoup de pays; dans ceux où il ne se rencontre pas à la surface, il est rarement à grande profondeur; il se trouve donc à portée là où il ne fait pas partie constituante du sol. Le suprême Ordonnateur semble avoir voulu le mettre partout à la disposition de l'industrie de l'homme; il lui a laissé dans son emploi, et quelquefois dans sa préparation, un travail à faire; mais ce n'est point un travail ingrat, car il en est presque toujours récompensé par d'excellents produits.

Ainsi des sols médiocres produisent en Belgique, en Angleterre, deux ou trois semences de plus, et souvent le double de ce que rendent ceux de même nature en France; on en fait honneur à l'industrie, à l'activité des hommes, tandis que cet excédant de produit est spécialement dû à une première et durable impulsion de fécondité donnée au sol par les agents calcaires, impulsion qui les a rendus capables de porter toutes les cultures riches et de produire abondamment des fourrages et des pailles, sources d'engrais animaux.

§ 4. Mais ce principe d'amendement peut être donné au sol sous diverses formes; il se rencontre dans plusieurs substances: les unes sont le produit de la nature, comme la marne, la craie, le falun, les bancs de coquillages, le plâtre cru; les autres, le produit de l'art ou de la vie animale, comme la chaux, les débris de démolitions, les cendres de bois, de tourbe, de houille, le plâtre cuit, les os moulus et le noir d'os.

Tous ces amendements agissant en vertu d'un même principe, présentent de frappantes analogies, et la plupart des questions qui les concernent nous ont paru appartenir à un petit nombre de faits généraux tous pris dans l'expérience; toutefois ils varient encore dans leurs doses, leur manière d'agir sur le sol et beaucoup de circonstances de leur emploi : il serait donc très-important de faire de chacun d'eux une étude spéciale pour faire ressortir leurs analogies, préciser leurs différences, chercher les causes de leur action, et recueillir sur chacun d'eux le plus grand nombre possible de faits pratiques.

Il résulte de cette étude que nous avons entreprise un ensemble systématique de faits qui permet d'envisager les amendements calcaires sous un même point de vue, de rattacher leur action et leur emploi aux mêmes lois naturelles, de simplifier leur pratique, de mettre souvent des faits à la place des conjectures, et de résoudre enfin plusieurs des questions douteuses qu'ils présentent.

§ 5. Sans doute, en agriculture, il est plus difficile qu'ailleurs d'établir des théories; c'est bien la science qui accumule le plus grand nombre des faits; mais les détails et les conditions de ces faits sont si variables, il faut pour les établir un si long espace de temps, que, dans la théorie, et surtout dans la pratique, il reste encore un grand nombre de questions indécises, et il se présente d'inexplicables anomalies qui mettent souvent en défaut les principes généraux qu'on avait voulu établir.

Toutefois, si d'un côté une théorie fausse ou incomplète offre de graves inconvénients dans une science où les erreurs se résolvent souvent en mécomptes ruineux, il devient, d'un autre côté, éminemment utile de pouvoir établir des faits généraux d'où découlent les faits particuliers qui viennent d'eux-mêmes se grouper autour d'eux, qui éclairent la pratique et dirigent dans leurs travaux l'ignorant et le savant; mais, ainsi que nous venons de l'énoncer, il faut que cette théorie résulte tout entière de faits généraux confirmés par de nombreuses observations, et que les conséquences qu'on en tire en découlent naturellement et soient d'accord avec les faits particuliers eux-mêmes. C'est à ces signes qu'on reconnaîtra la vérité, et nous savons qu'en agriculture comme dans toutes les circonstances de la vie, quand on se laisse diriger par elle, on ne trouve ni mécomptes ni désillusions.

§ 6. Des sociétés agricoles et des sociétés savantes ont demandé qu'on expliquât le rôle que joue le principe calcaire dans la végétation; dans un travail où nous proposions de faire l'analyse des effets qu'il produit sur le sol et les végétaux, cette explication entrait naturellement dans notre sujet; nous l'avons donc regardée comme faisant partie du but à atteindre. Si nous arrivions à pouvoir préciser et expliquer les principaux moyens d'action du principe calcaire sur le sol et les végétaux, la solution de ce problème, tout en satisfaisant la science, pourrait être éminemment utile à la pratique elle-même, qui y puiserait des directions précises et les moyens de tirer de cet agent le plus grand parti possible; mais cette solution présentait d'assez grandes difficultés.

Pour y arriver, il est devenu nécessaire de pousser nos investigations sur la formation, dans les plantes, des principes terreux et salins et des principes volatils qu'elles contiennent; des conséquences qui nous ont paru rigoureuses nous ont conduit à regarder comme certain que c'était particulièrement en augmentant l'action du sol sur l'atmosphère que la chaux favorisait la végétation, puis ensuite à admettre l'opinion bien hasardée, il est vrai, que la formation de ces principes pouvait avoir lieu par suite de la réaction réciproque du sol et des végétaux sur eux-mêmes et sur l'atmosphère, réaction qui provoquerait la combinaison d'éléments restés inaperçus jusqu'ici. Si nous

nous sommes laissé aller à admettre cette hypothèse, c'est qu'elle seule pouvait expliquer la présence de la chaux en notable quantité dans des végétaux développés sur des sols qui n'en contiennent point.

En faisant à la culture de notre pays l'application des principes que nous venons d'établir, nous sommes arrivé à préciser la puissance d'absorption des végétaux sur l'atmosphère, soit dans la végétation spontanée, soit dans celle du sol cultivé. Nous avons établi qu'elle s'exerçait en raison de la fécondité du sol, et qu'elle était doublée dans les sols non calcaires par l'addition d'une faible dose de chaux. Dix ans après, les expériences de M. Boussingault sont arrivées à la préciser d'une manière plus absolue, en analysant et pesant tous les produits des divers assolements dans la culture du sol de l'Alsace. Les résultats auxquels nous ont conduit nos recherches nous ont fourni les moyens d'expliquer des phénomènes de végétation généraux ou particuliers aux sols chaulés, et de résoudre en grande partie les doutes que fait naître l'application de la chaux au sol : nous en avons aussi déduit des règles de pratique rationnelle qui se sont trouvées d'accord avec celle des pays où l'agriculture est le plus éclairée.

§ 7. Toutefois, dans une suite de questions où la plupart des phénomènes de la végétation entrent comme élément, nous sommes loin de nous flatter d'avoir tout expliqué. La nature, là comme ailleurs, a gardé encore la plupart de ses secrets, mais du moins les questions principales de pratique, celles mêmes qui causaient le plus de dissentiments, nous semblent résolues dans leurs points les plus essentiels; il reste sans doute encore beaucoup à étudier, beaucoup à recueillir dans cette question si importante pour l'avenir agricole de la France; mais le moment est venu où notre travail peut être le plus utile, où un grand nombre d'agronomes, désireux d'employer la chaux, manquent de directions précises; c'est la question du moment; c'est celle qui occupe sur beaucoup de points de la France les praticiens comme les théoriciens; c'est donc là qu'il faut, s'il se peut, porter la lumière; c'est là qu'il faut aider au mouvement : c'est le but de cet écrit.

Ceux qui, les premiers, traitent des questions aussi nouvelles et aussi peu étudiées ne peuvent pas s'attendre à produire une œuvre parfaite; mais d'autres qui viendront après profiteront du travail fait, agrandiront, perfectionneront ce qui aura été dit de vrai et de juste, corrigeront et rectifieront les erreurs qui auront été commises; la science et la pratique y gagneront, car les sciences de fait comme l'agriculture vont toujours se perfectionnant.

Vingt années se sont écoulées depuis nos premières publications sur ce sujet; depuis cette époque, le chaulage a pris un grand développement dans beaucoup de contrées de la France, et dans l'Ain en particulier. Toutefois notre expérience personnelle et celle des autres nous indiquent peu de modifications à apporter dans les idées principales qui ont présidé à notre travail, produit d'études longues et sérieuses; le temps écoulé n'a fait que confirmer les convictions qui en avaient été le résultat; nos principes ont cessé d'être nouveaux, leurs conséquences se sont répandues et ont été généralement admises. Nous profitons de cette nouvelle publication pour accroître autant qu'il est en nous l'utilité pratique d'un ouvrage qui n'a été conçu que dans l'esprit de rendre service à nos concitoyens.

CHAPITRE II

Ancienneté de l'emploi de la Chaux sur le sol.

§ 1. Dans tous les pays où l'on emploie la chaux pour les constructions, il semble que le hasard ait dû déceler souvent ses effets sur la végétation; son action, qui se prononce même à petites doses, aurait dû se présenter assez fréquemment pour pouvoir être remarquée et bientôt imitée et étendue dans la pratique agricole; cependant l'usage de la chaux en agriculture ne s'établit guère que par l'imitation; il arrive tard et se propage difficilement.

Les Carthaginois, le peuple le plus ancien qui ait laissé des traces d'agriculture perfectionnée, et dont les ouvrages étaient des autorités pour Caton, Varron et les plus anciens auteurs agronomiques, n'ont vraisemblablement pas connu l'emploi de cet amendement; cependant les auteurs romains rapportent que ces Africains employaient la chaux pour conditionner leurs vins; les Romains les imitèrent en cela, et il est à croire que, s'ils l'eussent employée sur le sol, l'agriculture romaine eût aussi imité leur pratique, et que les Géoponiques romains eussent répété les préceptes de leurs auteurs sur ce sujet comme ils les ont répétés sur beaucoup d'autres.

Cependant plus tard Pline annonce qu'on employait la chaux pour les vignes, les oliviers et les cerisiers dont elle rendait les fruits plus hâtifs: *cerasos præcoces facit, cogitque maturescere, calx admota radicibus; quæ sanè et oleis et vitibus utilissima reperitur;* mais cet emploi semblait être tout particulier et spécial à ces espèces de plantes; cependant il rapporte en même temps que dans les Gaules les Poitevins et les Éduens l'employaient pour fertiliser leurs terres; *Pictones et Ædui calce uberrimos fecere agros.*

§ 2. Il est bien remarquable que la chaux et la marne aient été longtemps employées comme amendement par les nations que les Romains appelaient *barbares*, alors que leur usage était inconnu en Italie et dans les colonies romaines; ils surent bien prendre d'utiles leçons d'agriculture chez les Carthaginois qui avaient été longtemps leurs rivaux; mais il ne paraît pas qu'ils aient consenti à en prendre chez d'autres peuples vaincus. Pline semble tirer tout ce qu'il dit sur la marne de la pratique des Gaulois, des Bretons et des Grecs; l'agriculture des Gaules a donc déjà eu des époques de grande prospérité, car l'emploi de ces deux amendements annonce des connaissances étendues en agriculture et une grande perfection dans les procédés; et puis cet emploi déterminait aussi de grands produits; il fallait donc que le pays eût de grands débouchés, qu'il eût une population nombreuse, et par conséquent une civilisation déjà avancée.

Cependant on pourrait croire que l'Italie, après Pline, aurait introduit la chaux dans son agriculture, car Augustin Gallo, écrivain agronomique du milieu du seizième siècle, rapporte que le chaulage était depuis longtemps établi dans le pays de Côme; il presse ses compatriotes de Brescia d'imiter les gens de Côme. Depuis cette époque le pays de Côme a renoncé à l'emploi de la chaux, et celui de Brescia l'emploie sur toute l'étendue de son sol.

§ 3. Mais comment cet usage s'est-il perdu dans les pays où il a existé longtemps comme pratique générale?

On conçoit que les désastres, suite nécessaire des guerres et des conquêtes, que le changement de propriétaires du sol, qui passait par la violence des mains du vaincu dans celles du vainqueur, ont amené de grands changements dans son action et dans la manière de le faire valoir.

Il est encore un autre motif qui a dû faire renoncer peu à peu à l'emploi des amendements calcaires presque partout où ils étaient en usage; la chaux comme la marne n'agit que sur les sols qui ne contiennent pas le principe calcaire libre ou combiné à l'acide carbonique, et cesse de produire de l'effet sur les sols qui en contiennent une quantité appréciable. Lors donc que des chaulages successifs ont amené le sol à cet état, les nouvelles doses de chaux qu'on lui applique restent sans effet; il s'établit même un préjugé contre elle; l'usage s'en perd, s'oublie, et il arrive que cet amendement devient tout à fait inconnu dans les pays et les sols qui en ont tiré les plus grands avantages. Mais, après quelques générations, les doses de chaux s'usent et sont absorbées par la végétation, le sol en a bientôt perdu ce qu'on lui en avait donné; il revient à son ancienne nature, en a de nouveau besoin, et les générations nouvelles reviennent aux moyens qui jadis avaient enrichi leurs pères; c'est précisément ce qui arrive au pays des *Pictones* et des *Ædui*, où la chaux, qui était déjà employée avant et pendant la domination romaine, se trouve maintenant introduite comme une nouveauté.

§ 4. Les *Pictones* ou *Pictavi* habitaient la rive gauche de la Loire qui forme maintenant quatre à cinq départements. Aujourd'hui, aux environs de Poitiers, on revient à la chaux; mais les premiers essais sont peu anciens, et le chaulage est loin d'être devenu général.

La rive droite de la Loire, où se trouvent les départements de la Sarthe, de Maine-et-Loire, etc., à laquelle les indications de Pline ne semblent pas se rapporter, est beaucoup plus avancée sur ce point, puisque, depuis plus de quarante ans, plusieurs de ces départements en font l'emploi le plus judicieux.

Le pays des Éduens comprenait, à ce qu'il semble, le bassin tout entier de la Haute-Loire; ce bassin était donc amélioré par la chaux; et effectivement, sur presque toute son étendue, il existe sur les deux rives au-dessous du littoral un plateau argilo-siliceux de nature uniforme, sans doute de même formation, et qui a partout les mêmes besoins du principe calcaire pour devenir productif.

§ 5. On ignore si l'usage de la chaux s'est continué dans quelques pays de la France pendant tout le temps qui a séparé la conquête des Romains du moyen âge[1]; mais il remonte au moins jusqu'à un temps immémorial en Flandre. Dans cet ancien pays d'indépendance et de liberté, alors que toute l'Europe était esclave de la féodalité, la contrée était déjà couverte de villes riches, industrieuses, qui commerçaient avec tout l'univers; dès cette époque, son agriculture semble s'être élevée à ce point de perfection qui sert encore de modèle, et qui depuis n'a été dépassé nulle part : la nature l'avait sans doute assez bien traité pour la qualité du sol; mais il s'y trouvait aussi de grands plateaux stériles; l'alluvion argilo-siliceuse en couvre aussi plus de moitié; à l'aide de la marne et de la chaux, les plateaux furent amenés à produire presque autant que les sols d'alluvion, et les mêmes assolements et la même agriculture leur furent appliqués.

Dans le commencement du seizième siècle, un homme de génie, Bernard Palissy, potier de terre, prescrivait l'usage de la chaux dans les sols froids et argileux, et parlait de son emploi avantageux dans les Ardennes; près d'un siècle plus tard, Olivier de Serres, en recommandant l'emploi de la chaux en compost, ne semblait connaître que les pays de Gueldres et de Juliers où elle fût généralement

[1] M. de Marchangy fait rencontrer, par son voyageur Tristan, des paysans du Bas-Poitou qui amendent leurs champs avec de la marne et de la chaux. M. de Fayolle, habitant du pays, qui a écrit un mémoire sur le chaulage, regarde ce fait comme erroné.

pratiquée; mais dans ce temps, où l'on écrivait et imprimait très-peu, surtout sur l'agriculture, les pratiques des divers pays étaient peu connues au dehors, et il est probable que, dès l'époque où écrivait cet habile agronome, l'emploi de la chaux était connu en Normandie; Duhamel, dans le milieu du dix-huitième siècle, en décrivait les procédés comme anciens dans l'agriculture du pays.

Depuis Duhamel cette amélioration était presque restée stationnaire, et dans la plupart des cantons où l'on ne l'employait pas, des préjugés existaient contre elle, et des précautions étaient prises dans les baux contre son emploi ; en sorte que tout le reste du dix-huitième siècle s'est écoulé sans voir presque faire un pas à cette pratique.

Cependant, à la suite de nos grandes tourmentes politiques, le chaulage s'est répandu peu à peu, et maintenant, dans les cinq départements de l'ancienne Normandie, il est usité dans une partie des sols qui lui conviennent.

La disposition actuelle des esprits est favorable à la diffusion des procédés nouveaux ; dans les arts et même en agriculture, la génération actuelle a vu naître beaucoup d'améliorations. Un grand nombre de propriétaires et de cultivateurs ont vu, ailleurs que dans leur propre pays, les perfectionnements agricoles ; les nouveautés ne les effrayent donc plus, et ils sont disposés à les admettre.

Sans doute les arts marchent dans la voie du progrès d'un pas beaucoup plus rapide que l'agriculture : cependant elle aussi participe à la grande impulsion. Dans notre pays, les premiers chaulages étaient restés quinze ans sans imitateurs, les seconds ne se produisirent que longtemps après. Depuis vingt ans, sur des points nombreux et éloignés entre eux, les chaulages se sont multipliés de manière à donner les plus grandes espérances de voir cet amendement devenir d'un emploi général.

Dans la Sarthe, les premiers exemples furent donnés il y a à peine soixante ans, et les chaulages ont gagné une grande partie de la surface. Dans les départements voisins, la Mayenne, Maine-et-Loire, le plateau de terrain blanc, soit qu'il recouvre ou non le schiste, voit une grande partie de ses terres labourables s'amender par la chaux.

Les anciens chaulages se sont conservés comme des exemples heureux que l'on commence à imiter ; les progrès agricoles sont grands, mais ils croîtront encore dans une proportion beaucoup plus grande, et ce mouvement sera favorisé par les journaux qui portent et font circuler l'amour du progrès dans toutes les branches de l'ordre social.

Les agents calcaires sont essayés presque partout, mais les essais ne réussissent pas tous; ici, ils se font sur un sol qui ne leur convient pas ; là, sur un sol trop humide : plus loin, sans esprit de suite ; ailleurs, à trop faible ou à trop forte dose, quelquefois, par ces enfants perdus de l'agriculture qui entassent dans leurs sillons, avec leur fortune, les méthodes nouvelles et les procédés améliorés, et qui discréditent ainsi le bien plutôt qu'ils ne le popularisent : mais le petit nombre qui réussira aura de nombreux imitateurs, qui deviendront de nouveaux centres d'impulsion pour propager l'amélioration dans les lieux mêmes où déjà elle avait échoué par suite d'une mauvaise application.

CHAPITRE III

De la nature des sols auxquels convient la Chaux.

Il ne semble pas y avoir d'opinion arrêtée sur cette question, cependant elle est très-importante, et les données pratiques sont, à ce qu'il semble, assez nombreuses pour résoudre les doutes.

La question est la même et se résout de la même manière que pour la marne ; et la chaux, comme la marne, comme tous les amendements calcaires, ne peut être utilement employée que sur les sols qui ne contiennent point de chaux, ou qui n'en contiennent que des proportions à peine appréciables.

L'opinion contraire ne pourrait s'appuyer que sur le succès des amendements calcaires dans les sols qui reposent sur des couches qui les contiennent ; Arthur Young et Marshal citent plusieurs faits de cette nature, et ces faits se répètent dans la Sarthe : souvent aussi dans notre pays le sol siliceux a pour sous-sol des formations calcaires; mais il arrive fréquemment que ces sols ne contiennent pas l'élément calcaire, soit que la couche superficielle n'en ait jamais contenu, soit qu'elle en ait contenu une légère proportion que les végétations successives auraient consommée.

Les cultivateurs qui ont prétendu que les sols calcaires peuvent quelquefois recevoir de la chaux avec profit n'ont jamais appuyé leur opinion d'une analyse ; c'est toujours sur la nature du sous-sol qu'ils se fondent ; c'est sur une probabilité qui trompe le plus souvent ; ils reconnaissent le principe général que, dans presque tous les sols calcaires, l'addition de chaux ne produit aucun effet ou en produit de nuisibles ; ils ne citent donc son succès sur un pareil sol que comme une exception. Dans ces terres à sous sol calcaire, il faut à la vérité moins de chaux qu'ailleurs ; cette faible dose pourrait être attribuée soit à ce que ce sol, s'il a contenu de la chaux, n'en contient plus assez pour qu'il conserve les qualités des sols calcaires, soit plutôt encore, à ce qu'avec un sous-sol calcaire il est plus sec qu'avec un sous-sol argileux, et qu'en conséquence il a besoin d'une dose moindre de chaux ou d'autres amendements calcaires.

Bien que tous les sols composés principalement de carbonate de chaux ne soient pas féconds, que de grandes étendues de terres de cette nature offrent même peu de ressources à la végétation, cependant lorsqu'on ajoute la chaux ou ses composés, fût-ce même en très-petite quantité, aux sols qui ne la contiennent pas, la nature du sol, ses produits, ses caractères extérieurs, changent; il s'y développe une fécondité tout à fait inaccoutumée et hors de proportion avec la quotité de l'amendement qu'on y a mis; ainsi, dans le procédé Manceau, que nous décrirons plus tard, on n'ajoute pas au sol labourable un millième de son volume en chaux, et néanmoins on augmente d'un tiers toutes les récoltes. Ainsi encore, en Sologne, avec des proportions de marne qui n'apportent pas à la couche végétale un 1500e de son volume de carbonate de chaux, on détermine une ère de fécondité qui dure au moins dix ans.

Si l'on remarque ensuite que les chaulages, comme les marnages, pour être efficaces, doivent être renouvelés à des intervalles de temps proportionnés à leur dose; que souvent, lorsque les premiers ont été abondants, les seconds se répètent sans succès, nous pourrons conclure avec plus de force, comme nous l'avons précédemment énoncé, que le principe calcaire est une espèce de condiment du sol, et en quelque sorte un moteur, un créateur de forces végétales. On conçoit bien alors qu'il faut, pour que son effet améliorateur apparaisse, que le sol n'en contienne point auparavant, ou n'en contienne que des proportions à peine perceptibles.

Il semble tout à fait absurde de croire par exemple, que, dans un sol qui contient 5 pour 100 de carbonate de chaux, une addition d'un à deux millièmes puisse produire des effets remarquables, et il paraît tout à fait probable que, si le sol contenait seulement en principe calcaire une proportion comparable à celle qu'on lui ajoute, cette dernière ne pourrait pas y produire le grand effet qui résulte des chaulages faits avec les circonstances convenables.

Le carbonate de chaux n'est certes pas fécond par lui-même, l'expérience le prouve tous les jours; mais il devient principe fécondant lorsqu'on l'apporte sur un sol où la nature ne l'a pas placé.

Il demeurerait donc tout à fait prouvé que la chaux ne développe son effet que sur les sols qui ne la contiennent pas.

CHAPITRE IV

Des moyens de s'assurer de la nature du sol.

Mais comment s'assurer si le sol contient ou non le principe calcaire? les caractères extérieurs du sol, ses produits spontanés, le montrent aisément aux yeux exercés ou seulement attentifs.

Le sol calcaire est le plus souvent consistant, se délite facilement aux alternatives atmosphériques, fuse aux premières pluies qui tombent après la sécheresse, produit des trèfles adventices, se montre aussi propre aux légumineuses qu'aux graminées ; il est le seul qui produise le sainfoin; ses plantes parasites sont le mélampyre, le coquelicot, l'ononis, le tussilage, le chardon, etc.

Le sol sans mélange calcaire est souvent sablonneux, et néanmoins dans cet état il craint encore beaucoup l'humidité; lorsqu'il est tenace, il se durcit par la sécheresse sans se fondre ensuite par les pluies ; dans les terres en labour il produit avec abondance le chien-dent, les agrostis, les rhinanthus, la petite matricaire et l'oseille, au milieu et aux dépens de ses produits agricoles qui ne sont souvent que le seigle, le blé noir et les pommes de terre ; dans les champs en friche, il se couvre de bruyères, de genêts, de petits ajoncs et de fougères.

Le sol non calcaire, le plus souvent blanchâtre, semble pris en masse, à moins qu'il ne soit très-léger : lorsqu'il est sec, les pluies l'amollissent sans le faire fuser ; il craint la sécheresse et l'humidité, ne peut se travailler que par un temps tout à fait favorable ; il ne s'ameublit que par le travail ou la gelée, se prend en masse par les pluies, et ne semble pas devoir être facilement pénétré par les influences atmosphériques : le sol calcaire, ou, ce qui revient au même, le sol modifié par les agents calcaires, offre souvent une surface colorée ; durcissant moins par la sécheresse, il tombe en poussière à la pluie ou même à une forte rosée ; il se travaille avec peu d'inconvénients dans les mauvais temps ; sa surface ameublie, granuleuse, semble toujours ouverte aux influences atmosphériques : les sols marneux, les sols de craie font exception pour une partie de ces indices extérieurs ; mais ils ne peuvent être confondus : tous ces caractères, qui le plus souvent sont réunis, offrent donc un moyen facile de distinguer les sols entre eux.

La chaux se présente presque toujours dans les sols à l'état de carbonate ; à cet état les acides y déterminent presque toujours une effervescence qui ne laisse aucun doute : mais, si la chaux se trouve dans le sol à l'état de silicate de chaux ou à l'état de dolomie, alors l'effervescence n'a plus lieu ; dans ce cas la chaux ne paraît pas développer autant d'activité sur la végétation qu'à l'état de carbonate ou à l'état caustique : toutefois les chaulages ou les marnages semblent y produire peu d'effet ; mais les caractères extérieurs, et, au besoin, un essai en petit de marnage ou de chaulage, lèvent tous les doutes.

Souvent dans un même champ il existe plusieurs natures de sol ; dans les champs en pente on voit la pente se montrer calcaire et le bas et le plateau rester siliceux; cela est dû à ce que la couche calcaire, presque toujours placée sous la couche argilo-siliceuse, se montre en arrachement sur les pentes.

Après avoir reconnu au sol la plupart des caractères qui demandent des agents calcaires, il est bon de faire des essais en petit sur plusieurs points de l'exploitation avant de se jeter à corps perdu dans de grandes dépenses en chaux ou dans de grands charrois de marne ; le temps et la patience sont dans le monde de grands moyens de succès, et on voit avorter dix fois plus d'entreprises par trop de précipitation à vouloir les mener à fin, que par trop de lenteur dans l'exécution.

CHAPITRE V

Appréciation de l'étendue du sol à chauler en France.

§ 1. C'est particulièrement dans les pays dont le sol et le sous-sol ne renferment ni chaux ni formation calcaire que la chaux s'applique à toute la surface, et par conséquent elle convient partout dans les pays granitiques ou primitifs : « Aussi, dit un propriétaire des Landes dans les *Annales d'Agriculture*, la chaux est l'engrais des pays granitiques ; elle a changé l'aspect sec et décharné du département des Landes, mais plutôt dans les parties sèches que dans les parties humides, surtout dans les environs arides et secs de Mont-de-Marsan qui ne sont formés, du côté de la Grande-Lande, que d'un sable blanc, quartzeux, taché par quelques débris d'humus. »

Dans les pays granitiques, c'est-à-dire où le granit se montre en montagnes et en affleurements, le sol de la surface se compose de débris granitiques, principalement dans les parties élevées dont le granit friable se décompose à l'air; mais, quand le terrain s'abaisse, il se compose souvent de la grande alluvion argilo-siliceuse qui forme en France la plus grande partie des plateaux.

§ 2. Dans les pays calcaires proprement dits; c'est-à-dire où la roche calcaire forme les montagnes et se montre en affleurements, on rencontre souvent d'assez grandes étendues de sol qui, sur des formations calcaires, à diverses profondeurs, ne contiennent point de carbonate de chaux; prenons pour exemple le pays que j'habite, et cet exemple s'appliquera, comme nous le verrons, à beaucoup d'autres.

Le département de l'Ain forme une presqu'île bordée au couchant par la Saône et au sud par le Rhône; il est divisé par la rivière d'Ain en deux parties dont le sol et le climat diffèrent essentiellement : la partie occidentale, entre la Saône et l'Ain (la Bresse et la Dombes), se compose principalement d'un plateau argilo-siliceux qui s'appuie sur les montagnes granitiques de Caluire aux portes de Lyon, et va en s'abaissant et se prolongeant en sens contraire du cours des rivières dans le bassin de la Saône, sur les départements de Saône-et-Loire et du Jura, jusqu'à 120 kilomètres de Lyon.

La seconde moitié, la presqu'île située entre le Rhône et l'Ain (le Bugey), se compose de parties montagneuses, premiers échelons des Alpes, et de plaines beaucoup moins élevées au-dessus des rivières voisines que dans l'autre partie. A l'époque du dernier grand mouvement des eaux, la couche argilo-siliceuse, la dernière de toutes, puisque partout elle recouvre et n'est nulle part recouverte, s'étendit sur toute la surface, à l'exception des grandes hauteurs, et les eaux qui l'avaient déposée l'ont balayée en se retirant des fonds des grands bassins, toutes les fois que des obstacles ne s'y sont pas opposés; elles n'ont pas pu l'entraîner dans la presqu'île comprise entre la Saône et l'Ain; elles ont rencontré pour obstacles les montagnes granitiques de Caluire et les montagnes calcaires de Mollon qu'elles n'ont pu entamer, et qui ont servi de point d'appui à la couche déposée par les eaux.

Mais dans la presqu'île formée par le Rhône et l'Ain, dont les deux bassins viennent se confondre dans une plaine, les eaux, ne trouvant aucun obstacle, l'ont en plus grande partie balayée, et ont laissé à découvert les formations calcaires; de là vient la grande différence de sol entre ces deux presqu'îles contiguës, placées dans un même bassin, celui du Rhône : toutefois dans le Bugey même un quart au moins du sol ne contient pas le principe calcaire; et d'abord on retrouve dans les parties qui n'étaient pas placées dans la direction des grands courants des portions de terrain froid et humide qui présentent tous les caractères du sol argilo-siliceux, et qui lui appartiennent évidemment, et n'ont point été entraînées dans la débâcle; mais, jusque sur les premières croupes des montagnes, de petits plateaux présentent aussi plus ou moins complétement ce caractère; dans la plaine ensuite se rencontre la grande alluvion particulière au bassin du Rhône; cette couche caillouteuse, mélangée d'une terre rougeâtre, recouvre bien, à diverses profondeurs, des formations graveleuses, calcaires; mais elle manifeste tout entière le caractère siliceux, se féconde déjà en quelques endroits par la marne et se féconderait aussi bien par la chaux.

Enfin la couche supérieure rocheuse des premières croupes des Alpes est un calcaire blanc à veines de silice; cette silice s'y trouve quelquefois en assez grande abondance pour former toute la couche supérieure; or une grande étendue de sol se trouve formée de ces débris siliceux qui, soit que la chaux y ait été consommée par les végétations successives, soit qu'elle n'y ait jamais existé, n'en contiennent pas un atome : ces terres graveleuses, peu fécondes, particulièrement propres au châtaignier, recouvrent la roche calcaire qui s'y montre souvent en affleurements, mais conservent leur caractère et tous les défauts du sol siliceux. Ces différentes nuances de sol non calcaire, assises sur la roche ou la marne, comprennent plus du quart du sol labourable de la montagne sur lequel les amendements calcaires se montreraient avec tous leurs avantages.

Dans ce pays de montagnes calcaires, les petits bassins secondaires, dont les couches inférieures sont cependant encore des formations calcaires, ne contiennent souvent aucun composé de cette nature : ainsi, à peu de distance du Rhône, à Peyzieux, près Belley, dans de petites vallées fécondes, qui sembleraient cependant dues aux dernières alluvions du fleuve et de ses petits affluents, la couche supérieure, qui repose sur des formations calcaires, se compose, dans le fond de la vallée, de sable fécond, et, sur les pentes et les plateaux, de graviers productifs dont la chaux peut beaucoup encore augmenter les produits. M. Nivière, maintenant directeur de la ferme école de la Saulsaie, et qui déjà dans la culture de sa propriété du Bugey avait révélé une intelligence supérieure, a fait sur une partie de sa plaine sablonneuse des chaulages très-fécondants et a marné le bas de son coteau d'une manière très-ingénieuse : il recueille dans des bassins creusés par lui au-dessus de sa pente des eaux qui sourdent abondamment pendant les pluies et les emploie à conduire sans frais sur la plaine un banc de marne placée au-dessous de la surface du sol : la marne délayée dans les eaux dont il maitrise et dirige le cours se transporte au point où il veut l'employer. Ces premiers essais de marnage, puis ensuite de chaulage, ont très-bien réussi sur ce sol où le raisonnement et l'analogie devaient faire juger la chaux et la marne inutiles. Les mêmes faits se reproduisent dans une foule de situations analogues et augmentent encore l'étendue du sol qu'il est possible de féconder au moyen des amendements calcaires.

§ 3. Ces observations, qui semblent restreintes à un seul pays, s'appliquent néanmoins à de grandes étendues. A l'exception des alluvions des bords des fleuves et des rivières qui reçoivent dans leur composition une influence locale de la nature particulière des montagnes d'où elles sortent, les autres couches terreuses ont entre elles une grande analogie, parce qu'elles ont été le produit des mêmes grandes eaux, chargées par conséquent des mêmes débris : toutefois il est à remarquer que les couches supérieures, celles qui forment la couche végétale, ont entre elles encore beaucoup plus de ressemblance que les couches inférieures ; ces dernières appartiennent à d'anciennes formations successives qui, à la suite des grands cataclysmes du globe, se sont séparées, bouleversées entre elles, de manière que leur ordre de superposition paraît quelquefois interverti, et ces couches, produits de grandes révolutions, ont souvent de grandes épaisseurs.

Les couches supérieures au contraire sont arrivées les dernières, à une époque où le globe et les eaux rentraient dans le calme, touchaient à la fin de leurs grandes révolutions ; aussi sont-elles plus uniformes, moins variées, mais tourmentées, peu épaisses, et conservent-elles entre elles un ordre de superposition, une subordination plus régulière; c'est un grand bien pour l'agriculture qui s'exerce alors sur des sols homogènes, et souvent semblables entre eux : la dernière couche, la couche argilo-siliceuse, quoique n'étant pas parvenue à de grandes hauteurs, recouvre encore les plus grandes étendues, et là où elle n'existe pas, elle laisse souvent à découvert la couche calcaire, sur laquelle elle repose immédiatement.

On conçoit alors que les observations faites sur le sol d'un pays peuvent, hors de ce pays, s'appliquer à des situations et des sols analogues; dans le cas particulier qui nous occupe, les nuances de sol non calcaire que nous venons de signaler se retrouvent presque partout où la roche calcaire forme le noyau du sol ; l'analogie aussi bien que l'observation nous portent donc à conclure que, dans les pays calcaires en montagne et en plaine, il existe fréquemment de grandes étendues de sol que l'on pourrait féconder par les amendements calcaires.

Mais, dans cet important sujet de l'étendue des sols qui peuvent être améliorés par les amendements calcaires, sortons de la sphère toujours un peu douteuse des inductions pour arriver à des considérations plus générales, plus positives et plus précises, et faisons-en l'application à toute l'étendue du sol de la France.

Nous remarquerons d'abord que les roches primitives, les roches siliceuses, les schistes et les grès forment plus de la moitié des montagnes de la France; que par conséquent tout le sol qui les recouvre, celui qu'elles ont formé dans leur voisinage, dépourvus du principe calcaire, attendent qu'on le leur donne pour devenir féconds, mais nous avons établi plus haut que, dans les parties où les montagnes sont calcaires, plus du quart du sol ne contient pas non plus le principe calcaire : il en résulterait donc que, dans les contrées montagneuses de la France, les deux tiers au moins de l'étendue du sol ne contiennent pas ce principe et par conséquent pourraient être améliorés par son addition.

D'autre part, nous ferons observer pour le sol en plaine, qu'une alluvion argilo-siliceuse de formation, de propriétés et de produits analogues forme, ainsi que nous l'avons déjà fait remarquer ailleurs, d'immenses plateaux qui lient entre eux les bassins des rivières toutes les fois que des chaînes de montagnes ne les séparent pas; que ces plateaux accompagnent le cours de toutes les grandes rivières, du Rhin, du Rhône, de la Seine, de la Saône, de la Meuse, de la Garonne, et surtout de la Loire et de ses affluents ; que le sol de ces plateaux, quoique recouvrant souvent des formations calcaires, et surtout des marnes en grand nombre, ne contient pas le principe calcaire; que ce sol, sous ces diverses nuances et les divers noms qu'il porte dans chaque contrée, couvre plus du tiers, la moitié peut-être des plaines ; que, dans les bassins des rivières qui sortent des montagnes primitives, une grande partie de la surface ne contient que des alluvions d'argile et de silice ; que dans les bassins des rivières qui sortent des montagnes calcaires et qui sont en petit nombre, comme la Seine, l'Yonne, la Drôme, il existe encore beaucoup de terrains de transport ou d'alluvion qui ne contiennent pas le principe calcaire, soit que la nature ne l'y ait pas mis, soit que les végétations successives l'y aient consommé : ainsi, dans l'alluvion sablonneuse des bords de la Seine, à Croissy, près Paris, des marnages faits par M. Perrault de Jotems, avec de la marne tirée d'un mètre de profondeur, ont très-bien réussi et ont changé la nature et les produits du sol : ainsi encore les chaulages et les marnages de toutes les parties de la Normandie placées dans le bassin de la Seine sont des exemples frappants d'un semblable résu tat.

Si maintenant nous passons aux grandes plaines de la Picardie et de la Flandre où les sols calcaires paraissent plus étendus, nous remarquerons cependant que plus de la moitié du sol y appartient encore à la grande formation argilo-siliceuse, et que sur le reste, qui pourrait être regardé comme sol d'alluvion, une partie notable du sol a besoin des amendements calcaires.

Dans le département du Nord, plus des deux tiers de l'étendue ont reçu ou reçoivent de la marne, de la chaux, des cendres de houille, des cendres de tourbe, des cendres rouges. En Picardie, on marne dans un grand nombre de cantons, et les cendres de tourbe et les cendres pyriteuses y sont beaucoup employées ; mais ces amendements, qui prouvent pour le sol le besoin du principe calcaire, sont loin d'y avoir pris dans leur emploi le même développement qu'en Flandre, quoique les besoins en soient au moins aussi étendus ; aussi l'agriculture, sous ce rapport comme sous beaucoup d'autres, est-elle loin d'y être aussi avancée.

De toutes ces considérations, il résulterait que nous resterions peut-être plutôt au dessous qu'au-dessus de la vérité, en disant qu'en moyenne, sur toute l'étendue de la France, les trois quarts au moins de la surface du sol ne contiennent pas le principe calcaire en quantité appréciable, et pourraient, par conséquent, être fécondés par son application.

CHAPITRE VI

Des divers procédés de chaulage.

Lorsqu'on veut introduire un procédé nouveau dans un pays, la première chose à faire est d'étudier son application dans les contrées où il est déjà établi. Nous allons donc entrer dans de nombreux détails sur ce que nous avons trouvé de plus remarquable dans les chaulages français, et analyser particulièrement les résultats de ceux que nous avons vus de plus près ; nous étudierons ensuite ce que nous offrira de plus remarquable la pratique des autres pays.

PREMIÈRE SECTION

Chaulages de l'Ain.

§ 1. Il y a plus de soixante ans qu'on a commencé à pratiquer les chaulages dans l'Ain ; mais la marche de l'amélioration par la chaux a été jusqu'ici plus lente que celle par la marne : il n'y a pas cinquante ans que les marnages ont commencé au nord de Bourg, et moitié peut-être de l'étendue à laquelle la chaux convient a reçu de la marne.

C'est que les marnages n'exigeaient que de la main-d'œuvre et que par conséquent ils pouvaient être l'ouvrage du cultivateur, tandis que pour le chaulage il faut des capitaux dont ne peuvent disposer des cultivateurs pauvres; et puis l'exemple des marnages est parti de l'un d'entre eux, tandis que les premiers chaulages sont dus à un homme dans l'aisance, et qui cultivait moins pour obtenir du sol des produits immédiats que pour l'améliorer.

Les premiers exemples de chaulage sont dus à M. Paradis de Raymondis, homme honorable, dont les lettres aussi bien que l'agriculture doivent conserver le souvenir.

Remplissant des fonctions élevées dans la magistrature, jouissant d'une fortune indépendante, il partageait son temps entre les devoirs de sa place, les travaux de l'agriculture et l'étude des lettres et de la philosophie.

Ses travaux philosophiques, dans lesquels il a payé le tribut aux opinions de son temps, resteront comme la pensée d'un homme de bien, dont le but unique était le bonheur de ses semblables; mais ses travaux agricoles auront produit un résultat plus positif : ils sont devenus le germe d'une amélioration qui prend maintenant de grands développements, et qui sans lui aurait peut-être été beaucoup reculée, par suite de l'opinion presque générale des agronomes français sur la chaux.

Leurs écrits ont été en général de mauvais guides sur ce point; ils représentent presque tous l'emploi de la chaux comme un moyen dangereux qui épuise le sol et qui ne fait que mettre en œuvre ses forces sans lui rien apporter : l'opinion à peu près unanime des auteurs devait donc faire regarder avec défiance ce moyen d'amélioration; heureusement que l'exemple de M. Paradis a prouvé l'exagération des écrivains de notre pays; on remarque encore une partie des champs qu'il a amendés par la chaux, à côté de ceux qui ne l'ont pas été; et après soixante ans les siens sont encore meilleurs et plus féconds. Ses travaux se sont portés sur trois points différents : aux Bordes et à la Vavrette qui font partie du bassin de la petite rivière des Léchères, et à Corgenon sur le grand plateau de la Bresse et de la Dombes; sur ces trois points ils ont eu du succès, et c'est particulièrement aux Bordes, près de sa demeure, que les champs chaulés se ressentent encore de l'influence de l'amendement. Trop tôt pour le pays, les tourmentes politiques vinrent interrompre les utiles travaux de cet excellent citoyen et l'éloignèrent de ses champs; il y revint aussitôt qu'il le put, mais les malheurs et les chagrins de l'exil avaient altéré une santé naturellement faible; il ne put reprendre ses travaux, il ne revit son pays que pour y souffrir et pour y mourir au bout de peu de temps.

Il a heureusement laissé le détail de ses travaux dans un écrit qu'il composait à mesure qu'il les exécutait, et où il détaille la manière dont il employait la chaux.

Il variait ses doses de 40 à 120 hectolitres par hectare, suivant que le sol était léger ou argileux.

Il recommande surtout l'emploi d'une marne artificielle qu'il fabriquait avec quatre parties de terre et une de chaux, placées par lits alternatifs; sa terre était argileuse lorsqu'il voulait l'employer sur des sols sablonneux, et légère lorsqu'il voulait l'employer sur des sols argileux; il remaniait et mélangeait son compost avec la pelle, et le répandait à la quantité de 15 à 22,000 kilogrammes par hectare.

Cette marne artificielle n'est autre chose que le compost de chaux qu'on emploie dans un grand nombre de lieux; le bon sens, avec un peu de hasard, sans doute, avait presque immédiatement conduit M. Paradis au but où on n'est arrivé ailleurs qu'après de longs tâtonnements.

Par cette dernière méthode il répandait sur le sol de 3 à 4 mètres cubes de chaux par hectare, et ce sont ces champs ainsi amendés qui, après un demi-siècle, ne sont pas encore redescendus au niveau des champs voisins, bien que la terre qu'il employait à ses mélanges ne fût que de l'argile pour les terres légères et du sable pour les terres argileuses.

Mais suivons le développement de ce germe fécond déposé dans le sol par une main dévouée.

§ 2. Douze à quinze ans après les chaulages de M. Paradis, alors que la fécondité créée par eux était encore très-remarquable, un voisin de propriété, M. Aillaud, employa le même amendement avec un succès égal. Il eut pour imitateurs MM. de Belvey et Maréchal, à Dompierre, et Convert, à la Tranclière.

§ 3. C'était l'époque où les marnages se répandaient activement en Bresse, et où l'auteur de cette notice cherchait à les encourager par ses publications. En examinant de près la question de l'influence des agents calcaires sur le sol, il se convainquit que les préventions établies dans l'opinion contre la chaux en général étaient exagérées; et, comme il les jugeait très-préjudiciables aux intérêts agricoles, il résolut d'en faire une étude spéciale comme il avait fait pour la marne. Pour pouvoir en parler avec connaissance de cause et par sa propre expérience comme il avait déjà fait pour la marne, il destina un domaine situé en Bresse à des essais comparatifs d'amendements calcaires; il répandit sur ses fonds, à différentes doses, la marne, la chaux pure, la chaux en compost, les cendres de four à chaux, les cendres lessivées, et fit varier les doses de chaux de 70 à 90 hectolitres par hectare.

L'humidité du sol ou des saisons fut souvent un obstacle au résultat de ses comparaisons; les produits et la végétation des différents lots de sols amendés, quoique très-supérieurs à ceux du reste du sol qui n'avait reçu que du fumier, ne se nuancèrent pas assez entre eux pour fournir des résultats dont la différence pût être précisée; mais, partout où les agents calcaires ont été employés, le sol a été plus ou moins modifié et a été amené à produire le froment et le trèfle et moins de mauvaises herbes.

Le sol du domaine est humide, très argileux, et le sous-sol tout à fait imperméable; le succès de chacun des agents calcaires fut moins en raison de la nature particulière de sa dose forte ou faible qu'en raison de l'égouttement plus ou moins complet du sol, de l'humidité ou de la sécheresse des saisons; en sorte que les expériences dont leur auteur espérait pouvoir tirer des conclusions spéciales à chacun des amendements et aux doses employées ne lui ont donné que des résultats généraux sur l'efficacité des amendements calcaires : il en a tiré cependant quelques conséquences dont la connaissance pourra être utile dans l'emploi de la chaux et des autres amendements de même nature.

Il a dû conclure que l'une des premières conditions de succès est l'égouttement complet du fonds; dans un sol duquel les eaux superflues des pluies ne s'écoulent pas avec facilité, l'effet est presque nul; il reparaît bien, il est vrai, dans les années sèches, mais encore faut-il toujours qu'un temps pluvieux n'ait pas régné pendant les semailles ni pendant le moment de la grande croissance des plantes : ainsi dans l'année 1823, où l'on a éprouvé une sécheresse très-forte depuis le milieu de juin jusqu'en septembre, le produit des céréales, excellent presque partout, a néanmoins été médiocre dans le domaine; la raison en a été que la semaille d'automne avait été faite dans des terres trop mouillées; que la montée en épis et la floraison se sont faites sous l'influence de l'humidité; le principe calcaire n'a pu y développer son activité que trop tard; il est resté enchaîné, et le produit n'a guère été plus fort qu'avant les améliorations. Dans notre pays, où le sol reçoit annuellement 1 mètre 20 centimètres de pluie, ou plus du double de ce qu'il en tombe à Paris, il ne suffit pas de la disposition des champs en petites pièces, bombées dans leur milieu, ni des labours en petits sillons pour faire écouler les eaux surabondantes; lorsque le sol est très-argileux, que la couche inférieure se refuse à laisser passer les eaux, les grandes pluies sont un mal que rien ne peut vaincre; les amendements calcaires le diminuent bien un peu, mais les récoltes en souffrent néanmoins encore beaucoup.

Dans un sol de cette espèce, la marne elle-même, lorsqu'elle est très-argileuse, peut ajouter aux défauts du sol et rendre les terres plus difficiles à travailler dans les années humides.

La partie du plateau qui se trouve au nord de Bourg présente de grandes étendues de ce sol, tandis que tout le reste du plateau de Bourg à Lyon est en terres plus légères et moins humides : les premières portent du froment, du trèfle, du maïs; les secondes, du seigle, du blé noir et des pommes de terre; les premières craignent beaucoup la pluie; les secondes, pourvues d'une couche labourable plus épaisse, sont d'un travail plus facile, et avec les amendements calcaires produisent bientôt plus abondamment toutes les récoltes des premières.

J'ai dû conclure aussi de mes expériences que l'effet des amendements calcaires n'est pas toujours proportionné aux doses qu'on en emploie; en outre, dans les années sèches, les effets des diverses doses se nivellent à peu près, mais dans les années humides les fortes doses combattent plus efficacement les défauts du sol et les inconvénients du climat : par ce motif les fortes doses dans les sols humides et argileux ne sont donc pas à rejeter, et peuvent difficilement compromettre l'avenir du sol.

Il résulterait encore de ces expériences que la chaux est un agent de fécondation beaucoup plus assuré dans le sol peu tenace, profondément labouré, et perméable, que dans le sol argileux, compacte, faiblement labouré, et où l'eau des pluies reste à la surface quand une fois il en est saturé ; c'est par cette raison que les chaulages sont plus uniformément et plus promptement efficaces dans la partie du plateau qui se trouve au midi de Bourg, la Dombes, dont le sol est plus léger, craint moins l'humidité et est bien labouré, que dans les parties situées au nord, dont le sol plus tenace s'égoutte difficilement et se laboure à peine à 0,08 de profondeur; toutefois, dans cette nature de sol la chaux est encore le plus sûr moyen de diminuer les fâcheux effets des eaux surabondantes qui en sont le plus grand fléau, là même où elle produit un effet moins assuré; mais, pour en tirer le parti qu'on peut et doit en attendre, il faut doubler au moins la profondeur des labours.

Pendant le temps de ces expériences, des essais analogues à ceux du domaine ont été faits dans la ferme expérimentale de Challes, composée d'un petit gravier et d'une terre argileuse rouge ayant pour sous-sol un gravier très-perméable : la marne a paru y avoir l'avantage sur la chaux et les cendres de four à chaux ; à cette différence près, les effets des divers amendements et de leurs doses différentes se sont presque nivelés ; mais les pluies des années successives n'y ont pas eu les mêmes résultats fâcheux que dans le domaine argileux dont nous venons de parler, ce qui confirmerait, s'il en était besoin, la nécessité de l'assainissement dû sol pour que la chaux produise sur lui tout l'effet qu'on peut en attendre.

Ce qu'il y a eu de plus remarquable à Challes, comme résultat des amendements calcaires, c'est que la partie du sol la plus médiocre, qui était empestée de mauvaises herbes et où le froment épiait à peine, est devenue au moins égale en fécondité aux meilleures parties.

Quelques années plus tard, dans plusieurs domaines que possède l'auteur dans la petite plaine qui a vu les premiers succès de M. Paradis, la chaux fut employée avec un plein succès : il n'en donnera pas les résultats numériques, parce qu'il les rencontre avec une précision plus rigoureuse dans les opérations de ses voisins ; mais il espère que, sous peu d'années, ses propriétés arriveront à un produit net double de celui qu'il obtenait lorsqu'il a commencé à revenir aux chaulages.

§ 4. A la même époque, sur un autre point du département de l'Ain, M. de Belvey faisait à Dompierre des chaulages étendus ; mais c'est encore à Certines, dans la commune voisine des travaux de M. de Raymondis, qu'ont été faits les chaulages dont les résultats peuvent être les mieux appréciés : depuis 1825, M. Armand y a employé 3,200 hectolitres de chaux sur 32 hectares.

Ces résultats sont représentés aussi clairement que possible dans les tableaux suivants que je dois à son obligeance ; ils renferment le produit de ses fermes depuis 1822 (trois ans avant les chaulages), jusqu'en 1833.

PRODUIT DU DOMAINE DE LA CROISETTE, EN DOUBLES DÉCALITRES OU CINQUIÈMES D'HECTOLITRES.

ANNÉES.	SEIGLE.		FROMENT.	
	SEMENCES.	PRODUITS.	SEMENCES.	PRODUITS.
1822	110	600	24	146
1823	110	764	24	136
1824	110	744	24	156
1825	107	406	27	251
1826	106	576	28	210
1827	100	504	30	249
1828	90	634	36	391
1829	82	538	48	309
1830	60	307	60	459
1831	78	350	48	417
1832	55	478	68	816
1833	61	529	52	545

PRODUIT DU DOMAINE DE MELZERIAT EN DOUBLES DÉCALITRES.

ANNÉES.	SEIGLE.		FROMENT.	
	SEMENCES.	PRODUITS.	SEMENCES.	PRODUITS.
1822	120	487	16	100
1823	120	708	16	103
1824	120	644	18	84
1825	112	504	28	228
1826	120	677	20	115
1827	115	594	20	162
1828	118	726	40	328
1829	104	566	51	277
1830	79	298	71	477
1831	91	419	43	326
1832	79	411	75	786
1833	76	616	48	351

PRODUIT DU DOMAINE LA BARONNE, EN DOUBLES DÉCALITRES.

ANNÉES.	SEIGLE.		FROMENT.	
	SEMENCES.	PRODUITS.	SEMENCES.	PRODUITS.
1822	110	505	22	180
1823	110	652	22	138
1824	110	662	24	149
1825	102	398	32	252
1826	110	612	32	187
1827	107	546	34	204
1828	98	696	85	343
1829	84	608	40	268
1830	91	389	59	374
1831	91	411	40	295
1832	70	512	80	649
1833	75	511	51	491

Les terres de M. Armand, avant l'emploi de la chaux, étaient déjà mieux cultivées et plus productives que la plupart de celles de sa commune et des communes voisines; il dirigeait la culture de ses métayers, il en avait beaucoup accru les fourrages, il avait fait réussir les trèfles, agrandi et amélioré les prés; en sorte que les produits en seigle et froment, qui ne sont dans le pays que de 3 à 4 fois la semence, étaient montés chez lui de 4 à 6.

Les 3,200 hectolitres de chaux ont été successivement répandus dans le cours de 9 années; le produit brut des céréales était avant les chaulages, sur les trois domaines, semences prélevées, en seigle de 302 hectolitres, et en froment de 67 1/2; en estimant le seigle 12 fr., et le froment 20 fr. l'hectolitre, le produit était de 3,954 fr.

Or les récoltes de 9 années qui ont suivi les chaulages ont produit à la même estimation, semences prélevées, en seigle et froment 61,414 fr., d'où, retranchant ce qu'on eût récolté pendant 9 ans sans les chaulages, ou 35,586 fr., il reste pour l'accroissement en grains de seigle et de froment une valeur de 25,828 francs.

Retranchant maintenant 6,000 fr., prix de la chaux, de la main d'œuvre et de la voiture, il reste 19,828 fr. pour l'excédant de produit en céréales d'hiver, dus uniquement à la chaux.

Et remarquons que les prix du froment et du seigle sont au-dessous des prix moyens qu'ils ont eus dans les dernières années.

Cet accroissement a eu lieu successivement pendant les 8 ans où on a répandu la chaux : dans les premières années on la répandait en petite quantité; mais en 1828, 1829 et 1831, les chaulages ont été très-actifs, en sorte qu'on n'a encore recueilli qu'une ou deux récoltes améliorées.

Pour juger un peu mieux de l'état actuel des choses, nous prendrons le produit en céréales des deux années 1831 et 1832, excluant 1833 à cause de son produit au-dessous de la moyenne; il s'élève, semences prélevées, à 8,382 fr. par an, d'où retranchant 3,954 fr., produit moyen ancien, il reste 4,428 fr., pour l'accroissement annuel du produit des céréales d'hiver, semences prélevées; mais les autres parties de l'exploitation reçoivent en grains, denrées et bestiaux un accroissement de produits au moins égal à celui que nous venons d'apprécier.

Nous sommes donc en droit de conclure que le produit de l'ensemble s'élève au moins au double de ce qu'il était autrefois.

Ce que nous venons d'évaluer n'est pas le revenu du maître, c'est le produit total, semences prélevées; c'est le moyen le plus naturel, le plus simple et le seul juste d'évaluer l'effet produit par la chaux, parce que, le revenu du maître étant considéré seul, on omettrait par là l'accroissement du produit pour le fermier, qui profite de la chaux et en paye une partie.

Il est donc bien évident que nous sommes restés au-dessous de la vérité, en disant que le revenu est désormais double de ce qu'il était; et ce changement est dû à l'avance d'une somme de 6,000 fr. c'est-à-dire d'à peu près une année et demie du revenu ancien; mais ces 6,000 fr. ont été avancés successivement, et ils sont rentrés en grande partie dans l'année même qui a suivi leur emploi.

Envisageons maintenant la chose sous un autre point de vue : le produit des terres chaulées s'est élevé en moyenne à 8 fois et 1/5 la semence, ou celui des fromentières à 10, et celui des seiglières à 7 1/2; ces terres fromentières, qui étaient les meilleures du domaine, et auxquelles on donnait une quantité de fumier double des seiglières, produisaient 6 fois 1/4 la semence; l'accroissement pour elles est donc de 3 semences 3/4, ou, semences prélevées, de deux tiers en sus du produit primitif.

Mais pour les terres à seigle l'accroissement est bien autre; elles produisaient auparavant 5 3/4 en seigle, maintenant elles produisent en froment, en moyenne, 7 1/2 ; en prélevant la semence sur l'ancien et le nouveau produit, on a 6 1/2 en froment, au lieu de 4 3/4 en seigle; or la valeur du froment est à celle du seigle comme 5 est à 3 ; le produit en seigle est donc représenté par 14,25, et celui du froment par 32,51, ou plus simplement celui du seigle par 7, et celui du froment par 16; le produit de la seiglière chaulée est donc à celui de la seiglière non chaulée comme 228 est à 100.

Maintenant, si nous comparons les doses employées à celles qui l'ont été dans le même pays par M. de Raymondis et par d'autres qui ont obtenu des résultats comparables aux siens, nous en conclurons qu'un tiers au moins de la somme pouvait être épargné sans diminution sensible dans les résultats, avantage très-grand et qui mettrait les chaulages à la portée d'un beaucoup plus grand nombre de cultivateurs.

Mais ce résultat que nous venons d'analyser est produit par le chaulage de 32 hectares; or il y en a dans les domaines 76 en labour : il n'y a donc pas moitié des terres qui soit chaulée; les résultats obtenus doivent donc encore au moins doubler, puisque les terres qui restent à chauler sont à peu près de même nature que celles qui ont reçu un chaulage.

Ces résultats ont été aussi obtenus chez d'autres propriétaires; mais nulle part comme chez M. Armand je n'ai pu les trouver représentés par des chiffres précis : chez lui, la recette et la dépense, le chaulage et ses produits, sont évalués d'une manière nette et positive qu'un coup d'œil suffit pour apprécier.

§ 5. Toutefois la métamorphose a encore été plus prompte et plus complète dans un domaine de M. Hudellet, médecin à Bourg; en 1829, ce domaine lui est échu en partage de famille; en 1830, il fit un premier chaulage d'essai assez considérable; le produit fut encourageant, et il se décida en 1831 à étendre beaucoup l'opération :

il a répandu en tout 1,500 hectolitres de chaux sur 13 hectares 1/3 de semailles (dans ce canton on sème ordinairement 2 hectolitres de froment et 1 2/3 de seigle par hectare)[1]; chaque hectare a donc reçu 112 hectolitres de chaux.

Le produit en 1830, avant la chaux, pour 21 hectolitres de semences, fut de 60 hectolitres en seigle et froment, ou de 39 hectolitres, semences prélevées, dont la valeur était de 564 fr., et sur la même semaille, en 1832, on a recueilli, semences prélevées, 44 hectolitres de froment et 55 de seigle, dont la valeur totale fut de 1,540 fr.; d'où, ôtant le produit recueilli l'année précédente, il reste pour plus grand produit dû à la chaux sur les céréales d'hiver 976 fr. On a recueilli en outre 30 hectolitres de colza, 18 d'avoine, du trèfle pour fourrage, du maïs, des pommes de terre, en quantité très-supérieure aux produits des années précédentes. En comptant seulement le colza pour accroissement de produit, nous aurons en 1832, pour excédant, 1336 fr., somme double au moins de l'ancien produit total du domaine; or il a été dépensé dans les deux années 2,400 fr. de chaux; une seconde année suffira donc pour couvrir la dépense, d'autant plus que de grands champs de trèfle, de grandes étendues en pommes de terre, des vesces de printemps et d'hiver, ne laisseront presque point de place à la jachère.

En même temps qu'il employait les chaulages pour féconder son sol, cet habile propriétaire a voulu améliorer sa culture sur tous les points; pour expédier les travaux, il a employé avec succès la faux pour sa moisson; pour aider aux sarclages et à la main d'œuvre que son nouveau système exigeait, il a placé chez son fermier un domestique à ses gages; il a remplacé ses bestiaux faibles et rabougris par de jeunes bêtes qu'il a tirées de la Bresse du Nord, et qui commencent déjà à l'aider dans ses travaux; enfin de toutes parts, sur ce domaine qui ne pouvait nourrir son cultivateur, la terre se couvre de produits abondants.

§ 6. Dans le voisinage, M. de Rivoire, qui, depuis plusieurs années, avait chaulé en Dombes avec un remarquable succès, a récemment fait de grands chaulages au pied de la montagne du Revermont,

[1] La quantité de semence varie suivant les climats, la nature du sol, la position et même le système de culture : dans le pays de Gex on sème 3 hectolitres de froment, et en Sologne un hectolitre de seigle par hectare, et c'est avec raison, je pense, dans les deux pays.

Le problème de la quotité de semences est en général résolu d'une manière rationnelle dans chaque pays, dans chaque domaine, presque pour chaque pièce de terre; l'expérience de chaque année a conduit à la solution : toutefois, avec un changement dans la culture, cette quantité peut et doit varier.

dans des alluvions silicéo-argileuses mêlées d'une assez grande quantité de cailloux; ce sol très-médiocre a vu doubler ses produits, et la propriété tout entière va, sous peu, avoir changé de face : depuis vingt ans le propriétaire l'avait beaucoup améliorée par les moyens ordinaires de l'agriculture, mais la chaux a complété l'amélioration; il estime maintenant à plus du double le produit net de son fond, et il a déjà fait plusieurs amodiations dans cette proportion.

§ 7. Nous avons déjà parlé des chaulages de la Dombes; M. David, élève de Roville, en a donné le premier l'exemple dans ces contrées, et M. Guichard de Sure a fait croître, comme par enchantement, d'abondantes récoltes de froment et de trèfle là où on ne récoltait que de faibles récoltes de seigle et de blé noir.

A la vue de ces produits, M. Greppoz, agronome dévoué, zélé promoteur de toutes les améliorations rurales, a employé la chaux par milliers d'hectolitres.

A Chalamont, les propriétaires que les grands produits des champs marnés de M. Pingeon avaient portés à l'imiter, mais qui hésitaient encore devant les énormes charrois que le marnage exige, préférèrent l'amélioration plus prompte, quoique plus dispendieuse de la chaux : l'exemple est donc donné de bien des côtés, et il sera bientôt suivi sur beaucoup d'autres. Avant dix ans[1], ce mouvement imprimé, se répandant dans tous les cantons de la Dombe, aura commencé pour ce pays une révolution agricole.

Tout ceci se passe dans la partie méridionale du plateau ; sur la partie septentrionale, les chaulages de l'auteur de cette Notice sont restés isolés; la marne, qu'on n'achète pas, et ses effets remarquables suffisent au désir d'amélioration du cultivateur, et puis la nature plus argileuse et plus humide du sol, la culture toujours faite par des fermiers à prix d'argent peu avancés, le prix de la chaux encore plus élevé que de l'autre côté, sont de véritables obstacles; enfin le marnage convient effectivement mieux, sur cette partie du département : la marne qu'on applique à assez forte dose et qui est

[1] Les faits ont répondu aux espérances; les dix années sont écoulées; la chaux est entrée chaque année par milliers d'hectolitres sur les terres de la Dombes; les bords de l'Ain et de la Saône ont vu s'élever de nombreux fours à chaux permanents, qui envoient, pendant dix mois de l'année, leurs produits dans l'intérieur du pays et donnent une activité inespérée à ce sol tout à fait épuisé; par l'accroissement du rendement du froment, et la transformation des seigles en froment, le produit de cette céréale a doublé sur ce plateau, les trèfles s'y sont multipliés et on marche à grands pas au but que nous avons annoncé; ce but une fois atteint, tout nous fait espérer que le grand produit du sol chaulé conduira au desséchement des étangs, qui sont la première cause d'infécondité du pays.

tout à fait à portée, assainit plus efficacement le sol humide et argileux que la chaux, qu'on ne peut y mettre à dose proportionnelle, parce qu'elle est trop chère et trop éloignée.

Il est cependant à regretter que les chaulages ne s'y répandent pas; quoiqu'un peu chers, ils seraient encore très-profitables, car il y aurait tout avantage à alterner la marne par la chaux, comme cela a lieu dans plusieurs cantons de Flandre et d'Allemagne.

§ 8. La comparaison de l'accroissement des produits, dans les différentes exploitations dont nous venons de parler, nous donnerait en résultat moyen un accroissement de moitié en sus pour le froment. Ainsi les bons fonds, qui produisaient autrefois 6 pour 1, produisent aujourd'hui 9 pour 1, et les fonds médiocres, qui donnaient 4, donnent aujourd'hui 6; les bons fonds conservent donc toujours leur supériorité. Cette appréciation ne représente pas l'accroissement de produits des premières années, mais plutôt celui qui se soutiendrait par une culture rationnelle et des engrais suffisants. Lorsque le fond est mal cultivé, l'effet de la chaux y devient relativement plus sensible; en ameublissant le sol, en détruisant les mauvaises herbes, elle supplée en quelque sorte au travail du cultivateur; ainsi, dans le domaine de M. Hudellet, le produit, qui était à peine de 3 fois la semence, s'est élevé par le chaulage à 6 et 7; dans un domaine de l'auteur de cette Notice, où le produit en froment était de 4 à 5 pour 1, il s'est élevé, en 1832, à 9 pour 1, puisque 11 hectolitres en ont reproduit 100.

Un autre domaine, de qualité inférieure, qui rendait autrefois 4 pour 1 en seigle, rend aujourd'hui 6 pour 1 en froment.

Les produits de 1833 ont été un peu plus élevés; cependant les fonds chaulés ont souffert de la sécheresse plus que les fonds non chaulés, et ce qu'il y a eu de remarquable, sans qu'on puisse en assigner la raison, c'est qu'une partie de la surface chaulée, placée cependant sur le même plateau que le reste, un mois avant la moisson, a été attaquée par la rouille qui en a détruit presque tout le produit.

En 1834, le résultat a été à peu près le même et n'a pas dépassé 6 pour 1 en froment sur les terres chaulées, mais il s'est élevé relativement plus haut dans les seiglières, qui d'ailleurs n'ont point été attaquées par la rouille comme les froments.

Le produit des terres chaulées où le froment prend la place du seigle s'élève au double et même au triple de ce qu'il était autrefois; ainsi le produit brut du mauvais sol qui était de 4 en seigle, devient par la chaux de 9 en froment; le produit brut du mauvais champ chaulé triple donc à peu près de valeur.

Toutefois il faudra, je pense, plus d'efforts, plus de travail, plus de soins, et surtout plus d'engrais pour soutenir le produit des fonds mauvais ou devenus tels par suite de la mauvaise culture que celui des fonds bien cultivés et déjà riches d'humus et d'engrais.

§ 9. Nous ne terminerons pas cet article sans énoncer un grave sujet de crainte que nous inspire la vue de ce qui se passe dans le département de l'Ain : si l'on ne change rien au système de culture suivi sur les champs chaulés; si les récoltes de trèfle ne se multiplient pas; si les fourrages de toute espèce n'y sont pas introduits ; si les récoltes épuisantes se succèdent sans intervalle ; si les fourrages-racines, les raves après la moisson, les betteraves sur la jachère, ne viennent pas ajouter à la masse des fourrages comme à la masse des engrais, cette grande fécondité que nous voyons apparaître ne durera qu'un moment; en vain voudra-t-on la rappeler par de nouvelles doses de chaux, notre sol aura perdu sa vigueur première, et, en voyant des récoltes inférieures d'un tiers à celles qu'on aura vues naguère, on dira que la chaux enrichit les pères et ruine les enfants. Il y aura exagération dans le reproche, parce que le sol chaulé aura bien encore de la supériorité sur le sol argilo-siliceux primitif, mais nous serons bien loin de l'état de prospérité où des soins et un travail convenables eussent pu maintenir notre agriculture.

§ 10. Les chaulages sont abondants dans l'Ain; ils s'élèvent de 50 à 100 hectolitres par hectare.

La chaux se répand de deux manières : la première et la plus commune consiste à la distribuer en monceaux sur le sol et à la répandre à la pelle lorsqu'elle est fusée.

Dans la seconde on couvre les monceaux de chaux de 15 à 20 centimètres de terre, et on répand en les mélangeant la terre qui couvre et la chaux couverte, lorsque cette dernière est fusée. Pendant les 8 à 10 jours ordinairement nécessaires à la chaux pour se réduire en poussière, on visite les tas et on remet de la terre sur les fentes que la chaux a ouvertes en se gonflant ; lorsque la chaux est réduite en poussière, le mieux est de recouper les tas avec la pelle pour opérer le mélange de la chaux avec la terre et de répandre le tout après quelques jours d'attente avant un des labours de jachère; ces dernières manipulations sont plutôt recommandées qu'exécutées, elles ont cependant une grande importance et assurent l'effet de la chaux sur la première récolte.

Dans les deux cas, la chaux se distribue sur le sol en rangs éloignés de huit pas l'un de l'autre, et en morceaux placés dans le rang à même distance : cette distance est convenable pour qu'on puisse la répandre facilement sur le sol ; l'hectolitre se partage en 3 ou 4 tas, suivant la dose de chaux qu'on veut donner à son champ.

On l'emploie sur la jachère, d'aussi bonne heure qu'on le peut dans la saison, parce que l'expérience a prouvé que, pour que les chaulages soient efficaces dès la première année, il faut que la chaux ait été mélangée à l'avance avec le sol et qu'elle ait eu le temps de le disposer à produire.

En résumé, nous dirons au sujet des chaulages de l'Ain, que les doses de chaux, quoique de beaucoup supérieures à celles qui réussissent dans d'autres départements de la France, se trouvent cependant en grande partie motivées par l'humidité du sol et par la quantité de pluie qui s'élève annuellement à 1m.20 dans le département de l'Ain, au lieu de 0m.50 à 0m 60, moyenne de beaucoup de plaines de France.

DEUXIÈME SECTION

Chaulages du Nord.

Dans le département du Nord (Flandre française), pays qui pendant plusieurs siècles a été soumis aux mêmes lois et aux mêmes circonstances politiques que la Belgique, et où l'agriculture semble encore portée à un plus haut point de perfection, l'usage de la chaux et de la plupart des amendements calcaires est presque général et nous semble très-anciennement établi.

La presque totalité de l'arrondissement d'Avesnes reçoit tous les dix à douze ans 40 hectolitres, soit 4 mètres cubes de chaux par hectare; l'arrondissement de Cambrai amende avec la chaux un tiers de sa surface : les autres arrondissements l'emploient en moindre quantité, parce que leur étendue de sol argilo-siliceux est moindre ; des cantons entiers préfèrent l'emploi de la marne, et souvent ne craignent pas de faire pour cet amendement des dépenses doubles de celles qu'ils font pour la chaux ; cependant la chaux, qui ne leur coûte guère qu'un franc l'hectolitre, est beaucoup plus généralement employée.

On en fabrique dans le département plus de 200,000 hectolitres pour cet usage; on en tire aussi une grande quantité de Tournay ; on emploie en outre en grande abondance les cendres de four à chaux, de tourbe, de houille; les cultivateurs de l'arrondissement de Cambrai vont chercher en Picardie, aux environs de la Fère, à 60 à 80 kilomètres de leur domicile, des cendres pyriteuses qui, outre des sels solubles, contiennent une quantité notable de carbonate de chaux : dans les autres arrondissements, on emploie en grande quantité les cendres pyriteuses de Sars-Poteries qui se trouvent dans le pays, en sorte que la plus grande partie du sol, qui a besoin d'amendements calcaires, les reçoit sous une forme ou une autre.

L'arrondissement de Lille renferme une assez grande étendue de sol homogène d'alluvion qui contient, d'après les analyses des chimistes, 3 pour 0/0 de chaux carbonatée ; aussi y emploie-t-on moins de chaux ou de marne que dans les autres parties du département ; mais on y achète une immense quantité de cendres de tourbe, de houille et de cendres pyriteuses pour l'amendement des prés naturels ou artificiels.

Dans les autres arrondissements, les prés qui ne sont pas sur le sol calcaire reçoivent des composts de chaux et de terre.

C'est le plus souvent pour les blés d'automne qu'on emploie la chaux ; mais on l'applique aussi à l'état de compost sur les récoltes de printemps.

La chaux est employée suivant deux systèmes : ou à petite dose, le plus souvent en compost, comme engrais alternant avec les engrais animaux, revenant une fois pendant le cours de l'assolement, système identique, comme nous le verrons, à celui de la Sarthe ; ou plus ordinairement comme amendement foncier, revenant tous les dix à quinze ans à la quantité de 4 mètres cubes par hectare.

C'est la Flandre qui fait le plus grand emploi de la chaux sur les prairies ; mais les prairies comme les terres doivent être parfaitement égouttées pour qu'elle y produise tout son effet ; autrement il en faut une proportion très-considérable ; alors elle dessèche elle-même le sol, condition nécessaire pour qu'elle puisse développer toute son action.

C'est le plus souvent en compost que la chaux s'applique sur les prairies, tous les douze à quinze ans, et dans l'arrondissement d'Hazebrouck tous les dix-huit ans : plus le compost est ancien, plus grand est son effet ; dans ce cas, son action est sensible dès la première année.

Cet amendement ne s'emploie guère que dans les prés non arrosés et en terrain sain, ce qui restreint assez son usage, parce que les prés sont le plus souvent en sol humide ou arrosé.

Dans l'arrondissement d'Avesnes en particulier, on emploie souvent aussi sur les prés naturels et artificiels et sur les grains de mars particulièrement des mélanges de chaux et de cendres de houille ou de tourbe ; on met par hectare 10 quintaux de cendres et 30 de chaux ; cet amendement se répand en poudre, et la chaux pour le former se fuse par immersion ; il semble que ces deux amendements se prêtent des forces mutuelles par leur mélange.

TROISIÈME SECTION

Chaulages de Normandie.

Duhamel nous a laissé la description des chaulages pratiqués de son temps en Normandie ; depuis, ils se sont modifiés et beaucoup étendus ; le procédé employé le plus généralement était le second que nous avons indiqué : la chaux se mettait sur le sol en petits monceaux couverts de terre ; mais déjà on formait des composts dans quelques endroits ; cet usage a prévalu depuis dans beaucoup de lieux : du temps de Duhamel, les doses étaient plus fortes qu'aujourd'hui : elles étaient alors de 80 hectolitres par hectare ; elles sont réduites depuis à moitié de cette quantité, et les composts y sont plus fréquemment employés[1].

Il paraît que du temps de Duhamel les chaulages étaient à peu près concentrés dans les environs de Bayeux ; mais, maintenant, les cinq départements qui composent l'ancienne Normandie les admettent sur de grandes étendues. Cependant des cantons entiers emploient la marne : sur les bords et à portée de la mer, on emploie de préférence les vases marines, les sables de mer, sous le nom de *tangue*, et les plantes marines, sous le nom de *varech* ou de *goëmon*. Tous ces engrais ou amendements produisent des effets analogues, en sorte que ce vaste pays est en voie de donner à la plus grande partie de son sol, resté fort en arrière par sa nature argilo-siliceuse, le condiment calcaire qui le rendra presque égal aux meilleurs terrains en qualité et en produits.

Les chaulages de cette contrée ont été beaucoup favorisés, comme ceux de la Sarthe, par l'exploitation d'une mine de houille ; cependant, là où la mine de Litry ne peut faire arriver le combustible sans trop de frais, la chaux se cuit au bois.

La quantité de chaux employée à l'amendement des terres dans l'ancienne Normandie est très-considérable : les 12 millions de kilogrammes de houille que fournit annuellement la mine de Litry, dit M. Héricart de Thury dans son rapport à l'Académie, servent à alimenter deux cents fours à chaux dans les arrondissements de Caen, Bayeux, Saint-Lô, etc. Cette chaux sert à l'amélioration de 75,000 hectares de terres argileuses et froides, autrefois en grande partie incultes, aujourd'hui couvertes de belles et abondantes récoltes.

[1] On peut consulter, sur les chaulages actuels de Normandie, un excellent mémoire de M. de Chaulieu.

Dans le Calvados, les doses de chaux sont de 25 à 60 quintaux métriques ou hectolitres par hectare, suivant que le sol est plus ou moins léger.

Lorsque le sol a déjà reçu des chaulages et que le besoin de chaux se fait de nouveau sentir, on se contente plus volontiers d'un demi-chaulage avec une demi-fumure, appliquée soit en même temps, soit à quelques mois d'intervalle : on donne le demi-chaulage en semant le blé noir, au mois de juin ou de juillet, et la demi-fumure en semant le froment, en octobre; dans les terres argileuses on chaule à chaque rotation; dans les terres légères, on n'y revient que tous les neuf ans.

Du reste les procédés et les doses de chaulages varient beaucoup, suivant la nature du sol, le prix de la chaux, l'aisance du cultivateur et l'abondance des autres engrais.

QUATRIÈME SECTION

Chaulages de l'Ouest.

Les procédés de chaulage de la Sarthe nous semblent de beaucoup préférables aux autres sous le rapport des résultats obtenus et de l'économie des avances.

Les premiers chaulages de la Sarthe datent à peu près de 50 à 60 ans; on emploie la chaux à la même dose tous les trois ans; l'assolement est resté triennal, comme il était avant l'époque où ont commencé les chaulages; c'est sur le froment de la première année que le chaulage s'exécute : la chaux ne s'emploie pas immédiatement sur le sol, les baux le défendent; elle est toujours mélangée avec des terreaux de cours, des curures de fossés, de mares, de terres de jardins, de buissons, de prés, et des débris végétaux de toute espèce; à défaut de ces terreaux, on emploie la terre des champs qu'on veut chauler; la quantité de terre employée est de six à huit fois le volume de la chaux en pierre; on en forme des monceaux, qu'on dispose par lits alternatifs de terre et de chaux; au bout de huit à dix jours, on coupe le tas pour le mélanger, et on le remanie au moins encore une fois avant de l'employer.

Ces composts doivent être prêts pour l'époque des semailles : on les conduit sur le sol en même temps que le fumier; on fume à raison de 15,000 kilog. à peu près de fumier par hectare, et les tas de composts calcaires sont placés en rangs alternatifs avec ceux de fumier. On répand le fumier le premier, et immédiatement, lorsque le temps est sec, on répand avec une pelle en bois la chaux terreautée; enfin on sème, et on recouvre le tout par un labour.

La quantité de chaux employée par les cultivateurs est de huit à douze hectolitres en moyenne par hectare, mélangés à huit à dix fois ce volume de terre, ce qui fait à peu près un volume de six mètres cubes par hectare, c'est-à-dire une couche d'un millimètre sur la surface. Ce volume de terre chaulée exige en moyenne autant de voyages que le fumier, et on en fait autant de tas.

Le froment chaulé et fumé produit trois semences, soit par hectare six à sept hectolitres de plus que quand on employait le fumier tout seul.

La récolte de mars qui succède reçoit une augmentation pareille, et le trèfle, qu'on sème sur l'orge ou l'avoine plutôt que sur le froment, devient d'un produit assuré sans avoir besoin de plâtrage.

Les doses que nous venons d'indiquer sont celles qu'emploie le cultivateur, qu'il soit propriétaire ou fermier ; les propriétaires aisés, qui craignent moins la dépense, emploient souvent des doses doubles, et ils n'en ont vu résulter aucun inconvénient.

M. Salmon, à Sablé, emploie ordinairement 24 hectolitres par hectare, et pense qu'on peut, sans inconvénient, en employer une quantité double.

On conçoit l'effet instantané de la chaux sur les récoltes avec ce procédé; mêlée à six à huit fois son volume de terre, elle peut, quoiqu'à petite dose, se répartir également sur tout le sol et lui imprimer son action; elle est placée sur le fumier, dont elle double l'énergie, et le grain repose immédiatement, germe, et pousse ses racines dans une couche de fumier et de chaux terreautée ; toutes les conditions se trouvent réunies pour obtenir un prompt effet sur la végétation ; c'est là, il me semble, une des plus heureuses combinaisons agricoles qu'il soit possible de faire; et son résultat immédiat, qui s'élève au triple au moins de la dépense faite pour l'obtenir, n'a pas besoin d'être autrement préconisé.

Le grand succès d'une petite dose de chaux placée immédiatement avec le fumier et la semence, rappelle une pratique analogue dans l'emploi des cendres lessivées.

Les cultivateurs de Ratte, village situé près de Louhans (Saône-et-Loire), ont porté leur sol à une grande fécondité en plaçant leurs grains de semence immédiatement sur le fumier sur lequel on a répandu des cendres lessivées ; ils n'emploient que moitié de la dose ordinaire de fumier et à peine moitié de la dose de cendres, qu'ils bornent à 15 hectolitres par hectare. Leurs récoltes sont très-supérieures à celles de leurs voisins qui emploient la dose entière de fumier, ou une dose double de cendres dans un terrain de même nature.

Dans la pratique du département de l'Ain, les propriétaires et les fermiers qui chaulent à leur compte ont une tendance inverse de celle des propriétaires et fermiers de la Sarthe; dans notre pays, les propriétaires s'efforcent en vain de contenir les fermiers, et de restreindre les doses; dans la Sarthe, au contraire, les fermiers s'en tiennent aux petites doses que l'usage leur fait juger suffisantes, et les propriétaires emploient eux-mêmes et conseillent de plus fortes doses.

La chaux coûte dans le pays 1 fr. 50 cent. l'hectolitre quand on la fabrique avec le bois; près des mines de houille elle ne coûte qu'un franc; la dépense de chaux serait donc de 12 à 18 fr. par hectare, et, en portant à 30 fr. les frais de manipulation et la valeur du terreau, la dépense totale serait de 45 fr. par hectare; mais l'accroissement de produit du froment est de 3 semences, en moyenne de 6 à 7 hectolitres par hectare, dont la valeur, avec la paille, est de plus de 150 fr., ce qui équivaut à plus de trois fois la dépense, et cela sans compter l'accroissement de fécondité et de produits des autres récoltes de l'assolement.

Les chaulages, loin d'épuiser le sol, semblent au contraire accroître de plus en plus sa fécondité; toutefois, dans quelques cantons, les propriétaires ont cru devoir prescrire dans les baux de ne jamais mettre la chaux sans mélange de terre ou de fumier, et ils en limitent même la quantité; mais avec un ensemble de procédés comme ceux qui sont établis, toute précaution nous semble superflue.

On emploie aussi la chaux en composts sur les prés; mais on trouve son effet moindre que sur les terres labourables.

La chaux a amélioré la texture du sol, l'a adouci lorsqu'il était très-compact, et lui a donné un peu de corps lorsqu'il était trop léger.

Les mauvaises herbes des sols siliceux sont presque entièrement bannies, les récoltes sarclées deviennent d'une culture plus facile, et, par suite, d'un plus grand produit, réalisé à moins de frais.

On met rarement la chaux sur les récoltes de printemps; celle qu'on a employée sur les récoltes d'automne conserve assez de force pour la durée triennale de l'assolement.

La chaux fertilise merveilleusement les terres de landes, les bruyères; aussi disparaissent-elles peu à peu du pays; les végétaux de commerce, les chanvres, les lins surtout, se sont beaucoup accrus; les fourrages de toute espèce, les trèfles, les choux, les raves, ont doublé d'étendue.

La chaux s'emploie, mais avec la plus faible des doses que nous avons indiquées, sur les sols argilo-siliceux qui reposent sur la roche calcaire au lieu de reposer sur le schiste : nous pensons que ce terrain, quoique recouvrant la roche de chaux carbonatée, n'en contient aucune partie, parce qu'il appartient à une formation tout à fait distincte qui renferme très-rarement le principe calcaire. Comment admettre en effet qu'on arriverait à doubler les récoltes, en ajoutant seulement au sol labourable une proportion si peu considérable de l'un des éléments qu'il contiendrait déjà (environ un demi-millième de sa masse)? Au reste nous avons fréquemment vu ailleurs la couche supérieure argilo-siliceuse recouvrir les composés calcaires et néanmoins éprouver un grand effet de leur application; mais alors cette couche supérieure analysée ne contenait plus de carbonate de chaux effervescent.

Ce sol qui recouvre la roche calcaire est plus sec que celui qui recouvre le schiste ou l'argile; c'est pour cette raison qu'on lui donne moins de chaux. Cette faible dose de chaux qui convient sans doute à ce pays avec son sous-sol de schiste ou de pierre calcaire, pourrait bien être insuffisante là où le sous-sol serait la couche imperméable de sable rouge argileux ou d'argile grise qu'on rencontre dans beaucoup de contrées. Dans ce cas, il faut d'abord que la chaux commence par ameublir le sol, dont il faut ensuite diminuer l'imperméabilité, afin qu'elle puisse y développer tout son effet fécondant. Néanmoins le procédé manceau, avec ses proportions, peut être essayé partout sans inconvénient. On produira toujours un commencement d'amélioration auquel on donnera ensuite plus d'énergie s'il le faut, en accroissant à mesure, autant que l'expérience le demandera, la proportion de chaux.

On emploie aussi dans ce pays les cendres lessivées; mais leur dose est à peine égale à celle de la chaux; elle est de moins de 12 hectolitres par hectare. On les répand immédiatement sur le sol sans mélange avec des terreaux; elles réussissent particulièrement sur les récoltes de blé noir, et le froment qui suit s'en ressent encore; elles sont plus recherchées, mais plus chères que la chaux.

Les améliorations s'enchaînent l'une l'autre; la fabrication de la chaux nécessaire au sol ajoutait à la rareté, à la cherté des bois; on a donc cherché d'autres combustibles, et on a trouvé dans les formations calcaires du pays des mines de houille qu'on emploie avec grand succès à la cuisson de la chaux : cette découverte en a fait baisser le prix et a fourni aux arts et à l'économie domestique un combustible à bon marché.

Avant la découverte de la houille, les chaulages, trop dispendieux avec la chaux à 3 ou 4 fr. l'hectolitre, marchaient lentement : elle vaut maintenant, près des fours, à peine le tiers de ce prix; on fabrique, dit M. Tribert, avec 140,000 hectolitres de houille, 380,000 hectolitres de chaux dans les fours seuls qu'alimentent les mines de Sablé : cette quantité est suffisante pour améliorer 120,000 hectares de terre et pour leur faire donner des produits égaux à ceux des meilleurs sols : il faut ajouter à cela la chaux qu'on cuit au moyen du bois, avec des élagages et des débris des forêts résineuses dans les lieux où le transport rend la houille plus chère; en sorte que plus de la moitié de la surface du département s'amende régulièrement avec la chaux.

C'est peut-être sur le produit du trèfle que ses effets ont été le plus remarquables; il réussissait à peine avant les chaulages; maintenant son produit est assuré même sans plâtrage, et les graines abondantes qu'il fournit ont fait naître une branche de commerce importante pour le pays : on en récolte une grande quantité qui se vend en France et surtout en Angleterre; on prépare la graine en battant les bourres sous des meules d'huilerie, dans des battoirs à tan, ou avec des maillets : une machine très-vantée, qui avait, si je ne me trompe, obtenu un prix des Sociétés d'Agriculture, a été abandonnée. Lorsque la bourre est battue et que la graine est hors de sa capsule, on la nettoie au tarare.

Ce succès de la chaux dans le sol a fait essayer l'emploi de ses combinaisons : dans le bourg de Brulon on fabrique avec les vidanges de latrines et la chaux un engrais auquel on a donné le nom assez peu juste d'urate; son effet est de beaucoup supérieur à celui de la chaux terreautée; on l'emploie à la dose de 12 à 15 hectolitres par hectare, ce qui porte le prix de l'amendement d'un hectare à 20 ou 25 fr. Cet engrais est en poudre, on le répand sur le sol avec une palette; le grain se sème immédiatement, et on recouvre le tout d'un labour; lorsqu'on l'emploie à la première année de l'assolement, on y ajoute le fumier comme à la chaux; dans ce cas, le produit est encore plus abondant.

Les agriculteurs flamands et anglais sont loin de nos habitants de l'Ouest pour les procédés d'application de la chaux au sol. Les Anglais avec leurs 100 hectolitres par hectare, les Flamands avec leurs 4 mètres cubes, en emploient, les premiers, dix fois, les seconds, quatre fois autant : l'agriculture normande est celle qui s'en rapproche le plus; elle emploie aussi la chaux terreautée; mais sa dose est trois fois plus forte. Nos cultivateurs de l'Ouest sont donc ceux qui, avec la proportion de chaux la plus faible, et par conséquent avec la moindre dépense, obtiennent le plus grand résultat proportionnel; ils atteignent le but de toute agriculture, beaucoup produire et peu dépenser; peut-être, sous ce rapport, approchent-ils le plus de la perfection.

Mais l'un des avantages les plus notables du procédé manceau, c'est qu'on ne peut jamais en abuser, c'est que la chaux employée de cette manière, et avec le fumier, ne peut jamais nuire au sol, à celui même auquel la chaux ne convient pas; la chaux, au contraire, employée à haute dose et sans intermédiaire, nuit d'abord au sol qui n'en a pas besoin, et sur les sols auxquels elle convient, elle provoque bien, il est vrai, une fécondité extraordinaire; mais, si le cultivateur, trompé par les produits qu'il obtient, n'y porte pas l'engrais réparateur, s'il le concentre au contraire sur des fonds non chaulés, et si, quand il voit fléchir les produits, il recourt de nouveau à la chaux sans mélange et sans engrais, son sol, qui semble reprendre de nouvelles forces, court grands risques d'être épuisé au bout d'une courte période. La chaux accroît sans doute toutes les facultés du sol. celle surtout qui lui fait absorber dans l'atmosphère la plus grande partie des éléments de la végétation; mais elle ne remplace pas le fumier, elle ne fournit pas au sol l'humus, autre élément nécessaire à la végétation : elle le met en action, elle le rend soluble et susceptible d'être introduit dans la circulation végétale; elle en multiplie les avantages, en donnant au sol et aux plantes la faculté de puiser dans l'atmosphère une plus grande proportion de leurs principes constituants; mais la consommation continue néanmoins d'avoir lieu dans le sol, et, si cet humus consommé par l'active végétation, n'est pas remplacé, le sol s'épuise, ses produits diminuent. Toutefois ce sol n'est point sans ressources, le principe actif, excitant, y surabonde; mais ce principe demande un aliment, il demande qu'on lui rende l'humus dont on l'a imprudemment privé, l'engrais dont il ne fallait rien lui retrancher au milieu de son grand travail. Qu'on les lui rende abondamment, et on verra renaître les produits; dans le cas contraire, les produits et le sol pourraient peut-être descendre au-dessous même du point où ils étaient avant l'emploi de la chaux.

Le grand effet du chaulage manceau établit évidemment que les grains et les plantes en contact immédiat avec l'engrais en tirent un avantage à peine croyable : il nous démontre combien le mélange préliminaire de la terre avec la chaux et l'alliance du fumier avec elle, ont de puissance sur la végétation : le terreau accroît, sans aucun doute, et développe l'énergie de la chaux qui est mélangée avec lui, et il rend immédiat son effet sur le sol; enfin le contact de la chaux terreautée avec le fumier multiplie leur force respective, et c'est seulement ainsi que peut s'expliquer un accroissement de produit si considérable avec une si faible addition d'engrais.

Mais, outre cet effet que nous venons de signaler, le mélange de la terre avec la chaux en produit encore deux autres très-importants pour son succès et la facilité de son emploi.

Dans les temps de grande pluie, la chaux recouverte par la terre ne la reçoit pas immédiatement; la terre, dont le volume est 6 à 8 fois plus considérable, en prend la plus grande partie, la transmet peu à peu à la chaux, qui n'est avide d'eau que jusqu'à ce qu'elle soit réduite en poussière; lorsque la chaux, au contraire, est mise immédiatement sur le sol sans être recouverte de terre, après avoir reçu la quantité d'eau nécessaire pour s'éteindre en poussière, elle se réduit en pâte, se grumelle avec de nouvelles pluies, dont rien ne la défend, et une fois prise en grumeaux, lorsqu'on la répand sur le sol, ne pouvant plus se diviser ni entrer en contact avec toutes les parties de la surface, son effet est presque nul, à moins que la dose n'en soit énorme. Il est donc bien important, surtout dans les climats pluvieux, de la recouvrir et de la mêler de terre.

Mais ce n'est pas tout : la poussière de chaux éteinte, lorsqu'elle n'est mélangée avec aucun autre corps, est extrêmement incommode, et presque intolérable pour ceux qui la répandent; elle est enlevée par le vent le plus léger, tandis que mélangée avec la terre, elle prend de la consistance, devient semblable, pour sa couleur et la facilité de son emploi, aux cendres lessivées, et se répartit sur le sol sans peine et avec égalité.

Enfin nous dirons encore, à l'avantage de ceux qui mélangent préliminairement la terre à la chaux, qu'on a toute l'année pour faire et travailler les composts, pour amasser les matériaux qui les composent; qu'on peut y employer le temps perdu; qu'on peut les établir partout, dans les terres, dans les chemins, dans les cours, et que leur effet sera d'autant plus sûr, plus immédiat et plus énergique, qu'ils seront préparés plus à l'avance.

Les départements voisins de la Sarthe emploient aussi la chaux avec grand avantage. Nous ne discuterons pas la question controversée, de savoir si la Sarthe les a imités ou s'ils ont été ses imitateurs. Quoi qu'il en soit, dans le département de Maine-et-Loire, l'usage de la chaux s'est aussi étendu à la moitié peut-être de la surface, mais il a lieu avec encore plus de réserve et plus de ménagement que dans la Sarthe. La chaux s'emploie presque exclusivement en compost; nous avons vu ces composts se former dans les champs quelque temps avant les semailles. Ils se font avec la terre, la chaux et le fumier. La proportion de chaux y varie beaucoup; elle est, suivant les proportions qu'on trouve dans l'excellent ouvrage de M. Oscar Leclerc sur l'agriculture de l'Ouest, d'un trentième de la masse de compost près de Segré et Durtal, d'un vingt-cinquième près de Gené, d'un quinzième près de Beaupréau, d'un douzième près de Vern, et d'un huitième près de Pouancé, Candé, etc.

La proportion de fumier varie beaucoup aussi; cependant elle est en moyenne de moitié du volume de la terre. Les composts se préparent de diverses manières : on entasse pendant l'hiver la terre sur la pièce même qu'on veut chauler; on y emploie des gazons, des curures de fossés, ou la terre de la pièce prise près des buissons. La terre mûrit et s'ameublit à l'aide de la bêche ou de la pioche pendant le cours de l'année. Au mois d'août, on y incorpore la chaux par lits alternatifs. On remanie le tout pour le bien mélanger, et on y allie le fumier peu de temps avant la semaille. Quelquefois, mais plus rarement, on mélange le fumier à la terre avant d'ajouter la chaux. Enfin, dans quelques cantons, pour s'épargner de la main-d'œuvre, on ouvre à la charrue une large et profonde raie. On y répand la chaux, qu'on recouvre ensuite, en reversant sur elle à la charrue la terre sortie des raies. On recoupe le tout avec la bêche ou la pioche, pour le mélanger lorsque la chaux est fusée. Ce dernier procédé est plus expéditif, mais le mélange intime offre plus de difficultés. Le compost s'emploie généralement pour la récolte de froment et revient à chaque reprise de l'assolement.

La quantité moyenne de composts qu'on donne par hectare est de 24 à 30 mètres cubes; mais il est à remarquer que cette quantité s'augmente dans les pays où le sol a le plus de qualités, en sorte que la proportion que nous venons d'indiquer doit plutôt être accrue que diminuée. Il paraît que, depuis que l'emploi de la chaux s'est étendu, les prairies artificielles se sont multipliées en proportion, avec elles le nombre des bestiaux, et, dans un plus grand rapport, la quantité d'engrais qu'ils produisent. M. Oscar Leclerc a recueilli des faits desquels il résulte que la production d'engrais aurait, dans un grand nombre de cantons, beaucoup plus que doublé depuis vingt-cinq ans, sans compter qu'on achète encore une grande quantité de noir animal et de charrée ou cendres lessivées. Aussi les produits, surtout en chanvre, se sont-ils beaucoup accrus.

Nous remarquerons que ce procédé rentre, à très-peu de chose près, dans le procédé manceau, à l'exception que les Manceaux placent leur fumier immédiatement sur le sol, tandis que les Angevins le mêlent à leur compost. Cependant, dans le département de Maine-et-Loire, les doses sont souvent encore plus faibles que dans la Sarthe, ce qui confirmerait ce que nous avons dit précédemment sur l'inutilité de l'emploi de la chaux dans les sols qui en contiennent une quantité appréciable. Les deux méthodes sont bonnes; l'expérience seule peut indiquer laquelle est préférable.

Dans la Mayenne aussi la révolution agricole a été rapide. Pour en faire juger, nous nous bornerons à consigner ici l'expression dont s'est servi M. Léon Leclerc, l'un des hommes les plus recommandables de ce pays, dans une notice sur l'agriculture de la Mayenne adressée à la Société centrale de la Seine. Pour représenter d'un seul mot l'effet de la chaux sur le sol, il a cité ces paroles du tentateur : *Dic, ut lapides isti panes fiant.* Parle, et ces pierres se changeront en pain !

Dans la Vienne, les chaulages, quoique plus anciens que dans la Mayenne, ne semblent pas avoir fait d'aussi rapides progrès; peu éloignés de ceux de la Sarthe, ils ne sont cependant pas pratiqués d'après les mêmes procédés; ils se font à la dose et suivant la méthode des anciens chaulages normands que décrit Duhamel. L'usage de la chaux dans ce pays ne paraît pas ancien; un écrit de M. de Fayolle a eu sur son adoption la plus heureuse influence; cependant le chaulage y a été pratiqué autrefois. Pline le naturaliste parle des chaulages des *Pictones* ou *Pictavi*, anciens habitants du pays.

Il est à remarquer que cette dose un peu forte de chaux, qui est à peu près celle qui semble être adoptée dans l'Ain, se rencontre souvent dans les contrées où les chaulages commencent à être pratiqués, et qu'elle diminue par suite de l'expérience acquise; peut-être même serait-elle celle qui convient le mieux pour un premier chaulage dans une terre humide et argileuse; M. de Fayolle semble y avoir été conduit par l'expérience. Sur un sol de cette espèce, il avait commencé par de faibles doses, qu'il poussa ensuite jusqu'à 75 hectolitres par hectare, quantité à laquelle il s'est fixé pour les premiers chaulages sans fumier, qu'il réduit de moitié lorsqu'il y ajoute du fumier : les seconds chaulages se font ensuite à demi-dose.

La dose de 75 hectolitres par hectare, qui semble nécessaire au sol humide d'un pays où la chaux vaut de 2 à 3 francs l'hectolitre, a bien pu retarder l'extension de cette pratique; cependant, à ce prix, elle donnerait encore, au bout de peu d'années, de notables profits, comme nous l'avons vu dans les chaulages de l'Ain; mais c'est une première avance que peu de cultivateurs peuvent et que peu de propriétaires veulent faire; cependant l'obstacle finira par être vaincu; la richesse des récoltes obtenues sur les points améliorés entraînera les retardataires, et l'amélioration sera encore plus grande, plus profonde sur ce sol humide que sur un sol d'une culture plus facile, qui déjà serait productif sans le secours de la chaux.

En résumé donc, les procédés de l'Ouest nous semblent présenter le moyen de faire mieux et plus avec une dépense donnée; ils paraissent un modèle à suivre toutes les fois que le sol n'est pas très-humide, et la chaux terreautée répandue à petites doses assure la fécondité présente, améliore l'avenir du sol, offre une garantie contre l'ignorance et l'avidité du colon, ménage le capital agricole, et détermine néanmoins une fécondité au moins égale à celle que produit la chaux employée à haute dose et répandue immédiatement sur le sol.

L'emploi de la chaux a lieu encore dans beaucoup d'autres pays de France; nous avons parlé précédemment de son grand succès dans les Landes; elle est employée dans un assez grand nombre de départements du Midi; mais ce que nous avons pu savoir de leur pratique ne nous a rien offert de particulier qu'il soit nécessaire de citer ici.

L'emploi des amendements calcaires est devenu usuel sur beaucoup de points, et il est essayé sur un plus grand nombre; mais les premiers essais ne réussissent pas toujours : il suffit que le sol contienne déjà le principe calcaire ou qu'il soit mal égoutté, que l'année de l'essai soit trop humide, que la chaux ait été mouillée avant d'être répandue, que le sol l'ait reçue en pâte au lieu de la recevoir en poussière, ou même qu'elle ait été trop profondément enterrée, pour que l'expérience ne réussisse pas, et qu'on en tire pour tout un pays des conclusions qui retardent souvent d'une génération l'emploi de l'amendement.

Il est donc à désirer que les premiers essais, qui peuvent décider de l'avenir d'un pays, se fassent avec beaucoup de soin et en réunissant toutes les conditions nécessaires pour permettre, d'après leurs résultats, de juger sainement la question.

Après avoir étudié notre sujet en France, cherchons ailleurs des lumières nouvelles, et d'abord dans un pays que, peut-être à tort, sous le rapport de l'agriculture, on cite toujours le premier.

CINQUIÈME SECTION

Chaulages de l'Angleterre.

Les chaulages sont, en Angleterre, d'un usage très-ancien et très-général; plusieurs provinces doivent leur bonne culture, leur fécondité à la chaux, comme le Norfolk à la marne; mais l'emploi de la chaux y a pris plus d'extension que celui de la marne; les marnages demandent du temps, de la peine et de la patience; les chaulages ne demandent que de l'argent; par ce motif, ils ont été préférés aux marnages en Angleterre, où le sol appartient presque exclusivement à des hommes riches. Les doses varient par hectare, depuis 500 hectolitres, maximum de ce qu'on donne aux défrichements, aux sols argileux très-humides, jusqu'à 100 à 120 pour les sols les plus légers; sur quelques points cependant, où la chaux est rare, les chaulages nouveaux se font à des doses beaucoup plus faibles, comme nous le verrons plus tard; et l'expérience semble, pour la chaux magnésienne de Breedon, avoir fait descendre la dose à 20 hectolitres par hectare; mais ces faits sont des exceptions, et la dose employée est généralement très-considérable.

Sur beaucoup de points, les chaulages ont quadruplé le produit net, ou du moins la rente ; c'est à leur effet puissant sur de grandes étendues du sol anglais qu'on peut, à ce qu'il semble, attribuer en grande partie la supériorité de son produit sur le nôtre.

Les chaulages, lorsqu'ils sont très-abondants, sont en Angleterre une opération que le même cultivateur ne fait pas deux fois; mais, à dose modérée, c'est une opération régulière qui se répète à des intervalles plus ou moins rapprochés ; une grande partie du sol anglais a déjà reçu la chaux à plusieurs reprises, et son emploi recommence lorsque la diminution des récoltes et les défauts anciens du sol reparaissent.

John Sinclair rapporte que, dans une partie de Somersetshire, la rente des terres s'est augmentée de 12 à 15 francs par hectare, grâce aux chaulages. Il cite leurs effets étonnants dans le Cheshire, le Derbyshire : dans le Herefordshire, des terres à seigle, qui, en 1836, ne pouvaient point produire de froment, sont devenues propres à toutes les récoltes; des effets semblables se sont produits dans presque toutes les contrées de ce pays où les amendements calcaires ont été employés. Les terres ne sont pas meilleures que les nôtres, le climat est moins favorable au froment, et cependant le produit moyen est de 22 hectolitres par hectare, au lieu d'être de 12, comme le nôtre; ôtant de part et d'autre la semence, le produit anglais est le double du produit français. Une plus grande étendue du sol consacrée aux bestiaux permet, il est vrai, aux cultivateurs anglais de donner plus d'engrais, et puis leurs procédés de culture sont souvent meilleurs que les nôtres; enfin ils emploient plus de capitaux à la culture; toutes ces circonstances ont sans doute beaucoup concouru à améliorer leurs produits, mais nous pensons que leur supériorité est surtout due à l'emploi qu'ils ont fait depuis longtemps des amendements calcaires. L'emploi des amendements sur de grandes étendues date à peine d'un siècle, et il s'est propagé rapidement. C'est de là que date l'amélioration de leurs produits, qui n'ont pas cessé de croître, et qui suffisent maintenant presque toujours à une population triple de ce qu'elle était avant leur emploi. De nouveaux défrichements leur ont permis, sans diminuer l'étendue du sol labourable, d'accroître beaucoup celle du sol destiné aux bestiaux, et par conséquent à la production des engrais. C'est par ce moyen et par leurs soins, leurs travaux et leur intelligence, qu'ils sont parvenus à soutenir, et même à augmenter la première impulsion de fécondité donnée à leur sol par les amendements calcaires.

Ce qui a contribué à répandre beaucoup les chaulages en Angleterre, c'est le bas prix de la chaux, qui n'est souvent que de 1 fr. l'hectolitre, valeur déterminée par l'abondance du combustible et la facilité des communications. Mais il est cependant des cantons où

9.

l'éloignement de la pierre calcaire et du combustible rend cet amendement extrêmement coûteux. Ainsi, d'après le major Beatson, l'usage de la chaux dans le Sussex est général; elle paraît y avoir remplacé la marne du pays, peu riche en principe calcaire, et qui avait fini par nuire au sol : mais la chaux, qui a pris sa place, est bien chère; on est obligé de la tirer à grands frais de lieux éloignés, en sorte que la dose de 92 hectolitres par hectare revient à 475 fr.

Cet chaux se met sur la jachère, avant le froment, à chaque rotation de quatre ou cinq ans; son prix enlève la plus grande partie du produit net. On conçoit donc les efforts du major Beatson pour échapper à cette énorme dépense, et quelle reconnaissance lui devrait l'agriculture de son pays, s'il parvenait à remplacer la chaux si chère par l'amendement si peu dispendieux de l'argile brûlée.

Il est cependant probable que cette dose de chaux ne serait pas longtemps nécessaire au sol; elle est deux fois et demie plus forte que la dose flamande, qui ne se renouvelle que tous les dix ans, et décuple de celui de la Sarthe, qu'on répète tous les trois ans : il n'est pas probable que ce sol ait des besoins spéciaux de chaux sept à huit fois plus considérables que celui des autres pays. On peut donc croire que cette dépense énorme de chaulage pourrait être réduite sans inconvénients.

Dans quelques comtés, les chaulages datent, à ce qu'il semble, de plusieurs siècles; ils sont sans doute récents dans ceux où la chaux est rare; mais, partout où on l'emploie, elle est, avec les engrais, le nerf de l'agriculture.

Les doses énormes de chaux répandues par les cultivateurs anglais ont été rarement suivies de résultats fâcheux pour le sol; leurs nombreux bestiaux, la grande étendue du sol qu'ils leur destinent et par suite la grande quantité d'engrais qu'ils produisent, ont compensé la trop grande activité des masses de chaux employées : des procédés et des doses qui, dans notre agriculture presque exclusivement consacrée à la production des grains, eussent été de graves imprudences, ont été chez eux, où ils se sont appliqués plus spécialement à la production des fourrages et par conséquent des engrais, la source de grands produits et de grands profits pour le sol et pour le cultivateur.

Beaucoup de fermes importantes ont des fours permanents pour répéter les chaulages, chaque fois que le besoin se renouvelle.

Une grande partie de leurs améliorations agricoles leur sont venues de Flandre et de Belgique; mais le chaulage paraît y être antérieur à l'importation des méthodes perfectionnées de l'agriculture étrangère : il en est résulté que les procédés et les doses de chaulage, quoique aussi étendus, et d'un usage aussi général qu'en

Belgique et en Flandre, n'y ont pas pris néanmoins la marche régulière et rationnelle de ces pays.

SIXIÈME SECTION

Chaulages de la Belgique.

En Belgique, on emploie la chaux directement sur le sol ou en compost; dans le premier cas, la dose est de 20 à 40 hectolitres par hectare, suivant que le sol est léger ou compacte : on réitère le chaulage suivant le besoin que la terre semble en avoir, suivant la nature des récoltes qu'on lui demande, et en général à chaque reprise d'assolement. La chaux pure s'emploie presque exclusivement sur les terres argileuses et peu sur les sables; mais la chaux en compost est employée dans toutes les espèces de sols qui ne la renferment pas.

La cour de ferme a toujours un compost en travail placé dans un lieu à ce destiné, qu'on appelle *croupissoir;* on le fabrique pendant toute l'année en stratifiant par lits alternatifs de la chaux, des gazons, de mauvaises herbes, des terreaux, des curures de fossés, et tout ce qu'on peut avoir de terres chargées d'humus; on y ajoute souvent quelques voitures de fumier et seulement d'un 10ᵉ à un 15ᵉ de chaux. On coupe et déplace trois ou quatre fois les composts à la bêche avant de les répandre sur le sol; on les emploie à mesure du besoin en commençant par les plus anciens. Le grand avantage des composts de chaux est qu'on peut les faire pendant tout le cours de l'année, qu'on les a toujours à sa disposition, et qu'ils sont d'autant meilleurs qu'ils sont plus anciens. On peut alors les employer dans la culture alterne pour les semailles d'automne, pour celles de printemps, et mêmes pour les récoltes dérobées, après la moisson.

Dans beaucoup de sols anciennement fécondés par la chaux, il suffit maintenant d'employer les cendres de diverses espèces qui en renouvellent l'effet sans coûter autant de transport ou d'achat; on tient toujours compte au fermier sortant de l'engrais qu'il laisse dans les terres sous le nom d'arrière-graisse; mais la chaux s'estime tout autrement que le fumier. Après la première récolte on bonifie au fermier les deux tiers de la dépense de la chaux, après la seconde récolte, moitié; et après la troisième, un tiers : on ne conçoit guère comment on peut juger de la quotité qui reste d'un engrais ou d'un amendement, un, deux, trois, quatre ans après qu'il a été mis sur le sol; cependant les experts belges ne se trompent pas; tant il est vrai que la nécessité, l'attention et l'expérience peuvent apprendre beaucoup de choses et mènent souvent à ce que d'abord on avait jugé impossible.

L'usage de la chaux en Belgique semble établi de temps immémorial comme tout le système de son agriculture perfectionnée : tout cet ensemble remonte à plusieurs siècles, au temps où le commerce et l'industrie, créés en quelque sorte par la liberté, après avoir enrichi le pays, versèrent leurs capitaux sur le sol.

SEPTIÈME SECTION

Chaulages de l'Allemagne.

On trouve encore des procédés remarquables d'emploi de la chaux dans des pays voisins de la Flandre et dont l'agriculture est presque aussi avancée que la sienne; le pays de Clèves et le Palatinat sont très-bien cultivés, et pourraient, en beaucoup de points, donner des leçons d'agriculture à l'Angleterre au lieu d'en recevoir d'elle.

On vante beaucoup l'Angleterre pour ses turneps; on leur sacrifie une saison entière avec beaucoup d'engrais; mais, dans le pays de Clèves, la Belgique, le Palatinat, la Flandre, l'Alsace et d'autres provinces de France, de plus grandes masses peut-être de ces précieuses racines sont produites ; et, dans tous ces pays, la plupart sous la même latitude que l'Angleterre et par conséquent avec des hivers aussi longs et des étés aussi courts, le navet se recueille en seconde récolte, en récolte dérobée, après le seigle.

Dans tous ces pays, on retrouve presque partout le principe de l'assolement tant vanté du Norfolk, mais rarement dans toute sa pureté quatriennale : cet assolement avec le retour du trèfle tous les quatre ans à la même place peut difficilement se continuer sur le même sol, et il est même devenu assez rare dans le comté dont il porte le nom ; c'est une espèce d'utopie que les écrivains agricoles ont propagée plus que les agriculteurs pratiques : on l'a abandonné presque partout où on l'avait établi : mais cet abandon a été généralement trop peu connu, et M. de Fellemberg est un des premiers qui ait osé lui faire son procès. Thaër et la pratique de la bonne agriculture allemande l'ont ensuite implicitement condamné, en posant comme principe qu'à peu d'exceptions près le trèfle demandait à ne revenir sur le sol que tous les six ans au plus tôt.

Mais revenons à notre sujet principal.

L'usage de la chaux paraît très-ancien dans ces provinces : dès le temps de Bernard Palissy, les chaulages des Ardennes étaient connus, et Olivier de Serres nous parle de ceux de Gueldres et de Julliers.

Schwertz nous apprend que, dans le pays de Clèves, on emploie la chaux en compost au printemps sur le seigle après y avoir semé du trèfle; la quantité de chaux employée dans le compost est de 8 à 10 hectolitres par hectare; ce compost est jugé plus utile sur les terres argileuses que sur les terres légères. Son effet se prolonge pendant toute la durée de l'assolement qui est de 5 ans. Dans la rotation suivante, on trouve avantage à alterner la chaux par la marne et réciproquement; cet usage peu connu mériterait, je pense, d'être imité dans les pays où les premiers marnages ont été très-abondants, dans ceux surtout où le sol et la marne sont argileux comme dans l'Ain; un chaulage y prendrait avec grand avantage la place d'un deuxième marnage qui ajoute encore à la ténacité du sol déjà accrue par le premier marnage: en outre par cette alternance on recueille à la fois les avantages de ces deux amendements, et la terre s'en lasse moins facilement.

Dans d'autres cantons du même pays où l'assolement est de six ans, on chaule une fois sur le trèfle de la troisième année, à la quantité de 5 à 6 hectolitres par hectare; par ce moyen et en donnant au trèfle défriché un compost de terre et de fumier, on obtient du froment d'un sol tout à fait incapable d'en produire.

Dans plusieurs autres cantons d'Allemagne, avec un assolement de six ans, on emploie la chaux éteinte au moyen d'eau de fumier; ce procédé nous paraît excellent, il rapproche et combine les deux grands moyens de fécondité qui sont en notre pouvoir, et devrait, à ce qu'il nous semble, être imité toutes les fois qu'il serait possible. D'ailleurs il se retrouve dans plusieurs cantons éloignés l'un de l'autre; son efficacité est par conséquent confirmée par l'expérience. Pour pouvoir employer cette méthode, il faut à l'avance se procurer de l'eau de fumier, ce qui n'est pas difficile dans ces pays, où on a souvent des citernes disposées pour la recueillir.

L'emploi des amendements calcaires est très-répandu en Allemagne et y a pris depuis plusieurs années un grand développement comme au reste presque toutes les autres améliorations agricoles; il en est résulté de graves discussions entre la théorie et la pratique; la théorie a menacé le sol d'épuisement; mais sa fécondité qui s'est soutenue sur tous les fonds amendés a repondu aux craintes; d'ailleurs on a partout appuyé les amendements et soutenu leurs grands produits par de fortes masses d'engrais, et les produits n'ont point baissé.

HUITIÈME SECTION

Chaulages de l'Italie.

Le chaulage est usité dans plusieurs provinces de l'Italie, où il nous offre quelques faits bons à recueillir.

Les provinces de Côme et de Brescia, dès le milieu du seizième siècle, employaient la chaux avec beaucoup d'avantages. A cette époque Augustin Gallo, agronome de Brescia, engageait ses compatriotes à imiter les cultivateurs de Côme; depuis ce temps l'emploi de la chaux a cessé dans le pays de Côme, et la province de Brescia l'emploie sur une grande partie de sa surface.

Le chaulage est encore plus généralement adopté dans le pays de Bergame. Ces provinces nous paraissent appartenir aussi à la formation argilo-siliceuse et forment des plateaux dont le sol nous semble tout à fait analogue à ceux de notre pays : il est même possible que le grand plateau du bassin de la Saône qui se prolonge sur trois départements, ceux de l'Ain, de Saône-et-Loire et du Jura, ait reçu des Romains son nom de Bresse en raison de l'analogie que présente son sol avec celui de la province italienne.

Dans sa pratique actuelle, le cultivateur de la province de Brescia emploie la chaux directement sur le sol; mais, dans le pays de Bergame, l'usage des composts est plus fréquent : la dose en usage aux environs de Brescia est de 40 hectolitres par hectare; mais elle paraît beaucoup moindre dans les composts du pays de Bergame.

Nous remarquerons en passant que, partout où la chaux se met en compost, on la donne au sol en dose beaucoup plus faible, et que cependant ses effets sont tout au moins aussi fécondants et aussi durables.

NEUVIÈME SECTION

Chaulages de l'Amérique.

Les chaulages de l'Amérique septentrionale nous offrent quelques faits particuliers que nous examinerons plus tard, lorsque nous traiterons de la chaux magnésienne; ils sont d'ailleurs une imitation des procédés anglais et consistent en doses énormes appliquées immédiatement sur le sol.

Nous nous bornerons ici à faire la remarque que les chaulages d'Amérique, ceux d'Italie et ceux du midi de la France prouvent de la manière la plus positive que la chaux produit aussi bien son effet dans le Midi que dans le Nord, et que par conséquent cet effet n'est pas dû à la chaleur qu'elle peut donner au sol.

Il semble même que, dans les pays méridionaux où l'action desséchante du soleil est plus forte et l'évaporation de l'eau plus considérable, la chaux puisse s'employer avec plus d'avantages; le sol qui serait marécageux dans le Nord est desséché dans le Midi; l'eau de la surface y est plus promptement absorbée; la chaux, qui ne peut agir que sur des sols assainis, doit donc exercer son effet plus facilement encore dans le Midi que dans le Nord.

CHAPITRE VII

Des divers moyens de réduire la chaux en poussière.

Dans quelques pays on emploie la chaux après l'avoir laissé éteindre spontanément sous des hangars : mais ce procédé entraîne de nombreux inconvénients ; il est des chaux qui fusent mal, d'autres qui demandent beaucoup de temps pour fuser ; et puis, dans tous les cas, la chaux fusée est d'un chargement difficile, se perd en route, s'envole au vent, et incommode même quelquefois gravement celui qui la répand. Cependant ce moyen est fréquemment employé en Angleterre ; mais on y hâte l'extinction en jetant un peu d'eau sur les parties qui ne fusent pas assez promptement.

Il est un moyen de réduire la chaux en poussière pour l'employer immédiatement sur le sol. On amène sur le terrain avec la chaux, sur l'une des voitures, un cuvier plein d'eau ; on met la chaux de chaque tas dans un panier à anse qu'on trempe dans l'eau jusqu'à ce que la chaux commence à éclater ; on verse alors chaque tas à sa place; cette chaux ainsi préparée est en poussière peu d'heures après ; on la répand alors et on fume. Si on craint la pluie, on sème et on recouvre le tout aussitôt ; sinon, la récolte et le sol gagneront si on laisse la chaux sur le fumier s'essorer et recevoir un peu de soleil ; l'effet immédiat sur la récolte sera plus assuré.

Nous remarquerons que l'extinction de la chaux par immersion et sa réduction en poudre doublent au moins son volume, c'est-à-dire qu'un hectolitre de chaux mesurée en pierre donnerait deux hectolitres de poudre ; mais cette poudre, humectée comme elle le devient dans la masse du sol, perd un tiers de son volume ; 3 hectolitres de chaux vive en font donc 4 dans le sol. Ce moyen employé pour les composts peut servir à les préparer immédiatement ; il en accélère la confection lorsque la terre avec laquelle on les fait est sèche; il devient même nécessaire lorsque le compost de terre sèche est à l'abri de la pluie : il faut alors tremper la chaux avant de la jeter sur la couche de terre, et on peut, dès le lendemain, donner au compost la première manipulation. La fusion de la chaux immergée est beaucoup plus complète que lorsqu'on la laisse fondre spontanément. Ce surplus de main-d'œuvre est très-peu considérable.

Cette immersion de la chaux dans l'eau est le seul moyen d'abréger le temps nécessaire pour la préparation des composts; la chaux, réduite en poussière, multipliant ses points de contact avec la terre et l'humus, peut entrer plus promptement en combinaison. La chaux combinée immédiatement à l'eau, qui en fait un hydrate, conserve plus de force, plus d'action sur le sol, mais elle est peut-être alors moins avide d'acide carbonique, parce qu'en se combinant à l'eau elle a déjà satisfait en partie son avidité pour les combinaisons. Toutefois, par compensation, elles conviendraient mieux alors aux terres chargées d'humus, aux terres argileuses et à la production des céréales, tandis que la méthode d'extinction spontanée, qui prend plus d'acide carbonique, conviendrait mieux aux sols légers, aux prairies sèches et en général aux fonds dont on veut obtenir des légumineuses et des plantes fourragères à larges feuilles.

Ce moyen de pulvériser la chaux, moyen qui la divise plus exactement, qui lui fait occuper un plus grand volume [1], qui est presque nécessaire dans les sécheresses, doit être employé avec réserve ; la chaux ainsi fusée a pris une grande quantité d'eau, pour laquelle elle a de l'affinité; lorsque le temps devient pluvieux, une petite quantité d'eau suffit pour la réduire en pâte et pour compromettre son effet. J'ai éprouvé cet accident dans mes premiers essais; ma chaux, réduite en poussière par immersion, essuya de fortes pluies dans les composts, se mit en pâte, et les résultats des expériences entreprises furent peu satisfaisants.

Dans quelques cantons de l'Allemagne, on emploie la chaux en poudre sur les trèfles; elle serait, à ce qu'il semble, encore plus profitable employée en composts : c'est ce qu'on fait en Belgique; en l'employant sans intermédiaire, il y a évidemment tout avantage à tremper

[1] Un volume de certaines chaux en pierre produit plus de quatre volumes en poudre sèché; mais, comme, quand on mesure la pierre, elle laisse dans les vases au moins la moitié de vide, le volume de poudre n'est plus que le double de celui de la chaux mesurée en pierre; et ce volume double, comme nous l'avons dit précédemment, se réduit d'un tiers lorsque la poudre devient humide dans le sol.

chaque pierre de chaux dans l'eau, afin de pouvoir, dès le lendemain, la répandre en poussière sur le sol.

Cependant il nous semble qu'il y a un grand inconvénient à employer la chaux sur le sol sans l'enterrer; plus tard cette poussière de chaux tend à se grumeler à la première pluie; par conséquent, à moins d'être mise à très-haute dose, comme elle ne touche plus le sol que par quelques points, elle ne peut agir sur la masse, et son effet doit être beaucoup diminué. Cet inconvénient cesse lorsque la chaux est mise en composts; sa division est faite, ses molécules, placées au milieu de celles de la terre, beaucoup plus nombreuses, ne peuvent plus se réunir en grumeaux.

CHAPITRE VIII

Des conditions nécessaires au succès des chaulages.

§ 1. Lorsque la chaux est répandue sur le sol, après un ou plusieurs hersages qui servent à la répartir uniformément, on l'enterre par un labour superficiel de 0,08 au plus ; un labour profond éloignerait la chaux de la couche qui fournit le plus à la végétation; un second la ramène ensuite à la surface. Il faut donc en quelque sorte maintenir la chaux dans la couche labourable, enterrée par un labour peu profond; les labours suivants de profondeur ordinaire la mêlent à la couche végétale sans l'enterrer trop profondément ni la ramener à la surface; les molécules ténues de la chaux tendent naturellement à s'enfoncer en glissant entre ses molécules sablonneuses, jusqu'à ce qu'elles arrivent à la couche non remuée, où elles s'arrêtent; lorsque la chaux vient à s'y trouver en quelque abondance, elle satisfait à ses affinités pour la silice, elle se prend en une espèce de mortier et forme un plancher qui résiste à l'action de la charrue et au passage des eaux surabondantes.

§ 2. Une autre précaution tout aussi indispensable, et que nous ne nous lassons pas de recommander, c'est qu'il ne faut pas que la chaux reçoive assez d'eau pour se former en pâte, parce qu'alors il est impossible que toute la surface puisse en être couverte, et son effet se trouve en grande partie paralysé; le temps ni les labours ne parviennent jamais à la diviser complétement lorsqu'elle a été une fois répandue en pâte ou en grumeaux. Lorsqu'on l'emploie en compost ou qu'on la mêle avec une couche de terre qui équivaut à six à dix fois son volume, cet inconvénient très-grand ne peut jamais exister ;

une fois que le mélange est achevé, on a une espèce de poussière grise comme les cendres, qui ne peut plus se grumeler à la pluie et qui reste toujours divisée et en état d'agir sur toutes les parties du sol; cependant, lorsqu'on répand cette poussière, comme lorsqu'on répand la chaux, il faut, avant de la recouvrir par un labour, éviter, autant que possible, que la pluie la mouille, mais, lorsque le temps est beau, il y a avantage à la laisser pendant un jour au soleil : il semble que son action en soit augmentée; dans tous les cas il est nécessaire que le sol qu'on chaule ne soit pas marécageux, ou que, s'il l'a été, la couche végétale soit du moins bien assainie; car ce n'est que dans un sol bien égoutté que la chaux peut réussir. Si le sol, sans être marécageux, est seulement très-humide, l'eau qui reste à la surface empêche et annihile l'effet de la chaux. La condition préliminaire et absolument nécessaire du chaulage est donc que la couche labourable puisse écouler ses eaux surabondantes dans le sous-sol, dans des coulisses pratiquées dans le sol, ou par des pentes naturelles ou artificielles.

Dans le cas où le sol est très-difficile à égoutter, le marnage, qui porte au sol une grande masse composante, qui le modifie plus puissamment en lui incorporant en plus grande quantité le principe calcaire, est préférable au chaulage, à moins que la marne et le sol ne soient l'un et l'autre très-argileux.

Dans un sol très-argileux, un labour profond préliminaire est une excellente préparation au chaulage, parce que ce labour rend perméable une plus grande épaisseur de sol, et que la couche qui alimente spécialement les céréales s'égoutte alors plus facilement.

CHAPITRE IX

De l'époque des chaulages.

C'est sur la jachère et pour la semaille des céréales d'hiver que la chaux semble produire le plus d'effet; mais, pour que, dès la première année, l'action de la chaux soit très-sensible, il faut qu'elle ait été préparée, répandue et mêlée au sol plusieurs mois à l'avance; le mieux donc est, si on ne peut pas faire de composts, de la placer sur le sol en juin, de la couvrir de terre et de la répandre lorsqu'elle est fusée et mélangée avec la terre qui la couvre; on l'enterre ensuite par un léger labour, suivi de tous ceux de jachère; il en résulte que, mêlée intimement à la couche végétale, elle fait avec elle et avec l'humus toutes ses combinaisons, et que les racines des céréales peuvent y trouver tout formés les éléments favorables qu'elle produit par sa réaction dans le sol. On perd cet avantage si on répand la chaux immédiatement avant la semaille. Son effet alors est souvent peu sensible sur la première récolte. Il est donc à propos dans la culture alterne, où la terre n'est pas disponible longtemps avant la semaille, de préparer à l'avance des composts de chaux, qu'on conduit alors sur le champ avec le fumier pour le labour de semaille d'automne, comme dans le procédé manceau, ou pour les semailles de printemps ou pour celles d'automne, comme dans le procédé belge.

Ce n'est guère aussi qu'en compost que l'on peut répandre au printemps avec avantage de la chaux sur les céréales d'hiver; on l'emploie ainsi en Flandre pour les céréales de printemps. Les Anglais vantent beaucoup son effet sur les récoltes de turneps, alors même qu'ils la répandent sans préparation.

CHAPITRE X

Des diverses qualités de chaux.

§ 1. Il est à props que nous fassions remarquer ici la distinction que les Anglais et les Allemands ont établie dans leur pratique agricole entre la chaux *chaude* et la chaux *douce*. La chaux *chaude* est celle qui est pure, qui ne contient point de silice, ni surtout d'alumine; elle porte le nom de chaux grasse dans les constructions, parce qu'elle peut fournir beaucoup de mortier; toutefois, lorsque la chaux contient de la magnésie, son action sur le sol se confond au premier aperçu avec celle de la chaux chaude; mais il faut se défier de cette énergie qui finit bientôt par s'exercer aux dépens du sol.

La chaux *magnésienne* doit être employée avec beaucoup de mesure et de circonspection : en Angleterre et en Allemagne elle a souvent produit de mauvais effets. L'analyse a fait voir qu'en Amérique la chaux qu'on a employée contenait le plus souvent une assez forte proportion de magnésie; son usage, après avoir été très-fécondant, a promptement lassé le sol.

Les pierres calcaires magnésifères, dont la chaux avait été nuisible en Angleterre, ont donné à l'analyse 20 0/0 de magnésie. Davy pense que la magnésie caustique serait seule nuisible à la végétation; mais les sols magnésiens naturellement, dont la magnésie est carbonatée, sont eux-mêmes inféconds. Ainsi la plaine calcaire des Barres, près Nogent, est presque stérile, et on ne saurait attribuer cette stérilité qu'à la magnésie carbonatée qu'elle contient; d'autre part, il est d'excellents sols qui contiennent des doses notables de magnésie; les alluvions du Nil, par exemple, en contiennent une forte proportion. Le rôle de la magnésie dans la végétation a donc grandement besoin d'être étudié. La chaux de Breedon, en Angleterre, qu'on emploie sous le nom de chaux chaude, est magnésienne; on a réduit sa dose ordinaire à 20 hectolitres par hectare; on peut l'accroître dans les terres très-fécondes; la magnésie use promptement les forces du sol, et cependant, à ce qu'il semble, sans consommer son humus[1]. La chaux magnésienne ne doit donc être employée qu'à défaut d'autres; mais sa dose doit être plus faible, plus rare, et exige plus d'engrais animaux.

On peut s'assurer si une pierre à chaux contient de la magnésie en la faisant dissoudre dans de l'acide nitrique étendu d'eau; s'il s'y forme un mélange laiteux, la pierre est magnésienne; la couleur peut aussi être un indice; les pierres magnésiennes, dit Davy, sont ordinairement colorées en brun ou en jaune pâle.

Depuis des siècles, la chaux féconde un grand nombre de pays; son usage s'y conserve et semble nécessaire à la prospérité agricole. Dans quelques cantons, au contraire, la chaux a fatigué, énervé le sol assez promptement : nous pensons que cela est aussi souvent dû à la chaux magnésienne qu'à l'ignorance ou à l'avidité des cultivateurs qui demandent tout au sol sans rien lui rendre. Ce qui nous affermit dans cette opinion, c'est qu'en Angleterre, en Allemagne et en Amérique, dans plusieurs cas spéciaux où le sol chaulé se trouvait épuisé, des chimistes ont examiné et analysé les pierres à chaux employées et y ont trouvé de la magnésie.

§ 2. La chaux *chaude*, quoique très-énergique, est loin de nuire au sol comme la chaux *magnésienne;* elle a même sur la chaux *douce* l'avantage de pouvoir être répandue à doses plus faibles et plus rarement répétées; elle semble faire produire plus de grains, tandis que la chaux *douce* paraît accroître plus spécialement la paille et les produits foliacés.

Cette distinction de chaux *douce* et de chaux *chaude* pourrait expliquer les différences d'effets que la chaux semble produire dans des pays souvent voisins; là on la trouve favorable à la grenaison, et plus loin elle fait produire plus de paille et de fourrage. Nous pensons que dans les premiers pays on emploie la chaux *chaude*, et dans les seconds la chaux *douce*.

La chaux peut avoir les apparences de la chaux *chaude* sans en

[1] L'analyse des terres magnésiennes des Barres a donné une proportion d'humus insoluble plus forte que celle des bons sols. (Voir *Agriculture de la Sologne, du Gatinais et du Berry.*, br. in-8°.)

avoir toute l'énergie fécondante; lorsqu'elle est mêlée de silice, elle agit sur le sol comme la chaux *chaude*, mais elle doit être employée à plus forte dose.

§ 3. La chaux *douce*, celle que les constructeurs appellent chaux hydraulique, n'étant pas pure, s'emploie à doses plus fortes et plus souvent répétées que la chaux *chaude*, mais elle ménage davantage les forces du sol; sa combinaison avec l'argile, qui lui donne la propriété de se conserver sous l'eau, est particulièrement favorable aux prairies, surtout aux plantes légumineuses; elle est déjà une espèce de compost spécialement favorable aux produits foliacés. L'intermédiaire du compost semble lui être moins nécessaire qu'à la chaux *chaude*; elle est évidemment moins économique; mise en compost, il en faudrait peut-être bien un tiers en sus pour produire un effet semblable; l'effet en serait peut-être plus durable, parce que, plus avide de combinaisons, sa causticité persiste moins longtemps dans le sol que celle de la chaux *chaude;* elle perd donc plus vite la faculté de se dissoudre, et par conséquent elle est donc moins facilement entraînée par les eaux.

La chaux *douce* est ordinairement jaune ou grise, tandis que la chaux pure est blanche; quand elle est éteinte, sa poussière est aussi d'un blanc moins vif; elle prend moins d'eau, souvent moitié moins pour s'éteindre ; par conséquent elle craint beaucoup plus la pluie.

CHAPITRE XI

De la dose de chaux à donner au sol.

Nous avons vu que la condition essentielle au succès de la chaux dans un sol est que ce sol n'en contienne point, ou du moins pas assez pour que sa présence produise un effet sensible : dans ce cas, la chaux est un principe nécessaire au sol pour qu'il puisse développer toutes ses forces, et, dès qu'on l'y apporte, elle en change la nature et en augmente considérablement les produits.

Mais à quelle dose doit-elle être appliquée au sol ? Les procédés divers que nous avons indiqués diffèrent beaucoup sous ce rapport.

En Angleterre, les doses varient depuis 500 hectolitres par hectare, quantité employée dans les défrichements ou dans les terres argileuses humides, jusqu'à 130 et 150 pour les sols les plus légers : en France, les plus fortes doses sont de 100 à 130 hectolitres par hectare, plus faible dose des Anglais, à 8 hectolitres, dose des cultivateurs manceaux.

Il y a donc dans cette question une latitude bien grande et bien rassurante pour les cultivateurs qui craignent d'épuiser leurs terres.

Toutefois les doses françaises nous semblent préférables, puisqu'elles doivent coûter quatre à cinq fois moins, qu'elles déterminent autant de fécondité et qu'elles offrent évidemment beaucoup moins de chances d'épuisement pour le sol ; et effectivement on cite plusieurs cantons en Angleterre où on a abandonné l'usage de la chaux, et les Américains, qui ont imité la pratique anglaise de la chaux à grande dose, et qui malheureusement ont rencontré la pierre magnésienne, ont eu à s'en plaindre ; dans tous les cas la quantité de chaux à employer doit être en rapport avec la nature du sol : plus forte dans les sols argileux, elle doit aussi s'accroître dans les sols et les climats humides ; on doit donc prendre en considération la quantité de pluie annuelle qui tombe dans un pays ; elle doit s'augmenter encore avec la profondeur des labours ; enfin, on ne doit pas oublier qu'avec des doses plus fortes et des labours plus profonds la chaux facilite l'égouttement et l'assainissement du sol.

Dans le cas d'un trop fort chaulage, un labour plus profond de 0,03 à 0,05 seulement modifie puissamment la composition de la surface : cette quantité de terre neuve ajoutée aux 0,10 ou 0,12 de la couche trop fortement chaulée diminue d'un quart au moins la proportion de chaux, et, lorsqu'au bout de quelque temps l'effet du chaulage s'affaiblit sur la surface, un nouveau labour profond peut lui rendre une nouvelle dose de chaux en ramenant à la surface la petite tranche de couche végétale précédemment enterrée.

CHAPITRE XII

De l'emploi de la chaux sur les sols légers et secs.

Dans toutes les pratiques des pays où l'usage de la chaux est ancien, on trouve toujours établi en principe que la chaux doit être employée à dose d'autant plus faible que le sol est plus léger ou plus sec : son effet est plus immédiat, plus énergique avec l'une ou l'autre de ces deux circonstances, à plus forte raison lorsqu'elles sont réunies. On conçoit que, mise à trop forte dose, elle puisse devenir nuisible à ces deux variétés de sol ; mais, appliquée avec mesure, elle y est aussi productive, aussi efficace que dans un sol argileux ; mise à grande dose, elle dessèche trop fortement le sol déjà sec de sa nature, y amène le coquelicot, le mélampyre, plantes des sols calcaires trop secs ; quelquefois même les épis sèchent sans mûrir. On a voulu tirer de là des inductions générales contre l'emploi de la chaux, mais c'était contre son abus seulement qu'il fallait s'élever : la chaux bien employée pouvait développer sur cette nature de sol son action bienfaisante : ainsi, dans les plaines des Landes, dans ce sable blanc, infertile, elle a fait naître une fécondité tout à fait inespérée ; en Angleterre, les hauteurs arides du Derbyshire et le sol à seigle et à avoine du Herefordshire ont vu, depuis plus d'un siècle et demi, leurs produits s'améliorer beaucoup sous le rapport de la qualité et de la quantité par l'emploi de la chaux.

Dans l'Ain, on semble éviter d'employer la chaux dans les sols de gravier siliceux qui se trouvent en grand nombre dans les parties basses de la plaine, cependant elle y produit un excellent effet : je l'ai moi-même employée, recouverte et entourée de terre, dans un gravier de cette espèce, et le produit en froment sans fumier y a été à peu près double de celui des champs fumés sans chaux.

M. Hudellet l'a aussi essayée sur une terre de gravier ; son fermier n'a pas voulu y mettre du froment, et le seigle y a été d'une beauté extraordinaire.

Mais, sur les graviers, comme sur tous les sols légers, il serait essentiel que la chaux ne fût pas appliquée sans intermédiaire ; c'est dans ces sols que conviennent éminemment les composts, qui offrent toute garantie contre l'épuisement ; lorsqu'on ne peut les employer, tout au moins faut-il couvrir la chaux de terre et la mélanger, avant de la répandre, avec la terre qui la couvre.

Pour amender 4 hectares d'un sol de cette nature, tout à la fois aride et infécond, où on sème tous les deux ans un seigle qui reproduit à peine trois fois la semence, j'ai fait tirer d'un pré voisin 140 mètres cubes de tourbe avec laquelle on a fait un compost dans lequel on a mis deux cent quarante hectolitres de chaux. Ce compost a été recoupé deux fois pendant les trois mois qui en ont précédé l'emploi : mais ce qu'il y a de bien remarquable, c'est que, malgré la sécheresse qui a régné pendant tout le temps que ce compost est resté en tas, bien que la tourbe eût été charriée en hiver et qu'elle fût presque sèche au moment de la formation du compost ; enfin, bien que la chaux eût été placée sur la tourbe sans avoir été trempée dans l'eau, tout le mélange est devenu humide dans le dernier mois : il y a donc eu formation de nitrates déliquescents de chaux, et ils étaient très-abondants, puisqu'ils suffisaient pour rendre humides tous ces énormes tas formés de matériaux presque secs.

Ce compost, qui a fourni cent tombereaux par hectare, a très-bien garni le sol ; il était seulement un peu trop humide ; cependant le froment, le méteil et le seigle y ont très-bien réussi et ont donné un produit presque double de celui des champs contigus appartenant à des voisins qui avaient fumé assez abondamment.

Sur le chaume on a semé du blé noir et de la navette : le blé noir a produit sans sarclage une paille énorme dont les vents chauds ont diminué la grenaison : la navette, d'abord opprimée par le blé noir, s'est refaite après son enlèvement, et a donné une bonne récolte au printemps.

Cette agriculture est épuisante sans doute ; mais il est assez difficile, à moins d'être toujours présent, de contenir le colon avide de recueillir ; et puis l'humus de la tourbe est là pour fournir à ces récoltes et défendre de l'épuisement.

Un autre compost pareil a été employé sur la semaille d'automne ; pendant l'hiver on en a fabriqué un troisième d'un volume à peu près égal, qui a achevé le chaulage des fonds en gravier : le reste du domaine, qui se compose de fonds un peu meilleurs, a reçu 1,200 hectolitres de chaux placés immédiatement sur le sol ; l'avenir prononcera entre ces deux méthodes soit pour l'effet, soit pour la durée, et justifiera ou détruira l'espoir que nous avons conçu de voir par ce moyen les plus mauvais fonds du domaine devenir les plus productifs.

La dépense du compost consiste dans l'achat de la chaux, l'extraction de la tourbe, la perte du fonds d'où on l'extrait et le charroi : un hectare de pré dont la tourbe à 0,60 à 0,90 d'épaisseur peut fournir la tourbe nécessaire à un compost qui avec la chaux produirait un volume de 14,000 mètres cubes ; or ce volume, répandu à la dose de 50 mètres cubes par hectare, en amenderait 280 ; mais ce fonds serait payé cher à 1,500 fr. l'hectare ; c'est donc par hectare 5 fr. pour le fonds perdu ou avarié ; si nous y ajoutons 100 fr. de chaux, 20 fr. d'extraction et de main-d'œuvre, 25 fr. de charroi et de main-d'œuvre, nous aurons une dépense de 150 fr. par hectare ; si on en ôte la valeur de l'engrais qu'aurait reçu le fonds, et qu'on emploie ailleurs, valeur qui ne peut guère s'estimer moins de 80 fr., la dépense se réduit à 70 fr. d'avances qui se trouvent à peu près remboursés par le surplus de produit en froment, méteil, blé noir et paille de la première année ; en sorte que la navette du printemps suivant est déjà presque entièrement en bénéfice.

Cette amélioration est aussi importante sous le rapport de l'humus et de l'argile donnés à ces champs que sous celui de la chaux. La tourbe employée contient à peu près 80 pour 0/0 d'humus, le reste est de l'argile sablonneuse ; ce mélange d'humus argileux avec la chaux, incorporé au sol, a suffi pour lui donner de la consistance, et lorsqu'on marche sur les parties qui ont reçu cet amendement, la terre résiste beaucoup mieux sous les pieds que dans les champs voisins de même nature où on n'a mis que du fumier. La terre a reçu par cette méthode 2 pour 0/0 d'humus, quantité qui peut suffire pour un long espace de temps et qui est supérieure à celle que renferment un grand nombre de bons sols. Elle augmente à peine de moitié en sus la dépense de la chaux ; mais nous ne doutons pas que les effets et la durée du chaulage sur le sol graveleux ne soient au moins doublés en intensité et en durée par son alliance avec la tourbe.

CHAPITRE XIII

De la fabrication de la chaux et du renouvellement des chaulages.

§ 1. Il se présente ici une question sur laquelle on n'est pas généralement d'accord : les seconds chaulages sont-ils ou non utiles au sol ? Avec les données que nous avons réunies, il ne sera peut-être pas difficile d'arriver à la solution de cette question.

La chaux est nécessaire à la charpente des végétaux, à la formation des graines et au sol, pour qu'il arrive à son plus haut point de production ; mais une grande proportion de cet élément n'est pas nécessaire, et, une fois que toutes les parties du sol en sont imprégnées, le reste pourrait être superflu, quelquefois nuisible. Mais cette chaux est entraînée par les eaux, descend dans les couches inférieures hors de la portée des racines, et est en partie consommée par les végétaux : une partie même de cette substance entre dans le sol en combinaison avec la silice ou l'alumine ; la chaux, dans cet état encore peu connu, n'exerce plus sur le sol ni sur la végétation la même action que les autres composés calcaires, et ne dispense pas de renouveler les chaulages.

Or, dès que ce sol cesse de montrer la plupart des qualités des sols calcaires, et que l'on voit reparaître les graminées et les mauvaises plantes des terrains siliceux, il est temps de recommencer les chaulages ; si la dose première était forte, la deuxième doit être beaucoup moindre, parce que le sol n'a pas encore perdu tout ce qu'on lui en a donné.

Mais nous pouvons trouver à ce sujet des renseignements précis dans les pays où l'usage de la chaux est ancien, et où l'agriculture est pratiquée d'une manière raisonnée.

Les premiers chaulages, en Angleterre, avec leurs énormes doses, sembleraient reculer indéfiniment l'époque des seconds : toutefois ils y sont encore usités, et ce sont les besoins du sol, lorsqu'ils se manifestent, comme nous venons de le dire, qui les décident : en résumant les méthodes de seconds chaulages que donne M. de Gourcy, il en résulterait qu'ils fournissent au sol plus de 11 hectolitres par an, d'où il suit évidemment que le sol, au bout d'un certain nombre de rotations, doit tout à fait changer de nature et cesser d'avoir besoin de nouvelles additions de chaux.

Mais en Flandre et en Belgique, pays dont l'agriculture est encore un modèle pour l'Europe, nous trouverons quelque chose de plus régulier.

L'expérience de plusieurs siècles y a conduit les cultivateurs à des méthodes de chaulage qui emploient des doses tout à fait précises. Leurs chaulages fonciers, à la proportion de 4 mètres cubes, 40 hectolitres par hectare, se renouvellent tous les douze ans, et leurs chaulages à moindre dose, presque toujours en compost, reviennent tous les 3, 4, 5 et 6 ans, à chaque reprise d'assolement; il sont le tiers, le quart ou la moitié du chaulage foncier, suivant la durée de l'assolement; en sorte que la terre en reçoit effectivement par an la même quantité, ou un peu plus de 3 hectolitres : mais si, d'autre part, nous remarquons que le chaulage manceau, de 10 hectolitres par hectare, revient tous les trois ans avec tout avantage, nous pourrons, à ce qu'il semble, conclure de ces deux données réunies que le sol chaulé demande en moyenne, pour soutenir sa fécondité, 40 hectolitres pour 12 ans, ou 10 hectolitres pour 3 ans, ou enfin un peu plus de 3 hectolitres par an et par hectare.

Ce résultat précis doit sans doute être modifié suivant la nature du sol et des positions; cependant il est pris dans la moyenne de grandes étendues de sol de qualités diverses : il est le résultat de l'expérience et du temps dans des pays d'agriculture modèle; il semble donc pouvoir être admis comme une moyenne précise et positive qui résoudrait une importante question, jusqu'ici débattue.

§ 2. En renouvelant ainsi de temps en temps la dose de chaux nécessaire au sol, on conserve sa fécondité, et le moment arrivera où les résidus des chaulages successifs dispenseront d'en faire de nouveaux, ou du moins éloigneront leurs époques; c'est le point où on a été amené dans beaucoup de lieux en Angleterre par les chaulages abondants, et on a dû naturellement y révoquer en doute la convenance des seconds chaulages : en Flandre et en Belgique, on est près d'y arriver sur quelques points où on s'aperçoit que les chaulages nouveaux sur un sol fécond produisent des effets beaucoup moins sensibles.

§ 3. Mais il est remarquable que les deux méthodes principales de chaulage que nous avons indiquées sous les noms de chaulages fonciers et chaulages économiques finissent par conduire au même résultat, c'est-à-dire à la nécessité de donner au sol une même quantité de chaux, trois hectolitres par hectare et par an. Ils sont donc rationnels les uns et les autres, car on recule d'autant plus le moment de les renouveler, qu'on les a pratiqués à plus haute dose : les uns donnent tout à la fois et pour longtemps, et les autres peu à peu et successivement. Il y a plus de dépense d'argent, plus de perte d'intérêt dans les premiers; mais il y a plus de main-d'œuvre et plus de temps employé dans les seconds : les premiers, lorsqu'ils ne s'élèvent pas au delà de 100 hectolitres par hectare, conviennent pour imprimer un premier mouvement vigoureux, surtout dans les sols humides, et les seconds conviennent ensuite surtout pour entretenir et prolonger ce mouvement.

CHAPITRE XIV

Des différentes méthodes de cuisson.

Les chaulages qui se renouvellent sur le même sol ont créé un nouveau besoin à l'agriculture : le besoin de combustible et de chaux; le cultivateur ne peut se charger lui-même de fabriquer la chaux; cette entreprise doit être laissée à des hommes spéciaux qui, grâce à la concurrence, fournissent ce produit au meilleur marché possible.

Il y a trois manières principales de fabriquer la chaux : les fours temporaires, les fours permanents et les fours coulants. Les fours temporaires cylindriques ont l'avantage de pouvoir être établis partout, et de cuire à la fois de grandes masses de chaux. La quantité de bois qu'ils emploient est très-variable, elle dépend de la forme qu'on leur donne, de la nature de la pierre, de la saison, et souvent du chaufournier; cependant nous avons trouvé qu'il fallait en moyenne, dans les fours temporaires, 5 quintaux de bois de fagots pour cuire 4 quintaux de chaux, en sorte qu'au prix moyen du bois, qui est de 40 à 50 cent. le quintal de bois de fagots, on en consomme pour 80 cent. à peu près par hectolitre de 90 kilogrammes. Les frais d'établissement, de construction et de cuisson coûtent au moins 30 cent., en sorte que, non compris la pierre, la chaux reviendrait à 1 fr. 10 cent. l'hectolitre dans les fours temporaires.

D'après les détails que nous avons donnés dans un précédent mémoire, les fours permanents ovoïdes ont, d'après notre propre expérience, quelques avantages sur les fours temporaires; leur consommation est de 8 quintaux de bois pour 9 quintaux de chaux, et les frais de construction et de cuisson peuvent s'élever de 15 à 20 cent. par hectolitre, en sorte que la chaux coûte 65 cent. l'hectolitre en combustible; mais il a fallu dépenser 7 à 800 francs pour construire le four permanent, et les frais d'entretien sont assez considérables; il faut donc encore compter au moins 100 francs par an par four, pour intérêts, entretien, dégradation et reconstruction; ce qui donnerait, pour une fabrication annuelle de 1,000 hectolitres, 10 cent. à ajouter à chaque hectolitre; pour une fabrication de 2,000 hectolitres, les frais diminueraient d'un tiers; on sent qu'une fabrication constante serait encore plus profitable, parce qu'elle coûterait encore moins d'intérêts, moins d'entretien et surtout moins de combustible[1]. Les fours permanents offriraient donc une économie de 30 à 35 cent. par hectolitre; ils conviendraient particulièrement à ceux qui voudraient établir un commerce régulier de chaux, ou en fabriquer pendant plusieurs années de grandes quantité pour leur propre usage : ces fours peuvent servir en toute saison, ils craignent peu le mauvais temps ou la pluie, qui nuisent souvent aux fours temporaires; ils ne demandent pas une aussi grande accumulation de pierres et de bois, parce qu'ils sont rarement de plus de 100 à 150 hectolitres; ils n'offriraient donc pas à la fois une grande masse de chaux toujours un peu difficile à vendre : on la fabriquerait à mesure des demandes. Trois jours suffisent pour monter et cuire un four; on peut, en cas de mauvais temps ou pour toute autre raison, conserver la chaux huit ou dix jours sans altération et même encore chaude, si l'on a soin de couvrir l'ouverture supérieure; enfin les cuissons successives permettent de réaliser de notables économies de combustible. Les fours permanents ont donc de grands avantages sur les fours temporaires.

Les fours coulants emploient particulièrement la houille : leur grand avantage consiste à ne se refroidir jamais, et à fournir de la chaux à mesure des besoins qu'on peut en avoir. Dans ces fours, un hectolitre de houille en cuit 2 1/2 à 4 de chaux, suivant la forme du four et la qualité de la pierre; la forme légèrement ovoïde pour les fours coulants à la houille, semble préférable à la forme conique, qui est la plus ordinaire. Ainsi, avec la houille à 2 fr. 25 cent. l'hectolitre, on emploierait de 55 à 90 cent. de combustible par hectolitre de chaux. Il est vrai que la chaux au bois est plus estimée comme amendement que celle à la houille; elle contient, à ce qu'il semble, de la potasse provenant du bois, qui s'est combinée avec elle pendant la

[1] Les expériences récemment publiées d'un ingénieur des ponts et chaussées, à Brest, donnent à peu près le même résultat de dépense de cuisson au bois, à moins qu'on construise un second four à côté du premier pour utiliser la chaleur perdue : toutefois la consommation de combustible dépend autant de la nature de la pierre que de la forme du four.

cuisson, et qui ajoute à son effet sur le sol. Cependant on a réussi à faire des fours coulants au bois; ils sont même nombreux dans le département de Maine-et-Loire. Il serait beaucoup à désirer que cette méthode pût se répandre, parce qu'elle permettrait, je pense, dans les pays où la houille est chère, de cuire la chaux plus économiquement encore qu'avec les fours permanents non coulants.

Mais la cuisson à la tourbe est encore plus avantageuse que celle à la houille; on fabrique beaucoup de chaux en Écosse avec ce combustible; en Prusse, on mêle au bois trois quarts de tourbe; enfin, dans les environs de Paris, on a fait beaucoup d'essais, dont les mieux réussis ont été couronnés par la Société d'encouragement; les fours employés étaient des fours ovoïdes. On ignore si cette fabrication s'est beaucoup étendue : ce serait un pas important à faire faire à l'art du chaufournier, que de répandre le procédé de la cuisson à la tourbe, parce que ce combustible se rencontre presque partout.

CHAPITRE XV

Du meilleur parti à tirer du sol après le chaulage.

Après les directions que nous venons de donner sur l'emploi de la chaux et sur les doses à répandre, il nous semble convenable d'examiner quel est le meilleur parti à tirer du sol pendant et après les chaulages.

Et d'abord nous ne conseillons pas de commencer par un changement d'assolement; cette opération est toute une révolution en agriculture, elle sort l'exploitation de toutes ses habitudes, l'isole de tout le pays, la met en opposition avec tout le voisinage. Ce n'est pas au milieu de la dépense et du grand mouvement d'un chaulage sur de grandes étendues, de la main-d'œuvre accrue sur tous les points par les travaux nécessairement plus grands d'un sol devenu plus fécond, qu'il est à propos de tenter le passage si difficile d'un assolement à un autre. Tous les assolements ont leurs avantages et peuvent donner de grands produits dans un sol fécond; le changement d'assolement, lorsqu'il est à propos de le faire, doit donc être différé jusqu'au moment où le nouveau sol qu'on a créé avec toutes ses conditions nouvelles est arrivé en quelque sorte au calme : alors on est maître de ses forces, de son temps; on est rentré dans ses avances premières : chaque année, les produits accrus augmentent le capital circulant; le moment est alors opportun pour modifier sans danger la marche et les habitudes de l'assolement ancien.

Nous allons parler de la marche à suivre lorsqu'on veut conserver l'ordre des récoltes, et, pour être plus précis, nous en ferons l'application au sol et aux cultures de l'Ain ; ce que nous dirons s'appliquera avec peu de modifications à des systèmes de culture différents. Deux traits rapprochent tous les sols chaulés : c'est qu'avant le chaulage leur composition était analogue, et que le chaulage leur donne des propriétés et les rend susceptibles de fournir des produits tout à fait semblables ; les mêmes principes leur sont donc applicables, et la conduite du sol devra surtout se ressembler en un point, c'est que, dans toutes les exploitations chaulées, on devra se donner pour but principal de ménager et de conserver par des engrais la fécondité dont on vient de doter un sol auparavant médiocre.

L'assolement de l'Ain, comme celui de la presque totalité du bassin du Rhône, depuis Genève jusqu'à la mer, et même d'une grande partie du midi de la France en dehors du bassin de ce fleuve, est biennal ; dans quelques parties, il est biennal alterne, avec culture et produit de tous les ans. La partie la plus argileuse de notre plateau, la Bresse, suit cet assolement, malgré la médiocrité de son sol ; mais sur de plus grandes étendues, là surtout où la chaux est déjà employée en grand, l'assolement est biennal avec jachère ; ainsi on y trouve, première année, jachère ; deuxième année, céréales d'hiver, dont 5/6 en seigle ; un 8e au plus, mieux fumé que le reste, est en pommes de terre, orge, maïs, chanvre et avoine. Le premier résultat des chaulages, celui qui produit immédiatement, est le remplacement du seigle par le froment, partout où l'on a chaulé ; on y recueille en froment une ou deux semences de plus qu'en seigle avant le chaulage.

Dans les terres en culture alterne, qui sont les meilleures terres de l'exploitation, le chaulage augmente les récoltes au moins de moitié en sus ; car il est bien remarquable que la chaux, comme la marne, qui augmente de deux à trois semences les céréales d'hiver, est plus active encore sur les récoltes de printemps.

Mais, de toutes les récoltes, la plus profitable, sur les terres chaulées comme sur les terres marnées, est le colza ; sur le chaume du seigle ou du froment, cette plante, qu'on ne cultivait que pour recueillir l'huile du ménage, et qui payait à peine ses frais, a au moins doublé de produit, et laisse le temps de donner aux fonds une excellente préparation pour les semailles d'automne.

Le trèfle, qui ne pouvait venir sur ces sols ingrats, y réussit maintenant ; il peut même se passer du plâtre, qui paraît avoir une influence fâcheuse dans quelques pays sur les récoltes de menus grains qui succèdent au froment semé sur le trèfle ; bien plus, il est remarquable que le trèfle, dans les terres chaulées, craint moins de reparaître fréquemment sur le sol que dans des fonds d'ailleurs de qualité beaucoup meilleure.

Les blés noirs, qu'on sème d'ordinaire sur les chaumes de seigle et de froment, donnent sur les fonds chaulés un produit plus abondant en grains; et ce produit est plus hâtif, parce que le fonds a été réchauffé.

Les chaulages ont fait disparaître, dès la seconde année, le chiendent, l'oseille, les agrostis, toutes les graminées, fléaux des terrains siliceux, et surtout la flouve odorante (*anthoxantum odoratum*) qui empeste les chaumes de seigle de son odeur cadavéreuse. Le sol est désormais plus meuble, il est apte à tous les produits; les cultures sarclées deviennent plus faciles, plus productives, s'étendent sur la jachère, et, si les instruments qui les facilitent étaient enfin introduits, la jachère diminuerait bientôt de moitié.

Les fourrages accrus par la réussite des trèfles, par les semis des vesces d'hiver et de printemps, l'extension de la culture des raves, dont le rendement est fort augmenté par l'accroissement de la masse des pailles, donnent à des bestiaux plus nombreux une nourriture de meilleure qualité : de là plus de profit à la vente et plus d'engrais pour les terres, en sorte que la culture soutient avec avantage son impulsion nouvelle de fécondité, de vigueur et de produit. On voit par ce qui précède que l'effet fécondant de la chaux est indépendant de la rotation, et qu'on peut jouir de ses avantages en conservant l'assolement du pays.

Mais cette fécondité nouvelle, cette métamorphose subite, pour que ses effets se soutiennent, demande des soins assidus. Il faut donner à ce sol des engrais en proportion des récoltes, c'est-à-dire beaucoup plus qu'avant les chaulages; il faut multiplier les fourrages de toute espèce, semer des vesces d'hiver, du trèfle incarnat, pour les avoir à la fin de mai; du trèfle ordinaire, de la luzerne pour consommer en vert pendant l'été et en sec pendant l'hiver; cultiver la betterave; multiplier les semis de raves après la moisson, car elles peuvent maintenant réussir sans beaucoup de fonds.

La terre chaulée se plaît à porter alternativement, d'abord les récoltes qui se recueillent en vert, qui produisent des fourrages et des tiges abondantes, et puis les récoltes qui se ramassent après la maturité. Il semble que les produits foliacés rafraîchissent le sol, que leur alternance adoucisse et prolonge l'effet de la chaux; il en résulte du moins que les produits des deux espèces en sont plus abondants.

Dans les champs chaulés, les engrais à enterrer en vert conviennent mieux que jamais; les lupins, les blés noirs, les pois, les vesces d'hiver ou de printemps, enterrés sur la jachère, peuvent assurer, sans autre engrais, une excellente récolte de blés d'hiver, et offrent, avec les engrais animaux, une alternance qui profite à la fois au fonds chaulé et à ses récoltes; les deuxièmes récoltes de trèfle enterrées produisent un effet analogue et permettent encore une jachère d'été, et les troisièmes récoltes, si on leur laisse prendre quelque développement, et qu'on les renverse dans le sol avant la semaille, équivalent presque à une demi-fumure.

CHAPITRE XVI

Des causes de l'action fécondante de la chaux et des modifications qu'elle opère dans le sol.

Pour arriver à la solution de ces importants problèmes, nous ne craindrons pas de multiplier les divisions dans la suite de notre travail; ce sera pour nous un moyen d'être plus clair et plus précis dans un sujet qui paraît simple, mais qui se complique dans ses développements et nous conduit à traiter des questions de haute physiologie végétale.

§ 1. La chaux, mêlée au sol qui ne la contient pas, produit des effets immédiats en grand nombre; le sol chaulé change en quelque façon de caractère; il prend toutes les propriétés des sols calcaires, devient susceptible de donner tous leurs produits, et, sous quelques rapports, il a même des avantages sur eux. La nature n'a le plus souvent placé dans les sols que la chaux carbonatée; l'art, en y mettant la chaux plus ou moins caustique, recueille d'abord les effets du carbonate de chaux, puis d'autres encore qui semblent appartenir plus particulièrement à l'emploi de la chaux caustique.

Dans les sols calcaires, une certaine abondance de fumier fait verser la récolte des céréales; dans le sol chaulé, des récoltes aussi belles se soutiennent mieux debout, la paille y conserve plus de fermeté. Les champs chaulés peuvent donc, sans inconvénient, recevoir une plus forte fumure que les champs calcaires; la grenaison y est aussi meilleure, c'est-à-dire que le poids du grain comparé à celui de la paille y est relativement plus considérable.

Dans les sols calcaires comme dans les sols marnés, lorsque la semaille est faite dans la terre sèche, le froment est sujet à une maladie qu'on appelle dans le Midi *gamat*, et qui, au moment de la floraison, le fait verser pour ne plus se relever ensuite : cet effet n'a pas lieu dans les sols chaulés.

Dans les sols calcaires le froment est excellent, très-sapide, et donne beaucoup de farine, mais son écorce est épaisse; en sorte que la proportion de son y est plus considérable que dans les *terres blanches*, terres argilo-siliceuses; ce défaut s'exagère encore dans les sols marnés, dont le principe actif est le carbonate de chaux comme dans les sols calcaires naturels.

Dans le sol chaulé, le grain est plus lourd, plus long; son écorce est plus fine, et la proportion de farine qu'il produit est plus grande que dans les sols calcaires; en sorte qu'il semble que la chaux, en donnant aux sols les qualités de sols calcaires, ne leur en communique pas les légers inconvénients. En effet, on conçoit qu'une nuance doit les distinguer : les sols calcaires ne renferment guère la chaux qu'à l'état de carbonate; dans les autres sols, la chaux, employée caustique, forme des combinaisons diverses qui doivent affecter le sol et la végétation d'une manière différente. Chaque composé calcaire semble avoir une manière d'agir qui le distingue; les cendres n'agissent pas comme la chaux, ni le plâtre comme les cendres, ni la marne comme la chaux; cette diversité d'effets est très-curieuse et très-importante à étudier, mais nous ne pouvons nous en occuper ici. Toutefois nous remarquerons qu'il paraît résulter de quelques observations que la chaux douce, qui favorise plus spécialement les produits foliacés, fait aussi produire au froment un grain moins fin et à écorce plus épaisse que la chaux chaude, ce qui rapproche son effet de celui de la marne.

§ 2. Avec ces nuances qui les distinguent, les sols chaulés acquièrent néanmoins des qualités communes en grand nombre avec celles des sols calcaires : ils semblent particulièrement bien disposés pour les mêmes produits, pour le froment, les légumineuses fourragères, les fourrages racines, les plantes oléifères, les légumineuses granifères, et pour la plupart des plantes de commerce; comme eux, ils durcissent moins à la sécheresse, se travaillent en tout temps plus facilement, et craignent moins d'être labourés ou remués à contre-temps.

§ 3. Les effets de la chaux se prononcent aussi par des caractères extérieurs qu'ils impriment au sol et qui sont très-remarquables : le sol chaulé, comme le sol marné, voit disparaître les chiendents, les agrostis et les petites graminées, fléaux des terrains siliceux; au bout de quelques années, les petits trèfles des terrains calcaires en prennent la place; en attendant, la terre se tapisse souvent d'une petite mousse verte, qui se fait surtout remarquer dans les hivers humides sur les chaumes des céréales de l'année précédente, effet tout à fait semblable à celui que produit la marne sur les sols légers.

Cet effet, léger en apparence, peut avoir néanmoins une grand influence sur la fécondité du sol. Nous lisons dans le *Recueil de la Société Linéenne de Normandie* qu'un naturaliste a compté, sur une surface d'un pouce carré, 2,266 pieds de la mousse *phascum muticum*, et que, sur un autre pouce, il a compté 5,180 pieds de *phascum axillare*. On conçoit que cette agglomération de plantes animées d'une végétation incessante, qui se renouvellent plusieurs fois peut-être chaque année, laisse après elle une quantité notable de débris et d'humus que les végétations successives emploient avec d'autant plus de profit que les mousses sont une famille de plantes que la nature semble avoir particulièrement destinées à ne rien emprunter au sol et à lui donner beaucoup. Les mousses vivent et produisent de l'humus sur les rochers de toute espèce, sur les toits, sur les bois, sur les sols les plus stériles, sur les plus secs comme sur les plus humides; ce sont elles qui forment en grande partie la tourbe. La nature semble avoir confié plus spécialement à cette famille l'emploi important de la régénération de l'humus; aussi le botaniste Bridel, qui les a beaucoup étudiées, prétend-il que cette famille est plus riche en individus que toutes les autres familles réunies.

On remarque encore que les insectes de diverses espèces qui nuisent plus ou moins aux récoltes sont détruits ou du moins que leur nombre est diminué par les chaulages, soit que la chaux vive détruise par sa causticité ces insectes ou leurs œufs, soit qu'en faisant périr certaines plantes, elle leur ôte leurs principaux moyens de nourriture ou de propagation.

La carie devient aussi plus rare sur le sol chaulé, parce que la chaux est un des spécifiques destructeurs du germe qui la propage.

§ 4. Comme tous les composés calcaires, la chaux donne plus de consistance au sol; aussi les terrains calcaires, par opposition aux terrains argilo-siliceux qui les touchent, prennent-ils, en général, le nom de terres fortes ; dans l'Yonne, on les distingue sous le nom de *forte terre;* dans les environs de Toulouse et une partie du Midi, elles portent le nom de *terre forte.*

Toutefois nous devons dire que, quand le sol calcaire éprouve la sécheresse, sa retraite, quoique peut-être moins considérable, se fait cependant plus remarquer que celle des autres sols. Tandis que le terrain argilo-siliceux, alors même qu'il est chaulé, semble se dessécher tout d'une pièce et se retire en s'affaissant sur lui-même, le sol calcaire se fend de toutes parts, et, par cette raison, souffre plus des effets de la sécheresse.

§ 5. La chaux appliquée aux terres légères leur sert de lien, leur donne de la consistance; un sol léger chaulé ne fuit plus sous les pieds comme le sol contigu qui n'a pas reçu de chaulage; aussi ces sols, dans lesquels le froment ne pouvait réussir, devenus plus compactes, le produisent abondamment et mieux que le seigle; toutefois nous devons dire que le sol léger chaulé craint plus la sécheresse qu'avant le chaulage.

Le champ chaulé, comme le champ marné, change d'aspect d'une manière très-remarquable. Dans le terrain argilo-siliceux, la surface non chaulée est blanchâtre, unie et comme serrée; elle semble être toute d'une pièce et ne former qu'un seul gazon; elle conserve la même apparence dans les divers changements atmosphériques, tandis que la portion chaulée contiguë prend une couleur jaunâtre; sa surface est grumeleuse, comme cariée; elle change de couleur et de forme à tous les mouvements atmosphériques, qui l'ameublissent d'une manière remarquable; la terre *blanche* contiguë semble dans un repos absolu, paraît inerte et sans mouvement; au contraire, la terre amendée, par les diverses modifications qu'elle présente et qui se succèdent, semble sans cesse en action et en travail avec l'atmosphère ou avec ses propres éléments.

Ces différences de caractères sont assez sensibles pour qu'une pelletée de chaux jetée sur un champ et mêlée à la surface modifie la petite portion qui l'a reçue d'une manière sensible à la vue, alors même qu'aucune récolte ne couvre la terre.

Mais ce qu'il y a de bien remarquable, c'est que cette consistance que la chaux donne au sol, ces liens qui enchaînent ses parties, ne sont que temporaires, et disparaissent sous l'influence des vicissitudes atmosphériques.

Le sol calcaire jouit de la faculté de se déliter lorsqu'après avoir été séché il vient à recevoir l'influence de l'humidité; ses molécules se divisent alors en poussière et tombent en terre ameublie. Ce lien que donne aux parties du sol le principe calcaire se rompt donc par l'action de l'eau, et il en résulte un état d'ameublissement du sol très-favorable à la végétation, un état qui facilite aux racines le moyen de traverser le sol en tout sens et dans toutes ses parties, un état qui permet à l'atmosphère et à toutes les circonstances atmosphériques de pénétrer le sol et d'agir sur ses diverses molécules. Dans le sol calcaire, le travail le plus important de la culture, l'ameublissement du sol, se fait presque seul, tandis que les sols qui ne renferment pas le principe calcaire ont besoin de tout le travail, de toute l'industrie de l'homme pour être conservés meubles.

On conçoit alors comment il peut arriver qu'en même temps que la chaux donne de la consistance aux sols légers elle ameublisse et allége les sols tenaces. Cette espèce de contradiction s'explique parce que la chaux leur transmet la faculté, qui distingue tous les sols calcaires, de se déliter et de s'ameublir spontanément aux divers changements atmosphériques.

Cet ameublissement du sol par la pluie ou même par de fortes rosées ressemble à l'état où la gelée met toutes les espèces de terre pénétrées d'humidité. Lors du dégel, l'argile elle-même fuse et tombe en poussière; cet effet est dû à ce que l'eau, en se congelant dans le sol, augmente de volume; elle dilate donc le sol dans toutes ses parties, en rompt toutes les agrégations; lorsque la glace fond, l'eau reprend son volume, mais les molécules de terre restent désunies.

La terre calcaire, en se séchant, fait retraite, devient plus dense; lorsque l'eau vient à la pénétrer, elle rencontre l'un des composants du sol dont elle augmente plus fortement le volume que les autres; chaque molécule de cette espèce, en se gonflant, fait effort sur les molécules d'autre nature qui la touchent, les désagrége, et il en résulte que l'adhérence de toutes les parties de la masse est détruite.

La marne sèche jouit au plus haut degré de la faculté de se déliter; elle est en quelque sorte le type et contient le principe de cette faculté d'ameublissement. En mettant dans l'eau un échantillon de marne sèche, il se produit une espèce d'ébullition; les angles s'effacent, les molécules sont comme repoussées à distance, comme si quelques-unes d'entre elles jouissaient d'une faculté divellente. L'effet produit sur le sol calcaire sec par l'eau atmosphérique est identiquement le même, mais à un degré moins énergique: le même effet se produit aussi sur le sol chaulé; ces effets sont donc dus partout à un principe identique que contiennent ces composés terreux, peut-être au carbonate de chaux réduit en molécules.

La chaux ou l'un des composés qu'elle forme jouit donc de la faculté de se dilater au moyen de l'eau. Dans le sol non calcaire, la masse se pénètre d'eau d'une manière uniforme et augmente aussi de volume, mais sans se désagréger; le sol conserve sa forme, reste en gazons et en mottes qui ne se détruisent qu'à force de travail et de peine ou par l'effet de la gelée.

Cette faculté de se déliter facilement est donc un des caractères qui peuvent faire juger le plus sûrement de la nature des sols. Nous en avons cependant rencontré quelques-uns qui jouissent de cette faculté, et qui ne nous ont point laissé apercevoir de principes calcaires. Nous pensons que les sols jouissent de cette faculté lorsque tous leurs composants sont susceptibles de se gonfler par l'action de l'eau, mais à des degrés différents. Dans le sol argilo-siliceux, qui ne contient que la silice et l'alumine, comme le sable siliceux ne prend point d'eau, l'argile seule augmente de volume autour des molécules sablonneuses qui restent inertes, et la masse reste unie. Au contraire, lorsqu'il s'y trouve de la chaux ou du carbonate de chaux, comme d'après les expériences de Schubler, rapportées par M. de Gasparin, la terre calcaire prenant 85 pour 100 d'eau, tandis que la terre argileuse n'en prend que 60, leur point de cohésion se déplace et la désagrégation s'ensuit.

On expliquerait encore plus simplement, et par conséquent mieux ce phénomène par le plus ou moins de promptitude des composants du sol à se pénétrer d'eau. Nous savons que les sols calcaires absorbent l'eau beaucoup plus promptement que les sols argilo-siliceux, et que les molécules calcaires en sont beaucoup plus avides que les molécules argileuses. Cette absorption plus prompte du composant calcaire suffit pour déplacer toutes les molécules de la masse et pour détruire toute cohésion.

§ 6. On peut encore expliquer pourquoi l'effet de la chaux favorise plus puissamment la végétation et le produit du froment, du trèfle et des légumineuses, que celle du seigle, de l'avoine, de l'orge, du blé noir : c'est que le froment et les légumineuses demandent la chaux en assez grande proportion comme éléments nécessaires de leur composition, tandis qu'il en faut beaucoup moins au seigle, à l'avoine et aux graminées en général : l'analyse des cendres de ces produits le prouve suffisamment. *Ruckert* a analysé les cendres du seigle, de l'avoine, du froment et du trèfle, et il a trouvé que, tandis que sur 100 parties terreuses le seigle, l'avoine et l'orge contenaient 63, 68, 69 de silice, et 21, 16, 26 de chaux, le froment et le trèfle en offraient 48 et 36 de silice, et 37 et 33 de chaux ; il en résulte donc que dans les sols siliceux les plantes avides de chaux se trouvent éminemment favorisées lorsque les chaulages apportent au sol ce qui lui manque tout à fait.

§ 7. Les causes du grand effet du principe calcaire sur la végétation semblent nombreuses ; on avait voulu l'expliquer par une seule ; on disait que la chaux n'agissait sur le sol que par la faculté qu'elle a de rendre l'humus soluble et de le disposer à passer comme nourriture dans les plantes. Les expériences des chimistes allemands sur l'humus semblent infirmer cette théorie, et jettent en outre quelques lumières sur la question dont nous nous occupons aujourd'hui.

L'humus à l'état ordinaire n'est pas soluble ; il doit, pour le devenir, passer à l'état d'acide humique. Ce composé, remarquable par la quantité d'eau qu'il absorbe, se présente sous la forme d'une masse glissante, d'un brun noirâtre, et 100 parties de cette espèce de gelée ne contiennent que 5 pour 100 d'acide humique et 95 d'eau ; cette grande proportion d'eau dans la composition de l'humus propre à la végétation explique pourquoi les sols riches en humus craignent peu la sécheresse. Les expériences de Saussure établissent que l'exposition à l'air, et par conséquent le mouvement et le travail du sol, déterminent le passage de l'humus à l'état d'extrait de terreau, substance identique avec l'acide humique, et il ne paraît pas que la chaux jouisse de la faculté d'amener l'humus à cet état.

L'acide humique qui rencontre la chaux se combine avec elle et forme un composé que nous serions disposé à regarder comme une nourriture très-appropriée aux plantes en végétation.

Ce nouveau composé calcaire n'est soluble que dans deux mille fois son poids d'eau; mais ce peu de solubilité le rend d'autant plus précieux à la végétation; nous savons que les plantes n'absorbent à la fois qu'une très-petite quantité d'humus: que les liquides qui en sont trop chargés deviennent en quelque sorte des poisons pour elle; les lois de la nature semblent avoir établi la solubilité de la chaux dans l'acide humique suivant les besoins des plantes, et avoir dosé l'humate de chaux comme il avait besoin de l'être pour devenir un principe actif de végétation.

Mais les mêmes expériences sembleraient établir encore que l'acide humique aurait la faculté d'enlever la chaux à d'autres bases, à des combinaisons où elle est moins appropriée aux besoins végétaux, au silicate de chaux, par exemple, qui, sous cette forme, ne semble pas d'un grand secours immédiat pour la végétation.

§ 8. Ces considérations, qui n'étaient d'abord que de fortes probabilités, semblent devoir acquérir de la certitude par suite d'une analyse de douze variétés de sol faite en Normandie par M. Dubuc, médecin à Rouen.

Les terres des plaines fécondes du Lieuvin, du Neubourg et de Sistot ont donné à l'analyse 14 à 15 pour 100 de chaux pure combinée avec 4 ou 5 pour 100 d'humus et point de carbonate de chaux.

La terre de Biéville près Lizieux, moins fertile que celles qui précèdent, contient 24 pour 100 de carbonate de chaux et point de combinaison de chaux pure avec l'humus. Cette combinaison de la chaux avec l'humus nous semble devoir être l'humate de chaux des chimistes allemands, car la chaux ne se combine avec l'humus que lorsqu'il est arrivé à l'état d'acide humique.

La terre des prairies fécondes de la vallée d'Auge contient 15 pour 100 de cet humate de chaux avec 5 pour 100 de magnésie. Cette magnésie se retrouve encore dans les terres du Lieuvin, nouvelle preuve, avec celle que nous fournit la composition des alluvions du Nil, que, dans certaines circonstances jusqu'ici inconnues, la magnésie, loin d'être une cause de stérilité, tendrait au contraire à augmenter la fécondité.

On remarque encore l'analyse de la terre argilo-siliceuse du pays d'Ouche; cette terre contient encore 1 pour 100 d'humate de chaux et ne fait point d'effervescence avec les acides, non plus que les premières terres dont nous avons parlé, les terres du Lieuvin et du Neubourg.

Il est bien remarquable que les terres soient d'autant plus fécondes qu'elles contiennent plus d'humate de chaux; que celles du Lieuvin, du Neubourg et de Sistot, qui en contiennent 20 pour 100, produisent 12 à 15 pour 1 ; que celles de Pavilli, qui n'en renferment que 5 pour 100, produisent au plus de 8 à 10 ; que celles de Biéville, qui contiennent 24 pour 100 de carbonate sans humate de chaux, donnent aussi de 8 à 10, mais à la condition que le froment n'y revienne pas tous les deux ans.

La terre médiocre de Saint-Léonard contient un peu plus de 3 pour 100 de ce composé : c'est à la culture et aux engrais que lui prodigue M. Dargent que ce sol doit les bonnes récoltes de froment et de betteraves qu'il produit.

La grande plaine aride de la rive gauche de la Seine, près Rouen, qui contient 5 pour 100 de carbonate de chaux, 6 pour 100 d'argile et 88 pour 100 de sable grenu micacé, produit d'assez beau seigle et est éminemment propre à donner d'excellentes pommes de terre ; les rosiers, les figuiers, les dahlias et la plupart des plantes d'agrément y réussissent ; enfin, la terre argilo-siliceuse d'Ouche, qui ne contient que 1 pour 100 d'humate de chaux, produit, mais sous la condition d'une bonne culture, 4 à 5 pour 1 en froment. Les produits de ces différents sols sont donc tout à fait en rapport avec la proportion d'humate de chaux qu'ils contiennent.

Nous remarquerons que les analyses de sols données par Bergman, Humphry Davy, Chaptal et d'autres chimistes, n'ont pas décelé la chaux dans le sol à l'état caustique, mais presque toujours à l'état de carbonate, et qu'aucune d'elles surtout n'a annoncé une aussi grande proportion de chaux pure réunie à l'humus. Cette composition serait-elle spéciale aux terres de la Normandie? cela est peu probable ; serait-elle due à des chaulages successifs? rien ne l'annonce : elle serait donc restée inaperçue jusqu'ici par les chimistes, peut-être parce qu'elle se rencontre assez rarement. Toutefois, en admettant l'exactitude de ces analyses, les conséquences qui en résultent sont importantes ; et, comme elles rentrent tout à fait dans notre sujet, nous allons nous occuper de les déduire.

Ces analyses nous prouveraient : 1° que, comme nous l'avions énoncé précédemment, la non-effervescence ne suffit point pour s'assurer que le principe calcaire manque dans le sol ; 2° que la chaux peut rester indéfiniment dans le sol sans se combiner avec l'acide carbonique ; 3° que l'humate de chaux est dans les sols un grand principe de fécondité, puisque leur produit semble s'élever en proportion de la quantité qu'ils en contiennent ; que par conséquent les sols pourvus d'humus doivent éprouver un plus grand effet des chaulages, et qu'enfin, lorsque l'humus surabonde, les plus fortes doses de chaux ne peuvent qu'être avantageuses.

Nous y trouverons encore l'explication de la différence de l'effet des marnages avec les chaulages. Les premiers donnent au sol le carbonate de chaux, dont une trop forte dose peut être nuisible, et les seconds produisent plus particulièrement l'humate de chaux, qui semble ne devoir jamais être trop abondant; mais, pour que cette combinaison ait lieu, il faut que le sol contienne naturellement beaucoup d'humus ou qu'on y en ajoute par des fumures abondantes. L'addition du fumier est donc encore plus nécessaire après les chaulages qu'après les marnages. On concevrait encore par ces mêmes raisons pourquoi la chaux employée seule dans un sol dépourvu d'humus peut quelquefois lui nuire, parce qu'elle ne peut y former d'humate, tandis qu'employée en compost, avec des terres qui contiennent l'humus, elle lui devient toujours profitable.

Il semble aussi que nous pouvons trouver dans ces analyses l'explication de la plupart des phénomènes que présentent les composts de chaux et de fumier ou de terres chargées d'humus. Elles expliquent pourquoi, dans tous les sols, la chaux en compost est toujours plus utile qu'appliquée directement; pourquoi les composts faits à l'avance, dans lesquels la combinaison de l'humus avec la chaux a eu le temps de s'opérer, exercent une action plus prompte et même plus durable; pourquoi certains chaulages produisent plus d'effet la seconde année que la première; pourquoi la chaux acquiert plus d'énergie quand elle est unie au fumier, et pourquoi enfin des fumures abondantes sont indispensables pour soutenir la fécondité des terres chaulées.

§ 9. Thaër attribue l'effet de la chaux sur le sol à une cause qui, si elle est efficace, est loin néanmoins de suffire pour l'expliquer entièrement.

Il pense que les végétaux reprennent à la chaux l'acide carbonique, avec lequel elle a une grande affinité, à mesure qu'elle le soutire à l'atmosphère. Le végétal conserve le carbone et expire l'oxygène. L'action de la végétation qui décompose les pierres calcaires tendres, les effets ordinaires du marnage, la nourriture que les plantes paraissent en recevoir, appuient cette opinion; mais ce ne peut être là qu'une des moindres causes de l'action fécondante de la chaux sur le sol; car elle attribuerait moins d'énergie à la chaux caustique qu'à son carbonate, ce qui n'est pas d'accord avec l'expérience; elle confondrait encore les effets du chaulage avec ceux du marnage, et nous avons vu qu'ils sont très-différents. Il faut donc chercher d'autres causes plus puissantes.

§ 10. Il est un autre composé calcaire d'un grande fécondité, que les chaulages, secondés par l'humus, produisent sans doute dans le sol. Le carbonate de chaux est un principe nécessaire à la charpente et à la composition organique de toutes les parties des plantes : or le carbonate de chaux, insoluble dans l'eau pure, devient soluble dans l'eau chargée d'acide carbonique. C'est à ce principe que certaines sources doivent leur extrême fécondité; les sources qui ne le contiennent pas produisent peu d'effet sur les prairies; mais celles qui le contiennent y déterminent les plus abondantes récoltes de fourrages d'excellente qualité. Ce moyen serait donc celui qu'emploie la nature pour faire entrer le carbonate de chaux dans le tissu végétal; les végétaux qui reçoivent ce principe alimentaire prennent une riche couleur verte, un grand développement foliacé, et en éprouvent un effet analogue à celui qu'il produit sur les prairies et sur les terres marnées; le même phénomène se produit, mais non immédiatement, dans les chaulages. La chaux, placée caustique sur le sol, ou déjà à demi carbonatée dans les composts, attire l'acide carbonique de l'atmosphère et du sol. Arrivée à l'état de carbonate, elle se dissout dans l'eau du sol chargée de l'acide carbonique dont l'humus et les engrais lui fournissent une source incessante. La dissolution entre dans la circulation végétale, où la force vitale s'en approprie les éléments. Ces réactions chimiques s'exercent encore plus promptement et plus facilement dans les terres marnées, où le carbonate de chaux est tout formé, que dans les terres chaulées, où il ne se forme qu'à l'aide du temps, des labours et de l'humus; aussi la marne favorise-t-elle encore davantage les produits foliacés que la chaux pure : ce serait donc là un des grands moyens d'action du principe calcaire sur les végétaux.

§ 11. Ces divers effets de la chaux sur le sol, sur l'humus et sur les plantes ne suffisent pas néanmoins, à ce qu'il semble, pour expliquer tout l'effet de la chaux sur la végétation.

L'humate de chaux, devenu élément végétal trés-approprié à la plupart des plantes, et dosé peut-être suivant leurs besoins; le travail du sol devenu facile, son ameublissement spontané qui se produit sous toutes les vicissitudes atmosphériques, qui ouvre le sol aux influences de l'air, qui facilite sa pénétration par toutes les racines; l'alternative qu'elle lui donne de sol consistant et de sol ameubli; la disparition des plantes qui sont le fléau du sol et du cultivateur; la destruction des insectes nuisibles à la végétation et de leurs œufs; enfin la dissolution de la chaux dans un liquide chargé d'acide carbonique en excès, et qui entre ainsi dans la circulation végétale, sont bien des circonstances éminemment favorables; mais elles ne semblent pas enrichir le sol; elles ne fournissent aux plantes que les éléments qu'on y a apportés; elles n'expliquent pas encore le plus grand bienfait des amendements calcaires, qui est de déterminer avec leur petite masse une fécondité soutenue, et de faire produire au sol, sans l'appauvrir, des masses végétales doubles de celles qu'il produisait auparavant.

Nous allons nous occuper dans ce qui suit, de rechercher la cause principale de ces grands effets.

§ 12. Après avoir développé les causes spéciales de fécondité que donne au sol l'emploi de la chaux, il nous reste à examiner un autre fait de la plus haute importance : l'accroissement des produits du sol dû à cet amendement, accroissement hors de toute proportion avec les ressources en engrais animaux ou végétaux qu'on lui fournit. La chaux augmenterait donc la propriété qu'ont naturellement le sol et les plantes d'absorber les éléments volatils du tissu végétal contenus dans l'atmosphère, tels que le carbone, l'hydrogène, l'oxygène et l'azote, substances qui, avec les éléments fixes terreux et les principes fixes salins, constituent toute leur masse. C'est là une question importante de physiologie végétale qui joue un grand rôle dans la théorie des effets de la chaux sur la végétation ; il nous paraît donc utile de nous livrer à cet égard à des considérations de quelque étendue.

Nous commencerons par rechercher l'origine des deux catégories de principes végétaux : les principes volatils et les principes fixes. Nous étudierons, pour y parvenir, la puissance d'absorption des végétaux sur l'atmosphère lorsque le sol qui les produit, abandonné à lui-même, est livré à une végétation spontanée. Nous examinerons ensuite la même puissance dans un sol cultivé dans les conditions ordinaires, mais dépourvu des différentes qualités des sols calcaires. Nous rechercherons ensuite jusqu'à quel point l'addition du principe calcaire augmente cette puissance d'absorption des plantes dans les sols cultivés. Nous verrons en passant, d'un côté, que l'action de l'atmosphère sur la végétation peut s'expliquer en partie par la nitrification, qui fournit au sol une certaine portion des principes, l'azote en particulier, dont les végétaux ont besoin ; de l'autre, que la culture, en imprimant au sol lui-même des modifications et des mouvements divers, fixe aussi dans son sein une quantité notable des principes fertilisants.

Des faits nombreux, observés avec soin, ont démontré jusqu'à l'évidence que c'est aux feuilles qu'il faut attribuer l'énergie de l'action des végétaux sur l'atmosphère. Mais comment expliquer les moyens d'action sur l'atmosphère des feuilles de la plante et du sol qui la porte ? Ici s'arrêtent même les hypothèses.

Nous sommes donc bien loin d'avoir découvert le mystère de la nature, d'avoir expliqué les différentes circonstances de la végétation. Ce grand phénomène est à la fois le produit d'une force vitale dont nous ignorons la puissance et les moyens d'action, et d'une organisation que nous connaissons à peine. Nous nous bornerons donc, dans nos investigations, à éclaircir quelques-uns des points de la question, à observer des faits, empressés que nous sommes de porter à la connaissance du cultivateur ceux qui peuvent lui être utiles dans la direction qu'il veut imprimer à la végétation.

Depuis la première publication de cet écrit, des faits nouveaux, observés avec beaucoup de soin et de sagacité par M. Boussingault, sont venus confirmer une partie de nos assertions. Il a précisé la puissance d'absorption des végétaux sur l'atmosphère dans différents ordres d'assolement suivis sur un même sol; il a pesé ses engrais et ses produits. Quant à nous, nous avons cherché des résultats dans les différentes qualités de sols et les divers ordres d'assolement de notre pays, et nous avons établi les bases de notre calcul sur des évaluations moyennes d'engrais et de produits fournies par des résultats pratiques. M. Boussingault a traité en savant, en chimiste habile, une question dont nous avions établi d'une manière plus pratique que scientifique les premières données. Nous sommes heureux de l'avoir devancé et de trouver un appui pour nos déductions dans son remarquable travail.

CHAPITRE XVII

Recherches sur la puissance d'absorption des végétaux sur l'atmosphère.

PREMIÈRE SECTION.

Puissance d'absorption de la végétation spontanée dans les sols non cultivés.

§ 1. — Origine et appréciation des principes volatils des végétaux dans la végétation spontanée.

Dans l'état ordinaire des choses et dans les sols de toute nature, les organes végétaux et le sol ont toujours développé avec une grande énergie la faculté de puiser dans l'atmosphère les principes nécessaires à leur croissance. Théodore de Saussure, dans ses recherches sur la végétation, a cru pouvoir évaluer aux 19/20 la proportion d'éléments végétaux que les plantes tirent de l'atmosphère.

Notre seconde autorité nous sera fournie par le saule de Van-helmont, qui, pendant cinq ans de végétation dans un pot contenant 100 kilogrammes de terre, a gagné en poids 82 kilogrammes. Il n'était arrosé qu'avec de l'eau distillée, et n'avait consommé que

62 grammes de terre. Il est utile de remarquer qu'il n'est nullement question, dans ce produit, des feuilles de chaque année, des débris de bois de toute espèce, qui, desséchés, équivalent, pour les cinq ans de végétation, au moins au quart du poids total du saule. On trouverait ainsi que l'accroissement réel a été de plus de 100 kilogrammes.

Pour infirmer ce résultat, ou plutôt les conséquences qu'on pouvait en tirer, on a dit que l'eau fournie au saule et celle qu'il absorbait par les pores du pot où il végétait ont apporté des principes terreux à ajouter aux 62 grammes consommés, et ont pu donner une partie des éléments fixes qui entrent dans la composition du végétal. Mais le vase a été mis à l'abri de la pluie par une feuille de plomb, et n'a été arrosé qu'avec de l'eau distillée. Resterait donc, pour fournir des principes fixes ou volatils, l'eau qui aurait pu s'infiltrer à travers les pores du pot. Voyons s'il est possible de s'arrêter à ces objections.

Le saule était régulièrement arrosé; la preuve en est dans le développement qu'il a pris, et qui ne peut s'expliquer que par l'état d'humidité constante de la terre qui alimentait sa végétation. La portion de terrain qui l'environnait, protégée par les branches et les feuilles de l'arbre lui-même, ne recevait qu'une faible partie de l'eau des pluies. La terre du vase contenait donc plus d'eau que la terre environnante : ce qui nous amène à conclure que, s'il y a eu une filtration quelconque, elle a eu lieu du dedans au dehors, et non du dehors au dedans. De plus, le trou inférieur du vase, destiné à laisser écouler l'eau surabondante, aura permis la sortie de quelques parties terreuses en dissolution ou en suspension; ce qui diminuerait d'autant les 62 grammes de terre qui manquaient après cinq ans, et qui représentaient la portion absorbée par le végétal.

Vanhelmont, au surplus, n'a pas été seul à tenter cette expérience; Boyle l'a répétée et a obtenu des résultats tout à fait analogues. Il nous semble donc démontré de la manière la plus irréfragable que les végétaux tirent de l'atmosphère la majeure partie, la presque totalité de leur substance.

La végétation spontanée qui couvre la surface de la terre prouve encore mieux cette vérité.

Certains sols forestiers paraissent inépuisables. En passant successivement du chêne au bouleau, au tremble, au hêtre, et de ceux-ci aux arbres résineux, ils fournissent sans interruption pendant des siècles d'abondants produits.

Un taillis en bonne essence produit par année, en moyenne, au bout de quinze ans, 75,000 kilogrammes de bois par hectare, soit 5,000 kilogrammes par an. Dans notre évaluation ne sont compris ni les débris, ni les feuilles, dont une partie tourne au profit du sol, et dont l'autre partie se trouve entraînée par les pluies et les vents. Après une période indéfinie de productions que l'homme a utilisées pour ses besoins, ce sol est plus fécond et plus riche qu'il ne l'était auparavant. Il a donc puisé chaque année dans l'atmosphère, soit directement, soit par l'intermédiaire des végétaux qu'il portait, au delà de 5,000 kilogrammes de substances végétales.

Ce que nous venons de dire est basé sur le produit général d'un taillis composé de diverses espèces de bois. Si nous avions pris pour exemple une essence particulière, telle que le pin sylvestre, nous serions arrivé à des résultats plus étonnants encore. En effet, cet arbre fournit par hectare, en cent ans, 1,200 mètres cubes de *bois de service*, ou 1,700 mètres en tenant compte des branches, des feuilles et autres débris. Ses produits, répandus sur le sol qu'il couvre, donneraient une couche de plus de $0^m,17$ d'épaisseur. C'est une production annuelle de 10,000 kilogrammes ou 17 mètres cubes.

Au bout de quarante ans, le pin maritime, planté dans un sol très-médiocre, donne plus de 740 mètres cubes de bois de service par hectare; en ajoutant l'écorce, les débris qui peuvent servir au chauffage, nous aurons au moins 1,000 mètres cubes de produits; en moyenne, par an, 25 mètres cubes, qui, évalués à 500 kilogrammes l'un, présentent un poids total de 12,500 kilogrammes.

L'étude de plantations de mélèzes âgés de 16 à 20 ans, dans la plaine, nous a donné de 27 à 30 mètres cubes de croissance annuelle par hectare, soit 20,000 kilogrammes, en évaluant le mètre cube à 700 kilogrammes.

Enfin, dans un sol de montagnes où l'on exploite depuis des siècles des essences résineuses, une forêt de sapins de vingt-cinq ans nous a donné 30 à 32 mètres cubes de produits annuels, ou 18,000 kilogrammes par hectare, le mètre cube pesant 600 kilogrammes. Cette production se continue depuis des temps indéfinis.

Nous prendrons pour base de nos calculs le résultat le plus faible, celui du pin sylvestre, dont le produit annuel, comme nous l'avons dit ci-dessus, est de 10,000 kilogr. ou 17 mètres cubes par hectare.

Remarquons, avant d'aller plus loin, qu'en tenant un compte exact des débris qui se perdent chaque année; des feuilles entraînées par les eaux et les vents, ou décomposées sur le sol même par les variations atmosphériques; des excrétions des racines; de l'oxygène dégagé pendant le jour et de l'acide carbonique expiré pendant la nuit, on trouverait, pour résultat de la substance matérielle produite par la végétation, une quantité au moins égale à celle que l'homme recueille et fait tourner à son profit.

De ce qui précède, nous croyons pouvoir conclure d'abord que, sous la seule condition de l'alternance des espèces, la végétation spontanée, alors même que l'homme recueille ses produits, peut se succéder indéfiniment sur le sol, tout en l'enrichissant de ses débris, et que par conséquent les végétaux des diverses familles qui s'y succèdent, loin de l'épuiser, y accumulent des richesses végétales que l'homme utilise pour la végétation artificielle des produits agricoles. Il nous semble donc évident que le Créateur a donné à la végétation spontanée la triple destination de nourrir les animaux, de fournir à une partie des besoins de l'homme, et d'amener dans le sol qui la produit les éléments nécessaires à des végétations ultérieures.

Puisque l'homme, tout en recueillant les produits de la végétation spontanée, laisse le sol plus riche qu'il n'était avant de produire, on peut, ce nous semble, affirmer, sans crainte de se tromper, que le produit entier que l'homme retire de la terre vient de l'atmosphère où la tige du végétal est plongée.

Mais où trouver, si ce n'est dans le végétal lui-même, et dans ses organes atmosphériques, sa tige, ses branches, ses feuilles, les agents de cette absorption, qui fournit la majeure partie des éléments de nutrition et de croissance? Dans la tige, les feuilles seulement semblent organisées pour cette fonction; elles sont comme des racines aériennes qui puisent, selon les besoins et les affinités, dans le milieu qui les enveloppe, les principes gazeux de la végétation : l'acide carbonique, l'hydrogène, l'oxygène, et probablement aussi l'azote. De Saussure et d'autres savants ont établi, par des expériences nombreuses et précises, que le végétal décompose l'eau qui pénètre dans ses tissus, qu'il expire l'oxygène surabondant et s'assimile l'hydrogène; ils ont établi, en outre, que les feuilles aspirent et expirent l'acide carbonique et qu'elles le décomposent, gardant le carbone dont le végétal a besoin et dégageant l'oxygène. L'azote était le seul des principes gazéifiables des végétaux dont l'abosorption directe n'eût pas été démontrée par l'observation : Priestley et Ingenhous l'avaient admise d'après leurs expériences; de Saussure, en les répétant, n'est point arrivé aux mêmes résultats.

Toutefois il n'y a d'incertitude que sur la manière dont l'azote pénètre dans les végétaux ; car il n'en existe aucun où l'analyse ne découvre ce gaz. Il forme l'élément essentiel du gluten de toutes les graines, et M. Biot l'a trouvé dans celles mêmes qui ne contiennent pas cette substance. Dans le raisin, et dans les fruits en général, il constitue en partie ce que Fabroni a nommé la matière végéto-animale, qui n'est autre chose que le ferment; enfin M. Payen l'a trouvé dans les pousses tendres des plantes. En outre, de Saussure a constaté que, dans la décomposition de l'acide carbonique, le végétal ne s'assimile pas seulement le carbone et une partie de l'oxygène de l'acide, mais qu'il dégage encore un volume d'azote presque équivalent à celui de l'oxygène qu'il retient. Ce végétal a donc reçu de l'azote de manière ou d'autre, puisque chaque jour il en assimile et en rejette de notables quantités.

D'ailleurs les décompositions qui ont lieu à la surface et dans la première couche du sol produisent continuellement de l'ammoniaque, que les pluies dissolvent et que les plantes aspirent avec l'eau séveuse. L'acide nitrique contenu dans les pluies d'orage, les nitrifications qui semblent se produire incessamment à la surface de la terre, sont encore des intermédiaires qui fournissent aux végétaux l'azote qui leur est nécessaire. Enfin, si, indépendamment de l'azote que les animaux, leurs déjections, et les végétaux eux-mêmes, laissent échapper dans l'atmosphère, on veut se rendre compte du nombre de quintaux qu'en livre chaque année au commerce, dans ses animaux et ses graines, une exploitation agricole bien conduite, il faudra nécessairement conclure, avec M. Boussingault, que les végétaux ont puisé dans l'atmosphère une grande partie du gaz qui s'est fixé sur le sol et dans les animaux de l'exploitation.

Pendant que les feuilles préparent et amènent, par la circulation descendante, la plus grande partie des principes indispensables à la nutrition et à l'assimilation végétales, les racines puisent dans le sol qui les recouvre, au moyen de l'eau qui sert de véhicule et qui les transmet par la circulation ascendante, de l'extrait de terreau, de l'acide carbonique, et une partie des principes terreux, salins et ammoniacaux qui y sont contenus. Mais les racines ne puisent dans le sol qu'une très-petite partie de la substance dont se compose le végétal ; elles ne peuvent lui fournir les principes dont il se forme que par l'intermédiaire de l'eau qui les tient en dissolution. De Saussure, voulant connaître la quantité de substance végétale tirée du sol, s'est livré à des expériences fort ingénieuses, dont nous allons examiner les résultats.

Il a imbibé d'eau des terreaux et des sols de diverses qualités; après quelques jours d'infusion, il l'a exprimée et filtrée. Cette eau, restée chargée de terreau, soit d'acide humique, en avait dissous en moyenne 1/1000 de son poids, et contenait en outre 1/50 de son volume d'acide carbonique. Il a fait ensuite végéter des plantes dans ces dissolutions, et ces plantes, en les absorbant, n'ont admis dans leur circulation que 1/4 de l'extrait de terreau qu'elles contenaient; d'où il suit que la quantité de terreau fournie au végétal est représentée par 1/4000, soit 0,00025 du poids de l'eau qui avait servi à le dissoudre. Maintenant, si nous supposons que tout le carbone de l'acide carbonique dissous ait été assimilé par le végétal, la plante aura reçu en carbone 0,000025 du poids de la dissolution; ce qui donne, pour la quotité et appréciation de substance absorbée par les racines, 0,000275 du poids de la dissolution.

Accumulons pour un moment les suppositions les plus défavorables à la thèse que nous soutenons; admettons, 1° qu'un végétal absorbe dans sa circulation le quart de l'eau qui tombe *annuellement* de l'atmosphère sur la surface du sol qu'occupent ses racines; admettons encore, 2° que la quantité d'eau de pluie annuelle est de 75 centimètres; 3° que cette eau est toute et toujours saturée, comme dans les expériences de Saussure, d'humus et d'acide carbonique. Avec toutes ces concessions, nous verrons que les végétaux couvrant de leurs racines la surface d'un hectare absorberaient aux maximum 1875 mètres cubes d'eau, pouvant fournir à la végétation 0,000275 de leur poids d'humus et d'acide carbonique, soit 116 kilogr. Or, pour être dans le vrai, il faut reconnaître, 1° qu'en hiver l'absorption de l'eau par les racines est presque nulle, et que dans les autres saisons l'eau s'évapore en grande partie, s'écoule dans les ruisseaux, les rivières et les sources, ou passe aux couches inférieures; 2° que le sol est loin d'être composé de terreau pur; 3° enfin, que les plantes, loin d'occuper le sol toute l'année, n'y végètent, pour la plupart, que pendant quatre à six mois, et qu'elles doivent absorber beaucoup moins pendant les périodes de la jeunesse et de l'enfance. Nous voilà donc bien loin des 116 kilogr. que nous avions consenti à admettre.

Que se passe-t-il lorsque l'on fait sur la tige d'un arbre une incision annulaire et qu'on enlève l'anneau d'écorce? Le bourrelet produit par la séve descendante (la séve des feuilles) prend un développement décuple de celui formé par la séve ascendante (la séve des racines), qui reste toujours faible. Or ces bourrelets proviennent du cambium, fluide épais qui fournit le bois dont se compose la couche qui s'ajoute chaque année sous l'écorce au volume du végétal. On peut donc conclure de ce fait, à l'appui de notre hypothèse, que le grossissement des arbres est dû presque entièrement à la séve des feuilles, c'est-à-dire aux éléments végétaux puisés dans l'atmosphère. En effet, les sucs pompés dans le sol par les racines fournissent une partie des éléments du cambium; mais les spongioles des racines n'admettent que des dissolutions peu chargées de sucs nutritifs. Il est donc évident que la masse de substance nécessaire à l'accroissement du végétal est introduite dans la plante par d'autres organes que les racines, et ces organes ne sont et ne peuvent être que les feuilles.

Nous croyons donc qu'en évaluant à 1/20 la portion de substance que le végétal tire du sol nous arrivons à un maximum, particulièrement en ce qui touche la végétation spontanée. Le saule de Vanhelmont ne paraît pas en avoir extrait plus de 1/1600. Souvent de grands arbres, des arbres résineux spécialement, végètent avec vigueur sur des rochers presque nus; quelques faibles racines engagées dans les fissures du rocher semblent seules leur fournir la nourriture qu'ils peuvent puiser dans le sol. Nous avons vu, sur les murs du vieux château de Bade, au milieu de la forêt d'arbres résineux qui l'environne, des épicéas de plus d'un mètre de tour, venus spontanément. Ils continuent de s'élever sur ces ruines encore liées par le ciment, et cependant ils ne peuvent trouver d'autre humus que celui qu'apportent chaque année les feuilles en aiguille des résineux qui tombent accidentellement sur la partie du mur où se sont fixées leurs racines. La belle vallée de Bade est fermée par des coteaux de grès des Vosges à gros grains en décomposition; les chênes y croissent presqu'à nu sur le rocher. Sur l'une des collines, entre autres, où l'œil ne découvrait aucune trace d'humus, nous avons pu mesurer des chênes de 3, 4 et 5 mètres de circonférence; il y avait donc plusieurs siècles qu'ils trouvaient dans ce terrain ingrat la substance nécessaire à leur accroissement.

Sans doute les données fournies par l'expérience ne sont encore ni assez nombreuses, ni assez précises pour en tirer des conséquences rigoureusement applicables à l'ensemble de la végétation, ou pour fixer d'une manière absolue la quantité d'humus absorbée. Elles suffisent néanmoins, à ce qu'il nous semble, pour établir de la manière la plus positive que le végétal, soit annuel, soit vivace, n'emprunte au terreau et aux autres principes du sol qu'une très-faible partie de sa masse; qu'il n'y puise qu'en minime portion le carbone et les autres principes qui le composent; d'où il suit nécessairement que les organes plongés dans le milieu atmosphérique, les feuilles principalement, pompent dans l'air et portent dans la circulation la majeure partie des éléments que prépare et assimile la vie végétale : nouvelle preuve de la haute sagesse qui a présidé à la création, et qui a su ménager ainsi les forces du sol dans l'intérêt de la conservation des espèces qui vivent de ses produits.

§ 2. — Formation et appréciation des principes fixes salins et terreux dans la végétation spontanée du sol non cultivé.

Tous les principes végétaux dont nous venons de parler sont volatils; la combustion ou la décomposition les rendent à l'atmosphère qui les a fournis, et qui les transmet à d'autres végétaux. Il est facile de concevoir, et les expérimentateurs l'ont démontré, que ces principes sont tour à tour inspirés et expirés par la vie végétale.

Mais, outre ces principes volatils, les végétaux contiennent encore des principes fixes dont la formation et l'existenee nous présentent des problèmes plus difficiles à résoudre; nous nous en proposons ici l'étude, qui rentre d'ailleurs parfaitement dans notre sujet.

Nous ne tiendrons pas compte des substances salines que les eaux de pluie enlèvent à l'arbre pendant son existence, bien que la proportion en soit assez considérable; car de Saussure a constaté que les feuilles perdent souvent par l'eau des pluies, pendant leur vie atmosphérique, la moitié ou les deux tiers des parties salines qu'elles contenaient au moment de leur développement. Il est vrai que le sol absorbe une partie de ces substances qui sont dissoutes; mais on peut bien évaluer à la moitié au moins ce qu'emportent les eaux qui vont se perdre dans les rivières ou les ruisseaux.

Nous avons vu précédemment que le produit d'un hectare de pins sylvestres est, en cent ans, de 1,700 mètres cubes, donnant un poids de 1,020,000 kilogrammes, qui, d'après les expériences de Saussure, contiennent 15/1000 de leur poids de cendres, soit 15,300 kilogrammes. Ces cendres renferment 15 pour 100 de sels solubles, et 12 pour 100 de phosphate de chaux, soit plus de 6 pour 100 d'acide phosphorique, en tout 21 pour 100, ou 3,200 kilogrammes de substances solubles, représentant en volume $1^{m},69$ cube. Mais, pendant un siècle de croissance, l'arbre a produit chaque année des feuilles qui, desséchées, équivalent bien à un quart de la production annuelle en bois. Or ces feuilles donnent 7,395 kilogrammes (29/1000 de leur poids) en cendres ; ces cendres contenaient, comme nous l'avons vu, 21 pour 100 de sels solubles, ou 1,552 kilogrammes qu'il faudrait ajouter aux 3,200 kilogrammes précédemment trouvés. Une partie de ce produit reste sur le sol qui le transmet au végétal; une autre est entraînée par les eaux ou enlevée par le vent; une autre enfin pénètre à des profondeurs que n'atteignent jamais les racines. Nous ne compterons donc que pour moitié la quantité de ces substances retenue par le sol et qui profite aux récoltes suivantes, et nous aurons ainsi pour résultat définitif 3,976 kilogrammes, ou $2^{m},09$ cubes de substances solubles, produits par une génération d'arbres sur le même sol.

Si nous avons pris pour base de nos calculs les produits des arbres résineux de préférence à ceux des arbres feuillus, c'est que les premiers sont plus connus, qu'ils offrent plus d'uniformité, et qu'ils sont d'une évaluation plus facile; d'ailleurs ils croissent partout où peuvent croître les autres, et réussissent même dans les terrains où ceux-ci périraient. D'un autre côté, les bois feuillus produisent moitié plus de cendres que les bois résineux; leurs feuilles en produisent plus du double, et ces cendres sont plus alcalines. Ainsi, malgré la différence des produits en bois de ces deux familles végétales, on arriverait probablement très-près des mêmes résultats relativement à la production de substances salines.

Avant d'aller plus loin, revenons au saule de Vanhelmont.

Nous avons vu que, pour produire 82 kilogrammes de bois et 13^k,50 de feuilles, il avait absorbé en cinq ans 62 grammes de la terre dans laquelle il avait végété. En admettant que le bois et les feuilles du saule produisent la même quantité de cendres que les parties analogues du peuplier, sur lesquelles a opéré de Saussure, nous aurons pour le bois 0^k,82 ; pour les feuilles 1 kilogramme, ou en tout 1^k,820 de cendres ou de parties inorganiques que le sol aurait produits. Déduisons de cette quantité les 62 grammes de terre absorbée; il nous reste 1^k,758 que le végétal n'a pu tirer que de l'atmosphère. Cette conséquence, toute difficile à admettre qu'elle soit, n'est cependant que la déduction rigoureuse d'une expérience faite avec soin par un homme d'un grand savoir, expérience répétée et confirmée par Boyle, moins susceptible que Vanhelmont de se laisser entraîner par son imagination.

Nous allons rechercher l'origine de ces substances fixes, de ces produits salins. Viennent-ils du sol ? de l'atmosphère? Sont-ils un produit de la vie végétale? Tels sont les divers problèmes que nous allons étudier plutôt que résoudre.

A. — Les principes salins n'existent pas tout formés dans le sol.

Il est bien certain qu'ils n'étaient pas tout formés dans la couche qui a alimenté la végétation des arbres; cette couche, de 0^m,50 d'épaisseur au plus, donne pour un hectare, 5,000 mètres cubes de terre végétale. Nous avons prouvé ci-dessus que le produit d'un hectare en principes salins est de 3,976 kilogrammes, ou 2^m,09 cubes, qui forment les 0,000418 des 5,000 mètres qui ont servi à la végétation. Mais, pour que le sol ait pu céder aux arbres les 0,000418 de sa propre masse en sels solubles, il faudrait qu'il en contînt beaucoup plus; car la génération d'arbres dont nous nous occupons n'a pas tout épuisé; les eaux en entraînent soit à la surface du sol, soit dans ses profondeurs. Le sous-sol, où la végétation ne pénètre point, et que les eaux d'infiltration traversent, devrait en être richement pourvu; or il n'en est rien; la chimie, malgré ses progrès et l'exactitude apportée dans les expériences, n'a trouvé de quantité appréciable de substances salines ni dans les sols calcaires ni dans les terres blanches qui constituent la principale partie des terres cultivées.

Les expériences auxquelles s'est livré M. Lecoq ont démontré que les substances salines, si favorables à la végétation lorsqu'on les emploie en petite dose, sont un obstacle à la végétation spontanée des prairies dès que la quantité dépasse 150 à 200 kilogrammes par hectare, et qu'elles diminuent les produits des terres labourables en doublant cette proportion. Les mêmes expériences ont prouvé que l'emploi de 800 kilogrammes de substances salines par hectare arrêterait presque totalement la végétation. Qu'arriverait-il donc si la couche de terre végétale, de 0m,50 d'épaisseur, contenait 39,766 kilogrammes de ces substances, ou si la couche labourable, de 0m,25, en contenait 1988, proportion plus que double de celle qui détruit la végétation?

Nous n'avons jusqu'ici considéré qu'une génération de grands arbres, et nous sommes ainsi restés bien en deçà des faits réels; car, en faisant alterner les espèces, un même sol pourra produire des générations successives à l'infini. Mais, pour dix générations seulement, on aurait une quantité de substance saline égale à 397,600 kilogrammes puisés dans le sol par les racines! Si on admet que ces substances y étaient toutes formées pour alimenter les générations successives qu'il a portées pendant le cours de dix siècles, par exemple, il faut conclure qu'elles représentaient, non plus 1/2222, mais bien une quantité décuple, ou 1/222 de sa masse; supposition totalement inadmissible, ou qui ne pourrait se réaliser que dans des déserts où il ne pleuvrait jamais, et qui rendrait toute végétation impossible.

Il est un autre produit de la végétation spontanée plus remarquable que le bois sous le rapport de la quantité de substance saline qu'il fournit : ce sont les prés arrosés par de bonnes sources. Ces sources, il est vrai, malgré leur limpidité, renferment une très-petite proportion de carbonate de chaux dissous dans l'acide carbonique. Mais la partie que la végétation peut en absorber n'équivaut pas à 1/20000 du produit, et ne représente pas le 1/10 de ce que contiennent du même carbonate les débris laissés chaque année sur le sol par le fourrage qu'on y sèche. Nous négligerons dans nos calculs ces deux quantités qui peuvent se balancer l'une par l'autre.

Or les bons prés arrosés, tant en premier et en second foin qu'en herbes pâturées, produisent annuellement de 6 à 10,000 kilogrammes de substance sèche par hectare, en moyenne 8,000 kilogrammes, dus presque entièrement à l'absorption sur l'atmosphère. Ces 8,000 kilogrammes ont donné par l'analyse à M. Boussingault : cendres ou résidus inorganiques, 480 kilogrammes, qui se divisent en substances terreuses, silice, magnésie, chaux, 280 kilogrammes; substances solubles dans l'eau, 200 kilogrammes. C'est donc, en un siècle, 28,000 kilogrammes de substances terreuses, et 20,000 kilogrammes de substances salines solubles. La couche végétale qui produit le foin n'a pas en général plus de 0m,20 d'épaisseur; elle est donc pour un hectare de 2,000 mètres cubes, dont la portion saline représenterait la 100e partie, si elle était toute formée dans le sol. Mais nous venons de voir que 800 kilogrammes de ces substances répandues sur un hectare de terrain détruisent la végétation; or nous trouvons ici une proportion 50 à 60 fois plus forte. Concluons donc que les substances salines ne sont pas toutes formées dans le sol, et qu'en conséquence elles ne se produisent qu'à mesure des besoins de la végétation.

Il nous semble superflu de faire remarquer, après tout ce que nous venons de dire, que les terrains salés ne deviennent productifs qu'après avoir subi pendant longtemps l'action des eaux courantes, et que le sel employé en certaine quantité est l'emblème de la stérilité. Ces résultats sont produits non-seulement par le sel marin, mais par tous ceux dont on a essayé l'effet sur la végétation.

D'ailleurs on n'obtient guère de produits aussi considérables que ceux qui ont servi à nos calculs que sur des prairies en terrain calcaire bien arrosées, ou en terre blanche reposant sur des formations calcaires. Cette grande fécondité est due spécialement aux eaux qui sourdent de ces formations; cependant les analyses chimiques n'ont fait découvrir aucune partie saline appréciable dans ces terrains ni dans ces eaux. Donc les substances salines que renferment les végétaux ne proviennent pas du sol.

B. — Les principes salins seraient-ils tout formés dans l'atmosphère?

Il est peu probable que les feuilles, qu'on peut considérer comme des racines aériennes à l'aide desquelles le végétal puise sa nourriture dans l'atmosphère, trouvent tout formés, dans ce grand réservoir de la vie végétale et animale, les principes salins nécessaires à l'accroissement de la plante qui les porte. D'après de Saussure, les feuilles, au moment où elles sortent des bourgeons, où elles commencent à peine à exercer leur action sur l'atmosphère, en contiennent une fois plus qu'après plusieurs mois d'existence; elles sembleraient recevoir ces substances de la plante, et non de l'atmosphère. Les plantes incinérées avant leur floraison, les fanes de pommes de terre, en particulier, dans les premiers mois de leur croissance, contiennent beaucoup plus de substances salines qu'après un certain laps de temps. Si donc les vicissitudes atmosphériques leur font perdre la moitié de ce qu'elles contenaient avant d'être soumises à leur influence, nous serons fondé à dire qu'elles ne les puisent pas toutes formées dans l'atmosphère, et qu'elles les reçoivent de la plante elle-même.

Nous ne voudrions pas cependant inférer de là que l'air ne leur en fournit pas les éléments; car il serait possible que ces substances eussent pour première origine des principes gazéiformes absorbés par les végétaux, et qui les produiraient par les combinaisons opérées dans la vie végétale.

Les 55 milligrammes de principes terreux que l'analyse a fait trouver dans 1 kilogramme d'eau de pluie, les terres et les principes étrangers que Davy a découverts dans l'eau distillée elle-même, peuvent faire penser que l'atmosphère contient en certaine proportion les terres qui forment le sol, ou au moins leurs éléments qui se combinent plus tard; ces éléments ou ces terres seraient donc volatils, puisqu'ils ont passé dans la distillation de l'eau.

Il n'est pas possible d'admettre que les principes salins des végétaux soient produits par la poussière atomique qu'un rayon de soleil nous fait apercevoir nageant dans l'espace. Elle se forme des débris de tous les corps animés ou inanimés, des corps organisés aussi bien que de ceux qui ne le sont pas. Cette poussière, que la pluie abat ou qui se dépose naturellement sur le sol dans les moments de calme, contient sans doute une certaine proportion de substances salines qui profite à celui-ci. Une grande partie de ces atomes est enlevée à la végétation qui a produit elle-même les sels qui y sont contenus; une autre partie provient de substances inorganiques qui sont dépourvues de sels; le reste serait dû aux corps animés; on pourrait donc sans inconvénient négliger d'en tenir compte.

Mais, dans le cas où on voudrait l'apprécier, nous ferons remarquer que la masse de ces corpuscules est très-peu considérable; que dans les habitations, où, par une foule de raisons trop longues à énumérer, il s'en produit peut-être dix fois plus qu'en plein air, il s'en dépose à peine une couche de 2 millimètres en un quart de siècle. De plus, cette poussière, dont 1 mètre cube ne pèse pas 300 kilogrammes, projetée au feu, ne contient pas un tiers de son poids de matière combustible, seule capable de donner une proportion un peu notable de substance saline.

Cela posé, admettons que, pendant les cent ans qu'a duré la génération de pins sylvestres que nous avons pris pour exemple, le sol ait reçu une couche de cette substance d'un demi-centimètre d'épaisseur, bien qu'en réalité il n'en reçoive pas la dixième partie. Admettons, si l'on veut, que la portion combustible, qui en forme le tiers, donne 3 pour 100 de cendres composées pour moitié de substances salines; la surface d'un hectare fournira 150 kilogrammes de cendres, ou 75 kilogrammes de la substance dont nous cherchons l'origine, quantité équivalant à peine à 1/300e de ce que les arbres en contiennent. Mais une grande partie de cette poussière combustible provenait vraisemblablement des végétaux eux-mêmes; il faudrait donc la retrancher du produit, sous peine de faire un double emploi. Nous avions donc raison de dire que la proportion de substance saline fournie à la végétation par la poussière atomique ne mérite pas d'être prise en considération.

C. — Formation des principes salins par la vie végétale.

§ 1. Chaque plante renferme des sucs propres à sa nature intime, qui se forment évidemment dans ses organes; ces sucs propres contiennent le plus souvent des sels spéciaux et différents que la plante n'a pu trouver tout formés dans le sol. Un grand nombre d'expériences ont fait voir que les racines pompent sans distinction, par leurs organes absorbants, les sels et les substances de toute nature dissous dans de l'eau placée à portée du végétal. Ce n'est que postérieurement, et au moyen d'autres organes destinés à excréter ce qui ne convient pas à son existence ou à sa nutrition, qu'il rejette le résidu du travail de ses organes intérieurs. C'est dans ce travail que se préparent les sucs propres et les sels spéciaux de chaque nature particulière de plantes; c'est là que s'élaborent le carbonate de potasse que renferment les fanes de pommes de terre, la fougère et une foule d'autres plantes; le sulfate de potasse du tabac, le nitrate de potasse du tournesol et de la pariétaire. Pendant vingt ans, une touffe d'oseille végète à la même place dans un jardin; chaque année elle donne à l'homme huit ou dix récoltes de feuilles et de tiges chargées d'oxalate de potasse : a-t-elle pu trouver cette énorme quantité de sels dans le pied cube de terre où elle a puisé les éléments de sa nutrition? Ils n'en contenaient pas un atome. C'est donc aux réactions de la vie végétale sur les principes tirés de l'atmosphère et du sol qu'il faut attribuer la formation de ce sel propre, aussi bien que des sels particuliers aux autres végétaux.

§ 2. On ne peut admettre que le sol tienne en réserve, dissous dans l'eau que pompent les suçoirs des racines, tous ces sels et tous ces sucs différents; la plupart d'entre eux se détruiraient par leurs affinités réciproques. Il n'en resterait qu'un petit nombre, ceux dont les affinités seraient supérieures, et le même sel se retrouverait dans toutes les espèces de végétaux venus sur le même sol. De plus, lors même que tous ces sels pourraient rester dissous dans l'eau de nutrition sans se décomposer mutuellement, comment expliquer que les spongioles, organes extérieurs des racines, puissent, en aspirant les solutions aqueuses de ces différents sels, permettre l'introduction de l'un, repousser l'autre, choisir, pour ainsi parler, selon les convenances de la nature intime du végétal? Nous avons avancé, et les expériences de Saussure, de Lecocq, etc., ont prouvé que les racines absorbent indistinctement tous les principes, salins ou autres, dissous dans l'eau qu'on met à leur portée. Nous ne pouvons donc pas nous refuser à admettre que l'organisation végétale élabore dans son propre tissu, au moyen des sucs qu'elle tire de la terre par ses racines et des principes gazéiformes qu'elle puise dans l'air, les sels qui forment les sucs spéciaux de chaque plante.

S'il nous fallait d'autres preuves, nous pourrions ajouter que les sels peuvent se former dans un végétal sans l'intermédiaire du sol, et même, à ce qu'il semblerait, sans communication avec l'atmosphère. Ainsi des betteraves arrachées du sein de la terre, dépouillées de leurs feuilles, qui semblent constituer leur seul moyen d'action sur l'air atmosphérique, entassées de manière à se trouver à l'abri de son influence directe, peuvent, sous certaines conditions de température, transformer le sucre qu'elles contiennent en nitrate de potasse, dont elles ne renfermaient auparavant qu'une très-faible proportion. Cette transformation est évidemment un acte de la vie végétale qui se produit sans l'intermédiaire du sol.

D. — La chaux et les phosphates sont le produit de la végétation.

§ 1. Tout ce qui précède peut nous servir à établir que la chaux contenue dans les cendres des végétaux a une origine analogue à celle des substances salines.

Einhoff, ayant analysé les cendres d'un pin qui avait crû dans un sol dépourvu de substance calcaire, a néanmoins trouvé qu'elles contenaient 65 pour 100 de chaux. D'autre part, les analyses de Saussure font voir que la chaux entre pour 1/5 dans le poids des cendres de végétaux qui ont crû sur un sol siliceux. Nous adopterons cette dernière donnée, bien qu'elle soit moins favorable, et nous trouverons qu'une génération de grands arbres produirait, sur un hectare, 2,400 kilogrammes de chaux, ou 1^{m},60 cube de chaux en poudre, équivalant à 1/3000e de la couche végétale productive. Et cependant le sol en contient à peine une quantité appréciable. Si, après cela, on considère que ce sol siliceux produit depuis des siècles, dans beaucoup de localités, des générations successives de grands arbres, sous la seule condition de l'alternance d'espèces; si on ajoute que ce sol fournit encore aujourd'hui aux végétaux qui y croissent la même proportion de chaux que par le passé, on pourra bien conclure qu'au bout d'un certain nombre de siècles un sol dépourvu de chaux en aurait néanmoins produit une masse presque égale au centième de son volume. Il s'ensuivrait, ou que la chaux se forme dans le sol par la réaction de ses principes constituants sur eux-mêmes ou sur l'atmosphère, ou qu'elle se produit dans la plante par l'intermédiaire du sol, de l'atmosphère et de la vie végétale.

D'ailleurs la chaux qui se rencontre dans quelques-uns des composants siliceux, comme, par exemple, dans les sols qui renferment du feldspath et du pyroxène, n'est point absorbée par la végétation. La vie végétale ne développe aucune affinité capable de leur enlever leur principe calcaire; aussi la chaux, comme amendement, réussit-elle dans ces sols. Il en est de même pour ceux qui renferment des silicates de chaux, tandis que cet amendement est sans effets dans les terrains où se trouvent du carbonate, du sulfate, du phosphate, du chlorhydrate ou du nitrate de chaux, ces divers composés abandonnant leur base aux réactions de la vie végétale. Nous ne sommes pas certain cependant que son action soit assez énergique pour décomposer la dolomie.

§ 2. Mais, de même que la chaux et les alcalis, les phosphates seraient un produit de la végétation, car la chaux et la potasse se rencontrent dans quelques roches de première formation dont les débris composent la majeure partie des sols primitifs, tandis que les phosphates y sont très-rares; ces derniers nous paraissent donc, plus évidemment encore que les premiers, un produit de la vie végétale, et c'est une nouvelle analogie à signaler entre celle-ci et la vie animale.

La quantité de phosphate produit est considérable; elle s'élève, en moyenne, à 1/6 du poids des cendres. Un fait des plus remarquables, c'est que chaque partie du végétal en fournit en raison même de l'activité vitale qu'elle manifeste. Ainsi, d'après de Saussure, dans le chêne, le bois intérieur, dont la vie est moins active, en contient cinq fois moins que l'aubier; dans le mûrier, la proportion est de 12 à 1. L'écorce, dont la vie est moins active, donne moins de phosphate que le bois fait; les branches de jeunes chênes, brûlées avec leur écorce, en produisent plus que l'aubier de vieux chêne; enfin, les plantes de froment, de fèves, de pois, dans la force de la végétation, en contiennent deux ou trois fois plus qu'à la maturité, et la paille n'en fournit que le 1/5 ou le 1/6 de ce que produit la graine. Redisons-le donc : les phosphates qu'on trouve dans les végétaux sont en proportion directe de l'activité de la vie végétale; ils semblent en être une des conditions, et ils en sont vraisemblablement le produit, comme dans la vie animale.

Le raisonnement vient à l'appui des faits qui précèdent. Cet aubier, qui contient maintenant de 5 à 12 fois plus de phosphate que le bois intérieur, deviendra lui-même, en peu d'années, bois de cette nature. Que devient le phosphate que nous y trouvons aujourd'hui? Il est remplacé par du carbonate de chaux, ce qui implique que l'acide phosphorique s'est décomposé dans l'aubier comme il s'y était formé. S'il y a eu dissolution, quel est le dissolvant qui a agi, et où a-t-il conduit cette dissolution? Nous marchons de difficultés en difficultés, si nous n'adoptons l'hypothèse la plus simple, la seule qui explique ce qui se passe, et qui consiste à admettre que le phosphate serait un produit des réactions de la vie végétale.

Après cette remarque sur l'acide phosphorique contenu dans la partie ligneuse des végétaux, rappelons ce qui se passe dans les prairies qu'arrosent de bonnes eaux, où l'analyse ne trouve aucune trace de phosphore. M. Boussingault a recueilli 5,4 pour 100 d'acide phosphorique dans les cendres du foin; ce qui fait 25k,92 produits annuellement par les prairies dont nous avons vu plus haut qu'on retirait 480 kilogrammes de cendres. De temps immémorial, depuis dix siècles, vingt siècles, peut-être, ces mêmes récoltes se renouvellent chaque année sans que le sol calcaire qui les produit contienne plus d'acide phosphorique que les eaux d'irrigation. Voilà donc une masse de 2,592 kilogrammes d'acide phosphorique, représentant à peu près les 11/100e de la couche de terre qui produit le fourrage; or cette couche n'en contient pas de quantité appréciable; de plus, les irrigations annuelles, les débris de plantes qui s'y sont déposés, l'ont intégralement renouvelée; dans ces dix siècles, elle s'est bien élevée de 0m,15 à 0m,20; et, lors même que la couche primitive eût contenu de l'acide phosphorique, la couche actuelle ne peut en avoir trouvé que dans les débris des végétaux que le sol a lui-même produits, puisque les eaux qui l'arrosent n'en contiennent pas la plus légère trace.

Nous devons mentionner encore les prés d'embouche, où deux bœufs s'engraissent dans la saison sur une étendue d'un hectare. On vend, en les livrant au commerce, une quantité notable d'acide phosphorique que le sol producteur ne contient pas. Cette production date de plusieurs centaines d'années. De plus, le fumier produit sur le sol contient aussi une certaine quantité de cet acide; le plus souvent on ne se donne pas la peine de le répandre, et il est entraîné par les eaux ou détruit par les insectes qui s'y établissent. C'est donc bien à la végétation qu'il faut attribuer la production de cette grande quantité d'acide phosphorique, puisque le sol qui la porte, loin de se trouver chaque année dépourvu de ce principe ni d'autres, va sans cesse s'améliorant.

Mais nous obtiendrons des résultats bien plus étonnants si nous portons nos regards sur ce qui se passe dans les pâturages des pays d'élèves. Là, l'animal n'est plus seulement engraissé; il est produit, produit tout entier, depuis le moment de sa conception jusqu'à l'âge de trois ou quatre ans, où il est vendu. Or, chaque année, on vend un tiers, au moins un quart des animaux produits. Cependant ces pâturages ne reçoivent point d'eaux d'irrigation; ils ne sont fumés que par les déjections des animaux qui y trouvent leur nourriture, et, loin de s'épuiser d'une substance que leur sol normal ne semble pas contenir, ils s'améliorent par cela même qu'ils en produisent davantage.

Arrivons enfin à l'ensemble d'une exploitation agricole qui vend chaque année des grains et des bestiaux, et qui se suffit à elle-même pour les engrais. Elle exporte, chaque année, une quantité notable d'acide phosphorique qu'elle ne prend pas dans son sol, puisqu'il n'en contient pas, et chaque année néanmoins elle s'améliore si elle est soumise à une sage direction.

§ 3. Nous aurions pu appliquer ce que nous avons dit de l'acide phosphorique à d'autres principes que le sol ne contient pas ou dont il doit de faibles proportions aux engrais qui y sont répandus. Mais, de tous ces principes, l'acide phosphorique nous a paru le plus complétement étranger au sol, et, par conséquent, le plus propre à appuyer notre hypothèse de la manière la plus concluante.

Il est aujourd'hui bien démontré que tout ce qui donne au produit du phosphate de chaux est éminemment favorable à la végétation; nous pensons que c'est à la présence de ce principe que deux amendements calcaires, les cendres et les os brisés, doivent l'énergie de leur effet, malgré la petite dose à laquelle on les emploie. Le noir de raffinerie, qui n'est autre chose que des os brûlés, agit à une dose moindre encore que les cendres, parce qu'il en contient une plus forte proportion.

La fécondité que le phosphate de chaux développe dans les sols non calcaires ne prouve pas seulement le besoin qu'en a la végétation; elle démontre encore qu'on favorise éminemment la production végétale en épargnant le travail de la combinaison de ses éléments au sol ou à la plante, dont les forces sont ainsi employées à d'autres réactions qui ne lui sont pas moins nécessaires.

Que si l'on remarque que le phosphate de chaux ne produit d'effet que sur les sols qui ne contiennent pas de chaux, ne pourra-t-on pas en tirer cette conclusion, que le calcaire naturel fournit peut-être une partie de ce sel?

La plupart des chimistes et des agronomes ont rejeté l'hypothèse de la formation spontanée dans les végétaux, pendant leur vie végétative, de la chaux, du phosphore, de la potasse, etc., au moyen des éléments qu'ils puisent dans le sol ou dans l'atmosphère, par la raison que ces substances sont des corps simples. Mais qu'est-ce donc qu'un corps simple si ce n'est un corps jusqu'à présent non décomposé? La science n'est-elle pas parvenue à opérer sur ces corps eux-mêmes une première décomposition d'autant plus inattendue qu'elle paraissait moins vraisemblable? Pourquoi ces métaux, qu'on y a rencontrés sans les chercher, ne se résoudraient-ils pas aussi en d'autres éléments fixes ou volatils, éléments inconnus, connus peut-être, mais qui ne sont susceptibles de se combiner que sous certaines conditions dont, jusqu'à ce jour, la science, malgré tous ses efforts, n'a pas dérobé le secret à la nature?

Notre hypothèse ne nous semble donc pas autre chose que la conséquence nécessaire de faits dont les preuves se rencontrent partout, et nous ne croyons pas nous écarter de la vérité en concluant que ce serait à la vie végétale, à ses réactions dans le sol, dans ses propres organes et dans l'atmosphère, que serait due la formation des substances salines étrangères au sol dont l'analyse nous a permis de constater la présence dans les végétaux.

DEUXIÈME SECTION.

Appréciation de la puissance d'absorption des végétaux sur l'atmosphère dans le sol cultivé.

Nous avons dû, pour aborder d'une manière générale cette importante question de physiologie végétale, prendre nos premières données dans la végétation spontanée; ses produits sont indépendants des soins de l'homme, et la nature, qui lui a imposé certaines lois, se charge de veiller elle-même à l'accomplissement de la plus importante, l'alternance des espèces. On doit donc bien penser que la solution à laquelle nous sommes arrivé ne s'applique pas sans quelque modification à la végétation agricole, où les soins et le secours de l'homme entrent pour une si grande part. Ici la question se complique, et nous devons l'envisager sous les nouvelles conditions qui lui sont faites. Nous nous rapprocherons ainsi de notre sujet, pour lequel toutefois les considérations qui précèdent seront d'une grande utilité.

La végétation spontanée, indispensable à la conservation générale des espèces, est bien plus favorisée par la nature que la végétation artificielle, dont nos propres besoins nous ont fait une nécessité. L'une, on vient de le voir, se soutient, s'améliore même par le cours naturel des choses; l'autre, au contraire, doit son existence aux soins de l'homme, et elle est soumise à des conditions dont nous aurions tort de nous plaindre, parce qu'elles sont la cause de l'activité, de l'industrie, peut-être même de la civilisation du genre humain. Ces conditions principales sont : le travail de la terre, le semis, l'isolement des espèces cultivées, l'amélioration du sol par des amendements, sa réparation par des engrais. De nouveaux éléments viennent donc se placer dans le problème que nous nous sommes proposé de résoudre; mais les conséquences importantes que nous voulions tirer d'une manière générale auraient été moins évidentes si nous eussions pris nos données dans la végétation agricole, où nous aurions dû tenir compte des engrais, qui fournissent aux végétaux une partie de leurs principes fixes ou volatils, terreux ou salins, tandis que dans la végétation spontanée ils sont entièrement dus au sol ou à l'atmosphère.

Duhamel et Châteauvieux, dans le milieu du dernier siècle, et, avant eux, l'Anglais Jethro Tull, s'étaient imaginé que le travail et les forces naturelles d'absorption du sol et des végétaux sur les principes atmosphériques suffisaient pour permettre de continuer indéfiniment sur la même terre toute espèce de culture et pour en recueillir tous les produits. Ils jugeaient de la production agricole par ce qui se passe dans la végétation spontanée. Ils crurent pouvoir nier la puissance des engrais, dont les bienfaits avaient été constatés par de nombreuses générations, et dont les anciens avaient même fait un dieu. Leur système a passé sans laisser de traces, et les théoriciens, d'accord sur ce point avec la pratique journalière, admettent tous que les engrais fournissent aux végétaux une partie de leur substance, qu'ils réparent les forces du sol épuisé par des productions successives, et qu'ils accroissent, dans le sol et dans les végétaux, la puissance d'absorption des principes atmosphériques qui leur est naturelle.

Mais cette dernière faculté, les amendements calcaires la communiquent encore avec plus d'énergie à certains sols que les engrais animaux. Nous allons chercher, sur la puissance relative de ces divers moyens d'action, des lumières dans la pratique agricole, et, pour assurer plus de précision à nos résultats, nous prendrons nos données dans les diverses qualités de notre sol et dans nos différents systèmes de culture. Les résultats que nous obtiendrons pourront s'appliquer en général aux autres natures de terres et d'assolements et nous conduiront à éclairer bien des questions agricoles, et particulièrement celle que nous nous sommes proposé d'expliquer : l'action de la chaux sur le sol.

A. — Appréciation et origine des principes volatils dans la végétation du sol cultivé.

§ 1. Pour assurer notre marche et arriver plus facilement à des résultats précis, nous établirons nos recherches sur nos cultures habituelles, dans les trois nuances générales de qualités du sol, bon, médiocre et mauvais, avec leurs conditions ordinaires de travaux et d'engrais qui laissent le sol dans un état de fécondité stationnaire.

L'assolement biennal s'applique avec différentes modifications à toute l'étendue des terres que nous cultivons.

Dans nos plus mauvais sols, avec une jachère biennale, et tous les deux ans une fumure du poids de 6,000 kilogrammes, qui représente 1,200 kilogrammes de substance sèche par hectare, le produit est en moyenne 4 pour 1 de seigle, soit 7 hectolitres pesant 500 kilogrammes, et 1,250 kilogrammes de paille, ou, en tout, 1,750 kilogrammes de substance sèche. On peut encore obtenir sur le chaume du seigle, dans quelques parties du sol moins ingrates, 2 ou 3 hectolitres de blé noir, qui pèsent, y compris la paille, 300 à 400 kilogrammes. Voilà donc 2,100 kilogrammes de produits obtenus à l'aide de 1,200 kilogrammes d'engrais; l'excédant de la récolte sur les engrais est donc de 900 kilogrammes, dus par conséquent à la puissance d'absorption du sol ou des végétaux sur l'atmosphère. Mais cette évaluation est évidemment trop faible, car, il faut bien le remarquer, les engrais répandus sur le sol sont loin d'être entièrement consommés par la végétation; le sol lui-même conserve la majeure partie de leurs résidus terreux, qui ne profitent point à la production [1]; les pluies, le soleil, en enlèvent au moins un quart, qui est perdu pour la récolte; de plus, les plantes dégagent chaque jour une quantité de gaz acide carbonique, d'oxygène et d'azote au moins égale à celle qui sert à leur développement; enfin, ajoutons à tout cela les parties végétales que perdent les plantes par la dessication pour arriver à maturité, le poids des feuilles, des racines, des fleurs tombées, des portions de tiges qu'abandonne la moisson, en un mot, de tous les débris, dont la moitié au moins est perdue pour le sol, et nous arriverons, pour le sol le plus médiocre, à un produit effectif, en substance matérielle, triple, quadruple peut-être de l'engrais employé par les végétaux.

Toutes les circonstances que nous venons d'énumérer sont communes à toutes les natures de sols, à tous les genres de cultures; nous les négligerons donc, sans altérer en rien la proportionnalité de nos résultats. D'ailleurs elles sont d'une appréciation difficile, elles nous jetteraient dans le vague; en outre, elles compliqueraient sans nécessité notre problème, et par-dessus tout nous empêcheraient de donner des résultats précis.

[1] Il résulterait des analyses de M. Boussingault que les récoltes d'un assolement ne prennent que le tiers des substances terreuses contenues dans le fumier.

Les meilleures des terres de la dernière classe dont nous venons de nous occuper ne sont pas naturellement dépourvues de toute fécondité ; les bois y viennent même en général assez bien ; avec de l'engrais, ce sol, assez consistant, serait susceptible de produire du froment. Mais on y cultive très-peu de fourrages, et on y répand par conséquent peu d'engrais. Dans les années de jachère, on les laboure avec quelque soin, et la terre bien travaillée, la semaille bien faite, emploient toutes les ressources du sol. A mesure qu'on a mis en culture ces terres peu fécondes par elles-mêmes, on les a épuisées par des récoltes successives, dans un assolement presque sans fumier. On ferait cesser l'épuisement, on créerait même une grande fécondité en les chaulant ; mais, après cela, il ne faudrait pas continuer le même système de culture sans accroître en même temps la proportion d'engrais. Suivre la même marche, ce serait les épuiser entièrement. Il en est de l'agriculture comme de beaucoup d'autres choses : les conditions de succès sont multiples ; l'omission d'une seule suffit pour changer tout le résultat.

§ 2. Nous allons maintenant nous occuper d'une nature de sol de qualité moyenne. Ici l'assolement devient alterne. La quantité d'engrais employée est double de la précédente, c'est-à-dire qu'elle s'élève à 12,000 kilogrammes d'engrais humide, représentant 2,400 kilogrammes de substance sèche. Cette fumure se donne en une ou en deux fois. La première année, le produit en froment, qui rend 5 pour 1, est de 10 hectolitres, pesant ensemble 750 kilogrammes ; la paille en fournit 1,500 ; en tout 2,250 kilogrammes. L'année suivante, on récolte des pommes de terre ou du maïs. Le produit des pommes de terre est de 12,500 kilogrammes de tubercules, représentant, en substance sèche, 3,000 kilogrammes pour les tubercules eux-mêmes, et 500 kilogrammes pour les fanes ; total, 3,500 kilogrammes. Si, au lieu de pommes de terre, on récolte du maïs, on a de 12 à 18 hectolitres, dont on peut évaluer le poids moyen à 950 kilogrammes. La paille, les haricots et les citrouilles qu'on y sème d'ordinaire, donneront 1,100 kilogrammes de substance sèche, soit en tout 2,050 kilogrammes. Si nous prenons la moyenne de ces deux produits pour l'ajouter à celui de la première année, nous aurons, en nombre rond, 5,000 kilogrammes de substance sèche pour 2,400 kilogrammes d'engrais. L'excédant, pour cette seconde nature de sol, est donc au moins de 2,600 kilogrammes, dus tout entiers à la force d'absorption.

§ 3. Dans un sol de bonne qualité, le même assolement et une fumure de 18,000 kilogrammes d'engrais humide, ou 3,600 kilogrammes d'engrais sec (moitié en sus de la quantité employée pour le sol de la qualité moyenne) donneraient en froment, pommes de terre et maïs, une récolte plus considérable d'un quart au moins.

Nous aurions donc 6,250 kilogrammes de substance sèche pour le produit en froment et menus grains. Il faut y ajouter 3,000 kilogrammes pour les raves qu'on en retire, et dont le poids brut, en vert, y compris les fanes, est de 15,000 kilogrammes. Défalquant de ces 9,250 kilogrammes les 3,600 kilogrammes de fumier employé, il nous reste un produit de 5,160 kilogrammes de substance sèche fournie par les récoltes de deux années, et due à la réaction du sol sur lui-même et sur l'atmosphère, et à l'action de la vie végétale sur l'air ambiant.

§ 4. Nous arrêterons ici nos considérations sur les diverses qualités de sols ; en remontant plus haut, nous arriverions graduellement à celles qui demandent peu ou point d'engrais pour produire beaucoup ; mais ces terrains sont rares, et leur rareté n'est peut-être pas aussi fâcheuse qu'on pourrait le croire au premier coup d'œil. C'est à la médiocrité du sol, aux besoins réels ou factices de l'homme, souvent pénibles à satisfaire, que l'industrie agricole doit son existence. Supposons un sol généralement fertile : l'intelligence humaine n'aura plus besoin, pour triompher d'une terre rebelle, de développer ces moyens d'action qu'elle sait ensuite appliquer aux autres industries. L'industrie agricole est donc la première source du progrès : fille de la nécessité, les besoins qu'elle a satisfaits ont créé une foule de besoins nouveaux qui ont donné naissance à toutes les autres. Où en seraient les arts, la civilisation, si la Providence avait partout mis à la disposition de l'homme un sol de bonne qualité, qui ne demandât qu'un peu de travail, et un travail uniforme, pour lui fournir une abondante nourriture? De nombreux exemples, qu'il ne faudrait peut-être pas chercher bien loin, pourraient appuyer cette opinion. Ne nous plaignons donc pas des difficultés que nous avons dû surmonter; notre travail, notre peine, ont trouvé de larges compensations.

§ 5. Ainsi que nous l'avons dit précédemment, nous avons eu soin de prendre nos appréciations dans des sols de qualité moyenne et soumis à une culture ordinaire. Nos résultats, proportionnels à ceux qu'on obtient ailleurs, et avec d'autres systèmes de culture, dans les trois nuances principales de sol que nous avons considérées, peuvent, à bien peu de chose près, s'appliquer à la généralité des terrains ; car nos recherches, et les conséquences que nous en tirons, portent sur la végétation en général, et la végétation est la même dans tous les systèmes de culture.

Nous déduirons donc des faits que nous avons rassemblés que l'action du fumier sur le sol est d'autant plus énergique que celui-ci est de meilleure qualité; puisque nous avons obtenu dans nos trois classes de sols, avec 12, 24 et 36 quintaux métriques de fumier, 21, 50 et 92 quintaux métriques de produits. Un coup d'œil suffit pour voir que la progression des produits est bien plus rapide que celle des engrais. C'est donc avec raison qu'un cultivateur habile consacre aux bons sols la majeure partie de ses engrais.

Ces résultats nous paraissent aussi attaquer par sa base le système agricole qui voudrait en quelque sorte niveler la qualité des sols, et attribuer toute la production aux engrais, en faisant donner au sol un produit toujours proportionnel à la quantité des engrais employés.

Ils nous semblent aussi contraires aux principes de statistique agricole de Thaër, qui admet que les engrais représentent sur toutes les espèces de sols une même force productive.

Pour revenir aux trois qualités de sols qui ont servi à nos observations, nous ferons remarquer qu'en retranchant de leur produit le poids des engrais secs, on a un chiffre qui représente la force d'absorption de chacun d'eux, ou tout au moins leur rapport. Nous pouvons ici l'exprimer par les nombres 9, 26, 56, qui indiquent effectivement la quantité de quintaux métriques produits par chaque sol, déduction faite du poids des engrais. Mais, comme nous l'avons dit, ces chiffres ne sont pas rigoureusement exacts ; car la végétation n'a pas profité intégralement du poids de l'engrais, puisque celui-ci laisse dans le sol les deux tiers de ses composants terreux, qui forment le tiers du poids total de l'engrais sec. Si nous retranchons encore par la pensée les portions d'engrais qui s'évaporent, celles que les eaux entraînent, celles qui passent aux couches que la végétation n'atteint pas, nous pourrions conclure que l'engrais ne fournit pas aux produits végétaux, pendant l'assolement, en substances assimilables, la moitié de son poids, pris à l'état de siccité. Nous n'avons cependant pas tenu compte de l'énorme quantité de gaz acide carbonique, d'oxygène et d'azote que les végétaux expirent incessamment par leurs feuilles. Nos chiffres sont donc loin de représenter toute la puissance d'absorption, mais ils n'en conservent pas moins entre eux un rapport suffisamment exact, parce que toutes les causes de déperdition sont proportionnelles à la quantité d'engrais employé.

Les expériences de Davy, de Leslie et de Saussure avaient précédemment démontré que la force absorbante du sol sur l'eau de l'atmosphère augmentait avec sa qualité. Nous croyons avoir prouvé que l'absorption de tous les autres principes végétaux s'opère également en proportion de la qualité du sol. Nous conclurons donc que la qualité d'un sol quelconque est en raison directe de sa force générale d'absorption.

Si nous prenions dans les expériences de M. Boussingault les chiffres qui représentent la force d'absorption de son sol sur l'atmosphère, distraction faite des engrais, ces chiffres seraient relativement plus faibles que les nôtres ; nous admettons leur parfaite exactitude, mais leur discordance avec les nôtres peut, à ce qu'il nous semble, s'expliquer facilement. Nous avons pris nos données dans des résultats pratiques de culture ordinaire, où la fécondité du sol reste stationnaire, et où l'engrais se trouve, à l'exception de ses principes terreux, à peu près complétement absorbé pendant le cours de l'assolement. Chez M. Boussingault, la culture nous semble exceptionnelle, en raison de sa perfection et de la quantité d'engrais employée. Son sol, de qualité médiocre, après une ou deux rotations, est arrivé à un état de fécondité qui va croissant, il s'ensuit donc qu'il y a progression de fécondité sous son habile direction ; son sol est donc loin d'absorber la quantité d'engrais qu'on lui donne régulièrement; la puissance de cet engrais s'accumule dans le sol pour des végétations ultérieures, au lieu de s'épuiser, comme dans nos cultures normales, dans le cours de notre assolement biennal. De plus, M. Boussingault, dans son assolement, a une année de trèfle qui donne au sol plus d'engrais qu'il ne lui en prend; son engrais normal peut donc être considéré comme n'agissant que sur quatre années; d'où il suivrait qu'avec les 50,000 kilogrammes d'engrais donnés à chaque reprise d'assolement, et les 5,000 kilogrammes de cendres de tourbe jetés sur le trèfle, chaque are de son sol peut être considéré comme ayant, par an, 125 kilogrammes d'engrais et 10 kilogrammes de cendres. Le nôtre, dans ses trois catégories, reçoit, par an et par are, 30, 60, 90 kilogrammes d'engrais de moindre qualité, sans addition de cendres et sans profiter des débris du trèfle, mais aussi sans s'améliorer; en outre, dans nos bonnes qualités de sol, qui reçoivent 90 kilogrammes d'engrais par are, il y a, en deux ans, production de trois récoltes épuisantes; les résultats obtenus chez M. Boussingault, ne représentant pas toute la puissance d'absorption due au sol et aux engrais, n'infirment donc en rien ceux que nous avons trouvés pour nos sols de différente qualité, avec la culture ordinaire et stationnaire.

B. — Formation des principes fixes dans le sol cultivé.

Nous avons vu que, dans la végétation spontanée, les principes fixes, salins et terreux, étaient, selon toute probabilité, dus à peu près exclusivement aux réactions réciproques du sol, de l'atmosphère et des végétaux; les choses se passent autrement dans le sol cultivé en raison des engrais qu'il reçoit, et qui contiennent des proportions notables de ces principes; l'analyse y rencontre l'acide phosphorique, le chlore, souvent l'acide sulfurique, la chaux, la magnésie, la potasse et la soude, qui le plus souvent ne sont pas contenus dans le sol. Les récoltes en contiendraient, il est vrai, de plus fortes proportions que les engrais qu'on leur donne; mais il devient difficile de déterminer ce qui serait dû au sol et ce qui appartiendrait aux engrais. Si l'on remarque ensuite qu'ils sont, dans les engrais, le résidu des aliments puisés dans le sol, et que le sol ne les contient pas en nature, il en résultera toujours qu'ils seraient produits par les réactions de la vie animale ou de la vie végétale. Enfin, comme nous avons vu que, dans la végétation spontanée, leur origine ne peut être attribuée qu'aux réactions réciproques du sol, de l'atmosphère et des végétaux, nous en conclurons encore, par analogie, que la plus grande partie de ces substances, dans la végétation du sol cultivé, aurait la même origine.

C. — Accroissement de l'absorption par le chaulage.

§ 1. La puissance d'absorption que nous venons d'évaluer dans la culture ordinaire qui crée, prépare ou attire en si grande masse les principes volatils et fixes nécessaires aux végétaux, se montre avec bien plus d'énergie dans les sols non calcaires, après un chaulage. Par l'addition à la couche labourée d'*un seul millième de son volume en chaux*, les produits des trois sols que nous avons étudiés prennent un développement subit, dont l'excédant sur les produits ordinaires n'est plus du tout proportionnel à la qualité du fonds. Ainsi, par l'addition de la chaux, le sol le plus médiocre donne un produit plus élevé que celui du sol de première classe, privé de cet amendement. Au lieu de 4 pour 1, ou de 7 hectolitres de seigle par hectare, le produit sera de 6 ou 7 pour 1, ou 12 à 14 hectolitres de froment, représentant avec la paille environ 3,000 kilogrammes de substance sèche. On obtiendrait le même produit en substance sèche pour la seconde année, n'employât-on que la moitié seulement de la jachère à des fourrages, à des pommes de terre ou à du maïs. Ce sera donc, pour les deux années d'assolement, 6,000 kilogrammes de produits secs, au lieu de 2,100 que nous avons obtenus d'abord, et par conséquent une augmentation des deux tiers du produit, qu'on ne peut attribuer qu'à la chaux. Si maintenant nous déduisons un poids de fumier égal à celui que nous donnons à notre qualité moyenne de sol, nous aurons pour résultat définitif 3,500 kilogrammes de produits.

L'accroissement est un peu moindre dans le sol de moyenne qualité que dans le précédent; cependant celui du froment est encore de 2 à 3 semences, et celui des menus grains, maïs et fourrages, de moitié en sus. On peut donc admettre que l'augmentation moyenne serait, pour les deux années, de 2,000 kilogrammes, ce qui porterait à 7,000 le produit de cette qualité de sol.

Sur les bons sols, l'effet du chaulage se prononce d'une manière proportionnellement encore moins avantageuse; toutefois on peut estimer à 1,500 kilogrammes au moins par hectare l'augmentation du poids de la substance sèche obtenue; le produit est donc alors de 10,500 kilogrammes.

Il demeure donc établi que l'addition d'une très-faible proportion de chaux, de 1/1000 de la masse de la couche végétale, double la force absorbante du sol, et par conséquent y détermine la formation d'une quantité notable de substances salines.

§ 2. Si l'un des effets les plus remarquables de la chaux sur le sol est de produire ou de faire produire une proportion beaucoup plus grande de substances salines, les expériences de M. Lecocq ont démontré que l'emploi de ces substances elles-mêmes augmente notablement les produits de certains sols. On pourrait donc penser que la chaux devrait en partie son action fécondante à leur formation, qu'elle provoque avec énergie.

Quant aux sols où les substances salines ne produisent pas de semblables effets, où leur addition paraît indifférente, il est probable que les sels nécessaires à la végétation s'y forment naturellement à mesure des besoins, par la simple réaction de leurs principes constituants sur eux-mêmes, sur l'atmosphère, ou sur les végétaux.

Il serait d'une haute importance, tant pour la physiologie végétale que pour l'agriculture, de déterminer avec quelque précision la nature des sols sur lesquels agissent les substances salines, et celle des sols sur lesquels leur action est nulle : c'est aux amis de la science et de l'humanité qu'il appartient de diriger leurs recherches sur ce point si intéressant.

D. — Formation des substances salines dans le sol cultivé.

§ 1. Nous avons établi précédemment que la vie végétale était la cause de la production des substances salines dans les plantes, mais il semble qu'elles se forment aussi de toutes pièces dans le sol. Ce serait une des conclusions à tirer de tout ce que nous venons de dire. En outre, ce serait par les forces propres du sol et par sa réaction sur l'atmosphère qu'elles seraient produites en plus grande quantité. Ce qui se passe dans les nitrières artificielles est une preuve incontestable de ce que nous avançons. Avec le secours de l'humidité, d'un peu d'humus et de quelques substances animales, le nitrate de potasse, le chlorhydrate de soude, le nitrate et le chlorhydrate de chaux se forment dans la terre, et s'y renouvellent promptement quand on les en a extraits. Il est à remarquer que c'est à la partie supérieure des terres qu'il se forme le plus de sel, et qu'on en facilite la production en les remuant, en renouvelant la surface. Mais toutes ces circonstances, l'humidité, la présence de l'humus et des matières animales, le renouvellement des surfaces, sont communes au sol cultivé et aux nitrières ; les formations salines ont donc lieu dans l'un comme dans les autres, c'est-à-dire par l'intermédiaire de l'air atmosphérique. Cela est facile à concevoir pour l'acide nitrique, dont les éléments ne sont que de l'air combiné ; mais de quels éléments du sol ou de l'air la potasse et la soude peuvent-elles se former? L'explication n'est pas facile ; cependant les faits sont là, et il faut bien les accepter.

Ce n'est pas du reste le seul exemple que l'on puisse citer de la formation spontanée de la potasse ; le chimiste Gelhem s'est assuré, par des analyses rigoureuses, que la proportion de potasse augmentait dans les cendres non lessivées, humectées et exposées pendant quelques jours à l'air, et que cet alcali se reformait, au bout de quelque temps, dans les cendres lessivées, en quantité très-notable.

§ 2. La faculté de provoquer la formation des sels fixes semble appartenir plus spécialement à la chaux ; dans certains cas elle favorise même beaucoup la production des sels déliquescents. Ainsi c'est elle qui, pendant la sécheresse, a fait naître les sels qui ont pénétré le compost de tourbe et de chaux dont nous avons parlé précédemment. En effet, puisque les parties de tourbe non mêlées à la chaux sont restées sèches, c'est que la tourbe sèche ne contenait pas ces sels ; c'est donc le mélange de la chaux à la tourbe et leur réaction réciproque qui les ont produits.

Les sels dont la chaux détermine plus particulièrement la formation sont le nitrate de potasse et le nitrate de chaux ; l'humidité leur donne naissance dans toutes les constructions. Le nitrate de chaux est le plus grand fléau de nos habitations, dont il imprègne les murs d'humidité, pour peu que les eaux pluviales ou autres aient pu y pénétrer. Dans ces circonstances, la chaux, en produisant des sels solubles et déliquescents, cesse d'être le lien qui unit et retient les matériaux. Enfin les sables de démolition donnent une fécondité supérieure à celle que développe la chaux elle-même ; cela tient à ce que les sels fécondants dont celle-ci détermine la production s'y trouvent déjà tout formés. Aussi les salpêtriers lessivent-ils ces sables avec soin et en tirent-ils beaucoup de profit, de même qu'on trouve un grand avantage à les mêler à la terre dans les nitrières artificielles.

Tous les pays ne sont pas placés sur la même ligne en ce qui touche la formation des nitrates. Dans quelques villages de Champagne, dont le sol repose sur la craie, les parties inférieures des habitations, construites avec cette craie même, se couvrent naturellement d'efflorescences de nitrate de potasse; la chaux serait donc un puissant moyen d'en déterminer la formation. Dans quelques cantons de la province de Murcie, on laisse quelquefois les terres labourées sans culture, pour les lessiver et retirer le salpêtre qu'elles contiennent. Cette opération se renouvelle de temps en temps, suivant les besoins et les circonstances. Il existe dans l'Inde des terrains qu'on exploite uniquement pour en extraire le salpêtre. La quantité qu'on retire chaque année de la couche supérieure du sol se renouvelle constamment, et doit par conséquent s'y former sans interruption; car, depuis des siècles que ce sel est entraîné par les pluies ou exploité par les hommes, le sous-sol, fût-il formé d'un bloc de salpêtre, eût eu le temps de s'épuiser. Mais ce sous-sol, on ne l'exploite pas, probablement parce qu'il contient moins de sel que la surface; ce n'est donc pas lui qui le fournit. Enfin M. de Gasparin rapporte qu'on trouve des roches à la surface desquelles se forme le nitrate de potasse, et, comme ces roches calcaires semblent n'en contenir aucune proportion, on ne voit d'autres motifs de la présence de ce sel que les réactions atmosphériques sur la roche elle-même.

Les expériences de M. Lecocq, d'accord avec les anciennes opinions des agronomes et avec la pratique d'un grand nombre de cultivateurs anglais, ont constaté que les nitrates étaient les plus fécondants des sels, et les découvertes de la chimie expliquent ce fait de la manière la plus satisfaisante. Les végétaux, en décomposant les nitrates qui se forment dans le sol, s'emparent de l'azote qu'ils contiennent; l'introduction de ce gaz dans le tissu végétal n'avait pas encore été expliquée. L'un des plus puissants moyens d'action de la chaux sur la végétation serait donc d'aider à la formation des nitrates.

Ainsi serait justifiée l'ancienne opinion des agronomes sur les sels de la terre, sur leur efficacité et sur les effets du nitre sur la végétation. Nous devons faire remarquer ici que ce n'est pas à la chaux pure, mais à ses combinaisons et à celles qu'elle détermine dans le sol, que serait dû l'effet qu'elle produit. M. Lecocq a confirmé par ses expériences ce fait assez généralement connu, que, tandis que les dissolutions salines sont favorables à la végétation, l'eau de chaux lui est nuisible; les unes donnent aux végétaux une vie plus active, l'autre leur profite moins que l'eau distillée.

§ 3. Les autres amendements calcaires partagent avec la chaux la faculté de déterminer dans le sol la formation des substances salines. D'après les travaux de M. Peschier, de Genève, 1 kilogramme de luzerne plâtrée a donné dans ses cendres 9g,75 de sels solubles, tandis que 1 kilogramme de luzerne non plâtrée n'en a produit que 7g,05, ou 27 pour 100 de moins.

§ 4. On conçoit que la plus grande sapidité des produits des sols calcaires, ou amendés par la chaux, la marne et autres amendements de même nature, doit venir de cette plus grande proportion de sels solubles. On pourrait donc conclure que ces produits, par la même raison, doivent être plus nutritifs, plus toniques, plus utiles enfin aux êtres qui s'en nourrissent, et, de plus, que le fumier qui en provient, reportant ces sels en plus grande proportion sur le sol, doit avoir une action plus puissante.

La chaux a donc un double moyen d'action : celle qu'elle exerce directement sur le sol et les végétaux, et celle qu'elle exerce indirectement par les engrais, qu'elle modifie, et qu'elle rend plus actifs et plus fécondants, en leur fournissant une plus grande masse de substances salines. Des expériences faites en dernier lieu par M. Auguste de Gasparin ont prouvé qu'au moyen d'une addition de 4 kilogrammes de sel par charretée, employés à saupoudrer le fumier à mesure de sa formation, on peut l'empêcher de moisir, de chancir ou prendre le blanc ; lui donner enfin, sur le sol, une valeur d'un tiers en sus.

§ 5. La fécondité que portent avec elles les substances salines, d'une part, et, de l'autre, la formation des sels dans la terre par l'intermédiaire des labours, de l'humus, des substances animales, et de leurs réactions sur l'atmosphère, nous semblent rendre raison de plusieurs faits agricoles importants, dont la cause était restée jusqu'ici inconnue.

Ces faits expliquent l'action bienfaisante des cultures ameublissantes ; la jachère et ses labours répétés, dont on a voulu, dans ces derniers temps, contester les avantages, reprennent toute la supériorité que l'expérience des siècles avait constatée. Ainsi s'explique encore le dommage que font au sol les grandes pluies, qui entraînent les sels à mesure qu'ils se forment. Une surface bien ameublie, dont chaque molécule peut réagir librement sur les molécules voisines et sur l'atmosphère, doit donc être bien plus favorable à la production que celle qui, ne formant pour ainsi dire qu'une seule masse, refuse l'accès à l'air, et empêche ainsi ses composants de réagir les uns sur les autres.

Labour d'été vaut fumier, dit un ancien proverbe méridional. En effet, en labourant à cette époque, où les pluies sont rares, on enfouit, pour les conserver à la végétation de l'année suivante, les richesses salines à mesure qu'elles se forment à la surface.

§ 6. Cette théorie de l'effet des substances salines sur le sol explique comment il se fait que des terres qui paraissent infécondes et dépourvues d'humus, restées quelque temps entassées, et par cela même à l'abri des grandes pluies, deviennent un puissant engrais pour le sol auquel on les applique. Telle est encore la cause de l'activité que donnent partout à la végétation les terres de la surface du sol. Voilà aussi pourquoi les vases d'étangs et de rivières, les boues des rues de nos villes, employées immédiatement sur le sol, y produisent assez peu d'effet, tandis qu'elles apportent la fécondité lorsqu'on les a laissées entassées pendant un certain laps de temps.

Par cette théorie on explique encore pourquoi les composts sont beaucoup plus fécondants lorsqu'ils ont été préparés à l'avance ; leur confection réunit alors toutes les conditions favorables à la formation des sels : l'humus, les substances animales, l'humidité convenable, les remuements répétés, le renouvellement des surfaces, l'ameublissement, et par suite la faculté de se laisser traverser par les eaux surabondantes. Si à toutes ces circonstances on ajoute la présence de la chaux dans ces composts, la formation des nitrates se trouve favorisée de toutes les manières.

C'est la même théorie qui nous montre pourquoi la chaux, appliquée sans intermédiaire, a une action moins fécondante que lorsqu'elle a été préalablement mélangée avec de la terre, celle-ci fût-elle peu chargée d'humus ; pourquoi, répandue sur le sol peu de temps avant les semailles, elle ne montre souvent des effets bien sensibles qu'à la seconde année ; pourquoi enfin elle a besoin d'être bien mêlée au sol, et placée près de la surface, à proximité des engrais, au contact des agents atmosphériques.

Ne serait-ce pas encore là la cause de la supériorité des sols calcaires sur ceux qui ne le sont pas? Le sol calcaire, toujours en travail, prépare, produit par ses propres forces les sels fixes nécessaires aux végétaux. Sans fumier, il rapporte encore, tandis que, sans engrais, le sol non calcaire double à peine sa semence. De plus, le fumier, sur un sol calcaire, exerce une action proportionnellement plus fécondante que sur un sol siliceux ; dans le premier, il s'établit entre l'engrais et la chaux une réaction réciproque qui produit plus de sels fixes, dont la quantité détermine une absorption plus considérable des principes volatils de l'atmosphère.

§ 7. Le chaulage des terres présente quelquefois d'étranges phénomènes, dont notre théorie va encore nous donner l'explication. A moins d'être employée à très-forte dose, la chaux produit peu d'effet sur les sols humides ou mal égouttés ; dans les années pluvieuses, son effet est même presque nul sur les terrains très-argileux, parce que l'eau surabondante empêche la formation des sels ; en outre, dès que cette eau ne peut plus traverser le sol, elle coule à la surface ou reste stagnante ; si elle s'écoule, elle dissout et entraine les sels antérieurement formés ; si elle reste stagnante, elle les délaie dans une trop grande masse d'eau, et détruit leur activité.

§ 8. Toutefois, la formation dans le sol des substances salines, par l'action de la chaux, de l'humus, ne nous semble pas suffire pour expliquer ses grands effets sur la végétation; nous pensons qu'il se passe encore d'autres phénomènes, d'autres combinaisons qui nous sont jusqu'ici restées et qui nous resteront peut-être toujours inconnues. Il est donc probable qu'il se forme dans le sol, à l'aide de la chaux, des principes de végétation autres que les sels. Elle développerait dans le sol et dans les plantes des affinités nouvelles ou plus énergiques, en vertu desquelles les végétaux s'assimilent une plus forte proportion des principes atmosphériques et des éléments du sol dans lesquels ils vivent. C'est, en d'autres termes, reproduire notre idée principale : que la chaux accroît la force d'absorption du sol et des plantes sur l'atmosphère, et augmente ainsi la puissance des fonctions vitales et productrices.

Nous touchons ici à des points mystérieux; mais tel est le sort de la plupart de nos investigations : les plus heureuses recherches, les découvertes qui portent le plus de lumière dans les phénomènes de la nature, viennent presque toujours se heurter à quelque fait majeur dont elle semble vouloir se réserver le secret.

§ 9. Mais, si les substances salines et la chaux dont les végétaux ont besoin se trouvent produites par le sol lui-même et par les réactions de la vie végétale, comment ces substances peuvent-elles devenir un si puissant engrais? L'explication nous en paraît plausible. Les substances fixes sont indispensables aux végétaux; leur charpente en a un besoin absolu. Si le sol emploie toutes ses ressources et toutes ses forces à les produire, il lui en reste d'autant moins pour fournir aux autres nécessités de l'existence et de la croissance du végétal; si, au contraire, on les lui donne toutes formées, si surtout on lui donne la chaux, qui paraît exercer la plus favorable influence sur la production de la plupart d'entre elles, les forces du sol qui auraient été employées à ce travail prennent une autre direction; elles servent à faire absorber en plus grande quantité par le sol ou par le végétal l'eau et les principes volatils de l'air, qui forment la majeure partie de sa substance.

§ 10. Les preuves que nous venons de développer de la formation des composés terreux et salins par la vie végétale nous semblent tout à fait concluantes. Elles ressortent des résultats incontestés et incontestables d'une foule d'analyses rigoureuses, et elles s'appuient sur des faits naturels qui ont lieu sur de grandes masses végétales et sur de vastes étendues de terrain. Ainsi, quand bien même les expériences et les résultats chimiques, dont elles ne sont cependant que le corollaire immédiat, varieraient dans quelque proportion, comme il arrive quelquefois dans l'application des analyses chimiques aux substances végétales, rien ne serait changé dans la certitude des faits établis; car nos résultats nous ont donné de grandes masses, et on pourrait les faire varier de moitié, des trois quarts même, sans que les conséquences en fussent altérées. Or de telles variations ne sont pas probables.

Toutefois nous croyons utile, dans une question de cette importance, d'ajouter à ces preuves celles que la science a recueillies précédemment sur ce sujet depuis longtemps en discussion.

Nous rappellerons en premier lieu l'expérience faite par Vanhelmont; nous avons vu que, dans ce cas, il y aurait eu production de plus de 1k,82 de principes fixes salins et terreux. Nous citerons ensuite les recherches de Lampadius. Il fit croître des plantes dans des terres pures, isolées les unes des autres; ces terres étaient la chaux, la silice, l'alumine et la magnésie. Chaque lot reçut une quantité égale de fumier de vache. A l'incinération, toutes ces plantes donnèrent les mêmes principes salins et terreux. Il est évident qu'elles n'avaient pu les prendre dans chacune des terres où elles avaient poussé, puisque chacune d'elles était isolée. Elles n'ont pas pu prendre toutes ces substances fixes dans le fumier, qui en contenait beaucoup moins qu'elles. D'ailleurs, nous avons vu que les plantes ne peuvent absorber qu'une petite portion de l'humus du sol; si donc le fumier n'a fourni aux plantes que très-peu de principes fixes, il a bien fallu que la plus grande partie s'en formât dans les plantes elles-mêmes, pendant le cours de la végétation.

M. Braconnot s'est livré à une suite d'expériences qui l'ont conduit à des résultats analogues. Il a analysé des lichens qui contenaient plus de moitié de leur poids d'oxalate de chaux, que n'avaient pu leur céder les substances sur lesquelles ils avaient végété. Il a vu, pendant le mois d'août, le *lichen prunastri* et le *lichen ciliaris* couverts d'une croûte de carbonate de chaux, et cependant il n'y en avait point dans le voisinage ni sur les végétaux environnants.

Enfin, dans un Mémoire sur ce sujet, couronné par l'Académie de Berlin, Schrader a publié les résultats d'une autre série d'expériences qui sont venues confirmer les faits précédemment établis. Nous citerons comme la plus concluante celle où il fit croître des plantes dans diverses substances pulvérulentes qui ne contenaient point de terre; ces plantes, mises à l'abri de la poussière et de la pluie, n'étaient arrosées que d'eau distillée; elles ne réussirent que dans la fleur de soufre, et dans les oxydes d'antimoine et de zinc; mais elles donnèrent, à l'incinération, plus de principes salins et terreux que les graines n'en contenaient.

§ 11. La vie végétale n'a pas seule la puissance de former, comme nous venons de le reconnaître, les principes fixes, salins et terreux; la vie animale partagerait avec elle cette propriété. Vauquelin, avec l'exactitude qu'il a apportée à tous ses travaux, semble l'avoir établi d'une manière peu contestable.

Il a fait manger à une poule, en dix jours, 483 grammes d'avoine, contenant 5g,92 de phosphate de chaux ; 9g,18 de silice ; en tout 15g,10 de sels terreux et de terres. Or elle a pondu quatre œufs, dont la coquille contenait 11g,40 de phosphate, et 18 grammes de carbonate de chaux. Les excréments, pendant les dix jours, ont produit 2 gr. de phosphate et 2g,50 de carbonate de chaux, plus 8 gr. de silice. Les substances terreuses des coquilles et les déjections contenaient donc ensemble 41g,60 de sels terreux ou de terres, savoir : 13 de phosphate de chaux, 20 de carbonate, et 8 de silice. En retranchant de ce produit les 15g,10 contenus dans l'avoine, on trouve un excédant en poids de substances terreuses s'élevant à 26g,48, ou 7 de phosphate, 20 de carbonate, et 1 gramme de déficit en silice. Il y aurait donc eu une production de substances fixes terreuses triple de celles absorbées dans les aliments, et les excrétions seules en contenaient moitié en sus.

Il n'est pas possible d'admettre que la substance de la poule ait fourni cet excédant, car l'avoine a été donnée au delà du besoin ; la ration qu'a reçue la poule excède celle que M. de Villeneuve, dans son excellent *Manuel d'Agriculture*, indique comme la ration à discrétion. Dans ces circonstances, la poule a donc dû, sans aucun doute, augmenter le poids tant en chair qu'en os, qui contiennent encore une assez forte proportion de principes terreux. En outre, le chimiste n'a pas tenu compte des principes terreux contenus dans la substance même des œufs, substance qui a dû être à peu près remplacée dans le corps de la poule bien nourrie par la croissance incessante des œufs des pontes subséquentes. A notre avis, cette double considération compense donc, et au delà, ce que la poule pouvait contenir, au commencement de l'expérience, de principes terreux nécessaires à la préparation des coquilles. D'ailleurs, la coque ne se produit que très-peu de temps avant la ponte, et elle ne prend de la consistance qu'au moment même où est l'œuf pondu.

Des expériences analogues faites sur des serins n'ont pas été d'accord avec celles qui précédent; la femelle, sans l'aide de substances calcaires, n'a pu produire des œufs dont la coque eût une consistance suffisante; mais on conçoit facilement que le serin, dont le volume est à peine le 1/50 de celui de la poule, et qui doit pondre des œufs dont l'enveloppe égale 1/3 de ceux de la gallinacée, n'ait pas l'énergie vitale nécessaire pour produire, sans le secours de parties calcaires, la grande quantité des principes terreux de la coque. D'ailleurs, on ne donne aucune analyse des aliments consommés, des excrétions, de la coque, ni de la substance des œufs produits par le serin. Ces expériences ne peuvent donc pas infirmer les premières.

L'opinion de la formation des principes salins et terreux par la vie animale trouverait une autre confirmation dans des observations faites sur les animaux domestiques de nos étables. D'après les analyses de Kirwan, le fumier frais de cheval contient 4,55 pour 100 de ces principes; celui de vache, 4, et celui de mouton, 40 pour 100. Mais le poids de leurs excréments est double de celui des fourrages consommés; or ces fourrages donnent 4, 3 pour 100 de résidu fixe. On trouverait donc dans les excréments du mouton 9 fois autant de substances terreuses qu'il y en avait dans ses aliments, dans ceux de la vache, 2 fois, et dans ceux du cheval une proportion plus forte encore. Le mouton, il est vrai, peut avoir pris au pâturage une partie de ces principes; mais est-il possible d'admettre que plus d'un tiers des aliments pris au pâturage ait été formé de principes terreux? D'ailleurs, on n'a pas les mêmes raisons à opposer pour la vache, encore moins pour le cheval si rarement nourri au dehors. On trouverait donc, dans ces dernières observations, de nouveaux et puissants motifs de conclure que la vie animale, comme la vie végétale, peut donner naissance aux substances terreuses.

On peut opposer à ce résultat les expériences de M. Boussingault, qui tendraient à établir que le fourrage consommé donne plus de principes fixes que les récoltes n'en contiennent. Mais l'exploitation de Bechelbronn prend la plus grande partie de ses fourrages au dehors, et notamment dans les prairies arrosées. En outre, par la culture améliorante qu'on y met en pratique, le sol s'enrichit chaque année en conservant une partie des principes des engrais. Cette double exception s'oppose à ce que les résultats qu'on y obtient puissent s'appliquer d'une manière générale. De plus, il s'en faut que, dans toutes les exploitations, le sol recueille tout le fumier produit, et par conséquent tout le résidu des fourrages. Il s'en perd toujours beaucoup, soit au pâturage, soit par les animaux de travail, soit enfin par les eaux et les pluies. Il est donc impossible que les récoltes puissent reproduire tous les principes fixes contenus dans les fourrages.

Nous croyons donc que notre observation subsiste dans toute sa force toutes les fois qu'il s'agira d'une exploitation qui marche sans le secours de prairies arrosées, et c'est ce qui arrive le plus souvent. Nous ferons observer de plus que la question n'était pas de prouver que les animaux produisent toujours plus de principes fixes qu'ils n'en reçoivent par les aliments; il suffit, pour appuyer notre système, d'établir d'une manière précise que cela a lieu souvent, et nous pensons y être parvenu.

Nous avons développé avec quelque étendue, dans les chapitres qui précédent, les causes diverses de fécondité que détermine l'emploi de la chaux dans un sol qui n'en contient pas; ces causes sont nombreuses et avaient été jusqu'ici peu aperçues. Nous avons eu aussi à traiter dans nos développements, et nous avons peut-être fait avancer de quelques pas plusieurs questions de physiologie végétale. Toutefois nous devons donner avec quelque défiance tout ce qui, dans nos conclusions, n'est pas d'accord avec les opinions d'hommes plus habiles que nous; mais nous avons regardé comme un devoir de produire nos opinions et de les appuyer par des faits, tout en étant prêt à y renoncer quand d'autres faits en auront détruit la probabilité.

CHAPITRE XVIII

Quantité de Chaux absorbée par la végétation.

Ce que nous avons vu précédemment peut nous mettre sur la voie de la quantité de chaux absorbée par la végétation. Nous rappellerons que les analyses de Saussure ont fourni en moyenne 4,3 pour 100 de cendres dans l'incinération de différents produits végétaux secs : froment, orge, avoine, fèves, maïs, et leur paille. Nous aurions donc 301 kilogrammes de cendres pour les 7.000 kilogrammes de substance végétale sèche produite, pendant le cours de l'assolement, par un hectare de terre chaulée de qualité moyenne. Mais les produits sur lesquels a expérimenté de Saussure, l'orge exceptée, paraissent être venus dans des graviers et des sols siliceux, et ils ne doivent guère, par cela même, contenir plus de la moitié de la chaux que donneraient des plantes qui auraient crû dans des sols calcaires, ou devenus tels par des amendements.

Ensuite, comme nous agissons sur des terres chaulées, nous croyons devoir admettre, au lieu des 10 pour 100 de chaux trouvés par de Saussure dans les cendres des végétaux, les 20 pour 100 que le docteur Sprengel a obtenus en moyenne par l'incinération des pailles des douze principales espèces de végétaux cultivés. En établissant nos calculs sur cette base, nous aurons, pour les récoltes des deux années d'assolement, 60 kilogrammes de chaux pris dans le sol, ou, pour chaque produit annuel, 30 kilogrammes. Or nous avons vu, en étudiant les expériences comparées de pays où la pratique du chaulage est ancienne, qu'il fallait donner au sol 3 hectolitres, ou 250 kilogrammes de chaux par hectare et par an. Les produits ne représentent donc pas tout à fait 1/8 de la quantité de chaux jugée nécessaire.

On conçoit bien qu'une partie des 7/8 non représentés aura pénétré dans le sol ou servi à des combinaisons d'un effet peu appréciable sur la végétation; qu'une autre partie, dissoute par les eaux, aura été entraînée par les grandes pluies ou sera descendue dans les couches inférieures. Mais, puisque le sol a besoin de nouvelles doses de chaux alors même que plusieurs chaulages lui ont été successivement donnés pendant un nombre d'années assez considérable, ne serait-il pas naturel de penser qu'une portion notable de cette chaux aura été employée à la formation des autres principes salins contenus dans les végétaux? Sans cette hypothèse, quelque difficile à admettre qu'elle puisse paraître, on ne peut se rendre compte de la disparition presque totale des 7/8 de la chaux appliquée au sol.

La petite quantité de chaux qu'absorbe la végétation explique comment de légers chaulages, tels qu'on les pratique dans quelques parties de l'Allemagne, des chaulages de 5 à 6 hectolitres par hectare, peuvent cependant produire un grand effet, pourvu qu'ils soient faits avec soin et que la chaux soit bien répartie sur toute l'étendue de la terre labourable. La végétation y trouve encore abondamment les principes qui lui sont nécessaires. Telle est aussi, probablement, la raison de l'effet prolongé d'un premier chaulage, qui se fait sentir encore après un demi-siècle.

CHAPITRE XIX

Épuisement du sol par la Chaux.

§ 1. Les faits pratiques et théoriques qui précèdent nous permettent de traiter maintenant avec les développements qu'il demande le point si intéressant pour l'agriculture de l'épuisement du sol par la chaux, que nous n'avons encore fait qu'effleurer. Et d'abord, les expériences chimiques ne confirment pas cette opinion généralement admise par les chimistes eux-mêmes et par un grand nombre de praticiens, que le rôle principal de la chaux consiste à rendre l'humus soluble, et, par conséquent, à hâter sa consommation en le faisant passer plus facilement et plus promptement dans la circulation végétale.

Dans son état ordinaire, l'humus n'est pas soluble; pour pouvoir être employé à la végétation, pour devenir soluble dans l'eau, pour entrer dans la circulation végétale et s'assimiler à la substance des plantes, il a besoin, en quelque sorte, d'être transformé par les réactions de l'air et du sol. Il faut qu'il passe à un état gélatineux qui ne contient plus qu'environ 1/20 de substance solide et 19/20 d'eau. Les chimistes allemands ont donné à cette combinaison le nom d'acide humique, parce qu'elle renferme une quantité notable d'oxygène et qu'elle possède réellement les caractères qui distinguent les acides. Elle a reçu aussi le nom d'ulmine, et de Saussure l'a appelée extrait de terreau. D'après les expériences de ce dernier, l'eau ne peut dissoudre que 1/1000 de son poids de cet extrait sec, et les plantes ne prennent même encore, en absorbant la dissolution, que 1/4 de l'humus soluble qu'elle contient.

Dans le sol chaulé les choses se passent autrement. La chaux, pour s'emparer de l'acide humique, l'enlève à ses autres combinaisons, et forme avec lui un nouveau composé qui n'est soluble que dans 2,000 fois son poids d'eau. La végétation devrait donc absorber moins d'humus dans le composé nouveau que dans la première solution, puisque celle-ci en contenait le double; d'où la conséquence que la chaux ménagerait l'humus du sol au lieu de hâter sa consommation. Mais il ne faut pas oublier qu'un sol chaulé donne des récoltes plus répétées et surtout plus abondantes, ce qui pourrait faire craindre que, bien qu'il parût économisé, et malgré l'accroissement de la force d'absorption sur les principes atmosphériques, l'humus, par la production d'une masse végétale double, ne s'épuisât plus promptement avant qu'après le chaulage, si les engrais ne venaient pas rétablir l'équilibre. Mais avec des soins et des engrais proportionnés aux produits, la fécondité du sol se soutiendra. En voici la raison : le sol chaulé, par comparaison avec le sol non chaulé, perd peu et reçoit beaucoup, parce que les modifications qu'il a éprouvées dans sa composition, dans sa consistance, dans sa contexture intime, l'ont disposé à demander beaucoup plus aux agents avec lesquels il est en rapport. Son ameublissement, qu'augmentent les alternatives de température, ouvre le sein de la terre, et dispose ses molécules à profiter de l'action de tous les agents atmosphériques.

En outre, comme nous l'avons vu précédemment, la chaux donne au sol tous les avantages des terrains calcaires; or l'expérience a toujours et partout prouvé que les sols calcaires ne sont pas susceptibles de s'épuiser comme les terrains siliceux; ils ont moins besoin de fumier; celui qu'on leur donne produit plus d'effet et se consomme moins vite. Certains graviers et sables siliceux dévorent l'engrais avec une étonnante rapidité, et la végétation qu'ils produisent semble n'en retirer qu'un profit assez peu sensible.

Voilà pourquoi, tout en amenant une production abondante, la chaux ménage néanmoins les forces du sol, ne rendît-on à celui-ci, comme compensation, qu'une partie du produit qu'il a donné.

§ 2. On dit : « La chaux n'enrichit que les vieillards ; » on dit encore : « La chaux enrichit les pères et ruine les enfants. » Ces sentences, ces proverbes, si l'on veut, ont à coup sûr un fondement; des faits observés sur un assez grand nombre de points les auront fait répéter et les auront mis en crédit ; ces faits se reproduiront probablement sur quelques sols : ce sera lorsque, par un faux calcul, le cultivateur, abusant de la fécondité qu'il vient de créer, voudra faire produire à la terre, sans compensation, tout ce qu'elle est capable de rapporter.

Mais, si l'on ne recule pas devant les soins que nous avons indiqués plus haut, si on sait profiter de l'augmentation d'engrais animaux que donneront les produits d'un assolement combiné avec intelligence, non-seulement on conservera au sol sa nouvelle fécondité, mais on finira par la lui rendre pour ainsi dire naturelle, comme il est arrivé dans les pays où le chaulage est mis depuis longtemps en pratique.

§ 3. L'expérience a partout établi que la chaux, employée avec mesure et discernement, n'apporte au sol que des avantages sans entraîner aucun inconvénient. Mais on prend aisément le change dans cette question. Lorsque le chaulage a donné pendant une génération des produits abondants et souvent répétés ; lorsque des récoltes épuisantes se sont succédé sans qu'on ait rendu à la terre des engrais suffisants, la fécondité doit nécessairement diminuer. On voit les produits s'affaiblir successivement, et on en accuse la chaux, lors même qu'ils sont encore supérieurs à ceux qu'on obtenait avant le chaulage. On a mis en oubli l'ancienne infécondité, et l'on se plaint d'y revenir; on se plaint de la chaux, dont le sol ne contient plus que quelques parcelles. Mais c'est vous-mêmes que vous devriez accuser, car vous avez abusé des forces que vous aviez créées. Recommencez à chauler, et vous retrouverez quelques bonnes récoltes. Mais si, après un nouveau chaulage, vous demandez au sol une nouvelle succession de produits épuisants, et si surtout vous n'employez pas plus d'engrais, vous retomberez plus vite que la première fois ; car c'est dans la parcimonie apportée aux engrais qu'est le véritable défaut de votre culture. Dans ce dernier cas même, le mal est facilement réparable, et le sol, quoiqu'un peu appauvri, offre encore plus de ressources qu'avant les chaulages. Avec des engrais animaux, des engrais verts, en lui demandant des fourrages plutôt que des grains, enfin, avec un peu de peine et de temps, il reviendra à des produits qu'une culture prudente eût toujours obtenus.

L'emploi de la chaux ne semble guère avoir présenté des résultats fâcheux que dans des sols légers, déjà anciennement épuisés, et où les doses avaient été trop fortes. Ces terrains, ainsi que nous l'avons dit, demandent des quantités plus faibles de chaux et de marne, et exigent des ménagements dont les autres peuvent se passer. Mais tous ces dangers, même les imprudences, peuvent être facilement évités; il suffit pour cela d'employer la chaux en compost. Il n'est pas, que nous sachions, un seul fait agricole qui démente la fécondité soutenue qu'ils produisent; pas un canton où la chaux employée de cette manière ait amené à sa suite des symptômes d'épuisement.

§ 4. Dans les sols de consistance ordinaire, à plus forte raison dans les sols argileux, l'emploi de la chaux, même accompagné d'un peu d'imprudence, n'a donné que de bons résultats; cependant, au bout d'une douzaine d'années, l'élan de fécondité que la chaux avait apportée se ralentit au moins de moitié. Le sol conserve encore un peu de supériorité; mais ses produits ne tardent pas à descendre à peu près à l'ancien niveau.

En Angleterre, depuis plusieurs siècles, le chaulage est devenu une pratique habituelle pour la moitié peut-être des terres cultivées. Les doses employées s'élèvent quelquefois par hectare à 500 hectolitres, ce qui fait 5 pour 100 de chaux dans une couche labourable de $0^{m},15$. Les plus faibles doses en usage dans ce pays égalent les plus fortes du nôtre. Il existe cependant quelques rares cantons où la fécondité ne s'est pas soutenue; mais il faut dire que la chaux employée dans ce cas contenait presque toujours de la magnésie. Partout ailleurs, le sol a été amené par la chaux à produire le double au moins de ce que produit le sol français. Mais aussi, pour maintenir, pour accroître même cette fécondité, les Anglais consomment une quantité d'engrais double de celle que nous employons.

En Amérique, l'abus de la chaux a été beaucoup plus sensible et plus étendu qu'en Angleterre. Un siècle de labours et de produits presque sans engrais avait épuisé ce sol où la charrue n'avait jamais passé. Le chaulage lui avait rendu une vigueur nouvelle; mais on a abusé de cette fécondité artificielle comme on avait abusé de la fécondité native, et le sol s'est de nouveau et plus profondément épuisé. Dans ce pays tout anglais, on s'est empressé de suivre les exemples et les conseils des Anglais; on a employé, sans l'intermédiaire d'aucun compost, des centaines de boisseaux de chaux par acre; on avait le plus souvent affaire à un terrain léger et déjà épuisé; on accumulait donc comme à plaisir toutes les chances défavorables. De plus, il paraît que, dans un grand nombre de cas, on s'est servi de chaux magnésifère, dont l'effet sur le sol, si on en croit l'expérience d'un grand nombre d'agriculteurs, est le plus souvent funeste. Pour éviter ces dangers, on a été réduit, dans les cantons où on n'a point trouvé de pierre calcaire sans magnésie, à fabriquer avec des écailles d'huîtres de la chaux dont l'agriculture n'a plus eu à se plaindre.

Mais, la fabrication, et, par conséquent, l'emploi de cette espèce de chaux étant fort restreints, on a été amené par l'expérience à diminuer la dose de chaux magnésienne. On est descendu, comme l'avaient fait les Anglais pour la chaux magnésifère de Breedon, à 30 ou 40 boisseaux par acre (25 ou 30 hectolitres par hectare), et avec ces précautions l'emploi de la chaux a repris ses avantages.

En Allemagne, le chaulage, moins anciennement pratiqué qu'en Angleterre, est cependant plus répandu qu'en France; on s'en plaint dans quelques endroits, mais on s'en loue sur le plus grand nombre de points.

En France, c'est dans la Normandie qu'il faut chercher le plus ancien usage de la chaux. Couronné de succès sur le plus grand nombre de points, il fut proscrit par les baux à ferme sur d'autres où il avait donné lieu à quelques abus, mais on y revient maintenant dans ces lieux mêmes; il est vrai que c'est en prenant la précaution de l'employer à l'état de compost, de sorte que, sur une grande partie des plateaux argilo-siliceux de ce pays, on fait maintenant usage de chaux ou de marne. Depuis l'emploi des composts, propriétaires et cultivateurs sont convaincus de l'utilité et de l'innocuité de la chaux, et on a renoncé dans les baux aux clauses qui en interdisaient l'usage. On est même arrivé, sur quelques points où la chaux est d'un prix assez élevé, à stipuler que le fermier devra, dans le cours du bail, en donner à tout le sol une quantité minimum déterminée. M. de Chaulieu, qui rapporte ce fait, ajoute que, dans les environs de Vire, un cultivateur, ayant pris à ferme un domaine voisin du sien, avait, pendant quinze années, porté tout l'engrais des deux domaines sur son propre terrain, et réduit le domaine affermé à des chaulages. Ce dernier a produit beaucoup, et rapporte encore autant que le domaine engraissé : il se loue aussi cher que les bonnes terres de la commune, et on continue de lui appliquer le même système avec succès.

Dans les départements du Nord, le chaulage est employé de temps immémorial dans tous les arrondissements; ici on le renouvelle tous les douze ans; là on laisse dix-huit ans d'intervalle. C'est peut-être la partie de l'Europe où cet usage s'est le plus longtemps perpétué, car il est un des premiers où il se soit établi. Si la chaux semble produire à chaque application un effet moins sensible, nous croyons qu'il faut l'attribuer à ce que ces sols féconds ont retenu de leurs chaulages successifs une dose de chaux qui permettrait d'en suspendre l'emploi pendant de longues années sans que les produits du sol en fussent affectés d'une manière sensible.

§ 5. Résumons maintenant tout ce que nous avons dit sur cette importante question.

1° La chaux, employée avec discernement sur des sols non calcaires, mais bien égouttés, est toujours éminemment utile.

2° La méthode des composts, convenable partout, est presque indispensable dans les sols légers. Ils augmentent l'effet de la chaux, prémunissent contre les chances d'épuisement, et réparent au besoin le mal causé par des imprudences antérieures. Cette méthode rend plus facile l'emploi des petites doses et diminue les dépenses du chaulage.

3° L'emploi de la chaux magnésifère doit être évité; si on n'en a pas d'autre à sa disposition, il faut l'employer avec une certaine défiance, à petites doses, et augmenter la proportion d'engrais.

4° Dans les sols consistants, l'emploi de la chaux ordinaire est toujours suivi de résultats heureux et prolongés; on ne cite pas de pays où, avec cette nature de sol, en proportionnant les engrais aux produits, on ait eu à se plaindre du chaulage; et, si les effets cessent quelquefois d'être sensibles, c'est que des chaulages successifs ont accumulé dans le sol une dose suffisante de chaux.

5° En fournissant à ces terrains une quantité d'engrais proportionnée au produit, on y maintient la fécondité première que la chaux a développée, et il est de l'intérêt du propriétaire de favoriser au besoin par des avances les chaulages de ses fermiers, car il doit y trouver un accroissement de capital et de revenu.

6° S'il s'agit d'un sol léger et stérile, le propriétaire fera bien d'exiger, au moins pour les seconds chaulages, que la chaux ne soit employée qu'en compost; cette précaution suffira pour mettre son terrain à l'abri des suites fâcheuses d'une culture avide et exigeante.

CHAPITRE XX

Assainissement du sol par les agents calcaires.

PREMIÈRE SECTION

Causes d'insalubrité.

L'insalubrité d'un pays semble le plus souvent provenir des effets du soleil sur une terre que l'eau a pénétrée après y être restée quelque temps stagnante. Dans cet état, le sol contient toujours dans sa couche supérieure ou à sa surface des matières végétales et animales qui entrent en décomposition. Les chaleurs de l'été diminuent la quantité d'eau qu'elle contient, l'échauffent aussi bien que le sol sur lequel elle repose, et déterminent des émanations dont l'effet est de prédisposer l'homme aux fièvres intermittentes.

Les grandes masses d'eau ne paraissent pas offrir cet inconvénient; la surface recouverte par le liquide ne semble nullement insalubre, et une agitation continuelle enlève aux eaux elles-mêmes toute disposition à se corrompre. Souvent, au contraire, elles deviennent un moyen puissant de détruire les émanations des marais desséchés. Ainsi l'on couvre d'eau, à la fin de l'été, les parties malsaines des marais pontins, et on arrête par là leurs effluves délétères.

On voit croupir impunément, près de toutes les habitations rurales, des masses d'eau, nommées *mares*, qui tiennent en dissolution de grandes quantités de substances animales et végétales. Tous les bestiaux s'y abreuvent, et leurs émanations sont inoffensives pour l'homme comme pour les animaux, puisque, dans les pays naturellement sains, on ne voit régner aucune maladie qu'on puisse leur attribuer.

Les surfaces couvertes d'eau ne sont donc nullement malsaines; mais les bords le deviennent lorsque, par suite de l'évaporation, les eaux diminuent et les laissent à découvert. Le soleil d'été amène, sur la partie précédemment imbibée, la décomposition des substances que les eaux déposent à la surface en se retirant et de celles que contient la couche supérieure du sol. Ainsi, dans les colonies, l'année la plus funeste aux colons par les maladies qu'elle voit naître est celle qui suit le défrichement, où le soleil dessèche pour la première fois les plaines mises en culture.

Des maladies épidémiques apparaissent aussi fréquemment dans les marais desséchés depuis peu et d'où l'on a fait disparaître les eaux de la surface; il en est de même des fièvres malignes, qui prennent un caractère épidémique aux environs des vases et des terres extraites des fossés, ou de mares et de rivières stagnantes. Ces exhalaisons ne deviennent dangereuses que sous l'influence du soleil d'été; il est donc naturel de penser que l'insalubrité est due plutôt aux effluves des terres pénétrées d'eau qu'aux émanations des eaux elles-mêmes.

Pendant les années pluvieuses, ces phénomènes se produisent avec peu d'intensité et n'entraînent pas de dangers graves, parce que les eaux intérieures se vaporisent peu et ne diminuent presque pas; dans les années sèches, au contraire, le mal, vers la fin de l'été, devient plus grand, plus sensible, et étend quelquefois ses ravages sur de vastes étendues de pays.

Les bords des rivières sont le plus souvent exempts de maladies endémiques; mais si quelque inondation vient, pendant l'été, couvrir les prairies et les terres labourables qui se trouvent à proximité, leur sol devient malsain sous l'influence des rayons du soleil qui tombent sur une terre imbibée d'eau.

A Rome, les jardins intérieurs sont éminemment insalubres, bien qu'il n'apparaisse aucune trace d'humidité à la superficie; si l'on intercepte par des constructions l'effet du soleil sur le sol, les émanations cessent, et ces parties rentrent dans les conditions de salubrité du reste de la ville.

Dans la Limagne d'Auvergne, le canton dit le Marais, dont le desséchement est opéré depuis deux siècles, est néanmoins assez malsain encore aujourd'hui. La superficie est desséchée, mais l'intérieur du sol, qui a conservé une grande humidité surabondante, produit sur les habitants des effets analogues à ceux des marécages, moins graves cependant qu'avant le desséchement. Enfin, Issoire et ses environs, qui reposent sur un sol plus ou moins pénétré d'eau, sont sujets aux fièvres intermittentes, quoique l'eau ne paraisse pas à la surface.

En hiver, lorsqu'ils sont couverts d'eau, les marais eux-mêmes ne sont pas insalubres, mais ils le deviennent pendant l'été, alors que les eaux baissent à l'intérieur, au-dessous de la couche végétale, et laissent à découvert une portion de la surface. Cette couche humide, où se sont amassés de nombreux débris de toute espèce, que l'eau ne défend plus de l'action du soleil, s'échauffe, fermente, et laisse échapper des combinaisons gazeuses délétères, qui vont se mêler à l'air atmosphérique.

Cet effet se produit non seulement dans les marais, mais encore dans tout sol qui, ne permettant pas aux eaux qu'il reçoit de passer dans les couches inférieures, voit diminuer leur masse sous l'influence évaporante du soleil d'été.

Ainsi l'expérience et l'observation prouvent que la stagnation de l'eau qui se trouve au-dessous du niveau du sol est bien plus à redouter que celle de l'eau qui recouvre sa surface; que l'insalubrité d'un pays provient en général des émanations de son sol, lorsque l'eau l'a quitté; que ces émanations sont dangereuses pour la race humaine toutes les fois que la couche supérieure du sol retient les eaux au lieu de les laisser descendre aux couches inférieures; enfin que le danger est loin de disparaître alors même que l'eau ne paraît plus à la surface.

DEUXIÈME SECTION

Insalubrité des plateaux argilo-siliceux.

Nous trouverons à faire l'application de nos remarques sur une échelle malheureusement bien étendue.

Une grande et dernière alluvion, presque exclusivement composée d'argile et de silice, a couvert la majeure partie de la surface de la terre. Les eaux, en se retirant, l'ont balayée du fond des bassins des rivières et des fleuves, et de quelques grandes plaines, et ont ainsi mis à découvert les formations inférieures ou les ont mélangées à cette dernière alluvion; mais, hormis les points élevés et les hautes montagnes qu'il n'a pu couvrir, le grand dépôt est resté maître d'une immense étendue de terrain.

Pendant que le fond des bassins, quelques plaines et une bonne partie des autres formations sont féconds et salubres, l'alluvion a rendu à la fois peu fertiles et souvent malsaines les surfaces qu'elle recouvre; composée de sable fin et d'argile, laissant passer difficilement aux couches inférieures les eaux surabondantes, conservant dans son sein, pour peu qu'elle soit épaisse, celles qu'y verse l'atmosphère, elle semble destinée à exercer la patience et l'industrie de ceux qui habitent sa surface.

Cette nature de sol prend assez avidement la grande proportion d'eau nécessaire à sa saturation. D'après les expériences de Shubler, la silice fine, qui en forme la masse principale, peut en absorder trois fois son poids. Mais, une fois saturé, le sol refuse d'en admettre davantage. Cependant il retient cette eau, parce qu'il a pour elle une certaine affinité, et parce que les couches inférieures, moins perméables encore que la surface, une fois saturées elles-mêmes, refusent d'admettre et de laisser passer l'eau surabondante. Cet excédant reste donc à la surface, gêne la culture et nuit à la végétation, à moins que la pente naturelle du sol ou des dispositions bien appropriées n'en facilitent l'écoulement. Telles sont les causes de l'humidité de ce sol et de la plupart des obstacles qu'il oppose à la culture.

Si, ce qui heureusement n'est pas rare, la couche argileuse est peu épaisse ; si le sous-sol se compose de formations calcaires, de schistes, de couches de gravier ou de sable, la couche supérieure s'égoutte à la longue, les inconvénients de cette nature de sol diminuent, et il ne manque alors ni de fécondité, ni de salubrité. Il y a même à constater un fait fort remarquable : c'est que, dans les pays où ce genre de sol domine, les parties où la couche végétale repose sur le gravier, la marne ou la pierre, sont plus saines que les parties contiguës qui ne se trouvent pas dans le même cas.

Mais, si la couche argileuse atteint une certaine épaisseur, tout change de face : le sous-sol imperméable prend une couleur gris-rougeâtre; le sol, ne pouvant plus s'égoutter, retient l'eau qu'il a absorbée, et qui, ne pouvant s'écouler, reste stagnante dans son sein, et constitue un véritable marais intérieur, dont nous avons fait connaître les fâcheuses conséquences. Dans ce cas, lorsque arrivent les chaleurs de l'été, le soleil, en échauffant le sol, vaporise une partie de l'eau qu'il renferme ; la diminution de l'eau amène la concentration des matières extractives de toute nature dont elle s'est chargée. Enfin un mouvement intérieur de fermentation s'établit dans ce sol pénétré d'eaux échauffées, et qui contient des détritus animaux et végétaux en décomposition ; de nouvelles affinités surgissent, et il en résulte l'altération des eaux, qui alors deviennent fades et douceâtres; dans quelques parties de sols argilo-siliceux, notamment dans le pays de Dombes, par exemple, elles se troublent, *tournent*, suivant l'expression locale, elles deviennent noirâtres dans les mares, dans les étangs, dans une partie même des puits qui fournissent l'eau à la population.

L'altération des eaux n'offre pas partout les mêmes caractères ; ceux qui précèdent se montrent dans les parties les plus insalubres de la contrée ; les fièvres sont plus rares dans les régions où on peut se procurer des eaux vives, soit aux sources, soit dans les puits.

Toutefois il ne paraît pas que l'insalubrité des eaux soit accrue par leur changement de couleur, dont il semble possible de donner une explication plausible. En effet, le soleil, en dardant ses rayons sur une terre humide et imbibée d'eau stagnante, n'en vaporise pas seulement une partie ; il fait encore produire spontanément au sol, comme dans les tourbières, des espèces de végétaux qui donnent naissance à un principe astringent. Partout où ce sol contient une certaine quantité d'oxyde de fer soluble, les eaux en dissolvent une partie. Le fer et le principe astringent se trouvent donc en présence ; pour peu que la dissolution se concentre, la réaction chimique a lieu, et l'on voit apparaître la couleur noire, due à l'action du principe astringent sur le fer. Cette couleur disparaît avec les pluies d'automne, soit qu'il suffise d'un plus grand volume de liquide pour produire cet effet, soit que ces pluies déterminent des affinités supérieures à celles qui avaient amené la coloration.

On conçoit alors que cette altération des eaux n'ajoute pas à leur insalubrité, puisque ni le principe astringent, ni le fer, ni leur combinaison, ne sont malsains par eux-mêmes ; mais cette altération, qui ne se manifeste qu'à la suite de longues chaleurs, annonce cependant une année fiévreuse.

Les fièvres, assez rares dans une année pluvieuse, deviennent plus communes lorsque des chaleurs prolongées succèdent à un printemps humide. Alors, sans doute, les eaux, dont la saveur est généralement altérée, exercent une influence fâcheuse sur la santé des habitants qui sont obligés d'en faire leur boisson. Mais elles ne sont pas la seule cause des fièvres endémiques qui désolent le pays, puisqu'elles règnent presque également sur les parties de plateaux où les eaux sont bonnes. Il ne faut pas les attribuer non plus à une mauvaise nourriture, à l'usage habituel de l'eau pure, puisque la population bien nourrie est encore exposée à les contracter.

Nous devons le dire : ce n'est pas seulement aux amas d'eau, aux étangs, qu'est due toute cette insalubrité ; sans doute ils y contribuent, et pour la plus forte part, par leurs rives marécageuses qui se découvrent successivement sous l'influence du soleil d'été; mais la fièvre règne encore, quoique beaucoup moins fréquente, sur les plateaux de cette nature, toutes les fois que le sous-sol en est imperméable.

On ne peut pas non plus en accuser les marais de la surface; car sur ces plateaux la pente est généralement assez forte pour que les eaux de la superficie puissent s'écouler, sinon assez facilement pour ne pas nuire à la végétation, du moins assez rapidement pour que la formation de marais soit impossible.

Disons-le donc, c'est dans la nature même du sol, dans l'imperméabilité du sous-sol, qu'il faut chercher l'origine de l'insalubrité qui se manifeste dès qu'on met le pied sur le plateau ; car elle finit où il se termine; sur sa surface même elle se modifie; elle augmente ou diminue selon que la couche imperméable est plus ou moins épaisse, selon que la couche de gravier, la couche calcaire ou la couche absorbante est plus éloignée ou plus voisine de la surface. Cette insalubrité est donc due au marais intérieur, à l'abaissement des eaux dans la saison chaude et sèche et aux émanations qui s'en échappent dans l'atmosphère.

Où trouver, si ce n'est dans le sol lui-même, la cause des émanations délétères qui, dans les pays malsains, prédisposent l'organisation aux fièvres intermittentes? Les circonstances de la vie y sont les mêmes que dans les pays sains; ils éprouvent les mêmes changements de température, les mêmes variations de climat, les mêmes influences atmosphériques; les vents tendent sans cesse à entraîner l'air vicié des uns et à le remplacer par l'air pur des autres. Il y a donc toutes sortes de raisons d'admettre que c'est aux émanations du sol, sans cesse renouvelées, qu'est due l'insalubrité de ces pays.

Nous pourrions trouver dans le département l'Ain l'application en grand, la preuve, au besoin, de la vérité de ces lois générales. La Bresse et la Dombes sont formées d'un même plateau argilo-siliceux, qui s'appuie, aux portes de Lyon, sur les hauteurs primitives de Caluire, et qui s'étend, en s'abaissant graduellement, sur les départements du Jura et de Saône-et-Loire. Il y a une différence de salubrité bien marquée entre ces pays de même formation : à mesure que le plateau s'abaisse, l'insalubrité diminue. Nous pensons que celle beaucoup plus grande de la Dombes, quoique due plus particulièrement au nombre considérable de ses étangs, dépend aussi de l'épaisseur plus grande de sa couche imperméable, qui y forme un marais intérieur profond et continu. En Bresse, un grand nombre de petits bassins secondaires de ruisseaux interrompent la couche imperméable, qui d'ailleurs est le plus souvent assise sur des formations marneuses voisines de la surface, ou sur des lits de sable et de gravier perméables. Dans la Dombes, au contraire, nous trouvons un plateau plus épais, rarement interrompu par des bassins secondaires, et les couches perméables de marne, de sable ou de gravier, sont placées à des profondeurs beaucoup plus considérables.

TROISIÈME SECTION

Moyens d'assainissement.

Nous pensons avoir clairement démontré que du sol lui-même émanent les causes d'insalubrité d'un pays ; mais il ne suffit pas d'indiquer le mal, il faut y apporter un remède. Si donc l'insalubrité provient du sol, nous croyons que c'est dans le sol même qu'il faut l'attaquer ; nous croyons, de plus, qu'elle cédera aux mêmes agents qui provoquent la fécondité. Par une compensation digne de son infinie sagesse, le suprême Dispensateur a placé sous la main de l'homme, dans un seul et même agent, les moyens de se procurer la santé et de donner à un sol peu favorisé une fécondité plus grande. Les amendements calcaires doivent modifier ou anéantir les émanations délétères de ce sol, comme ils en ont changé et amélioré les produits : de grandes et nombreuses analogies appuient cette opinion, que nous avons déjà émise dans notre *Essai sur la marne.*

Les pays calcaires sans marais ne sont point sujets aux fièvres endémiques. Si les bords de la mer, qui contiennent une grande étendue de sol calcaire, y sont exposés, il faut l'attribuer d'abord aux marais qu'on y rencontre, aux rivages tour à tour inondés et mis à sec, ensuite, et surtout, au mélange des eaux douces et des eaux salées, mélange dont on a reconnu depuis longtemps les émanations comme essentiellement délétères.

Les eaux qui sourdent ou coulent dans les formations calcaires sont partout une boisson saine et bienfaisante ; elles contiennent souvent de l'acide carbonique, dont on connaît l'effet tonique sur l'organisation. Répandues sur le sol, sur les plantes en végétation, les eaux calcaires chassent les végétaux marécageux, les joncs, les carex, les roseaux, pour les remplacer par les plantes des terrains sains. Il faut donc qu'elles assainissent le sol aussi bien à l'intérieur qu'à la surface pour en changer ainsi les produits ; n'est-il pas naturel de conclure qu'elles peuvent et doivent modifier aussi ses émanations ?

Dans les sols calcaires, les étangs, et leurs bords tantôt inondés et tantôt mis à sec par l'évaporation, sont loin d'exercer la même influence que dans les sols siliceux. Les étangs en sol calcaire de nos pays, ceux du Berry, plus étendus, les lacs enfin, dans le même sol, ne paraissent pas altérer la pureté de l'air. Il ne faudrait pas cependant induire de là que le principe calcaire suffise toujours pour neutraliser les effets des eaux en stagnation à la surface et surtout dans l'intérieur du sol ; l'insalubrité semble provenir essentiellement de l'altération des substances végétales et animales contenues dans la couche végétale elle-même ; lorsque ces substances en décomposition sont en grande abondance, une petite proportion de chaux ne suffit plus pour neutraliser l'effet de ces masses altérées, et l'influence délétère des marais se fait sentir.

On regarde généralement la chaux, et toutes ses combinaisons, comme un principe de salubrité ; un lait de chaux passé sur les murs et à la surface des lieux habités par les hommes ou les animaux est un puissant moyen de les assainir ; par son usage, on neutralise ou plutôt on détruit dans les étables les miasmes des épizooties. Le chlorure de chaux anéantit toutes les odeurs malfaisantes ; on arrête les émanations de masses en putréfaction en les enveloppant de linges chlorurés. Entre les mains de l'habile et courageux médecin Pariset, la chaux a détruit les miasmes contagieux de la peste d'Égypte ; la chaux porte donc avec elle la salubrité.

Comme nous l'avons vu, elle ameublit la terre, et rend perméable toute la partie du sol à laquelle on l'applique ; elle permettrait donc aux eaux intérieures de la couche labourable de couler dans le sens de la pente du sol, et ces eaux, en cessant d'être en stagnation, cesseraient donc aussi d'être malfaisantes.

La chaux tend à enlever au sol son humidité surabondante, par ce moyen elle l'assainit ; d'ailleurs, elle détruit les plantes et les espèces que portent ordinairement les sols altérés par les eaux, pour leur faire produire celles qui croissent dans les sols sains.

Le principe calcaire, en changeant la consistance du sol, en l'ouvrant à toutes les influences atmosphériques, en lui donnant, en un mot, tous les caractères d'un sol calcaire, puisqu'il lui en fait porter les produits ; le principe calcaire, disons-nous, doit donc aussi nécessairement modifier la nature des gaz qui s'en échappent. Les émanations de la couche supérieure, produites par un sol devenu calcaire, doivent avoir les caractères, et par conséquent la salubrité de celles ordinaires à cette espèce de sol. Cela serait encore vrai même quand il s'agit des exhalaisons de la couche inférieure, puisqu'elles traversent nécessairement la couche labourable; or cette couche est devenue un laboratoire où se développent des affinités nombreuses et de divers genres, où se produisent, à l'aide de l'atmosphère, une foule de combinaisons utiles à la végétation. Comment donc ne réagirait-elle pas sur les substances gazeuses qui ne peuvent la traverser qu'avec lenteur, molécule à molécule? Et, si elle réagit, comment n'en modifierait-elle pas la nature, en produisant sur elles l'effet salutaire que porte partout avec lui le principe calcaire?

Par tous ces motifs, on conçoit que la chaux conserve non-seulement la salubrité aux sols où la nature l'a elle-même déposée, mais encore qu'elle puisse et doive la donner aux sols qui en avaient été précédemment privés.

Nous avons, au surplus, un moyen sûr de faire prendre aux analogies que nous venons de développer, aux inductions que nous avons tirées de la nature des choses et de l'expérience, tous les caractères de preuves positives : c'est d'établir une comparaison entre ce qui se passe sur les plateaux argilo-siliceux (nature de sol souvent malsaine), où l'emploi de la chaux et de la marne est habituel, et ce qui arrive sur ceux où on ne se sert pas de ces amendements. Ainsi, dans les premiers, en Flandre, en Écosse, dans plusieurs contrées d'Angleterre, il est rare de voir apparaître les fièvres intermittentes; dans les seconds, dans ceux même où une bonne culture et des travaux intelligents ont créé d'abondants produits, ces fièvres persistent. Ce n'est donc pas sans fondement que nous avions établi en principe que les agents calcaires apportent, à tous les sols qui n'en sont pas naturellement pourvus, la salubrité aussi bien que la fécondité.

Toutefois, pour que la chaux puisse transformer un pays malsain en une contrée salubre, il est naturel de penser que plusieurs conditions doivent se trouver réunies; ainsi il semble qu'au début un chaulage abondant, ou, comme on dit en Flandre, un *engrais foncier*, serait convenable, et que la dose devrait croître avec l'humidité du sol et du climat. Dans notre pays, par exemple, où il pleut une fois de plus qu'en Flandre, il serait bon, pour obtenir le double effet de la fécondité et de l'assainissement, d'employer une dose double, ou à peu près, de celle en usage dans cette contrée, soit 8 mètres cubes, ou 80 hectolitres par hectare. Il n'existe pas de canton où un terrain argilo siliceux ait éprouvé quelque dommage de cette dose de chaux, pourvu que les engrais fournis aient été proportionnés aux produits obtenus. Il est nécessaire, en outre, avec une pareille quantité de chaux, de donner des labours profonds, afin d'augmenter l'épaisseur de la couche assainie, qui doit elle-même contribuer à l'assainissement des émanations du sol.

On commencerait par chauler les terres labourées ; le chaulage des prés est moins pressant ; les populations y passent peu de temps, et encore est-ce avant l'époque où les fièvres deviennent communes. C'est pendant le séjour sur les terres labourables, au moment du labourage, du sarclage, de la moisson, ou du battage des grains, que les fièvres apparaissent; si donc le sol en labour, si les environs des habitations sont assainis, la population rurale en sera en grande partie préservée. Nous avons vu aussi que, dans les pays où il n'y a point de marais, c'est de la terre elle-même, de la terre cultivée surtout, plutôt que des prés et des bois, que proviennent les émanations. D'ailleurs les prairies qui ne sont pas exposées à l'inondation peuvent être chaulées avec avantage.

Sans doute, pour que la salubrité devînt à peu près générale, il faudrait que toute la surface, ou au moins la plus grande partie, reçût l'amendement. Il ne serait cependant pas nécessaire, pour assainir un canton, de chauler toute la contrée ; car le plus souvent les causes d'insalubrité sont locales, et ne font même pas sentir bien loin leur influence. En les attaquant dans le sol lui-même, un effet salutaire est immédiatement produit, et ceux qui le cultivent sont préservés. Ainsi, la salubrité se manifesterait d'abord dans les champs soumis au chaulage, qu'il serait prudent et sage de choisir parmi les plus rapprochés de l'habitation ; et elle ferait d'autant plus de progrès que le chaulage lui-même prendrait plus d'extension. De cette manière on pourrait parvenir à assainir en très-grande partie, dans un pays malsain, un domaine placé au centre des terres qu'il exploiterait.

Une observation assez importante à faire dans la question qui nous occupe, c'est que, dans une circonscription assez bornée, dans un village, par exemple, un hameau même, les circonstances ne se ressemblent pas, et telle maison, telle exploitation est beaucoup plus malsaine que sa voisine. Ainsi, à Rome, les vignes et les jardins attenant aux habitations sont insalubres ; ils cessent de l'être dès qu'on y établit des constructions. M. Simond, dans son voyage d'Italie, cite, entre autres exemples, l'hôtel de Devonshire, assaini par des bâtiments construits sur le sol du jardin qui en dépend.

Il suffit quelquefois qu'une habitation soit placée sur une couche perméable pour que les fièvres d'automne y soient moins fréquentes ; et, suivant qu'on a travaillé, pendant la saison chaude, sur tel ou tel champ, dans le voisinage d'un étang rempli ou dépourvu d'eau, la famille qui occupe le domaine se trouve plus ou moins atteinte.

Si donc, comme tout tend à le prouver, l'*aria cattiva* de la grande alluvion argilo-siliceuse est essentiellement locale, elle doit pouvoir se circonscrire ; elle doit même disparaître à mesure que la pratique du chaulage viendra changer la nature du sol. On devrait ainsi aux agents calcaires la salubrité en même temps que la fécondité; et ces agents, mis presque partout à la portée de l'homme, offerts à son industrie et à son activité comme moyen d'échapper à un double fléau, capables d'exercer la plus grande influence sur le bonheur, l'aisance, la multiplication et la civilisation du genre humain, seraient une grande et heureuse compensation donnée par la Providence au peu de fécondité et à l'insalubrité qu'il lui a plu d'infliger aux terrains de la grande alluvion argilo-siliceuse.

L'assainissement, par les agents calcaires, des parties du sol qui ne contiennent pas de chaux, est une question nouvelle, que nous avons le premier soulevée et qui n'a pu encore être combattue. Sa gravité, l'intérêt qu'elle peut avoir pour la santé et le bien-être de pays vastes et nombreux, nous ont fait un devoir de rassembler tous les faits, tous les raisonnements qui ont servi à former notre conviction, et à la rendre pour nous d'une grande évidence. C'est maintenant aux hommes de bien, aux hommes pourvus des dons de la fortune, aux gouvernements, de favoriser la pratique de ce puissant moyen de bonheur et de prospérité pour l'espèce humaine.

Peu de vérités physiques nous semblent établies sur des bases plus solides que la salubrité de la chaux; mais, si nous nous sommes fait illusion; si, contrairement aux faits nombreux dont nous nous sommes appuyé et aux raisonnements que la nature des choses nous a fournis; si, en un mot, la chaux, dans un sol qui en est dépourvu, peut exercer toute son influence, produire tous ses effets, excepté celui que nous regardons comme le plus remarquable, l'assainissement, notre erreur même, dans tous les cas inoffensive, pourra produire encore d'utiles résultats. Ceux qui, cherchant à atteindre le double but que nous leur présentons, ne seront arrivés qu'à un seul, auront au moins fait naître une fécondité, une richesse, qui contribueront aussi à la santé et au bonheur de l'homme.

CHAPITRE XXI

Considérations sur l'application des amendements calcaires à tout le sol de la France.

§ 1. Après avoir établi, dans nos précédents chapitres, les propriétés fécondantes de la chaux et les divers procédés les mieux appropriés à son emploi, après avoir analysé ses effets sur le sol et expliqué son mode d'action, il ne nous semble pas hors de propos d'évaluer, au moins approximativement, les résultats qu'amènerait l'application de cet amendement ou des agents calcaires qui peuvent le suppléer à toute l'étendue de la partie du sol français qui peut en avoir besoin.

Nous avons précédemment établi que les trois quarts de la surface de notre sol, ou 40 millions d'hectares environ, ne présentent point de chaux dans leur composition; toute cette étendue peut donc être amendée, et par suite rendue plus féconde par les agents calcaires. Si nous admettons qu'un tiers de cet espace (ce qui est bien au delà de la réalité, à notre avis) a été jusqu'à présent amélioré par la chaux, la marne, les os moulus, le noir d'os, les cendres de toute espèce, par les agents calcaires enfin, il nous restera au moins la moitié de la surface totale susceptible de leur devoir un grand accroissement de fécondité.

Voyons d'abord l'amélioration qu'en retireraient les seules terres en labour, qui se composent de 23 millions d'hectares : les agents calcaires appliqués à la moitié de ces terres, ou à 11,500,000 hectares, y développeraient une fécondité que l'on peut évaluer, comme nous l'avons vu, à deux ou trois semences de plus pour les céréales d'hiver, et à moitié en sus pour les autres produits. Par cette amélioration, la masse totale des produits applicables à la nourriture de l'homme serait augmentée d'un quart ou de plus d'un tiers susceptible d'être livré à la consommation, parce qu'il n'y a plus de semence à prélever sur la partie du produit qui représente l'accroissement.

Mais ces nouveaux moyens de subsistance amèneraient la richesse ou tout au moins l'aisance dans la population agricole. Or, s'il est vrai, comme on le dit, qu'où il croît un pain il naît un nouvel homme, la population suivrait le mouvement des produits. Ces agriculteurs enrichis, cette population nouvelle, chercheraient autour d'eux l'emploi de leurs bras et de leurs capitaux. Nous avons, sur les divers points de notre territoire, d'immenses étendues de terrain (7 millions d'hectares!) dont les produits pour les besoins de l'homme sont nuls, où les animaux même ne trouvent qu'une chétive existence. Ces terres en friche, ces terrains improductifs, dont l'aspect attriste les regards, offriraient un vaste champ à l'énergie, à l'activité, aux forces exubérantes de la population agricole. Au moyen de l'écobuage, avec les ressources que présentent les amendements calcaires, la moitié au moins de ces terrains peut donner des produits aussi abondants que ceux qu'on retire en moyenne du reste du sol. On trouverait donc encore là une augmentation nouvelle d'un sixième du produit total; l'accroissement général dû aux agents calcaires, ainsi qu'à la richesse et à l'activité dont ils seraient la première cause, équivaudrait donc à la moitié du produit actuel des terres en labour.

Nous ne croyons pas avoir besoin de traduire ces résultats en chiffres pour conclure que, tout en abandonnant pour la consommation des animaux un tiers du nouveau sol conquis, on y trouverait de l'occupation et des aliments pour une population supérieure d'un tiers à la population actuelle. Mais cette population suivrait dans son accroissement les résultats des améliorations; elle ne naîtrait, pour ainsi dire, qu'à mesure des besoins, lorsque le développement de la fécondité solderait en produit les avances en travail et se partagerait une partie de ce sol défriché ou amendé. Morale, active, intelligente, aimant la paix, attachée au pays, elle ferait sa force et sa richesse, et servirait en quelque sorte de contrepoids à l'accroissement de la population industrielle, qui, appelée dans nos villes pour subvenir aux besoins de notre luxe progressif, constitue l'une des plus graves difficultés de notre temps.

Et cette augmentation de produits, cet accroissement de population ne nous placeraient pas encore sur la même ligne que l'Angleterre, dont le sol n'est pas d'une qualité supérieure au nôtre, et dont le climat est moins favorable à l'agriculture; car l'Angleterre a une population de 24 millions d'hommes et nourrit 8 individus avec 7 hectares, tandis qu'en France, le sol étant amené à l'état d'amélioration que nous avons supposé, chaque tête aurait encore pour sa subsistance les produits de 1 hectare 20 ares, ou un tiers en sus.

Dans cette condition, la population de la France, portée à 44 millions d'âmes, serait d'un tiers moins resserrée qu'elle ne l'est en Angleterre avec 24 millions; il s'ensuit donc que nous avons une grande et large place pour notre population rurale, et que l'amélioration du sol suffirait pour lui permettre de s'accroître de moitié et pour lui fournir le travail et le pain nécessaires.

Mais les résultats si remarquables que nous offre le sol anglais, et qu'il faut attribuer pour la majeure partie à l'emploi des agents calcaires, se présentent à nous d'une manière plus frappante encore en France même, dans le département du Nord. Ce département, qui comprend 570,000 hectares, nourrit plus d'un million d'habitants (1,085,298 d'après le dernier recensement); c'est presque 2 individus par hectare, ou 2,800 par lieue carrée de 1,600 hectares. Cependant, sa consommation prélevée, ce pays fournit encore au reste de la France une grande quantité de grains, de bière, d'eau-de-vie de grain, de tabac, de houblon, de laine, de chanvre, de lin, fabriqué ou non, de savon noir, de sucre; ce qu'il exporte d'huiles de colza, de lin et d'œillettes, est considérable; en un mot, un cinquième environ de son sol, pris dans les meilleures qualités, est employé à la production de végétaux de commerce dont les trois quarts sont vendus à l'étranger, soit en nature, soit après avoir subi diverses préparations.

Il n'est pas une seule province anglaise qui puisse être comparée à ce pays, soit pour sa population, soit pour ses produits agricoles. Ce territoire, il est vrai, renferme une assez grande étendue de bonnes terres; cependant, en d'autres mains, la moitié pourrait être regardée comme médiocre, car la presque totalité des 150,000 hectares de l'arrondissement d'Avesnes, les deux tiers de l'arrondissement d'Hazebrouck et du canton de Bergues, que l'on marne régulièrement; plus du tiers de celui de Cambrai, où le chaulage est pratiqué, et une partie presque égale des autres arrondissements, appartiennent au plateau argilo-siliceux. Ainsi, dans cette contrée comme dans beaucoup d'autres, la moitié, les trois quarts peut-être de la surface ne contiennent pas de chaux. Si l'ensemble du sol, si la plus grande partie de sa surface a acquis une aussi remarquable fécondité, il faut, pensons-nous, l'attribuer à ce que, partout où la chaux manque, le sol a reçu et reçoit encore de la marne, de la chaux, des cendres de diverses natures; en d'autres termes, le principe calcaire sous une forme quelconque. Sans doute, l'excellence des assolements, le caractère laborieux et économe des habitants, entrent pour beaucoup dans ces résultats; mais nous croyons qu'ils eussent été impossibles sans le secours des agents calcaires, et que c'est à ceux-ci qu'est due non-seulement la première impulsion, le principal élan de fécondité, mais encore les moyens de la soutenir par des engrais abondants.

§ 2. Nous ne croyons pas devoir borner à l'augmentation des produits agricoles, à l'accroissement de la population sur toute l'étendue de notre territoire, les résultats que l'on pourrait obtenir de l'usage plus général des amendements calcaires dans notre pays. Si l'on veut bien remarquer qu'un sixième peut-être de sa surface est sujet à des fièvres intermittentes qui en déciment la population; que, sur la moitié de cette étendue, les naissances sont inférieures aux décès, on trouvera pour les agents calcaires un nouvel emploi dont les bienfaits égaleront, s'ils ne les surpassent, ceux dont nous leur sommes déjà redevables. Une ère nouvelle, une ère de bonheur et de prospérité luirait alors pour ces contrées, dont ces précieux agents auraient fait disparaître l'insalubrité tout en leur apportant une fécondité inconnue; nous pourrions voir alors une population forte et active, riche et heureuse, remplacer une population débile, maladive, sans énergie, et, par suite, pauvre et malheureuse.

Les agents calcaires sont donc pour la race humaine un grand bienfait de la Providence; dans sa haute sagesse, le Créateur n'a donné qu'à la moindre partie du sol la fécondité que nécessiteraient la plupart des produits dont nous avons besoin. La plus grande partie des terrains calcaires, les sols d'alluvion produisent, sans beaucoup de travail, sans être trop infestés de plantes parasites, les grains et les autres récoltes que l'homme leur demande pour sa consommation, ou même pour son aisance. Toutefois le reste du sol a reçu des compensations; car, indépendamment des grands végétaux et des essences résineuses qui y réussissent mieux que dans des terres de bonne qualité, la fougère avec ses longues racines, la bruyère et ses tapis serrés, le vivace petit ajonc, les lichens, les mousses, les grosses racines et les tiges des petits carex et d'une foule de petites graminées sont sans cesse en travail pour enrichir de leurs débris sa surface et sa couche supérieure. Ennemies en apparence de la culture et de l'industrie de l'homme, ces plantes lui préparent en réalité des trésors pour l'avenir, en imprégnant la terre d'humus et y amoncelant des sources de fécondité. Ce sol, qui semblait ne pouvoir produire que certaines familles végétales, devient, après de longues années de ce travail continu de la nature, propre à la production de beaucoup d'autres végétaux, et récompense l'homme de sa peine et de ses soins en lui donnant les produits les plus nécessaires à son existence. Mais ici encore se manifeste une de ces harmonies admirables que l'observateur peut retrouver dans toutes les lois qui régissent l'univers. A côté de ce sol qui fait acheter ses produits par de pénibles labeurs, souvent même à peu de profondeur au-dessous de la surface, le suprême Dispensateur a placé une substance capable de changer sa nature et de la rendre propre à porter, outre les végétaux les plus nécessaires, ceux encore qui sont les plus utiles ou les plus agréables à l'homme.

En donnant à ce sol le principe calcaire qui lui manquait, l'homme met en mouvement à son profit les forces que des siècles de végétation spontanée y avaient accumulées sans le rendre impropre à la culture des végétaux utiles auxquels la nature l'avait destiné, il le met en état de produire ceux mêmes que la Providence semblait lui avoir refusés.

Mis en culture, ce sol, qui retient les eaux sans les laisser passer aux couches inférieures, produit souvent des émanations dangereuses pour la population qui l'habite; mais l'insalubrité cesse aussitôt que la fécondité arrive; la chaux ou les agents calcaires sont donc le plus grand bienfait que le suprême Ordonnateur, dans sa bonté, ait offert à l'homme.

TROISIÈME PARTIE

DES DIVERSES ESPÈCES D'AMENDEMENTS

AVANT-PROPOS

Nous avons, dans nos deux premières parties, traité avec les développements que méritaient des questions de cette importance, d'abord de la chaux, ce condiment essentiel des sols qui ne la contiennent pas, et qui double leur puissance d'absorption sur les éléments atmosphériques; ensuite de la marne, qui se distingue de la chaux pure par sa combinaison avec l'acide carbonique et peut-être avec l'argile, par son action plus spéciale sur les légumineuses, par sa durée plus grande, et par l'énergie en quelque sorte adoucie de son action sur le sol. Dans la troisième partie, il nous reste à nous occuper d'amendements nombreux, qui, bien qu'ayant une moindre importance que la chaux et la marne, produisent néanmoins de grands effets sur le sol, et, par suite, intéressent essentiellement la prospérité agricole. Des amendements ou engrais nouveaux sont annoncés; leur effet actuel et celui que leur emploi répété produira sur le sol ont besoin d'être étudiés; à leur sujet a surgi une théorie nouvelle des engrais dont l'admission ou le rejet pourrait avoir beaucoup d'influence sur la pratique agricole. Nous nous proposons de discuter ces diverses questions.

Avant d'entrer en matière, nous croyons à propos de jeter un coup d'œil rapide sur les différents sujets que nous allons traiter, et de les faire précéder de quelques observations importantes qui se rapportent à leur ensemble.

Dans l'emploi de la chaux et de la marne, depuis longtemps répandu en un grand nombre de lieux, des faits nombreux s'étaient accumulés, et leurs propriétés spéciales, comme leurs effets sur les différents sols et les diverses familles de végétaux, étaient à peu près connus. Il n'en est pas de même des autres amendements dont l'usage est beaucoup moins ancien, moins propagé, et par conséquent moins connu en pratique et en théorie; aussi il surgit à leur sujet une foule de faits nouveaux qui donnent des espérances plus ou moins fondées d'améliorations agricoles, et que par cette raison nous recueillerons avec empressement; nous les étudierons successivement, en faisant en sorte de ne pas prendre les conjectures pour des certitudes, et en nous rappelant bien qu'en agriculture, pour que des faits, même nombreux, prennent le caractère de vérités agricoles, et surtout de vérités générales, il faut la sanction du temps et de l'expérience, dans des climats, des saisons et des sols variés, conditions longues et difficiles à réunir.

1. La plupart des amendements dont nous allons nous occuper contiennent encore la chaux comme principe basique; mais ce principe y est essentiellement modifié par sa combinaison avec les acides sulfurique, phosphorique, nitrique ou chlorhydrique. Ces amendements, que nous qualifions de calcaires, en raison de leur base, n'agissent que sur les sols qui ne contiennent pas la chaux; cependant le sulfate de chaux fait une bien remarquable exception, puisque son effet se prononce sur les sols calcaires comme sur les sols siliceux, sur tous ceux, enfin, qui ne le renferment pas lui-même. L'expérience semblait prouver qu'il n'agissait que sur les légumineuses, et que son effet était nul sur les céréales et les autres espèces de plantes; cependant quelques essais déjà anciens annonçaient que son union aux engrais d'étable augmentait beaucoup leur action, et que leur combinaison agissait puissamment sur les récoltes auxquelles il avait paru jusqu'ici indifférent; depuis peu, ainsi que nous le verrons, l'effet de ce mélange semble s'être constaté d'une manière plus précise, et il résulterait de son application à de grandes étendues de terre et à des produits différents, que son action s'étendrait sur toutes les familles de plantes, sur les céréales, sur la vigne, etc., aussi bien que sur les légumineuses; le procédé se répand, et, si les espérances qu'il donne se soutiennent, si la fécondité qu'il produit n'est pas éphémère, ce sera une grande et heureuse découverte.

2. En traitant de l'emploi des débris de démolition, nous verrons que leur effet sur la végétation, plus favorable encore au sol que la chaux et la marne, serait dû autant aux sels adventices, aux nitrates et aux chlorhydrates de potasse et de chaux qui s'y sont spontanément formés, qu'à la chaux caustique et au carbonate de chaux qu'ils renferment.

3. Depuis peu, l'effet du phosphate de chaux, et plus spécialement

peut-être de l'acide phosphorique sur la végétation, a été découvert; on le retrouve dans tous les organes animaux et végétaux où la vie est la plus active; il doit donc être regardé, et l'expérience le prouve, comme un élément essentiel de la végétation; nous avons le premier révélé sa puissance sur les végétaux, et établi qu'il est le principe actif des cendres de bois, des os en nature, des os carbonisés; son action sur la végétation se distingue de celle des autres amendements; sa durée est plus grande, il ménage plus le sol, et les engrais phosphatés semblent avoir sur ce point de grands avantages sur les engrais perazotés, guano, marc d'huile, poudrette, etc., dont l'effet ne dure guère qu'un an, qui excitent la végétation, mais épuisent le sol par leur emploi répété.

4. Dans les recherches faites pour expliquer l'action du plâtre, celle des cendres et des os sur la végétation, et pour faire du plâtre artificiel, on a employé l'acide sulfurique; dans le cours de ces essais, on a découvert, et des expériences nombreuses en Angleterre et en Allemagne semblent établir que cet acide joue un grand rôle dans l'effet des amendements auxquels il est combiné, et même, qu'étendu d'eau, à lui seul, soit en y faisant tremper les semences, soit en le répandant immédiatement sur le sol, il active et hâte beaucoup la végétation. Il résulterait encore de ces expériences, que, combiné aux cendres et aux os en poudre, en s'emparant d'une partie de la chaux, il forme du sulfate, transforme le phosphate de chaux insoluble en biphosphate soluble, et isole en partie l'acide phosphorique; que dans ce cas ces deux dernières substances, mises immédiatement à la portée des végétaux, développent sur le sol une action plus prompte, plus puissante.

5. Après avoir traité des engrais phosphatés et des cendres de bois qui en font partie, nous nous occuperons des cendres de tourbe et de houille; l'emploi de ces dernières est malheureusement beaucoup trop négligé, et nous verrons qu'elles pourraient être utiles à de grandes étendues de sols humides dont elles faciliteraient l'assainissement.

6. L'analogie des mots nous fait arriver aux cendres de Picardie, qui désormais sont classées comme lignites; elles sont en grand usage sur le plateau qui occupe une grande partie du nord de la France jusqu'en Belgique; elles s'emploient dans l'état où on les extrait du sol, ou après qu'elles ont éprouvé à l'air une combustion qui modifie essentiellement leur nature. On en découvre tous les jours de nouveaux gisements qui en étendent l'emploi : c'est un moyen de fécondité dont il est facile d'abuser. Leur emploi, comme celui des autres amendements, exige donc, sous peine d'épuisement du sol, et plus peut-être encore que les autres, des doses d'engrais d'étable proportionnés aux produits.

7. Notre pays a près de cinq cents lieues de développement de côtes maritimes; sur toute cette étendue, et surtout sur l'Océan, l'effet des marées nous offre de précieux dépôts de limon que l'agriculture peut exploiter avec grand profit. Le sein de la mer nourrit en abondance des plantes dont les débris sont éminemment fécondants; elle nous offre donc de grandes compensations de son voisinage souvent dangereux; mais ces ressources sont loin d'être employées sur toute l'étendue qu'elles peuvent féconder. Notre but, dans les développements dans lesquels nous entrerons, serait d'en propager l'emploi.

8. Mais nous arrivons à la grande question du sel marin, encore pleine d'incertitudes, malgré les recherches et les travaux nombreux qu'elle a provoqués depuis peu; quelque disparates que soient les résultats des différentes expériences, nous devrons en conclure qu'il est certains sols sur lesquels il augmente l'activité de la végétation, mais qu'on ne peut jusqu'ici en assigner la nature; nous n'admettrions pas de doute sur l'avantage qu'il y a à en faire le condiment des fourrages avariés, de ceux que l'on récolte dans des sols marécageux; nous regarderions encore comme certain que le sel peut souvent s'allier avec profit, comme assaisonnement, à la nourriture des animaux, et qu'il doit servir de condiment essentiel à celle des hommes.

Il a paru sur ce sujet un grand et beau travail de M. Barral; il en résulte que le sel marin fait nécessairement partie de tous les tissus et produits animaux et végétaux, et qu'il entre plus ou moins dans la composition de tous les sols. Le point essentiel consisterait donc à fournir à ces sols ce qui leur en manque pour être plus féconds, aux aliments ce qu'il leur en faut pour être plus sapides, plus digestibles, et pouvoir fournir aux tissus organiques et aux dejections les proportions salines convenables.

Ce serait donc par des tâtonnements et des essais répétés dans chaque localité, sur les diverses espèces d'animaux et sur les différentes natures de sols, qu'on pourrait déterminer la dose de sel à ajouter au sol et aux aliments; il y a donc là une foule de questions sur lesquelles la pratique attend de nouvelles lumières. Toutefois il résulte des recherches de M. Barral[1] un fait entre autres qui peut prendre de l'importance, et dont nous déduirons les conséquences, c'est que l'emploi du sel, en augmentant les sécrétions azotées dissoutes par les urines, accroîtrait sensiblement leur énergie comme engrais.

9. Les Anglais emploient de grandes masses de nitrate de soude et

[1] *Statique chimique des animaux appliquée spécialement à la question de l'emploi agricole du sel*, 1 vol. in-12, de 532 pages. Prix : 5 francs.

de potasse; on n'est point encore fixé sur la nature des sols auxquels ils conviennent, mais leur effet paraît puissant. Jusqu'à quel point sera-t-il durable? sera-t-il épuisant? l'expérience jusqu'ici ne semble point l'avoir révélé. Nous recueillons leurs résultats sans pouvoir les imiter, parce que nos lois douanières, que les circonstances où nous nous trouvons doivent faire maintenir, élèvent ces sels à un prix inabordable pour l'agriculture.

10. Nous avons rangé la tourbe parmi les amendements. Dans son état natif, l'exposition à l'air et aux influences atmosphériques la dépouillerait de l'acide qui enchaîne l'action de son humus, et par ce moyen la rendrait propre à enrichir le sol d'une grande quantité d'humus susceptible de devenir soluble; mais, mélangée à la chaux, à la marne, à l'engrais d'étable, elle devient plus immédiatement principe de végétation et enrichit pour longtemps le sol de l'engrais carboné dont il a toujours besoin, mais plus particulièrement encore avec l'emploi des amendements : nous trouverions donc dans cette substance un moyen de suppléer plus ou moins aux engrais d'étable. Cet avantage, sans doute, a des limites comme ceux des autres amendements; mais ces limites, la pratique n'a point encore appris à les fixer.

11. Les travaux remarquables du major Beatson et d'autres agronomes anglais ont conduit à faire attribuer à l'argile brûlée une assez grande puissance fécondante. Sans admettre dans toute son étendue l'opinion, exagérée peut-être, des agronomes qui en ont fait emploi, après avoir développé les résultats de leurs expériences, nous avons cru devoir conclure que l'argile recevait du feu une modification qui la rendait éminemment utile au sol, en lui donnant en partie les effets avantageux de l'écobuage.

12. Nous traitons ensuite cette dernière opération. Ce sujet, depuis si longtemps débattu, laisse cependant encore des doutes nombreux; nous conclurons, des développements dans lesquels nous entrerons, qu'il est dangereux de vouloir établir à ce sujet des principes généraux, et que l'écobuage est un procédé utile pour certains sols et préjudiciable pour d'autres.

13. Nous n'avons pas cru devoir ranger les engrais perazotés, à l'exception des engrais salins, dans le rang des amendements : le guano, la poudrette, la colombine, la poulenée, étant d'origine animale, et les marcs d'huile d'origine végétale, nous ont semblé devoir être classés parmi les engrais animaux et végétaux que nous ne nous sommes pas proposé de traiter. Cependant nous nous en occuperons incidemment, nous bornant à les considérer en général, et à chercher à apprécier leur valeur actuelle et à venir sur le sol, comparativement aux engrais d'étable et aux amendements.

Que si, dans le cours de nos discussions, nous laissons encore une foule de questions dans le doute, cela prouve la difficulté d'établir des principes généraux en agriculture. Étudiée depuis plus de quatre mille ans par la pratique annuelle de plus des trois quarts de la population humaine, ses progrès ont toujours été lents, et il lui reste beaucoup à faire avant d'être arrivée au point de perfection auquel sont parvenues la plupart des autres industries. Plus que dans les autres arts, la science doit y marcher en s'appuyant sur la pratique, autrement elle s'égare et égare la pratique elle-même ; les expériences y sont difficiles à faire, les résultats se font attendre pendant une saison entière, et, pour être concluants, demandent souvent un certain nombre d'années.

D'ailleurs, les résultats de ces expériences, qui seuls peuvent aider à conclure, sont tellement subordonnés aux saisons, au climat, à la nature du sol, aux influences atmosphériques, qu'il faut plusieurs années d'essais réussis ou manqués dans des localités, des climats et sur des sols divers, pour pouvoir apprécier la valeur d'un procédé, d'un produit nouveau. Aussi cet esprit de routine qu'on reproche si hautement à nos cultivateurs est souvent un instinct de prudence ; et, pour que l'agriculture fasse de véritables progrès, il serait nécessaire que, dans chaque contrée, des hommes dévoués se chargeassent des expériences sur les procédés et les cultures nouvelles, et ne craignissent pas d'y sacrifier du temps et de l'argent ; lorsque l'expérience aurait prouvé d'une manière précise l'avantage d'une récolte ou d'un procédé, lorsqu'elle aurait démontré qu'il peut être adopté par le simple cultivateur, sans courir le risque de sacrifices notables, on verrait bientôt l'esprit de routine tomber devant l'évidence et les cultivateurs adopter volontiers une méthode consacrée par le succès. C'est ainsi que nous avons vu se généraliser l'emploi de la chaux, du plâtre, du noir animal, des fourrages artificiels et des racines, et que la charrue Dombasle remplace peu à peu des instruments employés depuis une longue suite de siècles. Faisons donc un appel aux hommes aisés qui ont à cœur la richesse du pays, les progrès de l'agriculture, et par suite leur intérêt bien raisonné ; qu'ils prêchent d'exemple, et qu'ils ne proposent les nouveautés aux cultivateurs qu'après les avoir vues réussir entre leurs mains ou entre celles d'agronomes placés dans les mêmes conditions. Avant eux encore, nous appellerions à faire ces expériences nos fermes-écoles ; elles ne peuvent sans doute s'occuper de toutes les questions à résoudre, mais la ferme centrale de Versailles désignerait à chacune d'elles une branche d'essais à tenter : ce serait là un moyen d'offrir au pays une compensation des sacrifices qu'il s'impose pour elles, en attendant qu'elles puissent lui fournir de bons agriculteurs pratiques. L'Institut agronomique de Versailles imprimerait ainsi une direction aux écoles régionales, il enverrait à chacune d'elles le programme des essais à tenter qui seraient le mieux appropriés au climat et aux intérêts de la région où elles sont placées; chaque école régionale conserverait pour elle-même les questions les plus complexes à résoudre et distribuerait à chacune des fermes-écoles les questions de pratique plutôt que de théories à étudier, et chaque année on transmettrait les résultats d'expérience à la ferme centrale, qui publierait ceux d'un véritable intérêt.

Il n'est pas bon que la ferme de Versailles se borne à débiter de la science; son but spécial doit être d'améliorer la pratique, et elle en a les moyens si on en fait un centre d'action. Il est peut-être à regretter que ces vues ne fassent pas partie de son programme; si nous ne nous faisons pas illusion, leur accomplissement serait peut-être la partie la plus utile de sa mission[1].

CHAPITRE PREMIER

Considérations sur l'emploi des amendements et sur la nécessité de leur allier les engrais d'étable.

Nous avons, à diverses reprises, en traitant de la marne et de la chaux, cherché à établir, comme condition essentielle de leur succès et du maintien de la fécondité du sol, la nécessité de les allier aux engrais d'étable; mais une plus longue expérience nous fait regarder comme nécessaire, avant de traiter des autres amendements, de revenir sur cette idée et de lui donner plus de développement. Des amendements nouveaux et énergiques ont été découverts, la science s'est emparée de cette question, et, en se fondant sur quelques vérités agricoles, elle a établi des systèmes spécieux d'après lesquels les engrais d'étable pourraient se suppléer par les amendements nouveaux; mais l'agriculture doit se tenir en garde contre ces opinions qui la conduiraient à des déceptions, et nous croyons même de notre devoir de prévenir à l'avance les agriculteurs qui nous liront contre les espérances prématurées que pourraient leur inspirer les comptes que nous rendrons du succès de ces amendements.

[1] Malheureusement les conseils patriotiques de l'auteur n'ont pu être suivis, l'Institut agronomique de Versailles ayant cessé d'exister. (*Note de l'Éditeur.*)

Il y a dans cette question, comme dans beaucoup d'autres, un milieu difficile à garder, au delà et en deçà duquel l'erreur survient et amène à sa suite les mécomptes : c'est cette position dans laquelle nous voudrions nous tenir et placer ceux de nos lecteurs qui nous accorderaient quelque confiance.

Nous rappellerons d'abord ce que nous avons dit à plusieurs reprises dans nos deux premières parties, que le succès des amendements résulte spécialement de ce qu'on ajoute au sol une substance qui manquait essentiellement à sa composition, et qui, en lui donnant une nouvelle activité, développe en lui des forces qui sans elle seraient restées inertes.

Ce qui caractérise particulièrement l'emploi des amendements, c'est que leur effet n'est jamais aussi puissant que dans leur premier début sur le sol ; il semble qu'ils y rencontrent des substances qu'ils modifient et emploient au profit de la végétation, mais qu'ils les usent plus ou moins promptement et que leur action sur le sol s'affaiblit beaucoup après la disparition de ces corps. Nous avons vu que les seconds chaulages et marnages étaient loin de produire le même effet que les premiers ; il en est de même des autres amendements. Sans doute, on peut l'attribuer en partie à ce que le sol dans lequel on en renouvelle la dose contient encore une partie du principe qui lui manquait et que lui a apporté l'amendement; mais, alors même qu'on peut le supposer épuisé, une nouvelle dose est loin de reproduire avec la même intensité les mêmes effets que la première.

Il en est tout autrement des engrais d'étable : leur long usage ne fait qu'ajouter à la fécondité ; loin d'épuiser le sol, ils fondent sa richesse, et c'est surtout sur les sols bien fumés que les amendements développent une grande puissance; ils suffisent alors à faible dose pour accroître l'énergie de l'engrais d'étable; cependant ils hâtent sa consommation, et on doit en augmenter la dose en raison de l'accroissement de fécondité qu'a développé l'amendement.

En outre, l'engrais d'étable peut à lui seul suffire au sol ; il y crée et y maintient la fécondité, tandis que l'amendement sans l'engrais, ou sans l'humus qu'il y apporte, finit promptement par l'épuiser. L'engrais serait donc en quelque sorte un mobile créateur de la fécondité, et l'amendement, en apportant au sol un composant essentiel qu'il ne contient pas ou qu'il renferme en trop faible proportion, serait un moteur qui accélérerait son mouvement et lui donnerait plus d'énergie.

La plupart des nouveautés dont nous rendrons compte dans cette troisième partie, et leurs résultats constatés sur certaines natures de sols et dans des contrées entières, nous donnent sans doute des espérances fondées de grandes améliorations; mais nous nous garderons de leur attribuer toute la portée qu'en attendent ceux qui ont publié leurs expériences ; nous sommes plus loin encore d'accepter les promesses de la science d'après lesquelles la fécondité du sol pourrait se maintenir et s'accroître même par l'application de quelques préparations chimiques ; tous les amendements dont nous reconnaissons la puissance ne peuvent développer leur énergie sur la végétation qu'avec l'aide de l'humus ; l'humus, à l'état soluble, serait donc l'aliment spécial des végétaux, et leur fournirait en outre cette production incessante d'acide carbonique que l'illustre chimiste de Giesen a reconnue lui-même, tout en niant la nécessité des engrais animaux.

D'ailleurs, les espérances d'obtenir du sol de grands produits sans l'aide d'engrais animaux abondants ne sont pas nouvelles : elles se reproduisent chaque siècle à plusieurs reprises. Depuis que l'agriculture est devenue un art, on lui promet d'abréger ses travaux et d'augmenter ses produits par des procédés empiriques qui doivent doter le sol d'une fécondité merveilleuse ; tous les dix ans au moins surgissent des recettes de poudres ou de dissolutions salines destinées à envelopper ou à tremper les semences ; à arroser ou à saupoudrer le sol dont elles doivent augmenter prodigieusement les produits ; mais les nouveaux procédés font bientôt oublier les anciens qui n'ont produit que des déceptions ; nos livres sont pleins de moyens de cette espèce, qui n'ont pas toujours été proposés par des hommes ignorés ou ignorants. Au commencement du siècle dernier, Duhamel et Tull voulaient tout obtenir du sol sans engrais, par le travail seul de la charrue ; plus tard, entre autres, le Suisse Nicollet devait doubler nos produits avec sa poudre fécondante ; puis des agronomes improvisés en Normandie devaient faire venir du blé sur un sol non labouré, recouvert seulement d'un peu de paille ; bientôt nous arrivons à M. Bickès, qui parcourt des pays entiers pour provoquer des expériences dont l'insuccès ne le décourage pas ; et nous sommes maintenant poursuivis dans tous les journaux par l'annonce de l'engrais Dusseau et de ses succès merveilleux : après le succès éphémère de tous ces spécifiques aux yeux de quelques enthousiastes, ils seront bientôt oubliés, mais d'autres viendront qui feront de nouvelles dupes ; car l'esprit humain accueille toutes les promesses qui flattent ses passions ou seulement ses désirs, quelle que soit leur absurdité.

Toutes ces promesses de fécondité obtenue à peu de frais se fondent le plus souvent sur quelque chose de vrai, sur quelques expériences en petit plus ou moins réussies, dont l'imagination séduite exagère les résultats. Toutefois il faut bien se garder, en repoussant les exagérations, de rejeter les vérités utiles. Si d'une part nous sommes poursuivis par d'absurdes promesses, d'autre part on obtient effectivement de grands résultats d'amendements nouveaux employés à petite dose; ainsi l'on arrive à de riches récoltes en enveloppant le grain d'une certaine dose de substances actives et puissantes sur la végétation. Le guano produit des résultats étonnants; les marcs d'huile donnent immédiatement de grands produits; les guanos artificiels se multiplient et ont du succès; le noir animalisé se fabrique dans nos grandes villes et se répand dans nos campagnes; le noir d'os produit des effets merveilleux sur les défrichements; sur certains sols, les phosphates prolongent pendant plusieurs années leur effet fécondant; les sels ammoniacaux, les nitrates et même le sel marin, seraient des panacées agricoles; enfin rappellerons-nous que le chimiste de Giesen livre avec privilége des compositions chimiques qui font tout produire au sol sans rien lui restituer.

Si l'on ne se tenait en garde, au milieu de tant de découvertes, contre tous ces moyens nouveaux de fécondation, les déceptions se multiplieraient sous toutes les formes. La plupart ont effectivement des effets puissants sur le sol, mais la fécondité qu'ils produisent n'est qu'éphémère lorsqu'elle n'est pas obtenue dans les conditions imposées par la nature elle-même. Nous ne croyons donc pas à ces moyens d'échapper à la sentence suprême qui a condamné l'homme à n'obtenir du sol des produits abondants qu'à la sueur de son front et en lui rendant abondamment par des engrais les principes de végétation qu'il dépense. Nous ne croyons pas même que l'accomplissement de ces promesses dorées fût un véritable bienfait; nous regardons le travail comme un élément essentiel de l'ordre social; les travailleurs se trouvent ainsi liés à ceux qui les emploient; il existe entre eux une mutuelle dépendance qui maintient l'ordre et la paix, et la société humaine serait sans cesse agitée par des révolutions et des bouleversements qui emporteraient avec eux la civilisation, s'il résultait d'une nouvelle découverte que le travail du sol pût être beaucoup réduit. Que deviendrait alors cette population qui vit de son travail sur le sol? les ateliers industriels ne pourraient la contenir ni surtout l'occuper. Comment alors satisfaire ses besoins? Dans l'état des choses, le pouvoir armé peut à peine contenir la population industrielle; ou en serait-on, alors qu'on verrait se joindre à elle des millions de familles agricoles dont le travail serait devenu inutile?

Or le travail du sol serait en grande partie supprimé, s'il pouvait se féconder par de petites doses d'engrais factices; la terre alors n'aurait plus besoin que de quelques labours pour couvrir la semence; les mauvaises herbes qu'y amènent incessamment les engrais animaux en seraient bientôt détruites et n'exigeraient plus ces travaux incessants qui occupent tant de bras; les labours de jachère, les labours préparatoires, deviendraient en grande partie inutiles; on ne nourrirait plus que le petit nombre d'animaux nécessaires pour le travail réduit, et ces animaux ne payeraient plus leur nourriture par leurs engrais devenus inutiles et un travail devenu sans nécessité; on cesserait donc de les multiplier; les matières premières qu'ils fournissent aux manufactures manqueraient bientôt à notre industrie, et, par suite, nos industriels perdraient eux-mêmes en partie leur travail. Les circonstances où nous nous trouvons nous peuvent faire apprécier tout le danger de cette nouvelle situation. La chair des animaux, qui fait en partie notre nourriture, deviendrait d'une rareté et d'un prix en rapport avec leur nombre réduit; les prairies perdraient leur valeur et se défricheraient; il en résulterait un avilissement absolu des denrées de première nécessité qu'on se verrait obligé d'abandonner, sans compensation possible, à une population sans travail, nourrie pour le trouble, la sédition et tous les malheurs d'une société sans liens et sans besoins. Ainsi donc, ces spécifiques agricoles que nous promet la science, seraient plutôt un mal qu'un bien; ce serait la boîte de Pandore qui s'ouvrirait sur le monde.

Mais l'expérience agricole de tous les temps et de tous les lieux nous semble tout à fait contraire aux espérances qu'on voudrait nous donner, de suppléer aux masses d'engrais animaux par des préparations chimiques ou même de véritables engrais en petit volume. La charpente des végétaux est essentiellement composée de carbone, qui doit être fourni par le sol en plus ou moins grande proportion à tous ceux que l'homme cultive pour son usage; le besoin d'humus est moindre dans la végétation spontanée, puisqu'on voit de grands végétaux se développer et même se succéder sur les débris de granits et de grès qui ne semblent point en contenir; ils vivent et croissent des éléments végétaux qu'ils puisent dans l'atmosphère, des débris de feuilles et d'insectes qu'ils laissent tomber chaque année sur le sol, et enfin de quelques principes terreux et salins que leurs racines extraient du sol. Mais il est loin d'en être de même pour les végétaux annuels que l'homme cultive pour satisfaire à ses plus pressants besoins; pendant leur vie si courte, ces végétaux, rassemblés artificiellement par la main de l'homme, se disputent les mêmes sucs, et épuisent l'humus du sol par la production rapide de substances éminemment nutritives dont aucune partie ne lui est rendue; une fois privée de ce principe, la terre ne profite plus aussi bien des amendements qui lui sont fournis, et dont l'effet est en raison directe de la quantité d'humus que renferme le sol; l'humus, ou les engrais carbonés qui le produisent, est donc la base nécessaire de la fécondité du sol; on le conçoit aisément, puisque la charpente des produits végétaux est en plus grande partie formée de carbone. Mais le végétal en consomme encore qu'il ne s'assimile pas ; pendant la nuit, d'après les expériences de Saussure, le végétal émet une assez grande quantité d'acide carbonique dont le carbone est pris nécessairement sur celui que ses feuilles puisent dans l'atmosphère et que ses racines pompent dans le sol; les feuilles pendant le jour en *inspirent* sans doute une grande proportion, mais cette absorption est en raison de celui même que fournit le sol aux racines, au moyen de l'humus qu'il contient; car nos végétaux cultivés ne peuvent vivre sans humus, et, lorsqu'il manque, leurs feuilles sont sans énergie pour puiser le carbone dans l'atmosphère.

Le carbone du sol pénètre sous deux formes dans les végétaux ; à l'état d'humus soluble auquel on a donné le nom d'acide *humique*, *d'ulmine*, et que Saussure avait reconnu sous le nom d'extrait de terreau ; et par l'acide carbonique qui se forme dans le sol au moyen de l'humus, et qui sert à dissoudre les principes fixes des végétaux, les phosphates et carbonates de chaux, pour les faire arriver dans la charpente végétale. Or cet acide résulte nécessairement de la combustion du carbone de l'humus dans le sol : mais, la combustion ne pouvant avoir lieu sans chaleur, il s'ensuit que le carbone entretient la chaleur de la vie végétale comme celle de la vie animale. C'est donc du sol, ou plutôt de l'humus ou des engrais carbonés qu'il renferme, que partent l'énergie et le développement végétal.

L'azote que contiennent les engrais ou les amendements en est sans doute encore un des principes les plus actifs ; mais son effet est de peu de durée, parce que les combinaisons ammoniacales dans lesquelles il se trouve le plus souvent engagé, le carbonate d'ammoniaque et l'ammoniaque elle-même, sont très-volatils et s'évaporent souvent sans utilité pour la végétation. Il forme, comme composant essentiel, avec d'autres principes, les parties animales que contiennent les végétaux; mais les phosphates y portent peut-être plus spécialement encore un principe de vie, se consomment moins rapidement que l'azote, et cependant ont eux-mêmes besoin, pour produire tout leur effet sur le sol, d'y trouver une quantité suffisante d'humus et de carbone.

Ici, nous pourrions remarquer de grands traits d'analogie entre la vie végétale et la vie animale : l'une et l'autre ont besoin d'azote, de phosphates, de principes salins, mais surtout de carbone ; dans les animaux l'azote sert à entretenir, à renouveler et à accroître les tissus organiques ; dans les végétaux il devient élément essentiel des pousses nouvelles et des semences; dans les uns et les autres, les phosphates se portent dans les organes où la vie abonde, mais le carbone fournit en plus grande partie, dans les deux règnes, la substance, la charpente, et y entretient la chaleur par son incessante combustion : il serait donc, pour les animaux comme pour les végétaux, un des éléments ou même l'élément le plus essentiel de la vie.

Cependant une différence bien grande existe entre l'alimentation végétale et l'alimentation animale; le végétal est pourvu de racines qui puisent la vie dans le sol et la portent dans son organisation, mais il est pourvu aussi de feuilles, racines aériennes qui puisent dans l'atmosphère la plus grande partie des substances qui le composent; et cela était nécessaire pour la conservation des êtres, pour la durée de la végétation spontanée, pour ménager la fécondité du sol et pour qu'il pût continuer de produire les végétaux nécessaires à notre existence. Dans l'alimentation animale, au contraire, l'individu ne reçoit de l'atmosphère que de l'air qu'il rend chargé d'acide carbonique; les aliments qu'il prend doivent donc lui fournir tous les principes de vie, de chaleur et d'accroissement. L'homme, en particulier, consomme beaucoup; il a des besoins qui se renouvellent sans cesse et ne peuvent se satisfaire qu'au moyen de son travail aidé de son intelligence; de là donc la nécessité du travail, et, par suite, de l'ordre social sous lequel nous vivons.

L'intelligence suprême, en nous condamnant à la peine, nous a néanmoins prodigué les moyens de l'adoucir et de la soulager; elle a en quelque sorte mis à notre disposition des animaux doués d'une grande force, qui, tout en faisant le travail le plus difficile du sol, nous fournissent les moyens d'y entretenir la fécondité. En même temps encore, elle met à notre portée les substances qui ont le pouvoir d'augmenter ces produits et de seconder l'effet des engrais animaux. Mais les avantages que produisent ces amendements de toute nature sont tous bornés par des limites que nous devons chercher à connaître, et auxquelles nous devons nous soumettre.

Ainsi nous voyons la chaux et la marne porter la fécondité sur des sols sans énergie et les changer en quelque sorte de nature; mais, lorsque semble disparaître l'heureux effet qu'elles produisent, une seconde dose est loin de produire autant que la première, et si, dans le cours des récoltes successivement obtenues, on n'a pas compensé par des engrais carbonés la perte d'humus, le sol marche vers l'épuisement.

L'effet du plâtre est remarquable sur la récolte légumineuse de la première année; dans l'année suivante, le froment profite des débris et des racines que cette récolte a produits; mais le sol se trouvé affaibli pour la récolte qui succède au froment si l'engrais d'étable ne vient pas lui rendre l'humus consommé.

Les engrais perazotés, le guano, le marc d'huile, la poudrette, laissent le sol épuisé après une première récolte abondante, et, si on les emploie sans les alterner avec les engrais carbonés, le sol s'épuise de plus en plus.

Il n'en serait pas tout à fait de même des engrais phosphatés; comme ils semblent renfermer plus spécialement les principes de vie végétale, le sol auquel on les donne semble plus ménagé; leur effet se prolonge sans paraître l'épuiser; cependant ils sont sans énergie sur le sol qui ne contient point d'humus. Ils en ont donc besoin pour développer leur action, et celui d'entre eux qui semble le plus nécessaire à la vie végétale, le phosphate de chaux, ne peut passer dans la circulation que dissous dans l'acide carbonique; ils consomment donc aussi l'humus et, par conséquent, exigent les engrais carbonés et ceux d'étable. Tous ces amendements, même les plus puissants, et surtout les engrais perazotés, ne sont donc en quelque sorte qu'en second ordre : leur destination spéciale est de seconder les engrais carbonés; ils s'y allient avec le plus grand avantage. Aussi l'agriculture anglaise, dans laquelle plus de moitié du sol s'emploie à la création d'engrais d'étable, tire-t-elle beaucoup plus d'avantages de ces amendements que l'agriculture française, où le sol s'épuise à produire de faibles récoltes sans compensation suffisante d'engrais; dans ces conditions, leur emploi peut même être dangereux.

S'il était besoin de preuves plus frappantes pour établir que les engrais perazotés sont loin de suffire à l'agriculture, qu'ils l'épuisent à la longue et ne peuvent y entretenir une fécondité soutenue, nous citerions les côtes du Pérou, auxquelles on donne des doses renouvelées de guano, et qui s'épuisent de plus en plus avec cet amendement.

Mais il est encore un bien plus grand exemple du danger que court l'agriculture par l'emploi exclusif des amendements et des engrais perazotés, sans les seconder par d'abondantes doses d'engrais d'étable. En Chine, où l'on regarde comme perdu le terrain employé à la nourriture des animaux domestiques, et où la culture presque entière se fait à l'aide des engrais perazotés, le cultivateur cherche à suppléer au fumier des animaux par un soin et un emploi tout spécial des déjections humaines, par leur alliance à la marne, par des débris azotés et végétaux de toute espèce. L'homme est condamné à y faire, à défaut de bêtes de trait, presque tous les travaux de la culture; il est même réduit, sur une grande étendue de ce pays, à transporter, comme une bête de somme, à des distances de quarante à cinquante lieues, des fardeaux tels qu'un seul animal, attelé à un char, remplacerait trente ou quarante individus; aussi une affreuse misère afflige la plus grande partie de sa population; elle est condamnée à consommer les choses les plus viles, jusqu'aux chrysalides de ses vers à soie. Le chien, que toutes les contrées d'Europe rejettent comme une viande immonde et détestable, est élevé et nourri par eux en raison de sa grande fécondité comme animal de boucherie, et leur fournit une partie notable de la viande qu'ils consomment; enfin, tous les quinze à vingt ans au moins, il y survient des famines qui déciment sa population et enlèvent des millions d'individus de tout âge. La raison de ces cruels sinistres se conçoit : la fécondité éphémère que l'on doit aux engrais perazotés, toujours employés à petite dose, est très-incertaine; elle dépend des circonstances de saison, de sol ou de climat : une pluie intempestive, une sécheresse un peu longue, annulent à peu près leur effet sur les récoltes de l'année; en sorte que, si les intempéries s'étendent sur une contrée entière, ce pays voit manquer la récolte qui doit nourrir sa population.

Les engrais d'étable assurent au contraire une récolte plus ou moins abondante, quelles que soient les intempéries des saisons; aussi, dans les pays où l'agriculture les produit abondamment, les famines sont-elles très-rares, et les nombreux animaux de travail et d'engrais deviennent-ils même alors une bien précieuse ressource par la quantité de nourriture qu'ils fournissent. Les amendements de toute espèce et les engrais perazotés eux-mêmes ne doivent donc être considérés que comme des suppléments aux engrais carbonés, et l'agriculture française doit donc redoubler d'efforts pour produire ces derniers.

Nous reviendrons encore sur cette importante question en traitant les amendements phosphatés. Les développements dans lesquels nous entrerons à leur sujet viendront, nous l'espérons, à l'appui des idées que nous venons d'émettre dans ce qu'elles peuvent avoir de contraire aux opinions de quelques savants. Nous avons peut-être entamé prématurément cette question; mais nous avons pensé qu'avant de nous occuper d'amendements dont l'effet puissant pourrait faire présumer qu'ils seraient capables de suffire au sol il pouvait être utile d'énoncer et d'appuyer notre opinion générale sur leur emploi pour prémunir à l'avance contre l'abus qu'on pourrait en faire, sauf à y revenir encore dans le cours de notre écrit.

CHAPITRE II

Sulfate de Chaux, gypse, plâtre.

Le sulfate de chaux est un composé qui se distingue de tous les autres agents calcaires par ses effets sur le sol ; il offre, dans la manière de l'employer et dans les résultats qu'il produit, un grand nombre d'anomalies dont il est fort difficile de rendre raison. La plupart des agronomes ont voulu expliquer ses effets : Davy, Thaër, Chaptal, Bosc, Rosier, Soquet, Pictet, Liebig, Boussingault, et d'autres encore, ont tour à tour produit des théories que n'ont justifiées, selon nous, ni les faits ni l'expérience. Nous nous contenterons donc ici de recueillir les principaux faits de pratique non contestés, en indiquant les cas qui nous sembleront douteux.

Nous remarquerons d'abord qu'une foule de faits contradictoires, articulés par des hommes qui méritent toute confiance, nous mettent en droit de conclure que les effets du gypse doivent encore être beaucoup étudiés; qu'ils se modifient suivant la nature du sol, et que par conséquent ils ne sont point uniformes.

L'usage du plâtre n'est pas ancien en agriculture; il n'a commencé à se répandre que depuis les expériences du pasteur allemand Meyer, qui les publia dans les années 1765 et suivantes. Son emploi se répandit, à dater de cette époque, en Allemagne, pénétra en Suisse et en France.

De tous les amendements du sol, à l'exception des substances salines, dont l'emploi est jusqu'ici très-rare, c'est celui dont la dose nécessaire est la plus faible, puisqu'il suffit d'en répandre un volume égal à moitié de celui de la semence. Il est donc celui qui coûte le moins de transport et le moins d'argent : double motif qui l'a fait promptement adopter.

Le plâtre paraît convenir particulièrement sur les légumineuses. Son effet avait été jusqu'ici contesté sur les graminées; nous verrons plus loin que, mélangé au fumier d'écurie, il y produit un effet très-remarquable. En Amérique, on reconnaît son efficacité sur le maïs; en France, aucune expérience connue n'a produit le même résultat; entre les mains de quelques uns, mêlé au purin, il a donné beaucoup d'activité à la végétation du chanvre, et même on a constaté à plusieurs reprises, comme nous le verrons, que son emploi sur la vigne produisait un effet très-remarquable. Ce sont là des faits particuliers que nous acceptons comme certains; mais il est encore douteux qu'ils se reproduisent partout ou sur toutes les natures de sols.

On l'emploie spécialement sur le trèfle, la luzerne, le sainfoin, et sur toutes les espèces de légumineuses ; cette famille de plantes contient beaucoup de sulfate de chaux dans ses tiges, ses feuilles et ses graines; ce serait peut-être au besoin qu'elles en ont, dans leur composition intime, que serait dû, en grande partie, l'effet qu'il produit sur leur végétation. Cette explication paraîtrait d'autant plus plausible, que l'expérience a constaté que le plâtre reste à peu près sans effet sur les sols qui le contiennent en certaine proportion : ainsi les plaines du Comtat-Venaissin et des comtés entiers en Angleterre n'éprouvent aucun effet du plâtre, et leur sol, analysé par M. de Gasparin en France, et par Humphry-Davy en Angleterre, a donné une certaine proportion de sulfate de chaux.

Le plâtre s'emploie avec succès sur les fèves, les vesces, les haricots et les pois ; mais alors il en rend les graines d'une cuisson plus difficile. Nous venons de voir que ces graines contenaient déjà du plâtre; la dose, en s'augmentant, tendrait à produire cet effet; nous savons d'ailleurs que les eaux séléniteuses empêchent la cuisson des graines légumineuses. Un effet analogue se reproduirait donc dans le cours de la végétation par le plâtre qui entrerait alors en trop grande proportion dans la substance elle-même des graines, comme cela a lieu dans le fait de la cuisson par les eaux chargées de sulfate de chaux.

Lorsque le sol et la saison sont favorables, le plâtre double souvent le produit des fourrages, les plantes prennent alors une verdeur intense, une vigueur extraordinaire qui les font contraster avec celles qui n'ont pas été plâtrées.

Lorsque Franklin voulut faire connaître et répandre l'usage du plâtre en Amérique, pour convaincre ses compatriotes, il écrivit sur le champ de trèfle, aux portes de Washington, avec de la poussière de plâtre, cette phrase : *Ceci a été plâtré.* L'effet du plâtre fit saillir en relief ces mots en tiges vigoureuses et plus vertes; tout le monde fut convaincu, et le plâtre fut popularisé en Amérique. Les Américains ont tiré pendant longtemps leur plâtre de Paris, mais ils en exploitent maintenant chez eux.

On recommande de semer le plâtre au printemps sur les plantes déjà en végétation, lorsqu'elles ont $0^m,12$ à $0^m,15$ de hauteur; cependant, semé au mois d'août, après la moisson sur les trèfles de l'année, il fait produire une bonne coupe au mois d'octobre; la vigueur qu'il donne au trèfle étouffe ou affaiblit les mauvaises herbes, et les récoltes de l'année suivante en éprouvent encore l'effet.

On le répand à la main, le soir ou le matin, sur la rosée, par un temps calme et couvert, avant ou après une petite pluie : de grandes pluies nuisent beaucoup à son effet; aussi pour éviter les pluies abondantes de printemps, dans les environs de Marseille (Oise), on préfère ne l'employer qu'après la première coupe.

Les expériences de M. Soquet semblaient avoir constaté que le plâtre répandu sur le sol, sans contact avec les plantes, ne produisait aucun effet; cependant la pratique de pays entiers établit qu'il réussit très-bien sur le trèfle et la luzerne à peine sortis du sol, et les expériences de MM. Sageret et d'Harcourt ont même constaté que le plâtre, semé en même temps que la graine de trèfle, avait une action puissante.

D'ailleurs, il résulterait d'expériences comparatives continuées pendant plusieurs années consécutives par M. de Marras, dans le département de Tarn-et-Garonne, que le plâtrage fait dans les mois de novembre et de décembre développe un effet plus puissant sur la végétation des trèfles que celui fait en mars ou en avril. Chaque année le trèfle plâtré à la fin de l'automne est plus beau, plus précoce, que celui plâtré au mois de mars, et peut se donner aux bestiaux 15 jours plus tôt. Ainsi donc on rencontrerait de grandes divergences d'opinion sur l'époque la plus convenable pour répandre le plâtre sur le sol.

La dose la plus ordinaire est égale en volume à la semence, soit de 2 à 300 kilog. par hectare; cette dose ne ferait guère sur le sol qu'une couche d'un 50e de millimètre, ou un 7500e d'une couche labourable de 15 centimètres d'épaisseur; à dose moitié moindre, son effet est encore très-sensible : il est donc, de tous les amendements dont nous avons jusqu'ici parlé, celui dont l'effet se produit à plus petite dose.

L'effet de la chaux ne commence à se marquer sur le sol qu'à une dose décuple de la dose moyenne de gypse, mais le gypse ne contient que moitié de sa masse de chaux; ce n'est donc pas la chaux seule qui en est le principe actif; d'ailleurs un grand nombre d'effets distinguent ces deux agents de végétation; et d'abord le plâtre agit sur les sols qui contiennent du carbonate de chaux avec autant d'énergie au moins que sur ceux qui ne le contiennent pas, tandis que la chaux et la marne, comme nous l'avons vu, ne réussissent que sur les sols non calcaires; de plus, le plâtre agit spécialement sur la famille des légumineuses, tandis que la chaux et les amendements calcaires agissent aussi bien sur les céréales que sur les légumineuses; enfin, pendant que la chaux féconde d'ordinaire pour une longue suite d'années, le gypse, après avoir produit un beau trèfle suivi d'une bonne récolte de froment, semble quelquefois avoir épuisé le sol, qui demande alors un fort supplément d'engrais pour continuer à produire de bonnes récoltes. C'est un fait que nous avons vu se renouveler dans plusieurs cantons de sol médiocre : l'effet du gypse semblerait analogue à celui de la chaux magnésienne qui agit à petite dose, mais qui est regardée comme épuisante; toutefois les sols de bonne qualité ne paraissent point en souffrir, et, dans les terrains médiocres eux-mêmes, si l'on donne aux champs tous l'engrais des fourrages que le plâtre a fait venir, le sol reste plutôt amélioré qu'épuisé.

Le plâtre serait donc un engrais *sui generis*, qui demande des directions particulières, et auquel s'appliquent peu la plupart de celles que nous avons données pour les autres composés calcaires. Néanmoins, le plâtre, d'accord ici avec les autres amendements calcaires, ne produit point d'effet sur les sols très-humides, mal égouttés ou marécageux.

Sur les bords du Rhin, on emploie le plâtre cru avec autant d'avantage que le plâtre cuit; quelques cultivateurs même le préfèrent, et on cite des expériences qui prouvent que les fourrages venus après le plâtre cru sont moins sujets à météoriser les animaux qui les consomment, cependant, dans les sols où M. Soquet a fait ses essais, le plâtre cru est resté sans aucun effet : ce résultat s'est montré encore dans d'autres lieux. Il serait à propos que partout où on fait un grand usage du plâtre on fît des expériences sur ce point; le combustible est toujours assez rare pour qu'on rencontre un notable avantage à employer le plâtre plutôt cru que cuit; il serait, il est vrai, plus difficile à écraser, mais le surplus de main-d'œuvre serait compensé et au delà par l'économie du combustible.

On a fait aux fourrrages plâtrés le double reproche de causer la météorisation des animaux et de rendre les chevaux plus sujets aux fluxions sur les yeux; le premier reproche est fondé, et son emploi soit à l'étable, soit au pâturage, demande beaucoup plus de précaution que celui des fourrages graminés; cependant les accidents sont rares lorsque les bestiaux en font usage depuis quelque temps. Quant au second inconvénient, c'est en Alsace, pays où on emploie beaucoup de plâtre, où on a beaucoup de prairies artificielles, que ce reproche a été fait dans les commencements de son introduction; et néanmoins on continue de l'employer. D'ailleurs on conçoit que des plantes auxquelles on donne une vigueur extraordinaire qui stimule l'appétit des bestiaux peuvent bien ne pas être aussi digestibles que lorsqu'elles sont abandonnées aux circonstances ordinaires de la végétation. Les expériences de M. Peschier, de Genève, ont prouvé qu'un poids de luzerne plâtrée contenait un tiers de plus de substances salines qu'un même poids de luzerne non plâtrée; celles de M. Boussingault ont obtenu un résultat analogue pour le trèfle; on conçoit bien alors que leur effet sur les animaux qui les consomment puisse être différent.

Le plâtre ne doit pas être répété trop souvent sur le même sol, surtout si ce dernier est médiocre. Le sol aime à changer d'engrais comme de récoltes, et le plâtre, comme beaucoup de bonnes choses, doit être employé avec mesure et modération, et par intervalles, comme le trèfle lui-même, qui, pour bien réussir, ne doit reparaître sur le même sol que tous les six ou huit ans.

Le plâtrage, en donnant aux feuillages et aux branches un grand développement, produit aussi sur les racines un effet très-sensible. Les expériences de M. Soquet ont établi que les racines du trèfle plâtré pèsent un tiers de plus que celles du trèfle non plâtré. On conçoit dès lors que des racines plus longues, plus fortes et plus rameuses, doivent puiser davantage dans le sol; cependant le froment qui succède au trèfle plâtré est ordinairement plus beau que celui qui remplace le trèfle non plâtré. Cet effet doit être attribué à la plus grande masse d'engrais végétal, au trèfle plus vigoureux qui a laissé plus de feuilles sur sa surface et plus de racines dans le sol; mais cet engrais végétal semblerait ne durer qu'une année; car la récolte sarclée qui suit le froment doit recevoir plus d'engrais après le trèfle plâtré qu'après le trèfle non plâtré.

Le plâtre est quelquefois employé sur les prairies sèches; il augmente la quantité de produit, il y fait prédominer les légumineuses, et par conséquent améliore le fourrage; mais il faut alterner son emploi avec les engrais animaux, autrement la fécondité qu'il produit ne se soutient pas, et, peu d'années après des plâtrages répétés, le produit du pré descendrait plus bas qu'auparavant.

L'opinion la plus générale serait que le plâtre doit être envisagé plutôt comme un amendement qui fait employer au sol ses ressources et ses propres forces que comme un engrais qui en fournit de nouvelles. Il est cependant certain que le surplus de fourrages qu'il fait produire au sol compense bien au delà les pertes qu'il lui fait éprouver : les feuilles plus nombreuses et plus développées, douées d'organes plus vigoureux, absorbent plus puissamment les principes nutritifs de l'atmosphère. On sait que les légumineuses prennent beaucoup moins au sol que les autres familles végétales; toutes leurs tiges sont garnies de feuilles larges et articulées, tandis que les tiges des graminées ont à peine un petit nombre de feuilles presque linéaires; en outre, les légumineuses conservent leurs feuilles, qui leur servent de racines aériennes pour pomper dans l'atmosphère les principes végétaux avant, pendant et après la floraison; les fourrages légumineux, particulièrement, les conservent jusqu'au delà de la maturation des graines, au lieu que la plupart des graminées laissent périr le plus grand nombre de leurs feuilles, et leurs tiges elles-mêmes pendant et surtout après la maturation de leurs graines.

Les légumineuses voient augmenter, par le plâtrage, leur faculté d'absorption; les feuilles, qui sont leurs organes absorbants dans l'atmosphère, prennent plus de vigueur, sont doublées, triplées, peut-être, en surface, et par conséquent en puissance, tandis que les racines n'ont pris qu'un tiers d'accroissement, et par conséquent n'empruntent qu'un tiers de plus au sol. C'est ce vide, néanmoins, qu'il faut remplir dans les sols médiocres où il devient sensible.

Le plâtrage est donc une excellente méthode, mais dont il faut user avec réserve et circonspection : par cette raison, dans quelques pays on a réduit les doses du plâtrage, dans d'autres on l'a divisé avec succès dans deux saisons, moitié après la récolte de la céréale qui couvre le fourrage, et moitié au printemps suivant.

D'habiles agronomes, comme nous l'avons dit, ont voulu expliquer l'effet du plâtre sur la végétation; mais il semble que les faits ont successivement contredit toutes leurs théories. On n'a donc point encore, dans cette question, trouvé le secret de la nature; mais on a recueilli une foule de faits qui peuvent, jusqu'à ce qu'on ait mieux rencontré, suffire à la pratique et qui doivent l'encourager à employer avec confiance ce moyen d'augmenter les fourrages. Lorsque le gypse ne produit point d'effet sur les récoltes, le sol n'en ressent du moins ni bien ni mal; si, au contraire, il produit sur le sol son effet vraiment prodigieux, le cultivateur doit se rappeler ce principe essentiel en agriculture : que tout sol qui a beaucoup produit doit recevoir de l'engrais en proportion.

Les frais de transport rendent le gypse cher dans un assez grand nombre de lieux ; on a donc essayé d'y suppléer de diverses manières : les Belges le remplacent avec avantage par leurs cendres; ailleurs, c'est par un compost de cendre et de chaux en poudre. Des expériences ont prouvé, en Allemagne, que deux volumes d'un compost formé de trois quarts de limon ou vase d'étang, laissé un an exposé à l'air et à l'abri, et d'un quart de chaux en poudre, ont produit autant d'effet sur le trèfle qu'un volume de plâtre. Ce compost a été répandu sur le sol après un mois de mélange et plusieurs façons, pour le rendre bien homogène; mais il est probable que ces divers moyens ne pourraient pas réussir sur le sol calcaire, et que jusqu'ici le plâtre ne pourrait pas y être suppléé; des essais, que nous avons faits dans la ferme expérimentale de Brou et dans d'autres localités, n'ont point été favorables à ce moyen de remplacer le plâtre.

Il y a quelques années, on répandit, avec brevet d'invention, des prospectus annonçant un plâtre factice; on vendit le procédé par avance, et on employa tous les moyens de charlatanisme alors encore peu connus pour propager, sous le nom de plâtre factice, une poudre de craie : pour la fabriquer, on projetait sur de la pierre calcaire en poudre un peu d'acide sulfurique et de soufre en poudre; le mélange, bien trituré, répandu sur le sol à la dose du plâtre, ou même à une dose plus considérable, n'a pas produit d'effet sensible : le procédé et l'inventeur sont maintenant oubliés.

CHAPITRE III

Union du plâtre au fumier.

Depuis près d'un siècle l'usage agricole du plâtre est connu, et cependant il est encore une foule d'incertitudes sur la nécessité ou l'inutilité de sa cuisson, sur la nature du sol auquel il convient, sur l'époque la plus convenable pour le répandre, sur les espèces de végétaux dont il accroît les produits. Ses effets et toutes les circonstances de son emploi seront longtemps encore peut-être un sujet d'études pour les agronomes; longtemps on a cru que ses effets se bornaient aux légumineuses; mais, comme nous l'avons dit, des faits déjà nombreux établissent que sous certaines conditions il peut agir efficacement sur le chanvre et le maïs; d'autres prouveraient encore, ainsi que nous le verrons, qu'il augmente la vigueur, le produit même de la vigne et la richesse alcoolique du vin. Des essais multipliés paraissent avoir établi qu'employé immédiatement et seul sur les céréales il restait sans effet; mais il semblerait maintenant prouvé qu'en l'incorporant au fumier frais il agit sur toutes les espèces végétales, les céréales comme les légumineuses, et accroît très-sensiblement leur produit.

C'est à M. Didieux, propriétaire-cultivateur à Genrupt, près Bourbonne-les-Bains, que serait due la confirmation de ce fait important: il s'est assuré, par une suite d'expériences sur de grandes étendues et qui durent depuis plus de cinq ans, qu'en unissant le plâtre aux doses ordinaires de fumier l'effet du mélange sur les céréales se prononce de manière à augmenter beaucoup leur produit. Il a été conduit par le hasard à cette découverte. Un domestique jeta un reste de plâtre sur un fumier; la récolte des céréales produite par ce fumier fut très-supérieure aux récoltes voisines qui avaient reçu une même dose de fumier sans plâtre. M. Didieux en chercha la raison et pensa qu'on ne pouvait l'attribuer qu'au mélange qui avait été fait du fumier avec le plâtre; il répéta les essais qui confirmèrent son opinion; depuis cette époque il a fait de nombreux essais sur le plâtrage du fumier et a fini par l'étendre à toute son exploitation.

Il compose son engrais de couches alternatives de fumier et de plâtre à la proportion de 5 kilogrammes de plâtre cuit pour 500 kilogrammes de fumier: au bout de vingt-quatre heures il se développe une odeur forte et pénétrante qui dure cinq à six jours[1]; le fumier

[1] Il nous semble difficile de méconnaître, dans le dégagement de cette odeur, l'ammoniaque elle-même qu'on veut retenir.

arrive promptement à l'état de fumier consommé, sans blanc ni moisissure. Il emploie ce compost au bout de deux mois ; un plâtrage plus ancien donne de moins bons résultats.

En 1844, il fit l'expérience suivante :

Il sema en froment un hectare auquel il donna une fumure abondante de fumier plâtré depuis deux mois ; le lendemain il sema un hectare contigu qui reçut les mêmes labours et la même quantité de fumier sans plâtre.

Tout à côté, et dans le même champ, il sema un demi-hectare auquel il donna encore une même quantité proportionnelle de fumier plâtré depuis six mois. Au 1er décembre, le blé qui avait reçu du fumier plâtré était beaucoup plus vigoureux que celui qui n'avait eu que du fumier sans plâtre, et celui dont le compost avait été formé depuis deux mois se montra supérieur à celui dont le fumier avait été plâtré depuis six. Au mois d'avril, ces apparences se soutinrent, et, à la récolte, le blé plâtré produisit en paille et grains un tiers de plus que le blé non-plâtré : le produit du fumier plâtré depuis deux mois resta supérieur à celui du fumier plâtré depuis six.

Le trèfle semé sur blé plâtré est constamment plus beau ; M. Didieux a remarqué, comme M. de Marras, que le plâtre semé au mois de décembre produit beaucoup plus d'effet que celui semé plus tard.

M. Didieux est un ancien cultivateur qui, depuis quarante ans, s'occupe d'améliorer sa propriété ; il a remplacé l'assolement triennal avec jachère du pays qu'il habite, par un assolement quinquennal où la jachère revient tous les cinq ans, mais serait supprimée s'il avait plus de fumier. Loin de s'épuiser par l'emploi du fumier plâtré, ses terres s'enrichissent ; ses voisins l'imitent en grand nombre, et, dans leur langage simple, mais significatif, *ils comparent l'emploi du plâtre sur le fumier à celui du beurre dans la soupe, et ne veulent maintenant pas plus de fumier sans plâtre que de soupe sans beurre.*

M. Didieux évalue le produit de son nouvel assolement avec le fumier plâtré à un tiers en sus au moins de celui de l'assolement triennal avec fumier sans plâtre.

Depuis trois ans, l'emploi du plâtre sur le fumier n'est plus pour lui en expérience ; il est devenu une pratique régulière sur toute sa culture. L'année dernière, il a essayé d'en semer dans une vigne : au bout de quinze jours, elle a verdi, le bois a poussé plus vigoureux, et le raisin a mûri avant celui des parties non plâtrées. Ce résultat n'est point isolé ; nous l'avons déjà vu annoncé par d'autres expérimentateurs. Enfin, il a plâtré le fumier de son chanvre, et son chanvre est devenu un quart plus grand que celui non plâtré, mais sa filasse était plus faible. Nous avons vu dans les *Annales de l'Allier* un fait analogue ; le chanvre fumé avec du purin plâtré, allongé de trois parties d'eau, a été beaucoup plus productif que celui largement fumé en automne et au printemps.

D'ailleurs les effets du mélange du plâtre aux urines des bestiaux ont été constatés depuis longtemps ; Tschifelli, assez peu de temps après la découverte de l'emploi du plâtre sur les légumineuses, dans des expériences comparatives d'amendements calcaires sur un champ de trèfle, arrosa l'un des lots avec du purin plâtré : le lot ainsi arrosé produisit cinq coupes et le double à peu près de ceux qui avaient reçu une dose double de plâtre pur et de chaux en poudre, et une dose quadruple de marne pulvérisée.

M. Didieux sème son trèfle dans la dernière quinzaine de février, quel que soit l'état de la terre, sèche ou humide, couverte de neige ou de glace. Son succès est plus assuré sur le blé qui a reçu du fumier plâtré que sur l'orge ou l'avoine de printemps. En comparant le trèfle venu sur blé de fumier plâtré à celui qui a reçu du fumier sans plâtre, le premier est toujours très-supérieur au second, quoiqu'on les plâtre l'un et l'autre au printemps. En 1847, ses récoltes de trèfle sur blé fumé sans plâtre furent nulles ; celles, au contraire, sur fumier plâtré, furent très-abondantes. Ces essais de comparaison ont toujours été faits sur des terres de même nature, semées à la même époque et également fumées.

M. Didieux obtient le même succès sur la luzerne, qu'il établit ainsi : l'année qui précède le semis, il ameublit avec soin sa terre par une culture soignée de pommes de terre suivie de deux labours, dont le premier profond. Au printemps suivant, il donne encore deux labours, enfouit son fumier plâtré au deuxième, nivelle son terrain d'un coup de herse, sème sa luzerne seule et la fait pénétrer dans le sol par un coup de rouleau : elle lève bien dans une terre ainsi préparée, donne déjà une récolte au mois de septembre, étouffe les mauvaises herbes et s'en défend très-bien pendant cinq ou six ans. Comparaison faite de deux lots de luzerne contiguës sur fumier plâtré ou fumier sans plâtre, le produit du premier, pendant les trois premières années, a été presque double ; la quatrième seulement les produits ont commencé à se niveler.

Il a obtenu un égal succès du fumier plâtré sur les pois et vesces d'été, qui, en raison de leur vigueur, ont mûri dix à douze jours plus tard que les récoltes de même nature avec fumier non plâtré.

Son succès a été très-grand sur la vigne. Il donne à ce sujet le résultat d'une expérience comparative remarquable. Il a divisé une vigne de quatre œuvrées en trois parties : deux œuvrées ont été cultivées sans fumier, la troisième a reçu 1,000 kilogr. de fumier fortement plâtré, et la quatrième une même quantité de fumier ordinaire. Dans le cours de l'année, l'œuvrée plâtrée a montré plus de vigueur, des feuilles plus vertes, des raisins plus nombreux, plus longs, à grains plus gros; elle a produit 693 litres; l'œuvrée avec fumier non plâtré 377, et chaque œuvrée sans engrais 258. Le vin de la vigne plâtrée a été trouvé bon, égal en qualité à celui du lot non fumé, et bien supérieur à celui du lot qui avait reçu du fumier ordinaire et qui a été jugé peu susceptible de conservation.

En comparant ensemble les produits, on peut donc attribuer à 1,000 kilogrammes de fumier plâtré 435 litres de vin, et à une même quantité de fumier ordinaire 119 litres. C'est là le surplus de produit de la première année, et M. Didieux pense que cet effet pourra se prolonger, sans être cependant aussi marqué pendant quatre ou cinq ans, durée à peu près égale à celle du fumier sans plâtre. Toutefois il ne donne pas cette opinion comme fondée sur l'expérience, et ce résultat nous semble bien grand pour être aussi durable, puisqu'on sait que l'effet du plâtre seul ne se prolonge pas au delà de deux ans, et qu'il serait bien étonnant que le fumier doublât la durée du plâtre tout en augmentant sa puissance dans une proportion aussi notable.

Le succès du fumier plâtré a été peut-être encore plus remarquable dans une plantation de vigne. M. Didieux a planté ses chapons sur une couche épaisse de fumier plâtré, à la dose d'un hectolitre et demi, soit 150 kilogr. pour 500 kilogr. de fumier. Dès la première année, les sarments poussés ont pris un mètre de longueur et ont pu être provignés l'hiver suivant; la seconde année, il aurait pu avoir une récolte passable qu'il préféra sacrifier à la vigueur de sa vigne; la troisième année, il eut une récolte complète, qui fut encore doublée la quatrième. Quoique l'enthousiasme du succès ait pu faire voir à l'auteur ces résultats plus grands qu'ils n'étaient en effet, il n'en paraît pas moins constant que le fumier plâtré, employé dans une plantation de vigne, produit un effet très-supérieur à celui du fumier ordinaire, et nous serions disposé à conclure que cet effet se reproduirait sur des plantations d'arbres; il semblerait même, en nous appuyant sur le produit abondant en raisins, que l'union du plâtre au fumier serait aussi favorable à l'abondance et à la qualité du fruit qu'à la vigueur du sujet, ce qui n'a pas lieu pour le fumier employé seul.

Si nous rappelons le résultat de la première expérience, où avec l'emploi du fumier plâtré le produit en vin a doublé tout en maintenant sa qualité, il en résulterait que cet engrais s'emploierait avec un bien grand avantage, particulièrement dans les grands crus où l'on rejette le plus souvent le fumier en l'accusant d'altérer la qualité.

De son côté, M. de Douhet, habile agronome du Puy-de-Dôme, conseille, en s'appuyant sur la pratique de localités très-bien cultivées en

France et ailleurs, l'emploi pour litière de terre sèche plâtrée unie à un peu de paille. Il place sous le bétail, lorsque l'étable est nettoyée, un léger lit de paille, de feuilles ou de débris végétaux qu'il recouvre de terre sèche; il sème sur cette terre 1 kilogr. de plâtre pur et bien cuit par tête de bétail, et par chaque demi-mètre cube de terre; il recouvre le tout d'un léger lit de paille. Lorsque cette litière se défonce par le piétinement et l'abondance des déjections, il ajoute pour la raffermir de la terre sèche, qu'il plâtre, et de la paille nouvelle. Enfin, lorsqu'on vide l'étable, on incorpore au mélange autant de kilogrammes de sel marin qu'on a employé de mètres cubes de terre.

Toutes les semaines, chaque tête de bétail transforme ainsi en engrais plus d'un demi-mètre cube de terre. Cet engrais a le grand avantage d'absorber toutes les déjections, et particulièrement les urines, qui sont souvent en grande partie perdues. M. de Douhet le regarde comme plus puissant et plus durable que le fumier ordinaire; il pense par ce procédé décupler la masse de ses engrais, et il y trouve une grande économie de paille, qui lui donne le moyen de nourrir des bestiaux plus nombreux.

Il emploie encore, avec un très-grand avantage, le plâtre sur le parcage des moutons : 2 à 300 kilogr. suffisent pour saupoudrer le parcage d'un hectare. Le plâtre se répand sur le sol au moment où on entre les animaux au parc. Ce procédé rend l'effet du parcage à la fois plus intense et plus prolongé. Enfin, nous dit-il, *le plâtre employé en mélange dans les fumiers d'étable, ou répandu le matin sur le parcage d'une nuit par un troupeau de moutons, a produit, j'en ai l'expérience, des effets vraiment incroyables pour les récoltes suivantes.*

Les résultats annoncés par MM. Didieux et de Douhet sont grands sans doute; ils paraissent précis et sont donnés par des personnes qui nous semblent dignes de foi; cependant nous n'avons pas entendu dire que d'autres personnes aient obtenu sur la vigne les mêmes effets que M. Didieux; ils peuvent tenir à la nature du sol, à l'année et à quelques circonstances atmosphériques qui pourraient ne pas se reproduire ailleurs; mais, alors même qu'on serait loin d'obtenir ces résultats dans leur entier, ils sont bien suffisants pour engager les agronomes à multiplier les expériences sur ce sujet.

Dans les nouveautés qui se présentent en agriculture, plus encore que dans les arts, les premiers succès ne sont que des probabilités et, pour ainsi dire, des espérances, surtout lorsque ces nouveautés offrent des résultats hors ligne. Palladius, dans son temps, nous prêchait cette doctrine : *Recueillez les nouveautés qu'on vous annonce; mais ne les appliquez à votre sol qu'après les avoir expérimentées :* Terris tuis experta committe.

CHAPITRE IV

Acide sulfurique.

Nous croyons devoir rappeler ici les expériences remarquables qui ont été faites au sujet de l'emploi de l'acide sulfurique sur la végétation : il en résulte qu'il produirait un effet analogue à celui du plâtre sur les légumineuses ; on l'étend de cent fois son poids d'eau et on en arrose les champs de fourrages légumineux. La dose serait de 10 mètres cubes d'eau et de 100 kilog. d'acide par hectare, ce qui produirait une couche d'un millimètre sur la surface. Cet amendement, main-d'œuvre comprise, pourrait être, pour certains pays, moins cher que celui du plâtre.

On a encore publié des expériences desquelles il résulterait que la puissance de l'acide sulfurique étendu d'eau serait d'un bien grand effet pour donner de l'activité aux semences des végétaux des diverses familles.

Des semences, trempées pendant 12 heures dans une eau renfermant un centième d'acide sulfurique, ont donné dans des circonstances tout à fait semblables d'ailleurs, un produit très-supérieur à celui des mêmes semences qui n'avaient pas subi ce traitement.

On s'est beaucoup occupé de l'emploi de l'acide sulfurique en Angleterre et en Allemagne, et les journaux agronomiques de ces deux pays ont recueilli des faits fort remarquables. M. Dalzie, fermier écossais, aurait obtenu 5 hectolitres de plus par hectare, avec la semence d'orge trempée qu'avec celle d'orge non trempée.

D'autre part les archives agricoles de Bayen rapportent qu'un cultivateur allemand immerge toutes ses graines dans une eau acidulée d'un 100ᵉ d'acide sulfurique. Au bout de 12 heures, il les égoutte et les roule dans un mélange de moitié cendres de bois et moitié chaux fusée, et il sème immédiatement. Il a ainsi obtenu par hectare 7 hectolitres d'orge de plus et 10 d'avoine. Il paraît que cette immersion, outre l'énergie végétale qu'elle accroît, défend encore la semence du dégât des oiseaux et peut-être bien aussi des insectes; mais on s'assure davantage contre les insectes, en ajoutant au bain acidulé de l'*assa fœtida* ou du jus d'ail.

Nous croyons devoir citer encore les expériences rapportées par Kressig, agronome allemand; 6 kilog. d'acide sulfurique préalablement étendus d'eau, et absorbés par 8 hectolitres de cendre de bois, ont fait produire à un hectare de trèfle 838 kilog. de plus qu'un hectare du même champ sur lequel on avait répandu la même quantité de cendre sans acide, et 1106 de plus qu'un autre hectare qui n'avait point reçu de cendres. La même quantité d'acide chlorhydrique a fait produire 300 kilog. de moins que l'acide sulfurique. D'autre part, la même quantité de cendres sulfatées semées sur une orge en pleine végétation, dont les feuilles avaient environ 12 cent. de longueur, a produit par hectare 27 hectolitres et demi d'orge, et 24 quintaux métriques de paille, tandis que l'hectare voisin, qui n'avait rien reçu, n'a produit que 16 hectolitres de grains et 20 quintaux de paille.

Les exemples de l'influence de l'acide sulfurique sur la végétation sont nombreux et surgissent de bien des côtés; ils ont pour eux de graves autorités, et il serait difficile qu'ils n'eussent aucun fondement : nous avons donc cru à propos de les rappeler, et ils doivent engager à répéter des expériences dont le résultat heureux offrirait le plus grand intérêt.

Toutefois nous croyons devoir dire ici qu'un premier essai sur un pré de l'emploi des cendres sulfatées comparativement avec d'autres qui ne l'étaient point ne nous a donné aucun résultat sensible. Il est vrai que cet emploi avait été suivi d'une très-forte pluie suivie à son tour d'une longue sécheresse, double circonstance regardée comme paralysant l'effet des cendres, du plâtre et en général des amendements calcaires : en outre nous ne pouvons pas assurer que ce sol ne contînt point de chaux, et nous voyons tous les jours que les cendres ne produisent aucun effet sur les sols calcaires.

Depuis plusieurs années on annonce un nouvel emploi de l'acide sulfurique comme dissolvant des os, et la dissolution étendue d'eau est présentée comme un engrais beaucoup plus puissant que les os eux-mêmes. Nous nous en occuperons en traitant du phosphate de chaux, parce qu'il nous semble que, dans ce cas, c'est l'acide phosphorique qui est l'agent spécialement actif, plutôt que l'acide sulfurique ou le sulfate de chaux qui en résulte.

CHAPITRE V

Sulfate de fer.

Eusèbe Gris s'est assuré, depuis plusieurs années, par des expériences répétées, que le sulfate de fer, dissous dans l'eau, redonnait la santé et la vigueur aux plantes malades, mais particulièrement à celles cultivées en pots, et que le jaune de leurs feuilles se remplaçait par une couleur verte intense ; la dose pour chaque pot est de 2, 3 ou 4 arrosements de 1, 2 ou 3 décilitres jusqu'à un demi-litre d'une solution de sulfate de fer de 8 grammes en moyenne par litre. Il vaut mieux mettre la dose faible que forte; nous avons éprouvé que, trop forte, au lieu de guérir les plantes, elle les faisait mourir. De nombreuses expériences ont aussi établi que de simples arrosements de cette eau sulfatée sur les feuilles jaunies par la maladie leur redonnaient une couleur verte intense; mais il faut que la dose de sulfate soit beaucoup plus faible, c'est-à-dire de 1 à 2 grammes seulement par litre; en l'appliquant avec un pinceau sur les feuilles, on les voit reprendre leur couleur sur toutes les parties lavées par l'eau sulfatée.

Ces expériences ont été répétées avec succès par des commissions, soit à Châtillon-sur-Seine, soit à Paris au Jardin des Plantes.

On avait annoncé que le même effet se produisait sur les céréales et les fourrages; nous avons répété les expériences; l'effet nous a paru nul sur les céréales et légèrement sensible sur le trèfle ; la dose était peut-être trop faible, aussi nous ne croirions pas devoir en conclure l'inefficacité du sulfate de fer sur les produits agricoles.

Nous remarquerons en passant que les sels de fer semblent produire un effet analogue sur la vie végétale et sur la vie animale; nous savons qu'ils sont regardés comme très-utiles dans la maladie de la chlorose, résultant, à ce qu'il semble, d'un défaut d'énergie et de circulation dans le sang qui colore les tissus ; l'absorption des sels de fer par la séve des végétaux, qui fait circuler la vie dans leur organisation, et joue le rôle du sang chez les animaux, rend aux plantes la couleur qui annonce chez eux la vie et la santé; le fer porterait donc, dans ces deux organisations si différentes, un principe de vie et d'activité.

On remarque aussi que les terres d'une couleur fauve sont généralement fécondes ; comme elles doivent cette couleur à l'oxyde rouge de fer, il serait naturel de penser qu'elles lui doivent en partie cette fécondité qui consisterait, nous le pensons, en une plus grande force d'absorption sur l'air atmosphérique. Dans le département de l'Ain, pour égoutter son sol imperméable, le cultivateur se trouve obligé de le découper en pièces auxquelles il donne une forme bombée. On remarque que la terre argileuse blanchâtre qu'on charrie pour donner le bombement, prend une couleur rousse au bout d'un an ou deux d'exposition à l'air, et se montre alors féconde, pendant qu'elle semblait tout à fait infertile à l'état de sous-sol. Cette fécondité ne serait-elle pas due à l'oxyde de fer qui se colore en rouge ?

On remarque encore que les cendres d'écobuage rougies par le feu, quoique ne contenant, à ce qu'il semble, plus d'humus, peuvent féconder le sol même sur lequel elles ont été produites ; le changement de couleur de l'oxyde de fer, qui passe au rouge dans l'argile brûlée, serait encore la cause la plus probable de la fécondité qu'on lui attribue. Mais nous reviendrons sur cette question en traitant de ces amendements ; ici il nous a semblé à propos de faire remarquer l'action du fer sur la végétation ; toutefois cette question, comme tant d'autres ailleurs, renferme encore bien des incertitudes, car nous avons souvent vu des sols ferrugineux tout à fait inféconds.

M. Arthur Gris continue maintenant l'œuvre de son père, mort depuis peu ; il se propose particulièrement de s'assurer de l'effet du sulfate de fer sur les plantes non malades et sur celles de grande culture. Il a remarqué que la chaleur et les temps de pluie sont des chances favorables au succès. Il emploie le sel en poudre ou en dissolution ; 500 grammes de sulfate de fer en poudre, répandus, le 2 mai, sur 6 mètres de terre, ont fait produire moitié en sus de 6 mètres contigus qui n'avaient point reçu de sel. Il a eu également du succès sur le maïs, les pommes de terre et sur de nombreux légumes. Des melons, arrosés par un litre d'une dissolution contenant 8 grammes de ce sel ont noué quinze jours plus tôt et développé plus de vigueur que les melons voisins qui n'avaient reçu qu'un litre d'eau pure.

Il a réussi également sur des pois, des haricots, des oignons, des asperges, des carottes ; les laitues, salsifis et pavots s'en sont mal trouvés. Il a rétabli de même deux pêchers faibles dont l'un était cloqué, et il a observé que deux poiriers malades, traités par son père une année auparavant, ont repris de la santé et de la vigueur.

Quoi qu'il en soit, nous ferons remarquer que l'un des effets spéciaux de ces arrosements d'acide sulfurique, de ces immersions des semences dans la solution acidulée, de ces arrosements de sulfate de fer, consiste à donner une grande intensité de couleur aux feuilles des végétaux, et que ce résultat se remarque de même sur les légumineuses plâtrées. Or, dans les premières expériences, l'acide sulfurique étant seul est nécessairement la substance active ; dans les secondes, les expériences sur le sulfate de fer, il a été démontré que ce sel produisait plus d'effet que les autres sels ferrugineux ; son effet semblerait donc aussi dû à l'acide sulfurique ; mais nous avons remarqué qu'il était évident que l'effet du sulfate de chaux ne pouvait pas être dû à la minime quantité de chaux que ce composé a portée sur le sol ; on devrait donc aussi attribuer son effet à l'acide sulfurique. Toutefois les expériences sur la puissance de l'acide seul ne nous semblent point encore assez nombreuses pour faire une démonstration, et nous admettrons même que l'action du gypse serait plutôt propre à sa combinaison qu'à l'un ou l'autre de ses composants, et ne doit pas se confondre avec celle de ses principes isolés, la chaux et l'acide sulfurique. Ainsi donc cette explication que nous hasardons de l'action du plâtre ne serait guère mieux appuyée que celles des agronomes dont nous avons parlé.

CHAPITRE VI

Emploi des plâtras ou débris de démolition comme amendement.

Les débris de démolition ont une grande influence sur la végétation; leur effet sur le sol est même plus avantageux et plus durable que celui de la chaux. On peut en concevoir la raison : le mortier dont ils se composent a été fait avec 30 à 40, soit 35 pour 100 de chaux. Or il résulte des analyses des mortiers qu'une partie de la chaux passe à l'état de carbonate et une autre portion demeure à l'état caustique; le reste forme des silicates, et même, dans les démolitions d'anciens bâtiments, des nitrates et des chlorhydrates de chaux et de potasse; admettons que 15 des 35 pour 100 de chaux soient passés à l'état de carbonate, l'acide carbonique prenant la place de l'eau et se combinant avec la chaux dans la proportion de 43 pour 100, le carbonate de chaux forme 26 pour 100 de la masse. Des 20 pour 100 de chaux restant, les 3/4, ou 15 pour 100 demeurent à l'état de chaux caustique, et les cinq autres parties sont passées à l'état de silicates, nitrates et chlorhydrates de chaux. On retrouverait, par conséquent, dans les résultats, l'effet sur la végétation d'une marne de richesse moyenne. Les 15 pour 100 de chaux caustique correspondant à un hectolitre et demi par mètre cube de plâtras, produisent sur le sol l'effet de la chaux amortie par un mélange qui en fait une espèce de compost; mais, en outre, il s'est formé dans les plâtras, surtout s'ils appartiennent à des rez-de-chaussée, des nitrates et des chlorhydrates de potasse, de soude et de chaux, souvent en assez grande proportion; le plâtras exercerait donc à la fois l'effet combiné de trois amendements, la chaux, la marne et les nitrates. Avec toutes ces conditions de puissance fécondante, on conçoit son action sur la végétation et sa durée dans le sol.

On conçoit aussi que son effet ne se produise que sur des sols non calcaires; ailleurs, à moins que le sol ne soit compacte et très-argileux, les plâtras sont plus nuisibles qu'utiles et rendent le sol plus sensible à la sécheresse; on les emploie cependant encore assez fréquemment dans les jardins à sol tenace, alors même qu'il est calcaire, et ils conviennent très-bien pour adoucir le sol des aspergères.

Les débris de démolition sont aussi très-avantageux sur les pâturages humides non calcaires, mais qui ne sont cependant ni marécageux ni inondés; ils améliorent la récolte en quantité et en qualité; on les emploie avec profit avant et après l'hiver, sur les récoltes d'hiver comme sur celles de printemps; ils font produire en proportion plus de grain que de paille, et le grain est d'excellente qualité; on les emploie le plus souvent sans l'intermédiaire des composts, parce qu'ils ont formé dans les murs une partie des composés que le temps forme dans les composts.

Les plâtras, comme les autres amendements calcaires, demandent à être répandus sur la terre non mouillée, et veulent être enterrés peu profondément, par un beau temps; autrement leur effet est beaucoup moindre.

En Italie, ils sont très-estimés comme amendement; on les emploie préférablement dans les sols argileux; aux environs de Rimini, nous dit Philippe Ré, on les réserve pour les oliviers; une charretée suffit pour 15 à 20 arbres. En Toscane, on en fait des composts pour le même usage; dans le Comasque, on les donne aux vignes et aux mûriers; dans le pays Brescian et dans les environs de Reggio, on en sème une couche légère sur les prairies naturelles.

Dans le département de l'Ain, on les employait déjà, mais assez rarement, sur le sol argilo-siliceux avant que la marne et la chaux fussent introduites; mais on les a beaucoup plus recherchés depuis que l'emploi de la chaux s'est popularisé. Le tombereau d'un demi-mètre cube qu'on avait pour 50 centimes se vend maintenant 1 franc pris à Bourg, et cet amendement serait encore le moins cher de tous. Deux tombereaux ou 1 mètre contiennent 1 hectolitre 1/2 de chaux, 2 hectolitres 1/2 de carbonate, et 1/2 hectolitre environ de silicates et de nitrates calcaires ou alcalins; 10 mètres cubes pourraient suffire à 1 hectare, mais on en emploie ordinairement le double. On a été conduit à cette proportion par une analogie peu juste, il est vrai, la même qui a conduit à exagérer les doses de marnage; cette dose est celle que l'on met en terre ou terreau pour amender le sol: on veut que sa surface en soit couverte. Avec cette quantité, l'amendement de 1 hectare ne coûtait, dans l'origine, pris à Bourg, que 40 à 45 francs; il en coûte actuellement le double, mais le surplus de la première récolte qu'il produit couvre la dépense.

La dose moyenne est donc de 200 hectolitres par hectare; elle pourrait sans doute être moindre, surtout dans les sols légers; mais on veut absolument voir le sol couvert, et puis la durée en est plus longue. Au bout de vingt ans, le sol est encore très-sensiblement amélioré.

Les plâtras sont aux trois quarts perdus pour l'agriculture française, car on en néglige généralement l'emploi; cependant presque partout ils pourraient être utilisés, parce qu'on rencontre presque partout des sols non calcaires; la perte est très-grande, car, nous le répétons, leur effet est plus grand, plus fécondant que celui de la chaux et de la marne.

Lorsque les débris contiennent du sulfate de chaux, il est nécessaire de les séparer et de les pulvériser; l'effet du gypse en cet état est sans doute moins actif que celui du gypse cuit, mais il le serait plus que celui du gypse cru, et nous pensons qu'une dose de 3 hectolitres suffirait très-bien à amender 1 hectare de prairies artificielles; toutefois nous devons dire que c'est plutôt par analogie que par expérience que nous donnons ce conseil.

Les plâtras des lieux humides, des rez-de-chaussée, ont plus de puissance fécondante que ceux des étages supérieurs, parce qu'ils contiennent plus de nitrate et de chlorhydrate.

CHAPITRE VII

Du falunage ou de l'emploi des coquilles comme amendement.

On donne le nom de faluns à des bancs de coquilles fossiles qu'on trouve, soit sur les bords de la mer, soit dans l'intérieur des terres. Dans certains lieux, le falun est employé sous le nom de marne coquillière; mais c'est seulement le falun de Touraine, dont l'emploi en agriculture est bien connu : la falunière y forme un banc de 12 kilomètres de longueur, et d'épaisseur et de largeur variables. On extrait le falun de plusieurs pieds de profondeur. Les frais d'extraction sont à peu près doublés par la nécessité d'épuiser continuellement les eaux qui abondent dans les carrières.

On le met sur le sol à la quantité de trente à soixante charretées par hectare, suivant la nature du sol; son action paraît au moins aussi efficace que celle de la marne, et sa durée se prolonge longtemps.

On l'emploie, en Angleterre, à moindre dose qu'en France, à moitié de la plus faible dose de Touraine; ses qualités particulières et ses forces fécondantes peuvent être différentes, car les bancs sont composés de familles de coquilles très-diverses; en sorte que chacun peut avoir raison dans sa pratique. La durée d'un falunage, en Angleterre, se prolonge plus que celle de la marne; on en renouvelle l'énergie avec un compost de fumier et coquilles, comme pour la marne et la chaux; le sol en est grandement amélioré, plus encore, à ce qu'il semble, que par la chaux ou la marne. Il se pourrait que ces coquillages continssent quelques substances albumineuses, quelques parties animales, qui ajouteraient à l'effet dû carbonate de chaux, leur base principale. Nous pensons même qu'il se rencontrerait, dans les coquilles de plusieurs de ces dépôts, du phosphate de chaux qui expliquerait en grande partie l'effet puissant et la durée de cet amendement.

On trouve, en France, des bancs de coquillages dans beaucoup de lieux : on parle de ceux des environs de Dax, de Grignon (Seine-et-Oise), de Courtagnon (Marne); mais les conchyliologistes semblent en avoir tiré plus de parti que les agriculteurs. Il y en a sans doute encore dans un grand nombre d'autres lieux : c'est là une de nos richesses minérales dont nous sommes bien loin de tirer tout le parti convenable; car, en employant le falun à la dose de 100 hectolitres par hectare, comme en Angleterre, on pourrait le transporter à distance, soit par eau, soit par des voitures; et ce qui le recommanderait encore au moins autant, c'est que, dans aucun des lieux où on l'emploie, le falun n'est accusé d'avoir appauvri le sol; au contraire, on l'en trouve partout amélioré.

Nous serions disposé à admettre que ce qui a décidé en Angleterre et en France à employer des doses si différentes de falun, c'est que le falun des deux pays différerait beaucoup en puissance; les cultivateurs anglais, plus riches que les nôtres, sont disposés à faire à leur sol de beaucoup plus grands sacrifices; ainsi ils lui donnent des doses de chaux quatre fois, six fois, huit fois plus considérables que les nôtres. Le falun de Touraine est habituellement noyé, puisqu'en même temps qu'on l'extrait il faut sortir l'eau des carrières; il n'en serait pas de même en Angleterre; le falun employé serait au-dessus du niveau des eaux, et conserverait plus de parties animales et salines que celui de Touraine, où ces parties se dissolvent dans l'eau. Le gîte de falun, à Grignon, est tout à fait sec et s'emploierait, par conséquent, à faible dose; mais il paraît qu'il n'est exploité que par les naturalistes.

CHAPITRE VIII

Cendres de bois.

Leur composition et leurs propriétés les classent parmi les amendements calcaires; elles agissent puissamment sur la végétation des sols qui ne contiennent pas de chaux, mais elles sont plutôt nuisibles qu'utiles à ceux qui en renferment. Ce qui les caractérise d'une manière sépéciale, c'est que nulle part on ne les accuse d'épuiser le sol, et on les regarde toujours comme améliorant pour le présent et l'avenir; cependant cet amendement est peu connu, les Flamands et les Anglais le distinguent à peine des cendres de tourbe et de houille; en France, quoique partout on trouve des sols auxquels elles conviennent, elles sont le plus souvent perdues ou jetées sur des sols auxquels elles sont plus nuisibles qu'utiles.

§ 1. — Effet des cendres sur la végétation et sur le sol.

Les effets des cendres sur la végétation et sur le sol sont très-remarquables; elles ameublissent les sols argileux et donnent de la consistance aux sols légers; elles détruisent les mauvaises herbes. Elles conviennent plutôt aux sols humides ou frais qu'aux sols naturellement secs; mais il est nécessaire qu'ils soient bien égouttés, et leur dose doit s'accroître avec l'humidité du sol.

Elles doivent être répandues sèches, par un temps non pluvieux et sur un sol non mouillé; elles favorisent la végétation de toutes les récoltes, des récoltes d'hiver et de printemps, des céréales et des légumineuses; toutes ces propriétés leur sont communes avec la chaux et la marne.

Elles donnent, comme le plâtre, une couleur verte foncée aux végétaux qu'elles font croître; cependant elles favorisent plus encore la production du grain que celle de la paille : le grain produit ressemble un peu à celui des fonds chaulés; cependant il est plus fin et à écorce plus mince, et, comme tel, il a plus de prix sur les marchés. On emploie les cendres avec grand avantage sur les prés et les pâturages; leur effet est surtout remarquable sur le blé noir, la navette et le chanvre. Comme on les emploie toujours à petites doses, leur effet ne semble pas durable : au bout de deux ans il est peu sensible, et cependant dans les terres qu'on a cendrées à plusieurs reprises, dix ans après qu'on a cessé, l'amélioration s'aperçoit encore.

§ 2. — Composition des cendres, et principe auquel on doit attribuer leur effet.

Nous avons vu que l'action de la marne sur le sol et les végétaux se distinguait sensiblement de celle de la chaux; celle des cendres en diffère encore plus; c'est que le principe actif des cendres n'est pas celui qui agit sur le sol dans l'emploi de la chaux et de la marne; ce principe cependant est encore un composé calcaire : c'est le phosphate de chaux qui, dans les cendres vives, compose jusqu'à un quart de la masse, et en moyenne un tiers dans les cendres lessivées, dont il est plus particulièrement question ici.

L'effet produit ne peut être dû aux sels solubles qui entrent dans la composition des cendres, parce qu'on emploie pour le produire presque exclusivement les cendres lessivées, qui ont subi vingt-quatre heures au moins de lavage, dont moitié à l'eau bouillante, et qui, par conséquent, doivent avoir perdu toutes leurs parties solubles. Il est même bien remarquable que, sur beaucoup de sols, les cendres vives produisent moins d'effet que les cendres lessivées : les cendres lessivées renferment donc un principe non soluble qui en est l'agent le plus actif; or ces cendres contiennent depuis un tiers jusqu'à moitié du phosphate de chaux, une moindre quantité de carbonate, et le reste en silice, alumine et oxyde de fer. Quelques agronomes ont voulu attribuer leur action à un savon animal, résidu des lessives; mais cette opinion n'est pas admissible, car les cendres de blanchisseries de toile sont aussi actives que celles des ménages; d'ailleurs les cendres des fabricants de potasse dans le Nord sont éminemment utiles sur les sols auxquels on les emploie; et enfin, pour nous en assurer encore plus directement, une ébullition longtemps prolongée sur des cendres lessivées n'a pu leur enlever aucune partie sensible de leur poids, ce qui prouve qu'elles ne contenaient point de quantité appréciable de substances solubles ni de savon animal; on ne peut donc leur attribuer l'effet fécondant des cendres.

Le principe actif des cendres lessivées ne peut être non plus le carbonate de chaux seul, puisque les effets sont, en beaucoup de points, très-différents de ceux produits par le carbonate de chaux de la marne ou de la craie; d'ailleurs, ce composé, qui entre en moyenne pour un tiers au plus dans la masse des cendres, ne s'y trouverait pas dans une proportion qui pût produire un effet bien sensible, puisque, comme nous le verrons plus tard, une dose moyenne de cendres n'en apporte au sol qu'un quart tout au plus de ce que lui en donnent les doses de marne les plus faibles : il n'est donc ici qu'en second ordre, et il ne fait qu'appuyer un autre agent plus actif que lui, qui ne peut être que le phosphate de chaux, sel qui, avec des quantités peu considérables de silice, d'alumine et d'oxyde de fer, forme tout le reste de la masse des cendres lessivées.

La première application que nous ayons faite de ce fait agricole nouveau, et qui n'est pas sans importance, a été l'explication toute naturelle de l'action des os sur le sol et des anomalies qu'elle présente.

Les os ne produisent aucun effet sur les sols calcaires; les os lessivés, distillés, bouillis, grillés et privés de gélatine, réduits en poudre, produisent au moins autant d'effet que les os pulvérisés sortant des boucheries. Le grain produit est beau, abondant, et il faut éviter la pluie pour leur emploi. Nous trouvons là réunis tous les phénomènes caractéristiques de l'emploi des cendres lessivées; mais dans les os, réduits à leur principe terreux, il ne reste que le phosphate de chaux et une proportion tout à fait minime de carbonate : c'est donc au premier qu'est dû l'effet des os moulus.

Quant au noir animalisé de MM. Payen et Salmon, il ne contient point de phosphate de chaux; mais son effet provient sans doute des matières animales qu'il absorbe, plutôt encore que des parties charbonneuses qu'il contient.

Les beaux travaux de Saussure nous donnent les moyens d'expliquer cette puissance du phosphate de chaux sur la végétation et l'accroissement notable de grains que détermine l'emploi des cendres.

Les cendres de froment contiennent 44 pour 100 de phosphate de chaux; celles d'avoine 24, celles de maïs 36, celles de fèves 28. On conçoit que les cendres, qui présentent aux végétaux, toute formée cette base essentielle et dominante de la partie fixe des grains, doivent favoriser éminemment leur production.

Ces analogies, que nous avons publiées en 1827, nous ont découvert un nouvel agent calcaire très-actif, et qui peut devenir très-utile à l'agriculture. Nous trouvons dans beaucoup de lieux des phosphates de chaux naturels en quantité assez considérable pour que leur extraction soit très-profitable au sol; et il n'est pas probable qu'on fût obligé de le préparer avec le feu, comme celui des cendres, puisque, dans les os, son effet se produit sans avoir besoin d'employer cet intermédiaire. Nous reviendrons plus tard et spécialement sur le phosphate de chaux, qui nous semble offrir un grand intérêt en agriculture.

§ 3. — Emploi des cendres lessivées.

Cet amendement est très-répandu sur le grand plateau argilo-siliceux qui appartient aux bassins du Rhône et de la Saône, et qui se prolonge depuis les portes de Lyon jusque dans les départements de l'Ain, de Saône-et-Loire, du Jura et de la Haute-Saône. Lyon, après avoir fourni des cendres lessivées à l'agriculture de ses environs, qui les emploie en grande abondance, les envoie, par les rivières, aux pays voisins, qui les payent de 1 fr. 50 c. jusqu'à 3 fr. l'hectolitre.

La dose ordinaire est moins forte que dans les environs de Lyon; elle est cependant encore de 20 à 30 hectolitres par hectare : on les sème sur le sol avant le labour de semaille. La terre et les cendres doivent être sèches, et on les laisse s'essorer vingt-quatre heures sur le sol si le temps est au beau; on jette ensuite la semence et on recouvre le tout d'un léger trait de charrue. On les emploie très-souvent aussi pour la semaille du blé noir sur jachère, au mois de juin : elles en assurent le produit, ainsi que celui du froment ou du seigle qui succède. L'effet des cendres est peu sensible au bout de deux ans; on les alterne alors avec du fumier, parce qu'elles sont encore plus profitables au sol si on ne les emploie que tous les quatre ans. Dans les environs de Lyon, on les applique avec beaucoup d'avantage aux prés sains, à la quantité de 50 hectolitres par hectare; aussi leur effet s'y prolonge longtemps : les doses sur le sol labourable sont aussi assez fortes et semblent plutôt en rapport avec leur prix peu élevé, qui, sur les lieux, est de 1 fr. à 1 fr. 50 c. l'hectolitre, qu'avec les besoins du sol.

Dans la Sarthe, elles sont très-chères et très-estimées : on les emploie concurremment avec la chaux, à laquelle on les préfère beaucoup pour les terres légères; leur dose est de 12 hectolitres par hectare, et leur effet est grand sur le blé noir et le froment qui lui succède.

Dans l'Indre, les cultivateurs en font usage, surtout pour la navette, à la quantité de 20 hectolitres par hectare; avec ce seul engrais, ils recueillent 20 à 30 hectolitres de navette sur cette surface.

On emploie les cendres plus souvent seules et sans fumier; cependant, dans les pays où l'on en connaît mieux le prix et l'usage, on est resté convaincu que, comme pour l'emploi de la marne et de la chaux, l'union du fumier avec les cendres double réciproquement leur action, et que ce mélange accroît beaucoup la fécondité naturelle du sol. Dans une commune des environs de Louhans (Saône-et-Loire), on emploie de préférence les cendres pour le froment : on joint moitié de la dose ordinaire du fumier à 8 à 10 hectolitres de cendres par hectare, et cette demi-dose de l'une et de l'autre substance produit plus que leur dose entière employée séparément. Dans la commune de Saint-Étienne, près Bourg, on emploie simultanément aussi les cendres et le fumier; ce dernier offre l'avantage, outre son action fécondante, de tenir le terrain froid et compacte de ce pays, soulevé, et par là plus accessible aux agents atmosphériques.

Enfin, dans les parties de Maine-et-Loire où l'on fait plus spécialement usage des cendres, on trouve aussi que c'est mélangées avec le fumier qu'elles produisent le plus grand effet; les cendres, en rendant le sol plus susceptible de s'ameublir, augmentent néanmoins sa ténacité, et, sous ce rapport, elles conviennent mieux aux sols légers qu'aux sols compactes.

Les cendres lessivées sont désormais regardées comme d'absolue nécessité pour la culture des Vosges; toute la montagne du bassin de la Moselle, celui de la Meurthe, s'irradient sur les parties calcaires de la Lorraine, de la Franche-Comté et de l'Alsace, pour y acheter leurs cendres lessivées. *Sans les cendres,* disent les cultivateurs, *le pays serait misérable;* aussi ne regardent-ils à aucun sacrifice pour en avoir; ils vont les chercher jusqu'à 15 ou 20 lieues, ou les achètent de voituriers qui font métier de les aller chercher; ils les payent alors en moyenne 3 fr. l'hectolitre. Ils les emploient sur toutes les récoltes en labour, rarement sur les prairies, mais plus particulièrement sur les semailles d'automne; ils les sèment à la volée sur le grain semé qu'ils recouvrent par un léger labour; ils ont soin de les répandre sèches sur la terre elle-même sèche, et, lorsqu'elles sont humides, ils les font sécher avant de les répandre.

Le fumier, employé seul sur leurs terres, fait venir de belle paille, mais cette paille a peu de consistance, verse souvent et donne peu de grains: avec les cendres, la paille est plus forte, se soutient mieux, et le grain est plus gros.

La dose de cendres employées seules est de 10 hectolitres par hectare; alliées au fumier, on en met la moitié seulement avec 15 à 20 milliers de fumier; le produit de cette dernière méthode est meilleur et la durée de l'engrais plus longue.

L'usage des cendres dans le pays date de temps immémorial, mais il s'y est beaucoup plus étendu depuis que les communications sont devenues plus faciles. C'est en grande partie à cette circonstance, à la multiplication des prairies artificielles, aux plus grands soins donnés aux prairies que sont dus les grands progrès que nous avons observés depuis vingt ans dans ce pays.

Leur assolement est triennal, souvent sans jachères; ils mettent les cendres et le fumier sur la céréale d'hiver, et lui font succéder l'avoine, puis ils sèment, la troisième année, des pommes de terre, du blé noir, de l'orge, du trèfle, et sur quelques champs du lin et du chanvre; mais ils fument ces deux dernières récoltes sans y mettre de cendres.

Si on compare les doses et l'effet des cendres sur le sol Vosgien et sur notre plateau argilo-siliceux, leur effet est beaucoup plus grand sur le premier avec une dose de moitié plus faible; le sol, il est vrai, y est d'une composition différente; il est dû aux débris de grès rouge, et contient les principes alcalins du feldspath; il est profond, perméable, et d'une culture facile. Le nôtre, plus argileux, avec son sous-sol imperméable, est souvent trop humide pour que les cendres et les amendements calcaires y produisent tout leur effet. Les plateaux de l'Indre et de la Sarthe, quoique d'une formation analogue, s'égouttant plus facilement, tirent aussi plus d'avantage des cendres qu'on y emploie cependant à plus forte dose.

Dans les sols humides, la dose doit s'augmenter en proportion de l'humidité du sol ; mais, si les eaux y sont stagnantes, leur effet est nul, jusqu'à ce qu'on parvienne à l'égoutter complétement ; dans les années pluvieuses, leur effet est naturellement peu sensible sur les sols humides.

Les cendres, comme nous l'avons dit, s'emploient dans toutes les saisons, à l'exception de l'hiver : au printemps, on les met de bonne heure sur les prés et pâturages, puis sur la semaille des orges, des avoines, du maïs ; dans le cours de l'été, elles fécondent les navettes ou colzas d'été et les blés noirs ; et enfin, en automne, on les emploie pour la semaille des froments et des seigles.

On enterre les cendres par un léger labour, ou on les jette sans les recouvrir sur les récoltes en végétation ; répandues au printemps sur les orges et les froments, elles les améliorent sensiblement ; cependant cette pratique est assez rare : des expériences faites sur des récoltes semblables, dans un même sol, des cendres enterrées à la semaille ou répandues à la surface sur les plantes en végétation, nous ont donné, dans le premier cas, un produit plus utile que dans le second.

La pratique préfère aussi les cendres lessivées aux cendres vives. Le raisonnement n'appuierait pas ce fait : mais, en agriculture plus encore qu'ailleurs, « *experientia rerum magistra.* » Nous nous en sommes nous-même assuré par des essais comparatifs ; nous n'en concluons pas néanmoins que ce résultat soit absolu. Sur le sol que les substances salines féconderaient, il est à croire que les cendres vives produiraient plus d'effet ; mais sur ceux auxquels suffit le phosphate de chaux, on conçoit que les cendres lessivées, qui ont perdu leurs parties solubles, et qui, par conséquent, renferment une plus grande proportion de phosphate, doivent produire plus d'effet sous un même volume.

M. de Douhet dont nous avons précédemment rapporté les essais sur l'union du plâtre au fumier, a fait encore de nombreuses et intéressantes expériences sur une grande variété d'engrais pulvérulents, dont il entoure son grain de semence ; il a donné à cette opération le nom de *pralinage*, et a publié, dans le *Bulletin de la Société d'agriculture du Puy-de-Dôme*, le procédé le plus simple et qui lui a le mieux réussi ; comme les cendres font partie essentielle du mélange d'engrais qu'il emploie, il nous a paru convenable de rapporter ici son procédé de *pralinage*, d'autant mieux qu'il peut s'appliquer et qu'on l'applique, en effet, avec avantage à l'emploi de la plupart des engrais pulvérulents, forme que l'on donne à presque tous les amendements. On en conçoit l'avantage; le grain, enveloppé de la substance elle-même de l'engrais, le trouve plus immédiatement à sa portée et en reçoit, dès sa première jeunesse, une grande puissance de développement.

M. de Douhet va lui-même nous développer sa méthode.

« Mon procédé, nous dit-il, *est simple, expéditif* et *efficace*.

« On se procure une sorte de van à vanner, en bois léger, ou tout autre vase facile à agiter et à fond large et uni; c'est l'instrument nécessaire pour rouler les grains dans le mélange voulu. Ce mélange est composé de trois parties de chaux vive éteinte ou en poudre, et d'une de cendres de bois non lessivées, le tout bien tamisé et mélangé ensemble. Cela fait, on arrose son blé de semence, de sang de bœuf, de mouton ou de cheval; on le tourne et le retourne de manière à l'humecter fortement; puis, après avoir saupoudré le van de ce mélange, on y jette quelques pelletées de grain qu'on recouvre d'une nouvelle couche de cendres et de chaux; on imprime alors au van le même mouvement que si l'on voulait nettoyer le grain; les grains s'isolent par ce mouvement et se recouvrent d'une couche de poussier qui s'agglutine à leur surface.

« Ce procédé de *pralinage*, d'une exécution presque aussi facile et aussi peu dispendieuse qu'un simple chaulage, produit les résultats les plus satisfaisants. Aussitôt qu'il est suffisamment recouvert, le grain est répandu en sillon ou à la volée, sans modification aux usages habituels de chaque campagne, pour la quantité à épandre; le blé étant plus gros, on y gagne une économie notable de semence, et la récolte n'en est que plus belle. Dans le premier âge, la feuille est plus large, plus foncée; chaque pied talle avec vigueur et maintient jusqu'à la maturation sa supériorité sur les blés semés à l'ordinaire.

« J'ai employé plus de cent autres méthodes de pralinage, dont quelques-unes sont plus complètes; mais je cite celle-ci de préférence, comme étant simple, peu coûteuse, et à la portée de tous. »

En adoptant l'opinion de l'efficacité de l'engrais qui enveloppe le grain, de l'importance qu'il y a à donner à la jeune plante un premier élan de vigueur, nous devrons admettre cependant que, dans ce procédé, l'effet hâtif de l'engrais doit diminuer sa durée. Nous aurons donc avantage à l'employer, mais en le faisant suivre de près, ou mieux encore, en l'accompagnant d'engrais carbonés, d'engrais d'écurie, d'engrais chargés d'humus.

§ 4. — Prix de revient et produit net des cendres.

L'emploi des cendres lessivées fait produire au sol deux semences de plus en froment et moitié en sus du produit ordinaire en menus grains : c'est un surplus de produit, par hectare, de 4 hectolitres en froment, soit 70 à 80 fr. la première année, et en menus grains la seconde année, d'une valeur moyenne de 50 à 60 fr., en tout 130 fr. en deux années; en évaluant à 3 fr., transport compris, l'hectolitre de cet engrais, nous aurons donc pour 30 hectolitres, dose des sols humides, une somme de 90 fr. par hectare, ce qui laisse un bénéfice de 40 fr., plus les pailles; en outre, les fumiers qu'on aurait employés à ces récoltes pourront être appliqués à d'autres fonds et rapporter en deux ans le double de cette somme; les cendres même, en les comptant à un prix élevé, sont donc un prêt usuraire fait au sol, dont le capital rentre deux fois en deux années.

§ 5. — Consommation annuelle des cendres lessivées par le sol.

Nous avons vu que l'effet des cendres lessivées se faisait sentir au sol au moins pendant deux ans : en prenant une moyenne de 20 hectolitres parmi les doses que nous avons indiquées, on aura 10 hectolitres employés pour la végétation annuelle d'un hectare; après les deux années, il en restera sans doute encore beaucoup dans le sol, puisque la méthode la plus profitable est de ne les employer que tous les quatre ans; il est d'ailleurs facile de s'assurer qu'il doit rester encore une quantité notable de phosphate de chaux après la végétation de deux ans. Si tout était consommé, il s'ensuivrait que la végétation d'un hectare aurait absorbé par an 10 hectolitres de cendres lessivées; mais ces 10 hectolitres en contiennent au moins 4 de phosphate de chaux et 3 de carbonate qui ensemble renferment plus de 4 hectolitres de chaux; or nous avons vu que les produits moyens annuels de la terre chaulée ou marnée n'en renferment pas plus de 30 kilogr., ou 60 kilog. pour les deux années de l'assolement; en outre, la dose de cendres contient près de 2 hectolitres d'acide phosphorique, quantité double au moins de celle qui se trouve dans la masse des végétaux produits; le surplus de chaux et d'acide phosphorique reste donc en nature dans la terre, ce qui explique suffisamment la remarque que nous avons déjà faite de la durée prolongée sur le sol de l'effet des cendres qui lui ont été données à plusieurs reprises.

Les cendres, nous l'avons dit, sont en majeure partie perdues pour l'agriculture française; les trois quarts peut-être sont sans emploi ou employés dans des sols auxquels elles ne conviennent pas, et la perte est bien grande. Paris, qui envoie sur la rivière ses boues féconder au loin de grandes étendues de pays, offrirait, dans les cendres de ses blanchisseuses et dans celles de ses innombrables foyers, d'immenses ressources, qui semblent tout à fait perdues; sous un volume dix fois moindre, elles féconderaient autant et produiraient surtout plus de grains.

La production de cendres est très-considérable en France ; sur dix millions de feux qu'entretient la population, huit millions au moins sont alimentés exclusivement par le bois : or, comme nous l'avons vu, les trois quarts des cendres produites se perdent ou sont mal employées, et elles suffiraient pour appeler la prospérité et la richesse sur de grandes étendues de sols médiocres ; elles augmenteraient les récoltes de moitié en sus, et seraient un produit de plus qu'on devrait à nos six millions d'hectares de bois, qui féconderaient ainsi une partie importante de notre sol labourable.

CHAPITRE IX

Emploi des os moulus.

L'analogie de composition et d'effet place les os moulus et le noir d'os immédiatement à la suite des cendres de bois ; dans les uns comme dans les autres, c'est le phosphate de chaux qui s'offre en plus grande masse, et c'est lui qui est le principe actif.

Nous l'avons prouvé pour les cendres ; des raisons analogues l'établissent pour les os.

Les os, comme les cendres, ne réussissent que sur certains sols : MM. de Dombasle en France, Devred en Allemagne, et un grand nombre d'agronomes en Angleterre et ailleurs, les ont vus ne produire aucun effet sur leur sol ; chez M. de Dombasle, ils n'ont rien produit là où la chaux était restée sans effet, c'est-à-dire sur les sols calcaires. Des expériences rapportées par Masclet constatent que, sur un sol siliceux, les os avaient eu l'avantage sur les autres engrais, pendant que sur le sol calcaire les autres engrais l'emportèrent de beaucoup sur eux. Il paraît qu'ils ont réussi sur quelques points où des formations calcaires se trouvaient dans le sous-sol ; mais, dans la plupart de ces cas, l'analyse prouverait que le sol cultivé ne contient plus de chaux, ou que cette chaux appartient à des composés que les forces végétales ne peuvent pas modifier. Il est d'ailleurs constaté que les os sont restés sans effet sur les sols crayeux, et les sols marneux, tandis qu'ils ont été très-fécondants sur les sols sains qui ne contenaient pas de principes calcaires : c'est donc à leurs composés calcaires, le phosphate et le carbonate de chaux, que cet effet serait dû ; mais ce serait surtout au phosphate, qui s'y trouve en proportion cinq fois plus considérable que le carbonate.

En effet, ce n'est pas à l'huile animale que peut être due l'action produite, puisque les os auxquels on l'a enlevée sont en général plus actifs que les autres ; ce n'est pas non plus même à la gélatine qu'on peut l'attribuer, car alors son effet se produirait partout, sur toutes les natures de sol ; or, nous avons vu qu'il était nul sur les sols calcaires : d'ailleurs, d'après l'avis d'un grand nombre de praticiens, rapporté par Masclet, les os bouillis, qui ont en grande partie perdu leur gélatine, sont plus énergiques que ceux qui l'ont conservée. Enfin, le commerce anglais est allé exploiter les champs de bataille de l'Espagne, de l'Allemagne et de Waterloo, et les os qu'on en a rapportés, et qui, exposés à l'air ou enterrés, avaient perdu tous leurs principes animaux, ont néanmoins produit autant d'effet que ceux qui les contenaient encore. On ne peut donc pas dire que l'effet principal des os soit dû à la gélatine, il ne peut être dû qu'au phosphate de chaux ; effectivement les praticiens préfèrent les os qui en contiennent le plus, ceux de cheval et de mouton.

On conçoit alors pourquoi les effets des os moulus sont analogues à ceux des cendres ; comme elles, ils sont sans action sur les sols humides ; cette action s'exerce avec de petites doses analogues à celles des cendres ; comme elles, ils n'épuisent pas le sol ; enfin, on doit les employer sans qu'ils soient mouillés, par un temps sec, sur un terrain sec : cette complète identité avec les propriétés des cendres de bois prouverait à elle seule, si déjà nous ne l'avions suffisamment établi, l'identité du principe actif des cendres et des os.

L'usage un peu étendu des os, en agriculture, ne paraît pas remonter bien loin en Allemagne : on en attribue la découverte à un ouvrier de la manufacture de plomb de Solingen, qui en fit les premiers essais en 1802. En France, de temps immémorial, les cultivateurs des environs de Thiers (Puy-de-Dôme) emploient sur leur sol les débris de leur fabrication de coutellerie ; en Angleterre, le colonel Saint-Léger en faisait l'essai en 1775 ; depuis longtemps aussi, les orangers de Gênes s'amendent avec les os frais en poudre ; enfin Kirwan, dans son *Mémoire sur les engrais*, couronné par l'Académie de Dublin, au commencement du siècle, parle de l'emploi des os pilés comme engrais dans les environs des grandes villes. On voit donc que chacun, de son côté, a fait la découverte ; mais le vrai mérite consiste à en profiter, et ce n'est pas nous qui l'avons.

Les progrès de cette amélioration, lents d'abord, ont pris, depuis quelques années, de grands développements : le commerce anglais va les chercher dans toutes les parties du monde, jusque dans l'Inde ; le Danemark seul lui en fournit pour un million par an. On conçoit alors qu'en joignant aux os apportés par son commerce ceux de sa consommation intérieure, l'Angleterre a pu féconder une immense étendue de terrains ; aussi, dans plus d'un canton, regarde-t-on leur emploi sur le sol comme la plus belle découverte de l'agriculture moderne.

Cependant ils sont encore peu employés en France ; on ne cite que les environs de Strasbourg et de Thiers : on y a établi des moulins pour les moudre, et on en exporte à quelque distance.

Les Allemands estiment qu'un quintal de farine d'os équivaudrait à quatre voitures de fumier ; 15 à 20 quintaux, ou 10 hectolitres, sont, par hectare, la dose ordinaire, qui dure trois ou quatre ans. Le Palatinat, le Wurtemberg, le pays de Bade en font usage, et en ont propagé l'emploi en Alsace.

Ils emploient la poudre d'os, répandue à la surface ou enterrée ; on la mélange fréquemment à toutes les semences d'hiver et de printemps, et on la sème en même temps qu'elles, soit à la volée, soit au semoir. On moud les os moins fin pour être enterrés que pour rester à la surface; leur effet est plus durable et plus productif dans le premier cas que dans le second.

Les Anglais n'estiment pas si haut que les Allemands la valeur relative des os : leur dose moyenne cependant serait de 7 à 14 hectolitres, analogue à celle d'Allemagne ; dans le commencement, le bas prix des os avait déterminé de fortes doses ; dans ce cas, leur effet se prolonge au delà de vingt-cinq ans, et après cette époque, si on laboure profondément le sol, il se trouve encore fortement amendé ; mais leur prix est arrivé à un point tel, que beaucoup de cultivateurs se sont trouvés forcés d'y renoncer.

C'est particulièrement sur les turneps que les os moulus semblent avoir le plus d'effet : ils en ont triplé, quintuplé même le produit dans quelques cantons. Il est bien remarquable que les turneps, ainsi amendés, ne craignent plus le dégât des insectes qui les détruisent si souvent dans leur première jeunesse. On les emploie surtout dans les cultures en ligne avec le semoir, qui sème, en même temps et dans la même ligne, l'engrais et la semence : c'est ce moyen, sans doute, qui préserve le jeune plant ; les insectes ne touchent plus les plantes qui croissent au milieu de substances qui leur répugnent.

Il en est des os comme des autres agents calcaires, leur effet est augmenté par leur mélange avec d'autres engrais. Ainsi le mélange des os avec les cendres accroît l'effet de l'un et de l'autre de ces agents : en Suisse on s'est très-bien trouvé de mêler trois livres de sel marin par quintal de poudre d'os, et, en Alsace, on se loue du mélange avec le salpêtre.

En général, lorsqu'on emploie des os frais, on doit auparavant les laisser fermenter et perdre une partie de leur substance volatile; mais, de toutes les préparations des os, c'est encore le mélange avec le fumier qui a le mieux réussi, et l'effet de l'un et de l'autre semble doublé par leur union. Dans tous ces différents cas, il faut laisser aux substances mélangées le temps de réagir les unes sur les autres avant d'en faire emploi.

On a des moulins spéciaux pour moudre les os dans les pays où l'usage en est très-répandu ; nous ne pouvons ici nous étendre sur ce sujet; mais, là ou l'emploi est nouveau, on peut se contenter de pierre d'huilerie, avec des tamis de fil de fer, pour séparer la poudre des morceaux non brisés.

La consommation des os dans le sol, avec la dose moyenne de 7 à 14, soit 10 hectolitres par hectare en quatre ans, serait de 2 1/2 hectolitres par an, quantité plus faible cependant que celle de phosphate de chaux de la dose normale des cendres, et qui laisserait moins de chaux au sol que le chaulage ordinaire. Or, comme cette dose résulte d'une pratique éclairée et étendue en Angleterre, nous croyons pouvoir en conclure de plus fort que la dose normale des cendres laisse au sol au bout de deux ans une proportion notable de son principe actif.

Ceci nous fournit le moyen d'asseoir le prix de revient des os en poudre pour notre agriculture : en le portant à 10 francs l'hectolitre, cet engrais coûterait 25 francs par an, et 100 francs pour l'assolement de quatre ans, par hectare; mais ce prix pourrait même être moindre en France, puisque, excepté à Paris, les os sont à peu près sans valeur et sans emploi.

Cette amélioration commence donc à peine dans notre pays; à Paris, après ce qu'on en prend pour le noir d'os de raffinerie et pour le sel ammoniac, la colle et le phosphore, il y en a encore la moitié de perdu. Sur quelques autres points, on fabrique encore du noir d'os; mais tout le reste est sans emploi : cependant la perte est grande. 200,000 chevaux qui meurent chaque année, un poids au moins égal de bêtes à cornes et de moutons, qui meurent sans être consommés, joints à ceux que fournirait la consommation de la viande, produiraient par an 2 à 3,000,000 d'hectolitres de poudre d'os, qui auraient une valeur de 20 à 30 millions, et qui, appliqués au sol, fourniraient l'engrais annuel de 600,000 hectares, dont le surplus de produit accroîtrait la richesse publique et particulière, et dont l'engrais ordinaire, remplacé par les os, servirait à l'amélioration du reste du sol.

CHAPITRE X

Noir d'os

Ce que nous venons de dire sur la poudre d'os doit s'appliquer à peu près en entier au noir d'os, l'essentiel est d'établir que le principe actif est là, comme dans les os, le phosphate de chaux.

Nous avons vu, dans ce qui précède, la puissance du phosphate de chaux sur la végétation : ici, où il est en plus grande proportion, il doit être plus actif, et il l'est effectivement, car la dose employée de noir d'os est moindre que celle des os moulus ; d'ailleurs, la manière de l'employer et ses effets sur le sol sont les mêmes que dans les cendres et la poudre d'os. Effectivement, il ne convient pas au sol calcaire, mais au sol bien égoutté, où ne se rencontre pas le principe calcaire ; il agit à petites doses ; il doit s'employer sec sur un sol non mouillé, quoique frais ; le noir d'os de raffinerie se compose, pour près des trois quarts, de phosphate de chaux, et pour le reste de parties solubles, de sucre, de mélasse, d'un peu d'albumine due au sang de bœuf, et de particules de charbon, résidu de la combustion de la gélatine ; mais l'effet fécondant ne peut être dû ni aux parties solubles et sucrées ni à l'albumine : car le noir d'os, avant son emploi sur le sol, perd, par son exposition à l'air et à tous les temps, la plus grande partie de ces principes et ne diminue point d'efficacité ; on sait, en effet, que de grandes masses de noir d'os resté, pendant plusieurs années, entassé dans l'avenue d'une raffinerie de sucre, aux environs de Saint-Pétersbourg, et qui avait nécessairement perdu, par la décomposition, toutes ses parties animales et solubles, sont venues féconder aussi puissamment que le noir des raffineries de Nantes les champs de la Vendée.

Si les parties charbonneuses du noir d'os avaient une action notable sur la végétation, cet engrais agirait sur les sols calcaires, ce qui n'est pas ; nous devons donc conclure que son principe actif est le phosphate de chaux, comme nous l'avons admis pour la poudre d'os et pour les cendres.

Notre agriculture, qui a le tort grave de laisser perdre la plus grande partie des os en nature, le compense en partie en employant le noir d'os que nous fabriquons, et même celui des étrangers.

Les départements de Maine-et-Loire, de la Loire-Inférieure, de la Vendée, de la Vienne et des Deux-Sèvres, en fécondent une partie de leur sol ; en 1828, 175 navires en ont apporté des cargaisons à Nantes et à Paimbœuf, qui sert d'entrepôt aux arrivages : son prix s'est élevé de 2 francs à 17 francs l'hectolitre pesant environ 100 kilog., prix un peu supérieur à celui de la farine d'os en Angleterre : ce prix, en s'accroissant, en fera arriver probablement des quantités beaucoup plus considérables.

Le noir d'os semble agir surtout sur les sarrasins, les lins, les chanvres, les colzas, les choux, les raves, les betteraves, analogie de plus avec la farine d'os ; il améliore beaucoup aussi les prés et les pâturages, et il est encore fort avantageux pour les grains d'hiver et de printemps.

La dose à employer est depuis 3 hectolitres jusqu'à 10. Avec la faible dose, sans doute, son effet doit se prolonger à peine sur la deuxième année ; avec la plus forte, il est plus durable.

Les cultivateurs lui reprochent *de ne pas faire le fond de la terre ;* d'autre part des marchands infidèles l'ont falsifié : ces circonstances ont donc dégoûté quelques personnes de son emploi ; cependant son débit et son prix s'augmentent chaque jour et pourraient bien croître encore ; malheureusement la quantité de noir animal est assez bornée, d'autant plus qu'on a appris à le revivifier et à le faire servir plusieurs fois au raffinage.

La rareté et le prix du noir d'os peuvent avoir un heureux résultat ; lorsqu'il ne pourra plus suffire aux besoins, on demandera aux os en nature ce qu'on demande maintenant aux os carbonisés ; ils se suppléeront les uns et les autres, et on trouvera dans la farine d'os le grand avantage de ne pas craindre la falsification comme dans le noir d'os.

Ce progrès, très-avantageux à l'agriculture, serait beaucoup hâté, si l'on admettait généralement l'opinion que nous avons émise sur l'identité de composition et d'effet des cendres, des os moulus et des os brûlés, et sur la puissance de leur principe commun, le phosphate de chaux, sur la végétation.

En terminant ce sujet, nous remarquerons qu'on pourrait à bon droit accuser d'inconséquence l'agriculture anglaise, comme l'agriculture française ; les Anglais vont chercher au loin les os pour leur agriculture, et vendent leur noir d'os aux agriculteurs français, pendant qu'en France on vend à bas prix ou on perd les os, et on va chercher au loin, et on paie chèrement le noir d'os, dont l'effet est identique.

CHAPITRE XI

Emploi du noir d'os sur les défrichements.

Il surgit en Agriculture un fait nouveau qui offre beaucoup d'intérêt pour tous les défrichements de sols non calcaires et particulièrement des sols argilo-siliceux; cette nature de sols occupe en Europe la plupart des grands plateaux; en France elle compose la moitié peut-être de la surface cultivable, et forme plus de la moitié des 9 millions d'hectares en friches et des 8 à 9 millions en bois; le produit de ces terres en friche, qui est très-faible, augmenterait beaucoup si on les défrichait et si on suivait les procédés que nous allons décrire; cette question offre un intérêt d'autant plus grand que ces améliorations sont applicables aux forêts de peu de valeur comme aux terres en friche.

Les défrichements par les méthodes ordinaires demandent en général beaucoup de temps et de dépenses avant que le sol soit arrivé à un produit régulier et le plus souvent médiocre; l'écobuage était regardé jusqu'ici comme le moyen le plus convenable d'arriver à l'ameublissement du sol, à la destruction des racines et des plantes nuisibles, et d'amener la terre à pouvoir entrer dans l'ensemble de l'exploitation; aujourd'hui, par l'emploi du noir d'os sur les terres défrichées à la pioche ou à la charrue, on est dispensé de cette opération dispendieuse, qui détruit une partie de l'humus du sol, et on obtient des produits beaucoup plus élevés.

C'est dans le département d'Indre-et-Loire que son effet prodigieux sur les défrichements a été découvert, ou du moins a reçu le plus de publicité, le plus d'étendue, et a obtenu le plus de succès; dans ceux de Maine-et-Loire, de la Loire-Inférieure, de la Vendée, de la Vienne et des Deux-Sèvres, il est fort employé; dans l'Allier, comme nous le verrons plus tard, il avait déjà été mis en usage sur les défrichements; M. Oscar Leclerc le recommande pour cet emploi dans son excellent ouvrage sur l'agriculture de l'ouest, et M. Rieffel en fait même un grand usage dans ses défrichements de Grand-Jouan; mais les résultats, dans ces différentes contrées, ne paraissent pas avoir été aussi grands et surtout n'ont pas eu le retentissement qu'ils viennent d'avoir dans le département d'Indre-et-Loire, soit qu'ils doivent être attribués au procédé suivi pour son emploi, soit qu'on les doive à la nature du sol; quoi qu'il en soit, une foule de grands propriétaires les y ont constatés sur de vastes étendues, et déjà la petite culture s'empresse de les imiter; elle s'y porte d'autant plus volontiers, que moitié à peu près des frais, ceux de défrichement, peuvent se faire par le cultivateur sans bourse délier.

Mais arrivons au procédé suivi, et aux résultats qu'il produit. On a défriché en hiver ou au commencement du printemps, à la pioche ou bien à la charrue, par un labour profond, le sol couvert de bruyères ou de bois. On laisse la tranche retournée par la charrue ou les gazons renversés par la pioche se consommer pendant l'été. Au mois de septembre on donne deux coups d'une puissante herse; on met ensuite le sol en planches par un labour de 6 ou 8 raies; puis on prend par hectare 4 hectolitres et demi de noir d'os qu'on humecte assez pour qu'il se colle au grain du froment ou du seigle de semence; on brasse le tout pour le mêler exactement, enfin 7 à 8 heures après, et pendant que l'enveloppe du grain est encore humide, le semeur répand ce mélange dont le volume est à très-peu près trois fois celui de la semence, et pour le répartir également, il repasse 3 ou 4 fois sur le terrain en plusieurs sens; on couvre ensuite immédiatement par un fort coup de herse ou par un labour léger; sur ce sol ainsi préparé, quoique beaucoup de gazons restent entiers, la semence lève bien, se montre égale sur la surface, la plante se soutient vigoureuse pendant tout le cours de sa végétation, et finit par donner un produit de 20 à 25 hectolitres en froment, ou de 30 à 35 en seigle. A l'automne suivant, on donne un labour et on sème la céréale après avoir mélangé la semence comme la première année, avec la même quantité de noir; la seconde récolte, plus abondante que la première, produit 25 à 30 hectolitres; la troisième année, sur la terre à peu près ameublie, on sème des vesces d'hiver ou du colza, en y joignant seulement 3 1/2 hectolitres de noir; la vesce d'hiver produit en moyenne 6,000 kilog. et le colza 25 à 30 hectolitres; enfin la quatrième année, avec 2 1/2 hectolitres de noir, on recueille 40 hectolitres d'avoine.

Ces récoltes ont produit en moyenne, en quatre ans, sur les divers défrichements, 50 hectolitres de froment, 25 de colza, 40 d'avoine, et 8,000 kilogrammes de paille; elles ne peuvent s'évaluer à moins de 17 à 1,800 francs; les frais de toute nature, d'engrais, de travail, de moisson, résumés sur les lieux par M. de Gourcy, s'élèvent à 7 à 800 francs, en sorte qu'il resterait 1,000 francs en produit net en quatre ans, soit 250 francs par hectare de produit net annuel; et à la place d'un sol inculte, valant à peine dans le pays 200 francs l'hectare, on a une terre défrichée en bon état, et sur laquelle les agriculteurs pensent qu'on pourrait avec avantage continuer encore pendant deux ans la culture au noir d'os. Après ces quatre ans, on fait entrer la terre dans l'assolement général de la ferme, et on la fume avec les engrais d'étable.

Cet assolement n'a rien d'absolu; ainsi, la première année, on a obtenu sur quelques défrichements une bonne récolte de colza, et la seconde, même sans engrais, une abondante récolte de sarrasin. Nous avons vu que les vesces de la troisième année donnaient aussi un produit abondant; le seigle encore y réussit très-bien; chacun peut donc modifier son assolement suivant sa convenance, ses besoins, sa position et la nature de son sol.

On a essayé deux manières d'employer le noir d'os : 1° le répandre seul, à la volée, sur la semaille, avant le hersage, procédé suivi partout ailleurs qu'en Indre-et-Loire; 2° l'humecter et le mêler à la semence, de manière qu'il l'enveloppe. Ce dernier moyen est bien anciennement connu en agriculture, on l'a renouvelé depuis peu en lui donnant le nom de *pralinage*. Nous le croyons beaucoup plus avantageux, et il nous semble qu'il devrait être adopté pour tous les engrais superficiels qu'on sème en même temps que la semence.

On chaule la semence du froment avant de faire le mélange; mais, comme l'expérience a prouvé que sur les terres chaulées le noir d'os se montre sans effet, nous pensons qu'il serait préférable de préparer la semence avec le sulfate de cuivre.

Le noir qu'on emploie vient de Paris, où il coûte 8 à 9 francs l'hectolitre, pesant à peu près 100 kilogrammes; le port, dans les environs de Tours, revient à 3 francs, en sorte que les 4 hectolitres 1/2, rendus sur les lieux, coûtent 50 à 54 francs. Dans l'origine, on le tirait de Nantes à un prix double, en raison de la concurrence avec les cultivateurs des plateaux des bords de la Loire; mais, si sa consommation s'augmente beaucoup, comme cela est probable, on devra le fabriquer exprès pour l'agriculture; les raffineries en consomment beaucoup moins qu'autrefois, parce que le même noir revivifié leur sert presque indéfiniment; d'ailleurs leur noir en grains exige pour l'emploi agricole une nouvelle main-d'œuvre de pulvérisation qui entraine des frais et des pertes.

Le défrichement du sol à la pioche coûte dans le département d'Indre et-Loire 90 francs par hectare en abandonnant à l'ouvrier tout ou partie de la bruyère; on peut defricher à la charrue; mais, si l'on compte la fatigue des bestiaux, la rupture des instruments, et si l'on a égard surtout au défrichement moins complet, le travail à la main n'est pas plus cher et doit être préféré.

Dans les nombreuses exploitations où cette méthode s'est introduite, on a fait une foule d'expériences qui ont permis de préciser la méthode, les doses à employer, et ont éclairé sur plusieurs points de pratique et de théorie.

Ainsi on a essayé, la première année, de semer une portion de la semence sans noir : le blé a levé comme une herbe faible et n'a pu épier au milieu des superbes récoltes des parties du champ qui en avaient reçu. Ailleurs, on a semé, avec la même quantité de noir, le froment sur une terre ancienne en labour enclavée dans le défrichement, et le produit sur la terre ancienne a été d'un tiers au moins inférieur à celui du défriché. On a encore semé sur des défrichements dont une partie avait été marnée ou chaulée; dans cette partie, la récolte a été relativement faible à côté de superbes produits sur celles non chaulées ni marnées. Enfin, sur des terrains défrichés par l'écobuage, le noir d'os n'a donné qu'un produit très-inférieur à celui du défriché à la pioche ou à la charrue.

On a essayé aussi d'employer le noir vierge, c'est-à-dire la poussière d'os carbonisé qui n'avait pas servi aux raffineries; l'effet a été le même que celui du noir de raffinerie; toute la différence, c'est qu'il faut beaucoup plus d'eau pour l'humecter et le faire attacher au grain.

On a encore vu que les sols qui ne produisaient point de bruyère donnaient une récolte relativement moindre que ceux qui en étaient couverts, soit que cela provienne des détritus formés par la bruyère, soit qu'on doive l'attribuer à ce que les parties de sols où la bruyère ne s'établit pas sont généralement plus humides, circonstance défavorable aux effets du noir d'os, comme à ceux des autres amendements calcaires; enfin, en augmentant la dose de noir, en employant 6 hectolitres au lieu de 4 1/2, le blé a versé et a été étouffé par l'herbe vigoureuse qui s'est produite.

M. Gaulier a fumé un défriché avec trente-six voitures à trois chevaux, ou 40,000 kilogrammes au moins de fumier par hectare, et la récolte a été beaucoup moins belle que la partie qui avait reçu du noir d'os.

On a essayé de même, par comparaison, l'engrais Baronnet, qui se compose de déjections humaines auxquelles on donne un excipient de terre argileuse chargé d'humus carbonisé. Son effet, malgré sa dose portée à 30 hectolitres, a été très-inférieur à celui des 4 hectolitres 1/2 de noir d'os; et cependant, après deux premières années d'emploi du noir, avec 10 hectolitres d'engrais Baronnet par hectare, les vesces d'hiver ont donné un produit presque égal à celui qu'elles auraient donné avec le noir.

Les résultats obtenus ne se bornent plus à de simples expériences; ils sont répétés sur des centaines d'hectares par de nombreux propriétaires, et se reproduisent annuellement depuis quatre ou cinq ans. M. de Gourcy, qui a vérifié les faits sur les lieux mêmes, en a rendu compte le premier à la Société centrale d'agriculture de Paris.

M. Millet, correspondant de cette Société dans le département d'Indre-et-Loire, a été chargé par elle de les vérifier, et son rapport les a confirmés en tous points. M. Chambardel, directeur de la ferme école de Marolles, qui a en culture 90 hectares défrichés par ce procédé, a rendu compte à la Société de sa culture et de ses produits. M. Moll, ancien professeur de l'école de Roville, maintenant professeur d'agriculture au Conservatoire des arts et métiers, et propriétaire dans le département d'Indre-et-Loire d'une terre sur le même plateau, a fait sur son sol des défrichements qui lui donnent les mêmes résultats; c'est lui-même qui a essayé l'emploi du noir d'os sur la terre chaulée et sur la terre écobuée. M. Gaulier, à la Selle, a défriché de grandes étendues, et a obtenu des produits un peu moindres sur des défrichements faits avec beaucoup plus de soin, mais sur lesquels, dans les quatre ans de l'assolement, il avait diminué la quantité de noir d'os et l'avait réduite à 11 hectolitres au lieu de 14 ou 15. On cite encore, parmi les grands propriétaires qui défrichent d'après ce procédé, MM. Brok, de Marseuil, de Gaudru, et déjà les petits propriétaires et même les fermiers, encouragés par les résultats qu'ils voient sous leurs yeux, s'empressent de les imiter.

Tous ces faits agricoles donnent, il nous semble, lieu à des observations importantes.

Et d'abord à quelle substance est due cette fécondité tout à fait anormale d'un sol mal défriché, qui, alors même qu'on lui prodigue le fumier d'écurie, ne donne dans les premières années que de faibles recoltes? Cette fécondité nous semble due évidemment au phosphate de chaux des os; on a détruit par le feu, la gélatine, l'huile des os, et fait disparaître l'azote; il n'y reste plus que les phosphates, un peu de carbonate de chaux unie à du charbon, un peu de sirop et de l'albumine du sang employé dans l'opération des raffineries. Mais ce n'est pas à ces deux dernières substances, en très-faible proportion dans le mélange, qu'on peut attribuer ces effets, puisqu'on s'est assuré que la fécondité est la même avec le noir d'os vierge. Ce n'est pas non plus au charbon, puisque son effet sur la végétation est tout au moins bien lent s'il est sensible, et que, d'ailleurs, celui des os grillés, calcinés jusqu'à destruction du charbon, est au moins égal à celui des os carbonisés; ce ne serait pas plus au carbonate de chaux, qui s'y trouve en trop faible proportion pour que son action soit bien sensible; ce serait donc au phosphate que serait dû l'effet prodigieux du noir d'os comme celui des os en poudre et des cendres.

Mais comment se fait-il que le noir d'os produise un plus grand effet sur des sols mal défrichés que sur des sols anciennement cultivés et fumés, et que les engrais azotés y produisent un effet relativement faible? On se l'explique difficilement; M. Chambardel pense que le noir d'os neutralise le tannin, qui enchaîne les principes de fécondité que ces sols, par leur végétation annuelle, accumulent peut-être depuis des siècles. Il faudrait donc admettre que le principe astringent de ces sols amortirait l'effet des engrais azotés, pendant qu'il serait, au contraire, décomposé par le phosphate; et ce qui rendrait probable cette hypothèse, c'est que, après deux années de l'emploi du noir d'os, l'engrais Baronnet et les engrais azotés produisent tout leur effet.

M. Moll a encore observé que le noir d'os agit avec beaucoup moins d'avantage sur les sols écobués; il faudrait en conclure que l'écobuage détruit par le feu les principes de fécondité que le noir d'os met en action; d'où il résulterait, à ce qu'il nous semble, une assez forte objection contre l'écobuage, qu'on avait cependant regardé jusqu'ici comme le meilleur mode de défrichement.

Maintenant on se demande jusqu'à quel point ces grands produits peuvent avoir épuisé le sol, et s'ils ne lui auraient pas préparé un avenir d'infécondité qui contre-balancerait d'une manière fâcheuse les résultats obtenus.

Les agronomes du département d'Indre-et-Loire répondent à cette objection que rien n'annonce une diminution bien sensible de fécondité au bout de la quatrième année de leurs expérience en grand; ils pensent même que le sol pourrait pendant deux ans encore produire d'abondantes récoltes avec le noir d'os sans engrais d'étable; les os carbonisés partageraient cet avantage avec les cendres lessivées qui, sur les sols où l'emploi en a été répété, laissent après qu'on l'a cessé des principes de fécondité qui s'y font sentir pendant nombre d'années, analogie d'effet qui s'explique tout naturellement par l'analogie de composition, puisque, dans les cendres comme dans les os, le phosphate de chaux est évidemment le principe dominant et le principe efficient : la même remarque a été faite en Angleterre sur la durée de l'amendement par les os en poudre; dans les premiers temps de leur emploi, les fortes doses de 20 hectolitres par hectare fécondaient le sol pour une vingtaine d'années.

Toutefois il est bien certain que la durée du noir d'os a aussi des limites, bien qu'elle soit plus grande que celle des autres amendements, et que, pour qu'elle se prolonge sans désavantage pour le sol, il lui faut aussi comme à eux l'alliance des engrais d'étable; le produit du sol dans les quatre ans de l'assolement s'élève par hectare à plus de 25,000 kilogrammes de substance sèche, grains, paille et fourrage composés en plus grande partie de carbone, et ce grand produit serait dû à 12 à 1,500 kilogrammes de noir d'os humide qui se réduisent à 7 à 8 de substance sèche, à peine à moitié consommés au bout de l'assolement; il a donc eu besoin pour se réaliser de 12,000 kilogrammes au moins de carbone dû en partie, sans aucun doute, à l'humus du sol; nous admettrons bien que l'amendement communique aux plantes qui croissent sous son influence une grande puissance d'absorption sur les éléments atmosphériques; mais cette faculté de faire produire le sol sans épuisement sensible a nécessairement ses limites : elles seraient seulement plus éloignées que pour les autres agents connus de fécondation; et, en effet, les agronomes du département d'Indre-et-Loire le reconnaissent implicitement quand ils affirment que le noir d'os pourrait faire produire sans fumier deux autres récoltes encore après celles des quatre ans de l'assolement; — et puis des faits l'établissent d'une manière expresse, puisque, d'une part, une pratique trentenaire a prouvé dans le département de Maine-et-Loire que le noir d'os devait être alterné ou mélangé avec les engrais d'étable; d'autre part encore, dans les vieilles terres, moins riches en humus que les défrichements, quoique de nature analogue, le noir d'os produit des effets très-inférieurs; en outre, sur les défrichements écobués, où l'humus est en partie détruit, son effet est beaucoup affaibli, et enfin il est presque nul sur les terrains arides qui ne contiennent point d'humus; son effet serait donc proportionnel à la quantité d'humus que contient le sol; le sol auquel on l'applique en a donc besoin pour former en partie la charpente des plantes qu'il produit; il demande donc, comme les autres amendements, le concours des engrais d'étable; mais alors qu'on l'emploiera en l'alternant, ou plutôt le mélangeant avec eux, nous pensons qu'il devra conserver encore ses avantages d'augmenter plus puissamment qu'aucun autre l'absorption des plantes sur l'atmosphère, et, par conséquent, de demander au sol moins d'humus et moins d'engrais pour un plus grand produit.

Mais, nous dira-t-on, dans beaucoup de lieux on est éloigné des raffineries de sucre, et on ne pourrait se procurer le noir d'os qu'à grands frais. Nous répondrons qu'on trouve partout des os non utilisés, et que partout on peut les carboniser; dans cet état, ils se pulvérisent facilement, et nous avons vu que leur effet était égal à celui du noir de raffinerie. Il ne serait d'ailleurs pas nécessaire d'attacher beaucoup d'importance à la quantité de charbon qu'ils pourraient contenir, il suffirait qu'ils fussent assez grillés pour pouvoir aisément se pulvériser sous une meule d'huilerie; l'opération, du reste, ne demande pas beaucoup de combustible, car, dans les fabriques de noir, lorsqu'une certaine masse d'os est une fois enflammée, on peut en ajouter incessamment de nouveaux qui se carbonisent à l'aide des matières combustibles qu'ils renferment.

Un grand fait, d'ailleurs, vient à notre aide pour appuyer tout ce que nous venons de dire sur le noir d'os, et établir même que le département de l'Allier l'a employé sur les défrichements avant celui d'Indre-et-Loire.

M. du Jonchay, agronome distingué du département de l'Allier, qui s'est fait connaître dans ce pays par ses grands succès en agriculture, a défriché depuis quelques années un pâturage de 150 hectares à l'aide du noir d'os, et il ne l'a fait qu'après s'être assuré, par des essais nombreux, que les os pulvérisés convenaient éminemment à à son sol. Dans l'un de ces essais, sur trois lots égaux de sol défriché, il a fumé largement le premier avec des engrais d'étable, le second avec 6 hectolitres d'os en poudre, le troisième avec 12 de poudrette. Le produit du premier lot fut inférieur de moitié à celui des deux autres, dont le rendement fut à peu près le même. L'effet de la poudrette a cessé avec la récolte, mais celui de la poudre d'os se faisait encore sentir deux ans après.

M. du Jonchay a commencé son travail avec les os pulvérisés; mais la difficulté de leur pulvérisation entraînait un grand emploi de force et de temps qui retardait le défrichement. Après plusieurs tentatives, il en est arrivé à les carboniser dans un four construit exprès pour cet usage. Ce four a 3^{m},08 de diamètre et 0^{m},83 de hauteur de tonne; il contient 1,300 kilogrammes d'os crus, qu'on y jette aussitôt qu'il est fortement chauffé. Lorsqu'il est plein, on le bouche avec sa porte en tôle; on laisse, pendant deux heures, s'échapper la vapeur autour de la porte, après quoi on la lute avec de l'argile; le lendemain, les os sont suffisamment carbonisés et ont perdu un cinquième de leur poids. On fait passer ensuite ces os attendris par la cuisson entre deux cylindres de fonte, et on achève leur pulvérisation à la meule d'huilerie.

M. du Jonchay n'emploie pas le pralinage pour semer son noir. Quand son sol est prêt, il répand son engrais, sème son grain, et enterre le tout à la charrue.

Il a remarqué que la calcination complète et la disparition du charbon rendent la pulvérisation des os plus facile, et que dans cet état ils sont tout aussi fécondants que lorsqu'ils contiennent encore du charbon. Depuis plusieurs années ses 150 hectares sont complétement défrichés; il y a construit des fermes, et le sol, soumis à un assolement régulier, produit en abondance du froment, du seigle, des fourrages feuillus, des fourrages-racines, de l'avoine, du colza, du chanvre même; sa paille est très-abondante, mais forte et dure; les produits, cependant, n'ont pas dépassé, en froment, 24 hectolitres. Il alterne maintenant l'emploi des os avec celui des engrais de ferme, et ses 150 hectares lui produisent des récoltes d'une valeur de quinze à vingt mille francs.

Il a remarqué, comme sur les plateaux des bords de la Loire, que l'effet des os pulvérisés, si puissant sur le sol argilo-siliceux, devient tout á fait nul sur les terrains d'alluvion du val de Loire.

Ses cylindres et sa meule d'huilerie marchent avec le secours de l'eau, et, aprés son propre service, servent à celui de ses voisins.

Si nous comparons les effets du noir, chez M. du Jonchay, avec ceux qui se produisent sur le plateau argilo-siliceux du département d'Indre-et-Loire, nous remarquerons que chez le premier l'effet du noir d'os semble un peu moins puissant, quoique la dose qu'il emploie soit de 6 hectolitres au lieu de 4 et demi. D'ailleurs, dans le département de l'Allier comme dans celui d'Indre-et-Loire, l'effet du noir d'os sur les défrichements est très-supérieur à celui des engrais azotés; leur action fécondante se prolonge pendant plusieurs années, et elle est nulle sur les sols calcaires comme sur ceux d'alluvion.

Partout on peut, sans difficulté, employer les mêmes moyens que M. du Jonchay pour se procurer du noir d'os; on peut partout les carboniser dans des fours, et, si l'on n'a pas de cylindres, on peut briser à coups de masse les os carbonisés, et achever leur pulvérisation sous les meules d'huilerie.

Dans le département de Maine-et-Loire et dans tous ceux des bords de la Loire, l'usage du noir d'os s'est beaucoup étendu depuis une trentaine d'années, et c'est bien aussi sur les défrichements qu'on a reconnu que son effet était le plus puissant. M. Rieffel, en particulier, l'a beaucoup employé sur ses landes défrichées de Grand-Jouan; M. Leclerc Thouin, dans son ouvrage sur l'Agriculture de l'Ouest, le regarde aussi comme le plus puissant amendement des sols nouvellement défrichés. Toutefois nulle part on n'en a éprouvé un effet aussi puissant que dans le département d'Indre-et-Loire, à une aussi faible dose : il ne serait donc pas naturel de s'attendre partout à un même succés. Mais, alors même que ces résultats s'affaibliraient, les avantages de son emploi seraient encore bien grands; et il faut bien que l'expérience le prouve tous les jours aux cultivateurs du département de Maine-et-Loire, pour les avoir amenés à en porter le prix de l'hectolitre de 2 à 17 francs. Ce prix élevé a provoqué des spéculations de mauvaise foi; on mélange le noir d'os à de la tourbe pulvérisée, à de vieux tan, à des terres schisteuses noires, et, dans cet état, on le vend encore 9 fr. l'hectolitre.

Son emploi, dans ces départements, s'est étendu sur les sols argilo-siliceux, sur les sols schisteux, mais ne s'est introduit nulle part sur les sols calcaires ni sur le val de Loire.

Nous admettrions très-difficilement que la carbonisation des os, en dégageant le phosphate de chaux de la gélatine et de l'huile animale, dût réellement augmenter sa puissance de fécondation ; nous penserions seulement qu'elle la rend plus libre, plus hâtive, mais il serait naturel alors qu'elle fût plus promptement épuisée. La moindre dose qui semble nécessaire pour produire une action plus forte, s'expliquerait même assez naturellement ; le phosphate de chaux, étant, sans contredit, le principe le plus essentiellement fécondant des os, devient plus abondant dans le noir d'os par la disparition d'un quart ou d'un cinquième de leur poids en huile et principes animaux. Le noir contient en moyenne 75 pour 100 de phosphates, comme les os en nature 51. Il serait donc naturel que la dose en diminuât d'un tiers ; et, si on la diminue de moitié, c'est que, l'effet du noir étant plus immédiat, sa dose peut être moindre pour produire un même effet.

Après ces considérations, il nous paraît utile de résumer le procédé de l'emploi du noir sur les défrichements.

Nous prendrons pour point de départ la méthode qui a obtenu le plus de succès, celle du département d'Indre-et-Loire. Mais peut-être n'y ménage-t-on pas assez les grands avantages de l'amendement ; nous craignons qu'on n'éventre la poule aux œufs d'or, et nous pensons que, dans l'intérêt de l'avenir du sol, il conviendrait d'arriver un peu plus tôt à l'emploi du fumier d'étable. Toutefois, nous adopterions à peu près complétement le procédé pour les trois premières années ; on y trouve les deux grands avantages de rentrer promptement dans ses frais et de très-bien ameublir son sol.

Ainsi donc on défriche à la pioche, et, à son défaut, à la charrue, pendant l'hiver ou au printemps ; on laisse le soleil d'été mûrir un peu la terre retournée. Au mois de septembre on herse une fois en long et une autre en travers, avec une bonne herse chargée, puis on laboure en planche de quatre, six ou huit raies ; huit à dix jours après on prépare la semence. Pour cela on prend, pour un hectare, 4 à 5 hectolitres de noir et 2 de semence. Pour que le grain se recouvre d'une plus grande proportion de noir, on l'humecte avec une dissolution visqueuse de fécule chauffée jusqu'à son épaississement, ou, suivant le procédé de M. Douhet, avec du sang de bœuf mêlé chaud avec 3 ou 4 volumes d'eau ; on saupoudre le grain, devenu visqueux, avec le noir ; on l'agite dans un van : la poudre s'attache au grain et lui forme une enveloppe ; on a alors, à peu près, le volume de trois semences. Après avoir laissé quelques heures l'enveloppe du grain s'affermir et prendre consistance, le semeur répand sa semence comme s'il semait du grain pur, et il repasse trois fois sur le terrain en divers sens : deux hersages couvrent suffisamment la semence et l'engrais. Il n'y a plus alors d'autres soins à donner, jusqu'à la récolte, que de tenir les raies d'écoulement bien nettes pour en dégager les eaux, car il est absolument nécessaire, pour le succès, que le sol soit bien égoutté. Dans la seconde année on sème du froment avec les mêmes conditions; après la deuxième récolte, on sème du colza ou des vesces d'hiver, en affaiblissant un peu la dose de noir, et on a une pleine récolte dans la troisième année; mais il est au moins temps, pour la quatrième, de recourir à l'engrais d'étable. Ainsi donc, après le colza ou les vesces, on donne une jachère d'été, sur laquelle on sème du froment fumé avec l'engrais d'étable mêlé à demi dose de noir; sur ce froment on sème du trèfle, en février, sur la neige, s'il se peut; après la moisson ou pendant l'hiver on en active la végétation en le plâtrant. La terre entre alors à sa cinquième année dans l'assolement de la ferme en y apportant un beau trèfle, et on la cultive dans les mêmes conditions que le reste des terres en labour. On peut d'ailleurs faire varier la nature des récoltes suivant les circonstances où l'on se trouve.

CHAPITRE XII

Du phosphate de Chaux comme engrais et du rôle de l'humus dans la végétation.

§ 1. — Du phosphate de chaux.

1. Il résulterait de ce que nous avons dit que le phosphate de chaux, dans les cendres lessivées et les os, serait nécessairement le principe actif et spécial d'engrais; mais son effet nous semble surtout remarquable en ce que son emploi, ou, si l'on veut, celui des substances où il se rencontre, semblerait longtemps suffire au sol, et exiger beaucoup moins impérieusement que les autres amendements (et surtout que les engrais perazotés qui contiennent une forte proportion d'azote) l'emploi alternatif ou simultané du fumier d'étable. Il s'ensuivrait donc que la plante, sollicitée par le phosphate de chaux, tirerait de l'atmosphère la presque totalité du carbone dont elle a besoin, tandis que dans le sol chaulé ou marné, elle doit en prendre une partie plus notable dans le sol, et par là l'épuiser plus promptement en humus. Toutefois cet avantage du phosphate de chaux est loin d'être absolu: il faut, pour agir sur la plante, qu'il puisse y circuler dissous dans la sève. Or il résulte des observations de MM. Boussingault et Dumas qu'insoluble dans l'eau pure il devient soluble dans l'eau chargée d'acide carbonique. Il faut donc que ce composé trouve dans le sol de l'humus qui se transforme en acide carbonique. Le phosphate de chaux demande donc aussi, pour pouvoir agir sur la végétation, l'intermédiaire de l'humus, et resterait sans effet sur un

sol qui en serait entièrement dépourvu; et, effectivement, le noir d'os employé sur les sables crus et sans humus n'a point produit son effet fécondant. Le phosphate de chaux joue donc un grand rôle dans la végétation, et doit être considéré comme un engrais *sui generis* d'une grande influence.

2. On s'explique son action puissante si l'on remarque qu'il afflue partout où la vie végétale a le plus d'énergie. D'après les analyses de Saussure, les cendres des feuilles de chêne du mois de mai contiennent 24 pour 100 de phosphates terreux, et une quantité non définie de phosphates alcalins, tandis que celles des feuilles du mois de septembre en contiennent un quart de moins. L'aubier du même bois en contient une même proportion que les feuilles, et le bois dur, le bois d'intérieur, cinq fois moins que l'aubier; les cendres de l'aubier du mûrier contiennent 27 pour 100 de phosphates terreux, et celles du bois séparé de l'aubier seulement 2 $\frac{1}{4}$ pour 100; dans le charme, les cendres de l'aubier en contiennent 36, et celles du bois intérieur 24; enfin, dans tous les bois, les jeunes branches en contiennent beaucoup plus que les anciennes. Ainsi donc les phosphates abondent dans les parties de l'arbre où se fait spécialement la circulation des principes séveux, où se développent les feuilles, dans celles où s'opère la formation du bois et le grossissement par les couches de cambium, c'est-à-dire partout où la vie végétale est la plus active. Il est plus abondant encore dans les graines, qui sont, en quelque sorte, le résumé de la vie. Dans le marron d'Inde, les phosphates terreux et alcalins composent 40 pour 100 des parties fixes; les cendres du froment, d'après les analyses de M. Boussingault, contiennent 47 pour 100 d'acide phosphorique; celles de fèves 34.2; celles d'avoine 14,9, et, par conséquent, près du double de ces proportions en phosphate de chaux; or, ces graines, qui contiennent ce principe, sont destinées à le fournir à la vie animale. Il semble donc y jouer un rôle analogue à celui qu'il remplit dans la vie végétale, car on le voit affluer dans les points où elle semble avoir aussi ses foyers les plus actifs, dans le cerveau, dans le sperme, dans les œufs, etc. : on doit donc lui assigner un grand rôle dans la vie végétale comme dans la vie animale.

3. Lorsque le phosphate de chaux a agi comme condition de la vie dans l'aubier, que devient-il lui-même puisqu'il disparaît aux 5/6 dans le bois dur de chêne, et aux 7/8 dans celui du mûrier? S'est-il décomposé, tranformé, ou faut-il admettre que la circulation l'ait, d'année en année, entraîné avec elle pour le reporter dans le jeune bois et l'aubier nouveau, où le besoin de la vie l'appelle en grande proportion? Sa transformation serait plus difficile à admettre que son déplacement, qui se ferait, d'ailleurs, par sa dissolution dans les

liquides séveux, chargés d'acide carbonique puisé dans le sol ou l'atmosphère.

4. Mais d'où vient cet acide phosphorique? les analyses du sol en montrent à peine de trace appréciable, et rien, jusqu'ici, ne fait présumer sa présence dans l'atmosphère. S'il ne se rencontre en nature ni dans l'un ni dans l'autre de ces milieux où se passe toute la vie végétale, ne faudrait-il pas admettre que ses éléments du moins s'y trouveraient, puisque les racines ou les feuilles les y puisent nécessairement? et ces éléments, la puissance de la vie végétale les assemblerait pour en former l'acide phosphorique.

Nous admettrions donc, avec Saussure, que notre atmosphère contiendrait tous les éléments des substances qui composent les végétaux. Ses expériences et celles plus récentes de M. Lassagne confirment cette opinion. Saussure a fait croître, dans de l'eau distillée, des végétaux dont les cendres lui ont donné 1/5 de plus de principes fixes que n'en contenaient les semences qui leur avaient donné naissance : l'atmosphère avait donc fourni ces principes fixes, phosphates et autres. D'ailleurs on trouve dans l'air, outre une proportion définie d'acide carbonique, de l'acide nitrique et du carbonate d'ammoniaque ; des analyses plus soignées y feraient découvrir d'autres substances, puisque l'eau de pluie donne des résidus terreux qui ne peuvent provenir que de l'atmosphère.

En parlant de la chaux, nous avons déjà fait remarquer l'énorme quantité de substances calcaires, et particulièrement de phosphates, que produisent annuellement les prairies et les bois, sans que l'on ait pu jusqu'ici découvrir quelle en est la source; nous n'y reviendrons donc pas ici, quoique ces observations puissent y trouver leur place.

5. Il est bien remarquable que le phosphate de chaux qu'on ajoute au sol au moyen des cendres, du noir d'os et des os en poudre, n'ait aucun effet sur les sols calcaires ; ces sols seraient donc doués du pouvoir de le produire spontanément pour la végétation, ou, si l'on veut, la végétation y rencontrerait ses éléments disposés à s'assembler. Ainsi donc, bien différent du sulfate de chaux qui produit son effet améliorant sur les sols calcaires, comme sur ceux qui ne le sont pas, le phosphate de chaux ne serait un engrais que sur les sols qui ne contiennent pas de chaux.

6. Il paraît que le phosphate de chaux, quand il a pénétré dans la charpente végétale, s'y trouve encore en partie à l'état soluble. Ainsi, les végétaux lavés avant leur incinération ont donné moins de phosphates à M. de Saussure que lorsqu'il les incinérait sans les laver.

§ 2. — Bi-phosphate de chaux.

L'effet du phosphate de chaux sur la végétation, dans les cendres lessivées et les os sous leurs différentes formes, est sans doute bien grand, et cependant celui du bi-phosphate et des modifications produites par l'acide sulfurique sur la poudre d'os semblerait encore plus puissant : des expériences nombreuses et une pratique déjà étendue nous paraissent l'établir. Pour arriver à former ce bi-phosphate, on emploie l'acide sulfurique, et, avec moins de succès, l'acide chlorhydrique. Ce procédé ne date, en Angleterre, que de 1841 ; mais depuis lors il s'est beaucoup étendu, et on nous dit que des millions de kilogrammes de poudre d'os y sont maintenant employés sous cette nouvelle forme. La dose nécessaire pour améliorer la récolte est alors à peine le tiers de la dose ordinaire de poudre d'os. Cette méthode, avant de devenir populaire, a dû s'appuyer sur un grand nombre d'expériences favorables, qui ont reçu une grande publicité, et comme le moyen proposé était économique, il s'est répandu promptement.

Le procédé consiste à jeter sur les os réduits en poudre par les machines, ou tout au moins brisés par le marteau en très-petits fragments, moitié de leur poids en eau bouillante qui en fait une pâte liquide; puis on y mêle, en agitant continuellement, une quantité d'acide sulfurique du commerce égale à la moitié du poids des os ; on verse doucement l'acide pour ménager l'effervescence, et le mélange arrive à la consistance d'une bouillie épaisse. Au bout de huit à dix jours de repos, on dessèche cette masse pâteuse avec de la sciure de bois, de la poussière de charbon ou de la terre sèche. On laisse encore reposer ou fermenter, si l'on veut, ce mélange pendant dix à quinze jours, après lesquels on le répand sur la terre avec la main ou le semoir. Quatre hectolitres de poudre d'os préparés de cette manière, et qui arrivent ainsi à un volume double ou triple, paraissent suffire à un hectare. Ce nouvel engrais s'emploie sur toutes les récoltes céréales et légumineuses.

On l'emploie aussi à l'état liquide, en mêlant la pâte à d'assez grands volumes d'eau. Pour les prairies et les céréales, on demande 200 volumes d'eau, et 50 seulement pour les navets; l'emploi à l'état liquide est plus avantageux, mais exige plus de main-d'œuvre.

On a comparé l'effet de ces engrais avec celui du guano, et il en est résulté que, sous cette forme, un hectolitre et demi d'os en poudre, du poids de 150 kilogr., préparé avec l'acide sulfurique, produit autant d'effet que 100 kilogr. de guano.

Dans ce procédé, il se forme du sulfate de chaux, du phosphate acide ou bi-phosphate de chaux soluble, et on obtient en certaine proportion de l'acide phosphorique isolé de sa base. Un double et triple effet se produit donc sur la végétation : celui du sulfate de chaux, du bi-phosphate et de l'acide phosphorique; mais c'est celui du bi-phosphate et de l'acide phosphorique qui est sans doute le plus puissant, puisque la végétation des graminées est au moins autant activée que celle des légumineuses, et qu'on sait que l'action du sulfate de chaux, pour se produire sur les graminées, doit être unie à celle des engrais d'étable.

Mais, puisque la dose nécessaire de poudre d'os peut se réduire beaucoup par le procédé nouveau, n'est-il pas à craindre qu'en enlevant, en grande partie, sa base à l'acide phosphorique, on ne diminue la durée de son action? C'est une question qui doit déjà être résolue par la pratique dans les cantons où ce procédé est employé. On pourrait cependant, peut-être, se rassurer à ce sujet, en remarquant que, même dans la faible dose de 4 hectolitres de poudre d'os, l'acide phosphorique se trouve en quantité qui excède beaucoup celle qui est contenue dans les récoltes entières d'un assolement de cinq ou six ans. Toutefois nous pensons qu'il serait nécessaire d'alterner tous ces amendements avec les engrais animaux.

Nous remarquerons encore que ce procédé, en amenant le carbonate de chaux à l'état de sulfate et en isolant en partie l'acide phosphorique, semblerait devoir donner au nouvel engrais la faculté d'améliorer aussi bien les terrains calcaires que ceux qui ne le sont pas. D'après ce que nous avons dit précédemment, les cendres lessivées et la poudre d'os, où le phosphate de chaux est en nature, ne produisent aucun effet sur les terrains calcaires; mais le nouveau mélange est modifié dans sa composition puisque, d'une part, il offre spécialement le sulfate de chaux, dont l'effet est aussi énergique sur les terrains calcaires que sur les sols siliceux, et que, d'autre part, il renferme le bi-phosphate de chaux soluble et une portion d'acide phosphorique mis à nu, qui n'ont pas besoin, comme le phosphate de chaux, des réactions du sol pour passer immédiatement dans les végétaux. On pourrait donc espérer que le nouvel amendement s'appliquerait aux sols calcaires comme à ceux de tout autre nature.

Ce qui nous semble recommander encore particulièrement cette modification de la poudre d'os, c'est qu'en la fabriquant on conserve la plus grande partie de la substance animale, huile et gélatine, qui, sans aucun doute doit jouir d'une action fécondante, pendant que la fabrication du noir d'os les détruit. En versant l'eau bouillante sur la poudre d'os, on dissout une partie du principe gélatineux qui empâte le phosphate. L'acide sulfurique qu'on verse ensuite avec précaution sur cette pâte, en s'emparant en partie de la chaux, donne lieu à la formation du bi-phosphate, rend libre une portion de l'acide phosphorique, forme des savons avec l'huile animale, avec les principes gélatineux, et enfin met à nu le charbon animal. Il y a donc peu de substance utile perdue; les substances animales qui restent peuvent tourner au profit de la végétation; le sulfate de chaux agit de son côté; et le bi-phosphate, ainsi que l'acide phosphorique, restent à la disposition des végétaux qui en prennent suivant leurs besoins : circonstances qui nous semblent toutes éminemment favorables à la végétation.

Si nous rappelions maintenant l'analogie de composition des cendres et des os, nous arriverions à conclure que ce nouvel engrais se rapprocherait beaucoup des cendres sulfatées, dont nous parlerons dans le chapitre de l'acide sulfurique. On ne met, il est vrai, sur les cendres, qu'un cinquantieme au plus de leur poids d'acide, tandis que la dose pour le perphosphate est de moitié; mais, comme le procédé des cendres sulfatées ne semble encore qu'à l'état d essai, tandis que celui qui modifie la poudre d'os est passé dans la pratique, et s'est probablement perfectionné dans son emploi, nous pensons qu'on pourrait y puiser d'utiles enseignements pour l'emploi de l'acide sulfurique sur les cendres. Sans doute, il faut plus d'acide sur les os, qui contiennent plus de phosphate que les cendres, mais il faudrait en décupler au moins la dose pour les cendres, et elle deviendrait d'un sixième de leur poids pendant qu'elle est de moitié pour les os; on pourrait alors présumer, comme nous l'avons fait espérer pour les os sulfatés, que les cendres, en raison de la transformation de leur phosphate et de leur carbonate de chaux en sulfate et bi-phosphate de chaux, pourraient produire leur effet fécondant sur les sols calcaires comme sur les sols siliceux. Pour les cendres, on se dispenserait de l'eau bouillante, dont l'effet est utile pour dissoudre les principes gélatineux des os; on se bornerait donc à projeter sur elles une dose de liquide formée d'un sixième de leur poids d'acide sulfurique. étendu dans trois ou quatre fois au moins son poids d'eau, et on assécherait la pâte produite comme pour le perphosphate avec de la sciure de bois, de la poussière de charbon, de la tourbe ou de la terre sèche.

Toutefois nous pensons que le cultivateur fera bien d'essayer avec prudence ces innovations, comme toutes les nouveautés agricoles, et de ne pas procéder par des expériences en grand. Qu'il tente quelques essais préliminaires, si sa position le lui permet, avant de se décider à y porter ses avances; autrement qu'il attende que les espérances qui lui sont données se trouvent confirmées par des faits nombreux de pratique indigène.

§ 3. — Phosphate natif.

On rencontre dans la nature le phosphate de chaux engagé dans un assez grand nombre de combinaisons, mais le plus souvent en proportion si minime qu'on n'a pas songé à l'en extraire ; cependant on trouve dans une province d'Espagne des roches composant des collines entières qui en contiennent une grande proportion.

Deux échantillons de ce phosphate natif ont été analysés et ont donné en moyenne :

Silice.	1,70
Peroxyde de fer.	3,15
Fluorite de chaux.	14, »
Phosphate de chaux.	81,15
Total.	100

Le docteur Daubeny a fait sur ce phosphorite en poudre des essais qui donnent des espérances : il l'a employé sur une terre de bonne qualité et en bon état, comparativement avec des os en poudre, du noir d'os, du guano, du nitrate de soude et de l'engrais d'étable; on a appliqué ces engrais à des récoltes de turneps et d'orge ; sur les turneps, 1,500 kilogrammes, soit 15 hectolitres de phosphorite en poudre par hectare, ont fait produire au sol le double de ce qu'il a donné sans engrais, mais cependant un tiers de moins qu'avec une fumure de 50,000 kilogrammes. En joignant à cette poudre moitié de son poids d'acide sulfurique, le produit a été un peu plus fort, mais inférieur d'un neuvième à celui de 300 kilogrammes de guano natif ou factice, à peu près égal à celui de 180 kilogrammes de nitrate de soude, et plus faible d'un septième que celui de 120 kilogrammes de sulfate d'ammoniaque ; sur l'orge, le phosphorite espagnol, à la dose de 22 hectolitres, a produit autant que le noir d'os à la même dose, un peu plus que la poudre d'os à une dose de moitié plus forte, et un cinquième de moins que 15 hectolitres de cette poudre, traités par 700 kilogrammes d'acide sulfurique ; enfin, le fumier d'écurie, à la dose de 50,000 kilogrammes, a donné de un tiers à moitié en sus du plus fort de ces produits.

Ces expériences en appellent d'autres, pour qu'il soit possible d'en tirer des conséquences un peu rigoureuses ; à voir les fortes doses de poudres phosphatées et leur effet médiocre, on pourrait croire que le sol n'était pas de la nature de ceux sur lesquels le phosphate de chaux produit ses remarquables effets ; on ne peut donc tirer d'autre conclusion sinon que le phosphorite pourrait produire sur les sols auxquels conviennent les phosphates, des effets analogues à ceux des os en poudre, du noir d'os et des cendres de bois. Il serait à désirer que des expériences fussent entreprises, à portée de la roche elle-même, sur des sols de différentes formations. Si les résultats étaient favorables, on pourrait espérer avoir là, à plus bas prix que le guano et que la plupart des engrais phosphorifères, une mine presque inépuisable de fécondité et qui pourrait être fournie à l'agriculture des pays étrangers à l'Espagne et voisins des côtes de la mer. D'ailleurs ce n'est pas seulement à Truxillo en Espagne, où on l'emploie à des constructions, qu'on trouve le phosphate de chaux natif, mais on le rencontre encore en abondance, dit-on, en Hongrie et en Bohême.

§ 4. — Nécessité de l'humus pour le succès des amendements.

1. Nous avons vu que l'emploi du fumier avec les cendres, le noir d'os et les os, n'est pas indispensable, et que ceux-ci laissent après eux dans le sol une certaine fécondité; mais il reste constant que la présence de l'humus dans le sol est indispensable pour produire l'acide carbonique nécessaire à la dissolution de leur phosphate de chaux.

Ainsi le fumier a, par-dessus tous les amendements les plus énergiques et les plus durables, la faculté de développer un riche produit et de laisser en outre dans le sol des éléments de richesse, dosés de la manière qui convient le mieux à la végétation actuelle et à l'avenir du sol. L'un de ses principaux effets consiste à produire sur les organes aériens du végétal une stimulation telle qu'ils tirent de l atmosphère la plus grande partie des principes végétaux qui les composent, et cet effet se produit sur tous les sols et sur toutes les familles végétales.

D'illustres chimistes ont analysé la plupart des engrais; en comparant les résultats de leur analyse à ceux de la pratique agricole, ils ont cru pouvoir conclure que leur puissance fécondante pouvait être classée en raison de la quantité d'azote qu'ils contenaient, et ont établi en conséquence une échelle d'équivalence des engrais; mais pour que ces importants travaux ne conduisent pas l'agriculture à des déceptions, il est nécessaire de faire remarquer que cette équivalence ne subsiste au plus que pendant l'année même de l'application de ces engrais, et que beaucoup de substances qui ne contiennent point d'azote ont souvent autant et plus d'action fécondante que les engrais azotés eux-mêmes; en outre, les engrais perazotés, manquant d'une proportion convenable et nécessaire d'humus, dépouillent le sol de son humus naturel, n'ont guère d'action que sur une récolte, et laissent, comme nous le verrons plus tard, le sol plus épuisé qu'il ne l'était avant leur application, tandis qu'au contraire, si on lui donne, pour le cours de l'assolement, une dose d'engrais d'étable contenant autant d'azote que les engrais perazotés, le sol reste fécond pendant toute la rotation et conserve plus tard encore des portions d'humus et de substances fixes dues à cet engrais.

2. Il nous semble, en outre, qu'il serait naturel de placer au rang des engrais et des aliments végétaux toutes les substances azotées ou non dans lesquelles les plantes puisent une partie de leurs composants essentiels, et qui donnent en même temps de l'activité à la végétation; ainsi la chaux et la marne fournissent aux plantes les composés calcaires dont elles ont besoin, et cela pendant une longue suite d'années; elles activent puissamment la végétation, modifient même la nature du sol, lui donnent des qualités qui lui manquent et lui font produire des végétaux qu'il ne produirait pas sans elles; mieux qu'elles encore, les phosphates se distinguent parmi ces sortes d'engrais : ils fournissent aux végétaux un de leurs éléments essentiels, le phosphate de chaux, produisent immédiatement sur la récolte actuelle de grands effets, et ces effets se prolongent sur les récoltes suivantes sans avoir aussi promptement besoin que la chaux et la marne, ou que les engrais perazotés, d'alterner avec les engrais carbonés ou de leur être unis. Ces amendements (bien que la plupart d'entre eux ne contiennent pas d'azote) ont donc à tous les titres le droit d'être classés parmi les plus puissants engrais. Sans doute l'azote est nécessaire à la nutrition végétale; mais le succès soutenu des engrais phosphatés qui ne le contiennent pas prouve qu'ils donnent aux plantes la faculté de l'absorber dans l'atmosphère.

§ 5. — Du rôle comparé de l'azote et du carbone comme aliments des végétaux et des animaux.

1. Ce serait une erreur que de regarder l'azote comme l'aliment principal et le plus essentiel des végétaux; il en est sans doute un des éléments les plus précieux; il se rencontre même spécialement, comme le phosphate de chaux, mais en proportion beaucoup moindre, dans les parties où la vie est la plus active, dans les jeunes pousses, les feuilles nouvelles, et particulièrement dans les semences; mais le carbone s'y trouve en masse dix fois plus considérable, et il est l'élément le plus essentiel de la vie végétale comme de la vie animale; le jour, les feuilles du végétal l'absorbent dans l'air sous la forme d'acide carbonique; arrivé dans son organisation, cet acide se décompose, suivant les expériences de Priestley, à la lumière du soleil; le végétal s'en assimile le carbone et en verse l'oxygène dans l'atmosphère; la nuit il le rejette sous sa forme gazeuse, ainsi que l'a établi Saussure. De plus, l'humus du sol, ainsi que le reconnaît Liebig, fournit une source incessante d'acide carbonique qui dissout une partie de ses principes fixes, par-

ticulièrement le phosphate et le carbonate de chaux; et cet acide, chargé de ses principes, monte dans le végétal dissous dans l'eau séveuse; d'ailleurs l'humus, ce composé essentiellement carboné, devient lui-même soluble et fait entrer ainsi le carbone dissous dans la circulation de la plante. Les expériences de M. Soubeiran établissent que, combiné avec l'ammoniaque ou la chaux, il forme des composés solubles, et qu'à cet état il est absorbé par les spongioles. Pour s'en assurer, il a placé des plantes en végétation dans des fioles contenant de l'eau distillée, à laquelle il mêlait ces deux combinaisons d'humus assez colorées pour donner au liquide une couleur intense; la végétation de ces plantes était active; il changeait leur eau chaque jour, et, au bout de chaque journée, l'intensité de la couleur de l'eau était diminuée; il en a conclu qu'une partie de ses combinaisons d'humus était absorbée, et devenait, par suite, aliment végétal.

D'ailleurs l'humus lui-même devient soluble par l'action de l'atmosphère. M. de Saussure a obtenu d'un même terreau, exposé à l'air à différentes reprises, plusieurs dissolutions successives. En le soumettant à douze décoctions, son poids a diminué d'un onzième : le terreau ou l'humus qu'il contient en grande proportion est donc soluble, mais il l'est difficilement; grande harmonie providentielle qui conserve et ménage dans le sol, pour une longue suite de végétations, l'humus qu'on lui apporte ou qui s'y est formé des débris de la végétation spontanée.

Or cet humus, qui pénètre dissous dans la plante, contient beaucoup de carbone; il contient aussi de l'azote et la plupart des substances qui forment le végétal; il sert donc essentiellement à sa nutrition.

Le sol est sans doute loin de fournir la plus grande partie du carbone et de l'azote de la substance végétale; les feuilles en absorbent dans l'atmosphère une beaucoup plus grande proportion; mais, ainsi que nous l'avons déjà dit et que le prouve partout l'expérience, l'intensité de cette absorption sur l'atmosphère est en raison de la quantité d'humus des engrais que contient le sol.

Si nous faisons remarquer ensuite que le sol qui ne contient pas d'humus est stérile, que le carbone forme en plus grande partie la charpente et la masse végétale, que l'acide carbonique est le dissolvant de la plupart des principes fixes qui entrent dans la charpente des végétaux, nous devrons conclure que l'engrais d'étable, qui donne naissance à l'humus dont le composant principal est le carbone, doit tenir le premier rang parmi les aliments des végétaux, et, par conséquent, parmi les engrais.

Mais ce carbone que le végétal s'est approprié pendant le jour, il ne le conserve pas en entier, il le rejette en partie pendant la nuit; il y a donc dans ses organes combustion d'une partie du carbone qu'il contient, et, par conséquent, production de chaleur pour contrebalancer celle qu'il perd par le rayonnement de la nuit.

2. Il en serait de même dans la nutrition animale; l'azote en est sans doute un complément essentiel; mais c'est le carbone qui forme presque exclusivement la masse alimentaire; par sa combustion dans les poumons qui le transforme en acide carbonique, il devient la source incessante et nécessaire de la chaleur animale; par les transpirations gazeuses de toute nature qu'émet le corps des animaux, cette chaleur irait sans cesse en diminuant sans le foyer toujours durable que lui fournit le carbone dans l'acte de la respiration; le carbone des aliments entretient donc la chaleur, première condition de la vie, mais en outre l'organisation s'en assimile une portion notable, puisque la moitié au moins de la substance sèche des tissus organiques et des fluides qui font circuler la vie en sont composés; mais ces tissus eux-mêmes diminuent sans cesse par la transpiration et les déjections, et le carbone des aliments contribue encore à leur renouvellement incessant; il fournit en outre la majeure partie de la croissance des jeunes animaux et de l'engraissement des animaux adultes; il est donc bien l'aliment principal de la vie animale et de la vie végétale. L'azote, sans doute, en serait en quelque sorte un condiment essentiel; cependant les animaux qui vivent de végétaux en ingèrent peu avec leurs aliments; la moitié de la population humaine vit de riz, qui ne contient qu'un tiers du gluten du froment et ne renferme, par conséquent, qu'une faible proportion d'azote Des populations nombreuses s'entretiennent très-bien par la consommation presque exclusive de pommes de terre. Enfin, les plus forts ouvriers qu'on connaisse en France, les terrassiers, les maçons, les scieurs de long, ne consomment qu'une bien faible quantité d'azote dans le pain et l'eau, leur unique nourriture; et, en résumé, l'azote ne forme guère qu'un cinquantième ou un soixantième du poids total de chaque ration.

Si nous comparons les proportions d'azote que fournissent les différentes rations alimentaires dont nous venons de parler, nous verrons que leur faculté nutritive n'est pas en proportion de la quantité qu'elles en contiennent; la ration du pain de froment employé seul pour nourriture est de 1 1/2 à 2 kilogrammes; or, d'après les analyses de M. Boussingault, elle contient 30 grammes d'azote; celle du pain de seigle, de 2 kilogrammes, en contient 23 grammes; celle de pommes de terre, de 4 kilogrammes, en contient 15; enfin celle de riz cuit et crevé n'en contient pas 20. Et cependant ces hommes sont nourris et souvent soutiennent un fort labeur sans aucune dégénération de la race. Sans doute une dose plus forte de nourriture azotée ajouterait encore à leur force musculaire, mais leur nutrition est suffisante, et tous les actes de leur vie s'accomplissent très-bien; et cependant on voit varier de moitié la quantité d'azote que contient leur ration; la ration la moins azotée appartient même à ceux qui font le plus rude travail; la proportion d'azote serait donc loin d'être la mesure de la faculté nutritive des aliments : les aliments carbonés dans le règne animal, comme les engrais carbonés dans le règne végétal, sont le principal soutien de la vie.

3. Aussi le carbone est-il abondamment répandu dans la nature; mais pour les végétaux, comme pour les animaux, il a besoin d'une appropriation particulière pour devenir alimentaire; la houille, l'anthracite, les lignites et le charbon de bois paraissent sans action sur la végétation, et on ne connaît aucun moyen artificiel de les disposer à l'assimilation végétale; la tourbe, telle qu'on l'extrait, et comme elle les terreaux acides, ne produisent non plus aucun effet sur le sol et y portent même leur principe astringent nuisible; mais, par leur alliance à la chaux, à la marne et aux engrais azotés, l'acide qui tient enchaîné leur carbone disparaît, et ils peuvent offrir, après cette nouvelle combinaison, de grands avantages à la végétation.

Pour devenir propre à la nutrition des végétaux, le carbone doit avoir appartenu à une organisation végétale détruite par la fermentation ou la consommation des animaux; et c'est à l'état seulement de décomposition que, par des réactions non définies de l'intérieur du sol ou de l'atmosphère, il passe à l'état d'acide carbonique et qu'il devient soluble sous la forme d'acide humique, d'humate de chaux, d'humate d'ammoniaque, et qu'enfin, sous ces diverses formes, il peut arriver dans les végétaux : la vie végétale s'alimente donc spécialement des détritus charbonneux des produits du sol et des éléments végétaux que leurs feuilles puisent dans l'atmosphère; dans une échelle plus élevée, la vie animale se nourrit des produits organisés et non décomposés de la végétation actuelle et de la chair des animaux qui s'en sont nourris, et les animaux consommateurs rendent au sol des débris organiques qui doivent alimenter les végétations nouvelles.

Mais dans tout cet enchaînement de causes et d'effets, de détritus et de formations nouvelles où la mort alimente la vie, le carbone est bien l'aliment comme le composant principal des organisations animale et végétale; et il en résulte que les engrais carbonés et ceux d'étable, qui contiennent le carbone dans un état où il peut devenir soluble pour passer dans la circulation végétale, sont le principe le plus essentiel et le plus indispensable à la formation et au produit des végétaux que l'homme cultive pour satisfaire à ses besoins.

§ 6. — De l'épuisement du sol par les engrais perazotés et les amendements.

1. Nous avons dit précédemment que les engrais perazotés épuisent le sol et doivent nécessairement alterner avec ceux d'étable : ces conséquences résultent de l'expérience de pays entiers, qui avaient espéré trouver dans ces engrais une source intarissable de fécondité nouvelle. Une partie de la Provence, et particulièrement les environs de Marseille, pays de grande fabrication d'huile et de grands besoins d'engrais, avaient recouru avec empressement à leur emploi ; placés sur les bords de la mer, ils avaient fait venir, dans le même but, de grandes masses de guano; mais, avec l'emploi répété de ces engrais, on a vu leur effet sur le sol diminuer successivement, et la terre, après quelques années de production, arriver à un fâcheux état d'épuisement. On a cherché à se rendre raison de ce résultat, et des agronomes dévoués sont arrivés, par des expériences comparatives nombreuses et répétées, à préciser les effets produits et à pouvoir indiquer le moyen de profiter des avantages qu'offrent ces engrais, sans en subir les inconvénients.

MM. de Villeneuve, à Roquefort; Debec, à la ferme-école de Montaurone; Plauche, rédacteur des *Annales provençales*, à Coussin, en comparant les produits de lots égaux d'un même sol, non fumé, fumé avec les engrais d'étable et les engrais perazotés, se sont assurés d'une manière précise que les guanos d'Afrique et du Pérou, les tourteaux de lin, colza, sésame, arachide, etc., laissent le sol, après une abondante récolte, plus pauvre qu'il n'était avant; que, lorsqu'on réitère leur emploi, le produit s'amoindrit successivement; enfin que le sol finit par s'épuiser si on ne les alterne avec les engrais d'étable. Et puis leur effet est à peine sensible lorsqu'on les emploie sur un sol qui renferme peu ou point d'humus, et il est d'autant plus avantageux qu'il en contient une plus grande proportion; ils ont encore remarqué que, lorsqu'on l'emploie à plusieurs reprises sur le même sol, la diminution de produit qui survient porte plus spécialement sur la paille que sur le grain; qu'il suffit de quelques circonstances atmosphériques peu favorables pour que leur effet devienne peu sensible, et que, par exemple, s'ils reçoivent la pluie quelque temps avant la semaille, ou si, répandus sur le sol, ils essuient une sécheresse de quelque durée, ils perdent leur action sur la récolte; leur puissance éphémère se caractérise d'une manière spéciale par un résultat bien remarquable, c'est que lorsqu'on les donne à trop petite dose, ils n'agissent que sur les premiers développements de la plante, qui faiblit ensuite, au moment le plus essentiel, celui de la fructification; leur principe fécondant spécial, l'azote, s'évapore donc avec une grande facilité; on ne doit pas s'étonner s'ils sont sans effet sur la deuxième récolte, puisqu'ils peuvent quelquefois laisser la première à moitié chemin; et cependant la récolte de la première année est loin de s'assimiler tout l'azote qu'ils contiennent; il s'en dissipe donc une partie en pure perte.

2. Il nous semble que l'analogie offrirait un moyen de conserver cet azote perdu pour les récoltes suivantes; on sait que l'union du fumier au plâtre prolonge la durée de ses effets sur le sol; tout annonce qu'il en serait de même des engrais perazotés; on les mélangerait donc plutôt qu'on ne les alternerait avec le fumier, et, au moyen du mélange, la portion d'azote qui s'évapore se fixerait dans l'engrais carboné; son humus, qui en conserve pour les récoltes de plusieurs années consécutives, a beaucoup plus d'affinité pour lui que les engrais perazotés, qui perdent le leur par une intempérie, ou en conservent à peine pour le cours entier d'une récolte; nous pouvons croire que, comme dans l'alliance du fumier au plâtre, aux cendres et à la poudre d'os, les récoltes en seraient améliorées sans acrroître cependant la dépense, et même en la diminuant, parce qu'on n'emploierait alors en raison du mélange que demi-dose de chaque catégorie d'engrais. Et chaque engrais y gagnerait; le fumier gagnerait de l'azote, qu'il ne contient qu'en assez faible proportion, et l'engrais perazoté gagnerait de l'humus et de la durée, qui lui manquent essentiellement; enfin le mélange recevrait du fumier d'étable la faculté qu'il a d'absorber l'azote de l'atmosphère.

Nous pensons donc que ces engrais peuvent encore fournir de grands avantages à l'agriculture, mais plutôt encore par leur mélange que par leur alternance avec les engrais d'étable. Il était à craindre que l'abus qu'on en a fait ne finît par les discréditer, et qu'ils ne passassent à l'étranger; cependant le pays sera averti par les publications de M. Plauche, qui établissent que leur effet fécondant se soutient en les alternant ou les mélangeant avec les engrais carbonés.

D'ailleurs, l'effet épuisant des engrais perazotés n'est pas particulier à la Provence: dans les environs de Lyon, à Saint-Genis, et dans la commune de Feilens et ses environs, département de l'Ain, on a observé un pareil résultat de l'emploi des tourteaux de navette ou de colza en poudre : nous avons vu nous-mêmes ces marcs d'huile, employés au printemps en *top dressing* sur des prés et des blés, ne produire aucun effet à la suite de sécheresses; d'autre part, M. Kulman, à Lille, s'est assuré par des expériences que l'emploi des sels ammoniacaux laissait le sol plus épuisé qu'avant; les sels azotés doivent donc se ranger dans la même catégorie que les autres engrais perazotés; aussi, par leur mélange avec l'engrais d'étable, on obtient la double condition d'une bonne agriculture : l'enrichissement du sol et d'abondantes récoltes ; c'est ce qu'ont prouvé les expériences de M. Schatenmann sur l'alliance du sulfate d'ammoniaque au fumier ; les engrais perazotés sont donc plus stimulants que nutritifs, malgré la grande quantité d'azote qu'ils renferment. Il en serait de même de la poudrette, dont l'emploi ne doit pas être répété, et qui doit s'alterner aussi avec l'engrais d'étable ; le grand avantage qu'ils offrent et qu'on ne doit pas méconnaître, c'est d'agir à faible dose et de pouvoir être tirés de loin, en raison du peu de frais de transport ; mais ils manquent essentiellement d'humus, plus impérieusement nécessaire encore à la fécondité du sol que l'azote : il faut donc qu'ils en trouvent soit dans la terre, où il est le produit de fumures précédentes, soit dans les engrais d'étable qu'on leur allie.

Il est de remarque générale que les engrais perazotés agissent principalement sur l'évolution de la plante, le prolongement de ses tiges, la production de ses feuilles ; nous savons encore que, quand on emploie les engrais azotés en trop faible dose, ils poussent bien la plante à un développement avantageux, mais que leur effet cesse pour déterminer une granification avantageuse. Or, on sait que c'est la séve ascendante qui produit le prolongement des tiges, l'élongation des bourgeons et le développement des feuilles ; mais cette séve se puise tout entière dans le sol, et se fait aux dépens des éléments de végétation qu'il contient. On conçoit alors que les engrais perazotés, qui agissent spécialement sur le produit foliacé, en activant la séve ascendante qui tire tous ses éléments du sol, conduisent facilement à son épuisement.

D'autre part, l'expérience prouve que les engrais phosphatés agissent spécialement sur la fructification, qu'ils rendent le grain plus lourd et plus abondant, qu'ils entrent en grande proportion dans les principes fixes des végétaux ; or tous ces effets appartiennent à la séve descendante ; ils concourent ensuite à donner plus de solidité et de fermeté aux tiges ; ils exercent donc leur action sur cette séve pour en multiplier les effets ; mais elle s'élabore dans les feuilles au moyen de l'absorption qu'elles exercent sur l'air atmosphérique où elle puise ses éléments ; l'effet spécial des phosphates consiste donc à augmenter l'énergie de cette action, c'est-à-dire à puiser dans l'atmosphère les éléments végétaux qu'il contient ; les phosphates seraient donc relativement peu épuisants, et les engrais perazotés le seraient beaucoup plus, puisque ces derniers agissent sur les organes végétaux qui empruntent tout au sol, pendant que les autres agissent sur ceux qui semblent tout prendre à l'atmosphère. Cette heureuse faculté des phosphates s'étend, mais avec moins d'avantage, aux amendements calcaires, chaux, marne, etc. On pourrait en conclure que l'union des engrais phosphatés et azotés serait très-profitable, parce que le premier effet des engrais phosphatés serait d'amener l'azote des engrais parazotés à une combinaison qui le fixerait, l'empêcherait de s'évaporer, et que, d'autre part, le mélange, réunissant l'effet des deux engrais, agirait à la fois sur les deux sèves, c'est-à-dire sur les deux agents spéciaux de production végétale. C'est ce qui explique la grande fécondité du guano, qui, par l'azote et les phosphates qu'il contient, réunit l'avantage des deux engrais. Toutefois les alliances, avant d'être faites en grand, devront être essayées, parce qu'il n'est pas impossible qu'il se produise telle combinaison qui diminue ou neutralise l'un ou l'autre des effets des deux engrais; mais n'oublions pas qu'il y a consommation d'humus, et que, pour qu'il n'y ait pas épuisement, il est nécessaire qu'on rende au moins au sol, par l'engrais d'étable, le carbone que lui enlèvent les récoltes avantageuses obtenues.

§ 7. — Travaux de M. Soubeiran sur les engrais.

Il vient de paraître un travail fort important de M. Soubeiran, qui nous a paru jeter beaucoup de lumière sur la question difficile des engrais.

M. Soubeiran, en analysant avec beaucoup de soin l'engrais d'étable, les poudrettes, la viande, le sang desséché, le terreau et la tourbe, a remarqué, dans ses différentes analyses, que l'azote se rencontrait dans le fumier sous trois combinaisons différentes; et d'abord en assez grande proportion dans la matière animale en décomposition, puis sous forme de carbonate d'ammoniaque et de sels ammoniacaux solubles, et enfin sous forme de phosphate ammoniaco-magnésien; les propriétés de ces combinaisons azotées sont différentes; d'abord, les sels ammoniacaux solubles, en même temps qu'ils s'emploient en partie à la végétation, sont entraînés par les pluies, s'enfoncent dans les profondeurs du sol; et le carbonate d'ammoniaque s'évapore et échappe par là à l'analyse; puis le phosphate ammoniaco-magnésien reste en dépôt dans le sol, s'y dissout lentement pour fournir aux plantes l'acide phosphorique et l'azote, qui constituent deux de leurs éléments essentiels; enfin la matière animale azotée devient soluble par les réactions du sol, fournit au végétal à la fois de l'azote et de l'humus, ou plutôt du carbone. Il était donc naturel, dans les analyses d'engrais, de distinguer ces trois substances si peu semblables, d'autant mieux que la proportion plus ou moins grande de l'une ou de l'autre dans un engrais doit faire varier sa puissance sur le sol.

Sur 100 parties de fumier de Grignon, à demi décomposé, M. Soubeiran a trouvé :

En azote de la matière animale.	1,160
En azote des sels ammoniacaux.	0,167
En azote du phosphate ammoniaco-magnésien. .	0,164
TOTAL DE L'AZOTE.	1,491

MM. Boussingault et Payen n'ont trouvé dans l'engrais de ferme que 0,410 d'azote; la proportion plus que triple d'azote existant dans le fumier de Grignon ne peut être attribuée à la différence des fumiers d'étable. qui ont été pris à une même époque de décomposition, et qui ne peuvent différer que très-peu, mais bien, à ce qu'il semble, à celle des méthodes d'analyse. Déjà M. Liebig, en analysant le fumier d'étable, avait trouvé une forte différence, qu'il attribuait à ce que ses devanciers avaient analysé le fumier après l'avoir desséché, et que, dans cette dessiccation, le carbonate d ammoniaque s'était évaporé. Après avoir reconnu cette première source de perte, M. Soubeiran en a constaté une seconde : dans la dessication, la carbonate de chaux décompose les sels ammoniacaux et forme du carbonate d'ammoniaque qui s'évapore.

Dans les analyses qu'il a faites du fumier frais, M. Soubeiran a trouvé 0,231 pour l'azote contenu dans les sels ammoniacaux, et le même fumier desséché ne lui en a plus donné que 0,160. Il y a donc dans la dessication du fumier perte de près d'un tiers de l'azote des sels ammoniacaux, à quoi il faudrait peut-être encore ajouter l'évaporation du carbonate d'ammoniaque tout formé dans l'engrais.

Ses autres analyses lui ont donné des résultats analogues quoique moins frappants; aussi ne pouvons-nous pas accepter comme exacte l'échelle d'équivalence des engrais. Mais, en outre, nous croyons avoir suffisamment établi que l'azote ne peut pas être considéré comme l'aliment principal et essentiel des végétaux; on doit placer dans cette catégorie toute substance qui fournit un aliment à leurs fonctions et qui arrive à faire partie de leur organisation; or nous avons vu qu'à tous ces points de vue, dans leur circulation, leur transpiration, leur expiration, et enfin, dans la composition de tous leurs organes, le carbone prenait le premier rôle.

Les phosphates, et particulièrement le phosphate de chaux, nous semblent avoir plus de titres encore que l'azote à être classés parmi les aliments des végétaux. M. Boussingault lui-même a remarqué qu'il s'y rencontrait presque toujours avec l'azote; il eût donc été naturel de lui attribuer une partie de l'effet des engrais perazotés.

Si l'on remarque ensuite qu'il se rencontre essentiellement dans toutes les parties du végétal où la vie est la plus active, et qu'il entre comme composant dans tout ce qui constitue sa charpente, nous devrons en conclure qu'il doit être considéré comme aliment végétal autant et plus que l'azote : il est donc nécessaire, pour évaluer la puissance d'un engrais, d'avoir égard à la quantité de phosphate qu'il contient, et l'azote seul ne pouvait donc pas être considéré comme la mesure spéciale de l'action des engrais sur le sol.

Il résulterait encore de ces diverses considérations que la question des engrais reste toujours très-complexe, et que la science s'égare en voulant la réduire à de trop simples termes ; les idées simples séduisent notre esprit; nous sommes toujours tentés d'y plier les lois naturelles et d'assigner à ces lois des bornes comme en ont toutes nos facultés; alors viennent les erreurs qui, lorsqu'elles doivent fonder la pratique, produisent de fâcheuses déceptions.

Les probabilités sur lesquelles s'appuyait l'échelle d'équivalence des engrais du sol semblaient s'appliquer aussi à la nutrition animale; mais nous ne pensons pas qu'on doive accepter la proportion d'azote comme échelle de nutribilité dans le règne animal plus que dans le règne végétal. Nous avons vu que c'étaient les parties carbonées des aliments qui fournissaient l'élément essentiel de la respiration, des circulations, de la transpiration, de toutes les fonctions de l'animal, et qu'elles formaient la moitié au moins de la substance de ses tissus, de ses organes; elles doivent donc être regardées comme l'aliment essentiel.

Nous avons déjà fait remarquer que l'ouvrier qui consomme 23 grammes d'azote dans sa ration de pain de seigle est à peu près aussi bien nourri que celui qui en consomme 30 dans sa ration de pain de froment, que la vie et la force se soutiennent dans les populations qui vivent de riz, de pommes de terre, de maïs, dont la ration n'en contient guère que 15 à 20 grammes.

Nous pouvons ajouter que certaines variétés de froment contiennent, suivant le sol et le climat qui les ont produites, des quantités de gluten, et, par conséquent, de substance azotée extrêmement variables, et cependant ni la ration alimentaire, ni la puissance de travail, ne semblent varier proportionnellement dans les populations qui les consomment; le travail et même la nutrition et la force sont donc loin d'être en rapport avec la quantité d'azote consommée.

Nous ferons remarquer ensuite que, d'après les observations de M. de Gasparin, l'usage du café peut servir à faire diminuer, sans aucun inconvénient, d'un quart ou d'un tiers la ration alimentaire, et, par conséquent, la quantité d'azote consommée.

Il nous semble donc prouvé qu'on a assigné à l'azote un rôle trop important dans la nutrition végétale comme dans la nutrition animale; que cette nutrition est due à l'ensemble de tous les éléments qui composent la substance nutritive, et surtout à l'élément carboné; enfin que les végétaux, comme les animaux, ont besoin, pour que leur vigueur s'entretienne et que leurs fonctions s'accomplissent, du mélange de ces différentes substances que la nature semble avoir assorties exprès pour cet emploi.

En résumé, il nous paraît que nous sommes fondé à conclure que les systèmes de Liebig et des chimistes français se sont écartés du vrai en donnant trop d'étendue à deux vérités agricoles incontestables, le premier à la puissance des sels sur la végétation, et les seconds à celle de l'azote dans les engrais; la vérité était dans le concours simultané d'action de ces deux ordres de substance, mais surtout dans leur réunion à l'élément carboné, et, par conséquent, dans l'engrais de ferme qui se forme de ces trois ordres de substances.

Nous avons pensé qu'on pouvait aisément abuser de ces deux systèmes, dont l'un se base sur une trop grande puissance nutritive attribuée aux substances salines, et dont l'autre établit, d'après la proportion d'azote, une échelle d'équivalence des engrais; tous deux conduisaient naturellement à attribuer aux sels d'une part et aux engrais perazotés de l'autre, une importance très-supérieure à leur valeur réelle, et à affaiblir l'idée de la nécessité absolue où se trouve l'agriculture française d'augmenter incessamment la production des engrais d'étable au moyen de bestiaux de plus en plus nombreux; nous avons donc cru qu'il pouvait être utile de réduire les engrais azotés à leur juste valeur, et de faire ressortir toute celle des engrais d'étable; nous avons employé, pour combattre ces systèmes, des vérités incontestables de physiologie végétale et animale, mais surtout nous avons pour nous la pratique et l'expérience de tous les temps et de tous les lieux, qui regarde l'engrais d'étable comme le fondement nécessaire et indispensable de toute bonne agriculture.

Toutefois, dans le grand nombre de questions que nous avons abordées, et dont quelques-unes paraîtront peut-être s'écarter du sujet tout spécial que nous traitons, nous sommes loin de penser que les idées que nous avons émises aient toutes le même degré de certitude; sur plus d'un point, nous avons recouru à des présomptions que l'expérience pourra démentir ou confirmer; il est en agriculture, plus qu'en aucune autre science d'application, une foule de questions qui ont besoin d'être éclaircies et sur lesquelles on n'est pas près d'obtenir des notions bien précises; autant presque en agriculture qu'en médecine on peut dire : *Ars longa, vita brevis.*

Pour terminer cette discussion et nous résumer sur les engrais phosphatés, nous devons redire que, quoique ayant plus d'affinité pour le carbone de l'atmosphère que les autres amendements et les engrais perazotés, ils ne font pas le fond de la terre comme ceux d'écurie, n'assurent pas comme eux son avenir, et qu'à la longue même le sol auquel on voudrait les appliquer exclusivement finirait par être depourvu d'humus.

Enfin la grande valeur agronomique des phosphates peut faire regretter que les substances qui les fournissent soient trop rares pour pouvoir en multiplier l'emploi, mais on peut espérer de rencontrer le phosphate natif ailleurs qu'en Espagne, en Bohême et en Hongrie. Et puis aux os des animaux en consommation et de ceux qui périssent par quelque cause que ce soit, on pourra ajouter les cendres de bois et spécialement les cendres lessivées; c'est un produit dont on laisse perdre la plus grande partie; leur composition est à très-peu de chose près la même que celle des os grillés; dans les cendres comme dans les os, le phosphate de chaux est évidemment le principe actif, leur effet s'exerce sur les mêmes natures de sols, se prolonge pendant plusieurs années successives, se paralyse sur les terrains non égouttés, détermine une même abondance de grains, et enfin semble enrichir le sol plutôt que l'épuiser. Toutes ces analogies nous portent donc à conclure qu'ils peuvent mutuellement se suppléer.

CHAPITRE XIII

Des moyens d'augmenter l'effet des amendements et de prévenir leurs inconvénients.

1. L'emploi des amendements présente plusieurs questions, sur lesquelles il serait à propos de se former une opinion. Nous avons déjà vu, au sujet du noir d'os, que son effet est très-différent, suivant qu'on l'applique à la semence ou au sol. Les amendements qui contiennent de l'azote ont besoin de fermenter pour pouvoir être employés sans danger; et dans leur fermentation, ils évaporent de l'ammoniaque, qu'il serait cependant très-utile de conserver. Nous allons maintenant nous occuper de rechercher quelles sont les substances que l'on peut employer dans ce but.

L'effet des amendements qui s'emploient à petite dose est très-variable suivant les moyens employés pour les appliquer; le plus simple consiste à les répandre en poudre sur le sol; un autre, très-anciennement connu, remis depuis peu en vogue, a reçu le nom de *pralinage;* il consiste à envelopper le grain de semence par l'engrais ou l'amendement en poudre; ce mode serait beaucoup plus efficace que le premier; on en concevra aisément la raison : quelques-uns de ces engrais n'ont qu'un effet éphémère et très-court sur le sol, il semblerait donc que, lorsqu'ils sont répandus à la volée sur le terrain, toutes les parties d'engrais qui ne se trouvent pas en contact immédiat avec la plante cultivée sont perdues pour elle, et ne servent qu'à donner de l'activité aux mauvaises herbes de leur voisinage. Dans le second moyen, au contraire, l'engrais étant concentré immédiatement sur le grain, son effet tout entier se porte sur lui.

On ne s'explique pas aussi bien, il est vrai, comment l'engrais, mis à portée du premier développement du végétal, peut continuer de lui être utile, alors que les racines et les spongioles qui l'alimentent s'éloignent du point où on a concentré l'engrais. Cependant l'expérience paraît constater que cet effet se prolonge non-seulement pendant toute la durée de la végétation, mais qu'il peut même, pour quelques-uns d'entre eux, se continuer pour les récoltes suivantes.

On admet bien que le végétal, dans son enfance, a reçu une première et forte impulsion de croissance, mais cette impulsion cesserait bientôt si elle n'était renouvelée; elle lui est continuée par l'engrais qui enveloppait le grain ; à sa place il s'est formé un nœud, un ganglion; ce nœud, centre de vie et d'action, point de départ de la tige et de la racine, est nécessairement pourvu, particulièrement dans les plantes annuelles, de stomates qui absorbent l'engrais de sa surface au profit du développement végétal; toutefois, pour certains engrais, pour les engrais phosphatés, par exemple, cette absorption, malgré sa puissance, est néanmoins encore bien lente, puisque leur effet peut se continuer pendant plusieurs années.

L'avantage du *pralinage* sur le semis ordinaire semblerait tout à fait prouvé par la différence de ses effets dans le département d'Indre-et-Loire et dans les autres départements des bords de la Loire : dans ces derniers, on le répand à la volée tant sur les terres en culture que sur les défrichements; c'est un usage déjà ancien; l'effet de cet engrais sans doute est grand, et son prix élevé est le seul obstacle à sa diffusion; cependant dans le département d'Indre-et-Loire, sur des terres dues à la même formation et de même nature, son effet est beaucoup plus énergique, quoiqu'on l'emploie à moindre dose; cette différence ne peut tenir qu'à la supériorité de la méthode du pralinage, qui y est adoptée.

Nous rappellerons, à l'appui, les expériences multipliées faites dès 1845 par M. de Douhet dans le Puy-de-Dôme, celles de M. Lebel dans la propriété de M. Boussingault, à Bechelbronn, qui enrobe aussi ses semences de froment d'un mélange de colle forte, de cendres et de chaux.

D'autre part, dans les environs d'Arras, M. Crespel fait tremper dans l'eau ses graines de betteraves qu'il enveloppe avec le noir d'os, et sème aussitôt qu'apparaît leur germe; ce procédé hâte leur développement, active leur végétation, et met par là les petites plantes à l'abri des insectes qui en sont très-avides.

M. Quénard, habile cultivateur du département du Loiret, a fait connaître, depuis quatorze ans, à la Société centrale d'agriculture de la Seine, son procédé de pralinage; il y emploie du fumier d'étable consommé, de la fiente de poule et de pigeon, désséchée et réduite en poudre; il les mêle à de la chaux fusée par immersion, unie à un tiers de cendres vives; il asperge et détrempe sa semence dans du lait, qu'il préfère à tout autre liquide, répand ensuite son engrais en poudre sur chaque lit de semence; dans le mouvement qu'il leur imprime, les grains humectés par le lait s'enveloppent de l'engrais, et il estime que son pralinage équivaut à une demi-fumure.

Nous ajouterons que quelques-unes des substances employées pour le pralinage écartent les rats, les animaux destructeurs, et même les insectes, lors du premier développement de la plante; lorsque les mélanges employés à cette combinaison renferment une quantité notable de sulfate de cuivre, ce sel garantit en outre les grains contre la carie.

Enfin, le pralinage, en faisant gonfler le grain, permet d'en employer une moindre quantité pour ensemencer; il remplit mieux la main du semeur qui n'a rien à changer à ses habitudes, tout en faisant une économie de semence qui ne laisse pas que d'être importante, comme l'a démontré M. Lebel dans le *Journal d'agriculture pratique*[1].

Ce moyen aurait donc beaucoup d'avantage sur le semis ordinaire: il permet de tirer le meilleur parti possible de la dose employée, sans en rien laisser perdre; d'un autre côté, son emploi offre quelques dangers contre lesquels nous croyons devoir prémunir nos lecteurs.

2. Pour mieux former l'enveloppe du grain, on conseille généralement de le détremper avec un liquide visqueux qui s'attache à sa surface puis de le rouler dans l'engrais pulvérisé qui s'y attache dans le mouvement qu'on lui donne et lui forme une enveloppe plus ou moins épaisse; mais il est nécessaire de semer le grain pendant que la substance qui l'enveloppe est encore humide; si, par un retard quelconque, on la laisse sécher, elle durcit, le germe ne peut plus la percer, et la semence est perdue. Si le temps est sec, alors même que le *pralinage* serait encore humide, il faut la semer et la couvrir immédiatement, afin d'éviter que son enveloppe ne sèche avant la germination.

[1] Deuxième série, t. VI, p. 348.

Pour échapper à ces graves inconvénients, M. Moll, qui emploie beaucoup de noir d'os, sème son grain peu de temps après qu'il est praliné; il ne prépare ses semences qu'en petite quantité, et à mesure des besoins, ce qui ne suffit pas toujours pour éviter des pertes; mais il trouve tant d'avantages au procédé, que, malgré les inconvénients qu'il entraîne, il continue de l'employer préférablement au semis à la volée.

Toutefois le plâtre cuit ne doit pas être employé dans le pralinage; sa prise est instantanée, et la terre humide qui recouvrirait la semence ne pourrait pas ramollir l'enveloppe de manière à permettre le passage du germe.

3. Mais les soins que nous venons d'indiquer ne seraient pas suffisants et l'emploi en enveloppe de ces engrais actifs demande encore d'autres précautions; plusieurs d'entre eux, appliqués immédiatement sur la semence, en détruisent le germe; le marc d'huile en poudre, employé en enveloppe, ferait mourir la plupart des semences; aussi, pour pouvoir l'employer sans danger, doit-on, après l'avoir pulvérisé, le laisser s'échauffer et développer une odeur vive et pénétrante; et, lorsqu'on le répand sur le sol immédiatement après qu'il a été pulvérisé, il faut le laisser essorer quelques jours avant de répandre la semence; la graine de chanvre entre autres ne doit se semer sur le sol où on l'a répandu que lorsque ses particules ont pris une moisissure qui annonce l'innocuité du marc. Il en serait de même du noir de raffinerie, qui subit une fermentation aussitôt qu'il est entassé au sortir de la fabrique, et de la poudre d'os, qui s'échauffe et dégage une odeur vive lorsqu'elle est entassée moulue.

Il n'en serait plus de même des os calcinés qui ne renferment pas de matière fermentescible, de substance azotée. Les germes de certaines semences sont attaqués par le travail de la fermentation; ils en souffrent plus ou moins; mais les faits nous manquent pour préciser celles dont le germe s'éteint.

Le fumier frais lui-même offrirait jusqu'à un certain point cet inconvénient; on a remarqué qu'employé au printemps pendant les temps secs, il pouvait être quelquefois plus nuisible qu'utile aux céréales; et cependant il résulte des analyses de M. Soubeiran qu'il contient un tiers de plus de sels ammoniacaux que le fumier à demi consommé[1].

[1] La perte en composés ammoniacaux évaporables serait même de plus de moitié; le fumier frais, pour arriver à l'état de fumier à demi-consommé, perd un cinquième de son poids. Mais, arrivé à ce point, il est moins riche d'un tiers en sels ammoniacaux; en outre, il a perdu tous ceux qui correspondaient au cinquième du poids qui lui manque.

Ce fumier consommé, desséché et réduit en poudre, que M. Quénard emploie au pralinage, a perdu d'abord par la fermentation, puis par la dessiccation, d'après les analyses de M. Soubeiran, l'ammoniaque caustique ou carbonatée qu'il renfermait.

Le purin, cet engrais liquide si puissant à l'état où il sort de l'écurie, et qui se compose d'urines et de déjections en partie dissoutes ou suspendues, fait périr les germes de la plupart des semences qu'on y fait tremper. Répandu sur le sol, nous l'avons vu détruire presque tous les semis auxquels nous l'avons appliqué. Il produit le même effet sur les plantes jeunes et délicates, herbacées ou arbustives, à moins d'être étendu de huit à dix fois son poids d'eau, en sorte que, pour en éprouver sans danger les effets utiles, il est le plus souvent nécessaire de le laisser fermenter.

L'urine humaine, qui renferme les principes fécondants les plus actifs, est, avant d'avoir fermenté, un véritable poison pour les plantes auxquelles on l'applique, à moins d'être étendue d'une grande masse d'eau.

Toutefois, nous pensons que l'immersion des semences dans ces liquides ou leur épanchement sur les jeunes plantes serait sans danger et deviendrait même avantageux lorsqu'on les étendrait d'une certaine quantité d'eau ; ainsi nous avons vu qu'il était fort utile de faire tremper les semences dans l'acide sulfurique étendu de cent parties d'eau; toutes ces substances contiendraient donc un principe qui, par sa trop puissante action sur les germes et sur les plantes faibles, leur devient nuisible, aussi pour les employer avec sécurité, la pratique a-t-elle jugé nécessaire de les laisser fermenter, et les Flamands ont-ils imaginé ces grandes citernes de *courte graisse*, qui sont l'une des puissantes sources de la fécondité de leur terrain.

Mais quel serait ce principe? Au-dessus du marc d'huile, des os en poudre, du noir d'os, des purinières, des citernes de *courte graisse* et du fumier en fermentation, on sent une même odeur vive et pénétrante ; à cette odeur on ne peut méconnaître l'ammoniaque caustique ou carbonatée qui se dégage de toutes ces substances azotées. Ce serait donc son action caustique qui attaquerait le germe délicat de la plante et la plante elle-même, lorsqu'elle est encore faible, et ce serait par évaporation que ces engrais arriveraient à remplir leur rôle utile dans la végétation ; et cependant l'ammoniaque contient beaucoup d'azote, dont l'évaporation est une grande perte. Il y aurait donc grand avantage à conserver cette ammoniaque pour la faire tourner au profit de la végétation.

4. Les expériences de M. Schatenmann ont établi que le sulfate d'ammoniaque, répandu sur les fumiers, augmente beaucoup leur efficacité ; il y modifie le travail de la fermentation, de manière à con-

server cette ammoniaque dans le fumier; le sulfate de chaux remplit aussi parfaitement ce rôle; l'odeur vive qui se dégage lorsqu'on le mêle au fumier annonce bien, il est vrai, qu'une partie de l'ammoniaque caustique s'évapore; mais l'ammoniaque du carbonate se conserve en plus grande partie par un échange de base avec le sulfate de chaux.

Il en serait de même du purin, dont l'effet s'accroît d'une manière remarquable; le fumier, il est vrai, après deux mois de plâtrage, produit plus d'effet qu'employé plus tôt ou plus tard; mais il n'en serait pas de même du purin sur lequel l'effet du plâtre, en raison du contact immédiat, doit être à peu près instantanée.

Nous ferons remarquer, à ce sujet, que l'effet du plâtre, sur le purin comme sur le fumier, pourrait être comparé à celui qu'il produit dans le vin; dans le vin, il amortit la fermentation, diminue la chaleur et l'évaporation alcoolique; dans le fumier, il ralentit la fermentation qui réduit son volume de plus de moitié et son poids de plus du tiers. Il se fait donc une moindre déperdition de tous ses principes : or nous avons vu qu'en outre le plâtre augmente sa puissance fécondante; il résulterait donc pour l'engrais un double avantage : augmentation de masse et de puissance.

L'effet du fumier est encore favorisé par son union avec le carbonate de chaux, la marne, le chlorure de sodium, et même avec la terre végétale, toutes substances qui s'emparent de l'ammoniaque, qui se dégagerait sans elles pendant la fermentation.

On sait encore que l'alliance des cendres au fumier augmente l'effet réciproque des deux substances, et on connaît l'avantage que trouve la pratique à employer le fumier simultanément avec le noir d'os, les os en poudre, les mares d'huile, la tourbe, la terre et les cendres de houille et de tourbe; ce serait, nous le pensons, en partie à la même cause qu'on doit attribuer ces résultats.

Nous rappellerons encore un fait qui vient à l'appui des conséquences que nous venons de tirer.

Un prisonnier hongrois, resté en France, avait introduit avec succès dans les environs de Lyon l'usage flamand, et à ce qu'il semble, hongrois, des *courtes graisses*, composées de débris végétaux, de purin et de déjections humaines; l'odeur spéciale de ces dernières disparaissait en partie, par l'addition qu'il y faisait d'une certaine quantité de plâtre en poudre; l'effet sur le sol en était très-grand, mais la construction dispendieuse de purinières en béton, l'habitude enfin où l'on était de répandre les vidanges sans préparation, ont fait renoncer à cet engrais puissant.

5. Nous pensons que le mélange des substances qui neutralisent l'ammoniaque caustique offrirait encore l'avantage de permettre d'em-

ployer immédiatement les amendements auxquels on les mélangerait. Si notre mémoire ne nous trompe pas, l'addition du plâtre dans la purinière permettait au Hongrois d'employer immédiatement son mélange sans attendre une fermentation ultérieure; nous pensons qu'il en serait de même des autres substances azotées auxquelles on allierait le plâtre, les cendres, le carbonate de chaux ainsi que la marne, et nous avons éprouvé que la tourbe détruit presque instantanément l'odeur des déjections humaines et même du fumier en fermentation. En s'emparant de l'ammoniaque libre, ces substances détruisent son effet caustique, et par conséquent dispensent d'une fermentation préliminaire qui l'évaporait en pure perte. Ainsi donc, dans les pralinages faits avec les substances azotées, les guanos, marcs d'huile, le purin, etc., nous pensons qu'il pourrait être utile de leur allier la chaux, la marne, le plâtre, les cendres, les sulfates, ou même l'acide sulfurique étendu d'eau.

6. Nous avons vu que l'immersion des semences dans l'acide sulfurique étendu d'eau produisait de très-utiles résultats; nous pensons qu'il en serait de même de l'immersion dans le purin qui aurait auparavant subi sa fermentation ou qu'on aurait préalablement neutralisé par l'une des substances dont nous venons de parler. Nous indiquerions plus spécialement le plâtre employé à un volume qui serait le quart ou le tiers de celui du purin, puisque c'est un fait déjà connu en agriculture, que le purin plâtré produit un effet très-avantageux. Sa prise ne serait point à craindre, parce qu'il se trouverait noyé dans une grande masse de liquide. Nous pensons aussi qu'avec cette modification il conviendrait pour remplacer le liquide visqueux dont on humecte les semences pour leur faire prendre une enveloppe d'amendements en poudre.

Nous ferons remarquer au sujet des semences une double anomalie. Nous avons vu que le purin et les amendements fermentescibles, appliqués immédiatement, faisaient périr les plantes délicates et même le germe de quelques semences; cependant la pratique de provinces entières nous apprend que les dissolutions d'arsenic et de sulfate de cuivre, dans lesquelles on fait tremper la semence de froment, ne lui nuisent en aucune manière. D'autre part, de nombreuses expériences prouvent que certaines solutions vénéneuses employées en arrosage sur les plantes les empoisonnent et les font périr. Nous faisons remarquer ces faits, sans chercher à les expliquer.

7. Il est un troisième moyen d'employer les engrais pulvérulents, moyen qui pourrait peut-être se substituer avec succès au pralinage, parce qu'il en a en grande partie les avantages sans les inconvénients; il est déjà connu dans la pratique, mais il est peu répandu, parce qu'il exige l'emploi du semoir. Quand le sol est prêt, on mélange.

l'engrais aussi exactement qu'on le peut avec la semence, et on sème le tout ensemble ; mais il est nécessaire que l'engrais soit bien pulvérisé et qu'il ne renferme ni cailloux ni parties plus grosses que la semence, pour que le semoir ne soit pas endommagé ; dans ce procédé, l'engrais tout entier reste autour de la semence et très-près d'elle, tandis que, dans le pralinage, il ne peut tout entier rester fixé sur le grain et s'échappe en partie au hasard sur le sol ; il est nécessaire, comme dans le pralinage, que les substances azotées aient éprouvé avant l'emploi leur fermentation préliminaire, ou du moins aient été mélangées avec quelque substance qui modifie leur fermentation et conserve, par ses combinaisons, la plus forte partie possible de l'ammoniaque évaporable.

M. Perrault de Jotemps a employé pendant plusieurs années, avec un notable succès, ce mode de répandre les engrais, mais il avait grand soin de les alterner avec les engrais d'étable ; toutefois il y a renoncé depuis que, par une modification de sa culture, il tire de Genève une grande masse de fumier d'écurie en remplacement de ses pailles.

8. Les opinions que nous émettons dans le cours de cet ouvrage sur des questions agricoles en grande partie nouvelles s'appuient presque toujours sur des faits pratiques connus ; mais elles sont loin d'avoir toutes le même degré de certitude, et plusieurs d'entre elles ont besoin d'être confirmées par l'expérience ; les procédés nouveaux, et particulièrement les mélanges dans les engrais, ne doivent être employés en grand que lorsqu'ils auront été suffisamment éprouvés ; il peut s'opérer dans les mélanges nouveaux des réactions et des combinaisons telles, qu'elles enchaîneraient plus ou moins l'action fécondante de l'engrais ; on doit donc se tenir en garde, par exemple, contre tout procédé de désinfection des déjections humaines dont l'utilité n'aura pas été consacrée par l'expérience. Il s'ouvre sur la plupart de ces questions un vaste champ d'essais qui peuvent conduire à d'importants résultats ; nous engageons donc les agronomes zélés à les tenter et à faire connaître leurs résultats, quels qu'ils soient ; la plupart de ces essais offrent peu de complication et demandent peu de main-d'œuvre, mais il sera nécessaire de vérifier leurs résultats par des expériences suivies pendant plusieurs années dans des sols et des climats variés.

Nous nous trouvons obligé de revenir souvent à l'idée de prévenir les agriculteurs contre les succès que nous attribuons nous-mêmes aux nouveautés agricoles ; nous ne pouvons nous dispenser de les annoncer tels que nous les trouvons rapportés par des hommes dignes de foi lorsqu'ils nous semblent justifiés par une pratique déjà étendue ; mais nous ne voudrions pas que chacun crût pouvoir les obtenir sur son sol ; nous aimons mieux voir retarder, par nos réflexions, la diffusion de bons procédés que de voir nos écrits devenir la cause de la ruine d'agriculteurs enthousiastes qui ne trouveraient pas dans leur sol, leur climat, les conditions nécessaires de succès qui ont été rencontrées ailleurs.

CHAPITRE XIV

Des cendres de tourbe, de houille et de lignite.

§ 1. — Ces cendres sont regardées en Flandre, dans le département du Nord et en Belgique, comme l'un des plus utiles agents de la végétation ; toutefois on ne doit pas confondre dans l'emploi les cendres de houille avec celles de tourbe ; celles de tourbe sont préférées et s'emploient en moindre dose. Dans les cendres de tourbe on distingue les cendres de Hollande ou cendres de mer, elles sont beaucoup plus estimées que celles de tourbe ordinaire ; il en faut quatre fois moins pour produire autant d'effet ; elles sont le produit de la combustion de la tourbe de Hollande ; cette tourbe, qui a été formée, ou qui du moins a séjourné longtemps sous les eaux de la mer, est un meilleur combustible, et surtout donne des cendres blanches de meilleure qualité : ces cendres contiennent sans doute une plus grande proportion de principes salins et de principes calcaires, peut-être même de phosphate de chaux. On les emploie, ainsi que les cendres de tourbe et de houille, sur les fourrages artificiels, sur les lins, sur les récoltes de printemps et sur les prairies non arrosées ; elles sont grandement recherchées dans l'arrondissement de Lille ; on les y emploie comme les amendements calcaires ; dans les autres arrondissements, et particulièrement dans celui d'Avesnes, on les mêle très-souvent à la chaux, depuis moitié jusqu'au quart du volume total.

Les composts de cendres et de chaux sont particulièrement employés sur les prairies et les grains de mars ; la dose en est la même que si c'était de la chaux pure, c'est-à-dire de 4 mètres cubes, ou 40 hectolitres par hectare tous les dix ou douze ans.

Les cendres de mer s'emploient seules sur les trèfles, on les y répand à la dose de 5 à 10 hectolitres par hectare ; le trèfle donne un superbe produit qui ne manque jamais, et le blé qui succède se ressent de la fécondité du fourrage.

Le haut prix auquel les Flamands étaient obligés d'acheter les cendres de mer leur a fait chercher et trouver un amendement moins cher : ils vont prendre, en Picardie et sur leur propre sol, à

Sars-Poteries, un produit minéral extrait du sol, auquel on donne le nom de *cendres noires, cendres rouges*, qui remplacent pour eux les cendres de mer vendues trop cher par leurs voisins les Hollandais ; nous en traiterons plus loin.

En Picardie, on emploie les cendres de tourbes en grande abondance; les vallées de la Somme et de ses affluents renferment de grandes masses tourbeuses qu'on exploite avec profit pour la cuisson des briques, de la tuile et les usages domestiques; on en brûle même beaucoup en plein air pour se procurer des cendres, et par conséquent avec chaleur perdue. On les emploie pour les prairies naturelles et artificielles, et pour les blés d'automne ; la dose est de 30 à 40 hectolitres par hectare : leur prix est peu élevé : 40 centimes l'hectolitre, pris sur les lieux.

En Angleterre, on en a fait un assez grand usage; mais les règles de leur emploi et leurs doses varient avec chaque pays : leur composition est aussi tellement variable, qu'on ne peut guère donner de directions précises; cependant elles doivent être mises sèches sur des sols égouttés. On les emploie en couverture (*top dressing*) ou enterrées : la dose doit être double quand on les enterre; jointes au fumier, elles forment un compost d'excellente qualité.

Douze tombereaux de tourbe fournissent en moyenne un tombereau de cendres. Pour produire 40 hectolitres, engrais nécessaire à un hectare, il faudrait donc tout près de cent tombereaux de tourbe.

Pour brûler la tourbe en Allemagne, on a une grille de fer, portée sur des pieds, sous laquelle on place du bois ; sur la grille on met des tourbes sèches, et sur ces dernières des tourbes humides; on entretient la combustion de manière à la faire durer le plus longtemps possible, parce que l'expérience a démontré que les cendres de tourbe, brûlées lentement, sont meilleures.

Cependant disons qu'il est toujours bien regrettable qu'un combustible propre à tant d'usages dépense sa chaleur sans aucune utilité, quand de toutes parts les arts du tuilier, du chaufournier, du potier, et l'économie domestique, payent chèrement le combustible

« Heureux le pays qui brûle sa mère ! » Ce proverbe, né dans les contrées que les cendres de tourbe ont enrichies, devrait être une grande leçon pour les pays de France où la tourbe se trouve en grande abondance, et ces pays sont nombreux. Partout donc où se trouve de la tourbe facilement exploitable, sans qu'on l'emploie au profit de l'agriculture ou des arts, on néglige un trésor d'où pourraient naître la prospérité et la richesse du pays : ce trésor, il est vrai, n'est pas perdu, il s'accroît, au contraire, pour les générations futures, qui le trouveront bien lorsqu'un plus grand besoin de combustible ou une industrie plus active le leur demanderont ; mais, en l'employant aujourd'hui, il se renouvellerait dans moins d'un siècle. Si les tourbières sont un peu étendues dans un pays, elles pourraient, comme dans quelques parties de la Hollande, être en quelque sorte assolées, et fournir presque indéfiniment aux besoins de combustible et de l'agriculture du pays.

Les cendres de houille s'emploient à défaut de toutes les ressources qui précèdent : cependant elles sont encore très-actives, et composent en partie les boues de rues, qu'on achète chèrement dans beaucoup de villes et de bourgs. Nous avons à regretter que ce produit soit en grande partie perdu en France ; c'est presque à leur insu que ceux qui recueillent les boues à Lyon en ramassent une quantité considérable dont ils éprouvent les bons effets sans savoir qu'ils les leur doivent.

En général, la composition des cendres de houille comme de celles de tourbe varie beaucoup ; mais, partout où on brûle de la tourbe, ses cendres sont employées comme un amendement très-productif ; es unes contiennent une certaine quantité, les autres très-peu de chaux : les premières seraient donc utiles au sol où manque la chaux, et les secondes pourraient encore réussir sur les terrains argileux et humides.

Si les cendres de tourbe sont en grande partie perdues, c'est qu'elles auront été employées sans succès sur les sols calcaires secs et légers, ce qui aura dégoûté en général de leur emploi, tandis qu'elles peuvent être très-utiles sur les sols compactes, argileux et non calcaires ; elles les ameublissent et leur donnent en partie le stimulant qui leur manque.

La composition des tourbes est si variable, qu'il est impossible de donner des directions précises pour la dose de leurs cendres et même pour la nature des terres auxquelles elles conviennent ; dans les pays où la tourbe est en usage, c'est par des essais, par des tâtonnements, qu'on peut se fixer sur la nature des terres où elles réussiraient et sur les doses les plus utiles. Quant à la tourbe elle-même, nous en traiterons dans la section des amendements terreux.

§ 2. — Les cendres de lignite sont d'un très-bon effet sur les prés et sur les trèfles ; employées à la dose de 30 hectolitres à l'hectare, elles activent la végétation, celle particulièrement des légumineuses, et leur effet se prolonge pendant plusieurs années consécutives. Les couches de lignite sont souvent précédées, suivies et entremêlées de couches de terre qui contiennent une proportion de débris végétaux assez grande pour pouvoir brûler ; on en fait des tas dans le centre desquels on met quelques fagots de broussailles ; lorsque la terre est convenablement sèche, on met le feu au bois, il se communique à la terre du tas, qu'on charge de nouvelle terre à mesure que sa combustion s'avance; il en résulte des monceaux de cendres terreuses, moins actives, sans doute, que celles du lignite pur; nous les avons employées avec avantage sur des prés; toutefois nous devons dire qu'on les accuse d'avoir nui à la fructification des arbres d'un pré-verger.

Le lignite terreux, le même qu'on brûle pour en avoir les cendres, s'emploie aussi immédiatement avec quelque avantage sur les terres labourables; il y porte de l'humus, mais de l'humus acide que les terres calcaires où on l'emploie neutralisent et rendent soluble pour les besoins successifs de la végétation.

En nous résumant sur les cendres de différente origine, nous croyons devoir dire que leur effet ne se produit qu'avec l'intermédiaire de l'humus qu'elles trouvent dans le sol, et que par conséquent il est nécessaire, pour pouvoir en continuer l'emploi sur les terres labourables comme sur les prairies, de les alterner ou de les mélanger avec les engrais d'étable.

CHAPITRE XV

Cendres pyriteuses, cendres noires, cendres rouges, cendres de Picardie.

Le passage des amendements calcaires aux amendements salins est presque insensible; déjà, dans les cendres de tourbes et de houille, la chaux n'est plus le seul principe actif; des sels de différentes natures y joignent leur action sur le sol. Il en est de même des cendres pyriteuses, qui, outre le carbonate de chaux, ont donné à l'analyse des sels nombreux; elles servent même maintenant à la fabrication de la couperose, ou sulfate de fer, et de l'alun, ou sulfate d'alumine.

Ces cendres se trouvent en beaucoup d'endroits dans le nord de la France, à des profondeurs variables dans le sol : dans le département de l'Aisne, elles sont souvent près de la surface; celles de la Fère n'en sont pas à plus de 60 centimètres. Elles sont en général recouvertes, 1° d'une couche d'argile; 2° d'un banc de coquillages fossiles; 3° d'une formation de grès arénacé, et se présentent sous la forme d'une poudre noire, dans laquelle on rencontre beaucoup de coquillages, de débris végétaux de différente nature et des bois bitumineux plus ou moins décomposés. L'étude de ces diverses substances et l'ordre de superposition dans lequel on les rencontre les font regarder par les géologues comme une variété de lignite, d'une formation postérieure à la craie, contemporaine de l'argile plastique et antérieure à la formation du calcaire grossier des environs de Paris.

Lorsqu'on entasse ces cendres à l'air, au bout d'une quinzaine de jours elles s'échauffent, s'enflamment même, subissent une combustion lente et se couvrent d'efflorescence, en forme de petits cratères. La combustion dure de quinze jours à un mois; le monceau exhale une forte odeur sulfureuse, qui ressemble à celle que dégagent les mauvais charbons ou plutôt le lignite en combustion. Pendant le jour on voit à la surface une vapeur légère; la nuit on aperçoit une petite flamme.

Si on laisse durer la combustion longtemps, les cendres deviennent rouges : quelques cultivateurs les préfèrent lorsque la combustion est seulement arrivée à l'état de cendres noires; la plupart, lorsqu'elles sont à l'état de cendres rouges; sous cette dernière forme, cependant, on leur reproche d'être plus épuisantes et plus faciles à altérer par des mélanges.

On conçoit qu'il doit y avoir une différence très-sensible entre l'effet des unes et des autres; les cendres noires contiennent encore une assez grande abondance de principes végétaux, un peu de substance animale et des matières volatiles en certaine proportion : toutes ces substances ont disparu dans les cendres rouges; l'oxyde et le sulfate de fer y sont mis à nu; mais, par compensation, les cendres rouges contiennent en abondance l'argile brûlée; et la modification que le feu apporte à l'argile est, comme nous le verrons plus tard, très-favorable à la végétation.

Depuis plus de cinquante ans que nous n'avons vu les extractions des environs de la Fère, l'usage de ces cendres s'est beaucoup multiplié. A cette époque, les cultivateurs du département du Nord venaient en grand nombre, quelquefois de 80 kilomètres, charger leurs immenses voitures de cendres pyriteuses dans leurs divers états : ils avaient déjà, cependant, trouvé sur leur sol les cendres noires de Sars-Poteries. Ces cendres sont à une assez grande profondeur sous terre; elles sont employées particulièrement par l'arrondissement d'Avesnes, dans lequel elles se trouvent. L'arrondissement de Cambrai, peu éloigné de la Picardie, continue à employer les cendres de ce pays, qu'on y regarde comme plus actives.

Les Flamands ont en grande partie remplacé les cendres de mer de Hollande par les cendres pyriteuses; cependant quelques cultivateurs préfèrent encore les premières, quoique plus chères : les cendres pyriteuses leur reviennent en moyenne à 3 fr. l'hectolitre, et ils en emploient de 4 à 6 par hectare sur les prairies et pâtures. Sur les prairies artificielles, la dose est un peu plus forte. On ne les emploie sur les prairies et pâtures que dans les arrondissements de Cambrai et d'Avesnes; mais partout on en amende les prairies artificielles; on les emploie aussi pour les récoltes de printemps, et particulièrement pour les graines légumineuses; mais alors la dose employée n'est guère que de moitié : on les met sur les récoltes de printemps, au moment de la semaille, et sur les trèfles, prairies et pâtures, dès le mois de février; plus tard dans la saison, on craindrait que leurs principes solubles ne vinssent à agir trop activement sur le sol, si, avant les chaleurs, elles n'avaient pas subi les pluies de printemps. L'usage de ces cendres donne aux Flamands le moyen d'améliorer leurs pâtures ou prés d'embouche humides, sans fumier ni arrosements : il leur suffit d'en répéter l'emploi tous les quatre ans; les cendres jointes aux déjections des animaux en pâture augmentent le produit en quantité et en qualité.

Le département de l'Aisne et les départements environnants en font maintenant un grand usage : on les y a cherchées avec soin, et l'on en a trouvé sur presque tous les points d'un plateau de 200 kilomètres carrés au moins, coupé par des bassins de petites rivières. Les produits de ces diverses extractions présentent entre eux assez d'analogie pour qu'ils puissent être considérés comme un dépôt fait à la même époque. Celles de la Fère sont dans les bois, dont le sol, comme celui du reste du plateau, appartient à la formation argilo-siliceuse humide. Cette formation se rencontrant dans un grand nombre de lieux, il est à espérer que la France du nord ne sera pas seule à posséder ce puissant amendement, qu'on pourra toujours reconnaître à sa couleur, à ses caractères extérieurs, et à son inflammation spontanée ou déterminée par une petite quantité de combustibles, après quelques jours d'exposition à l'air.

Dans le département de l'Aisne, ces cendres servent plus spécialement à l'engrais des prairies artificielles, et il est bien remarquable qu'on les emploie encore utilement pour cet usage, alors qu'on en a fabriqué la couperose et l'alun; ce qui semblerait indiquer que les substances salines ne sont pas le principe actif nécessaire à la végétation des prairies artificielles, mais que les composés terreux qu'elles contiennent en sont plus particulièrement les agents fécondants.

Dans les lieux où on avait les cendres pyriteuses à sa disposition, on en a souvent abusé; il est des parties du sol qui semblent épuisées, et sur lesquelles de nouvelles doses ne produisent plus aucun effet : nous pensons que le sol n'a pas consommé tous les principes utiles que lui fournissent les cendres, et que c'est pour cette raison que de nouvelles doses y restent sans effet.

On a trouvé à Forges-les-Eaux un grand dépôt de cendres qui diffèrent très-sensiblement de celles de Picardie; elles contiennent, d'après

M. Boussingault, 2,72 pour cent d'azote, tandis que celles de Picardie n'en contiennent qu'un demi pour cent; ainsi celles de Forges-les-Eaux contiendraient plus d'azote que le fumier sec, et, suivant l'échelle d'*équivalence*, elles jouiraient d'une puissance fécondante et réparatrice supérieure; cependant on les accuse d'épuiser le sol.

On fabrique aussi la couperose avec les cendres de Forges-les-Eaux; après avoir été lessivées, elles sont encore très-actives sur le sol, d'où il résulterait qu'elles ne devraient leur action fécondante ni aux sels ni même aux substances azotées quelles contiennent, puisque les sels ont tous été enlevés, et que les substances azotées ont été en majeure partie détruites par les opérations qu'a nécessitées l'extraction des sels.

Les cendres pyriteuses sont comme les amendements calcaires; la chaux ne produit aucun effet sur les sols qui la contiennent, et l'effet des cendres pyriteuses cesse lorsque le sol contient déjà les principes qu'elles renferment.

Toutefois la fécondité qu'elles avaient d'abord apportée a bientôt disparu : nous pensons que c'est parce qu'on n'a pas donné au sol une quantité de fumier proportionnée au produit; on a trop exigé de lui; le cas est le même qu'à la suite de l'abus des amendements calcaires, le remède serait donc le même. Il faudrait alterner l'emploi de ces cendres avec des engrais animaux abondants, ou plutôt faire des composts avec les cendres, le terreau ou le fumier; et donner, au besoin, au sol un labour profond, qui, par le mélange d'une terre neuve avec la couche labourable, diminuera la proportion des cendres dans le sol.

La nature, qui vit de mouvement, aime la variété, le changement, l'alternance dans les êtres qu'elle nourrit, comme les êtres eux-mêmes la demandent dans les aliments qui leur sont fournis; c'est donc en alternant les engrais ou en les mélangeant qu'on soutient et qu'on renouvelle les forces du sol. Les Flamands, qui emploient les cendres sur leurs prairies artificielles, sont loin de s'en plaindre; pour leurs terres labourables, ils les mettent en compost avec la chaux; sur leurs pâturages et leurs prairies, ils ne les emploient que tous les quatre ans. La culture des Flamands peut donc encore, sur ce point, servir de modèle à celle de leurs voisins.

CHAPITRE XVI

Engrais de mer. — Vase ou limon, tangue, cendres de varech, sable de mer.

Tous les amendements tirés de la mer sont à la fois calcaires et salins; leur effet est grand, mais ne se produit pas sur tous les sols; ils n'agissent pas sur les laisses des bords de la mer, ni sur les sols qui lui doivent leur formation depuis les temps modernes; ils agissent de même que les autres amendements calcaires sur les sols argilo-siliceux et sur ceux qui ne contiennent point de parties appréciables de chaux.

Lorsque l'engrais de mer est sablonneux, il est aussi actif, mais n'est point aussi profitable que lorsqu'il est vaseux, qu'il contient des substances animales et végétales en décomposition; dans ce dernier état, c'est une espèce de compost de sable calcaire, de coquillages, d'herbes marines et de sels; c'est alors l'un des engrais les plus fécondants que l'agriculture connaisse.

L'engrais de mer est en usage en Angleterre comme en France. Dans beaucoup de pays on comprend, sous ce nom, le varech ou goëmon, et autres plantes marines. Ce n'est pas ici le lieu de traiter de cet engrais végétal; mais la vase de mer s'emploie presque aussi souvent que les plantes marines; cependant son emploi ne peut pas s'étendre aussi loin dans les terres, parce qu'elle nécessite beaucoup plus de frais de transport. Le bon entretien des chemins vicinaux facilite et étend l'emploi de ce puissant moyen d'amélioration, d'autant mieux que, dans l'intérieur des terres, l'étendue du sol auquel il convient est relativement beaucoup plus grande que près des bords de la mer.

En Angleterre, on l'emploie volontiers en *top-dressing*, au printemps, pour les grains d'hiver et les herbages. On remarque que le froment, l'avoine et l'orge, auxquels on a donné cet amendement, sont moins sujets à la carie. Dans le comté de Chester, la vase marine, qu'on tire des marais salants, est regardée comme le plus excellent de tous les engrais : on lui trouve l'activité de la marne et la graisse du fumier. On en fait cependant encore au printemps, avec le fumier des composts qu'on coupe et mélange à plusieurs reprises, dans la saison, pour les employer au moment de la semaille du froment.

Cet amendement est très-recherché dans le département de la Manche, et particulièrement du côté d'Avranches; on l'y préfère à la chaux et à la marne : avec des composts faits avec douze à quinze voitures de tangue, ou vase de mer, par hectare, et un quart en sus de fumier, ou une quantité proportionnée de terreau, on forme un excellent engrais, qui se fait sentir, au moins pendant toute la rotation de l'assolement. Dans tout ce pays, l'usage de la chaux est très-répandu; mais, aussitôt qu'on approche des bords de la mer, et que les chemins de terre ou les voies d'eau permettent de se procurer la vase de mer, on n'emploie plus de chaux.

On prend plus volontiers la vase à l'embouchure des ruisseaux ou des rivières, parce qu'alors elle contient plus de débris, tant marins que fluviatiles, qui y sont amenés de la mer et des terres par le flux et reflux; en Bretagne, l'usage du sable de mer, du côté de Saint-Brieuc et de Matignon, s'est aussi beaucoup répandu depuis quarante ans: il n'était connu d'abord qu'à Hilion, où il s'était établi il y a environ cinquante ans; mais, depuis quelque temps, à l'exemple de M. Desmoland, tout le canton de Matignon l'emploie avec le plus grand profit, et son usage s'est sans doute encore beaucoup étendu, depuis que le meilleur état des chemins vicinaux facilite cette importante amélioration.

On rencontre près des bords de la mer, depuis Saint-Brieuc jusqu'à Lorient, des bancs de sable marin composés en grande partie, les uns de débris de coquillages, les autres de petits madrépores; leur composition est assez variable; la moyenne de dix analyses a donné :

Carbonate de chaux.	74 pour cent.
Matières organiques	2,21 —
Et le reste en silice, sels solubles, eau et perte.	

L'effet de ce sable est très-grand, surtout sur les terres qui n'en ont point encore reçu; l'assolement biennal, seigle et jachère, y est remplacé par un riche assolement où entrent le froment, le lin, la luzerne, et toutes les récoltes les plus précieuses; sur les prairies, il détruit le jonc, augmente la quantité et la qualité des fourrages; enfin il ameublit les terres argileuses et les rend plus pénétrables aux eaux.

Cet amendement porte le produit du froment à 30 hectolitres à l'hectare et souvent plus; son effet est plus grand que celui de la chaux et de la marne; mais, en raison de la grande proportion de chaux qu'il renferme, il ne convient qu'aux terres qui ne la contiennent pas; comme il renferme des matières organiques, il demanderait moins impérieusement, et moins promptement qu'elles, l'addition ou le mélange d'engrais d'étable; on épuiserait cependant le sol, et l'effet même de l'amendement irait en s'abaissant, si l'on tardait trop à y recourir.

L'effet de l'amendement se prolonge pendant huit et dix ans, au bout desquels on donne un demi-ensablement; la dose moyenne est de 40 mètres cubes par hectare, ce qui ferait une couche de 4 millimètres sur la surface; c'est une espèce de falunage et qui produit sur le sol un effet analogue. Nous avons vu précisément que la dose du falun était en France de 30 à 60 charretées, 40 à 50 mètres cubes par hectare; en Angleterre, cette dose n'est plus que de 100 hectolitres, 10 mètres cubes, dont l'effet est cependant très-grand. Si en France on réduisait la dose de moitié seulement, elle serait encore double de celle de l'Angleterre, et cet amendement si puissant pourrait être appliqué peut-être au double de la surface sur laquelle il a causé une véritable révolution agricole; il ne s'étend maintenant guère qu'à 25 kilomètres des bords de la mer, en raison des frais de transport. Nous pensons que cette distance pourrait beaucoup s'accroître si la dose se réduisait à moitié. Cette dose de 40 mètres cubes par hectare en contient 30 de carbonate de chaux, qui, mêlé à une couche labourable de 15 centimètres, lui donnerait 2 pour cent de calcaire, quantité double de celle que lui fournissent certains marnages de Sologne. D'ailleurs, la terre reçoit ici en outre 2,21 pour 100 de matières organiques, et en moyenne près de 2 pour 100 de sel marin, triple amendement qui, ajoutant à l'effet, peut autoriser la diminution de la dose. Nous avons là l'exemple des falunages anglais, qui ne sont que de 10 mètres cubes; la dose d'ensablement de la Basse-Bretagne se réduirait donc avec avantage.

On remarque que l'effet, nul sur les laisses récentes de la basse mer, s'augmente en proportion de la distance où le sol se trouve des bords de la mer; il nous paraît naturel de penser que cet accroissement d'effet serait dû à la dose de sel d'autant plus faible dans le sol, qu'on s'éloigne davantage des vents et brouillards marins.

Son effet, comme celui de tous les amendements, est sensiblement plus fort à la première fois qu'on le donne au sol, et, comme dans les marnages et chaulages, les secondes doses ne sont que moitié des premières.

Cet amendement a fait naître un commerce considérable sur le littoral de trois départements, les Côtes-du-Nord, le Finistère et le Morbihan; ce sable s'extrait avec des gabares à la marée basse, et quelquefois sous l'eau au moyen de dragues; il coûte en moyenne 2 fr. le mètre cube rendu à bord de quai. On fait pénétrer les bateaux chargés dans les terres à la marée haute, au moyen de petites rivières qui débouchent dans la mer, ce qui diminue beaucoup les frais de transport; quelques travaux qu'on ferait dans les rivières pourraient permettre aux bateaux de pénétrer plus loin, et étendraient l'emploi de ce précieux amendement.

Il paraît d'ailleurs inépuisable; les bancs qui le fournissent sont immenses et se reforment presque à mesure qu'on les exploite.

Dans les pays où le varech ou goëmon ne convient pas au sol, on en recueille beaucoup au delà du besoin, on le brûle pour avoir ses cendres; elles peuvent se vendre alors comme contenant un peu de soude de mauvaise qualité, mais elles sont encore plus profitables comme engrais : des essais en ont été faits en Écosse et ont très-bien réussi pour toutes sortes de cultures : 500 kilogrammes de kelp (nom des cendres de varech), par hectare, ont donné une grande augmentation de produit; elles sont aussi employées depuis longtemps en Bretagne, où leur usage s'est beaucoup étendu depuis quelques années.

Dans l'île de Noirmoutiers et sur quelques points du littoral on brûle le varech qu'on n'emploie point, ou bien on le mélange avec de la terre, du sable, des dessous de monceaux de sel, du goëmon frais, du fumier d'étable, des coquillages, et toute espèce de débris végétaux et animaux. On mouille de temps en temps les tas avec de l'eau salée; on les remanie à cinq ou six reprises différentes; alors le mélange ressemble à des cendres. Il y a quelques années, cinq ou six petits bâtiments suffisaient pour conduire cet engrais dans les lieux où on l'emploie. En 1832, on en a débarqué à Pornic douze cent trente-six charges, presque toutes de cendres, chaque charge contenant dix charretées de 10 hectolitres chacune.

On emploie dix charretées ou 100 hectolitres de ces cendres par hectare: elles s'appliquent à toute espèce de culture, mais particulièrement au blé noir et aux légumes d'été, ainsi qu'aux prés secs; on les répand au moment de l'ensemencement; en les mélangeant avec une petite quantité de fumier, on diminuerait d'un tiers la quantité de cendres nécessaire, et on aurait un engrais qui, nous le croyons, serait plus profitable parce qu'il aurait plus de durée.

L'amélioration par l'engrais de mer ne devrait pas se borner aux lieux voisins de ses bords; les chemins vicinaux permettraient déjà le transport à distance, et la navigation des rivières, des ruisseaux même, à leur embouchure, au moyen de la marée, pourrait le conduire à peu de frais à une assez grande distance dans l'intérieur des terres. La quantité nécessaire par hectare (6 à 10 mètres au plus) est relativement peu considérable; à cette dose, il équivaudrait en volume au marnage de Sologne, et cette marne marine serait plus riche en calcaire et serait elle-même un compost tout fait d'excellente qualité; la durée de son effet sur le sol se prolonge beaucoup au delà de celle du fumier. Par tous ces motifs, l'engrais de mer, qui est inépuisable, et dont tous les frais se réduisent à l'extraire, à le conduire et le répandre, devrait être employé partout où on pourrait le faire arriver avec économie; le flux et le reflux de la mer faciliteraient le transport par les petits cours d'eau; le chargement se ferait à la marée basse sur la vase découverte, et la marée haute ferait remonter dans les terres le navire et son chargement; enfin, pour les grandes distances, la navigation dans les rivières pourrait le transporter à peu de frais, fort loin, pour y féconder de grandes contrées qui restent stériles faute d'engrais. C'est là un amendement qui, lorsqu'il contient beaucoup de vase et de débris marins ou fluviatiles, peut, par exception, se passer du fumier d'étable.

CHAPITRE XVII

Des amendements salins.

Les agronomes, dès le temps de Caton, de Pline et de Columelle, ont parlé des sels de la terre comme principe de végétation; ils ont été successivement répétés par les auteurs agronomiques jusqu'au milieu du siècle dernier. A cette époque, où l'on a voulu spécialement appuyer toutes les sciences pratiques sur des faits, on n'avait que des notions fort vagues sur l'action des sels; il en est résulté que leur action fécondante a été révoquée en doute par les uns et rejetée par les autres.

Cependant le grand nombre de fabriques de produits chimiques, l'abondance des substances salines qu'elles présentent en résidus de leurs opérations, le bas prix du sel marin dans les salines, la découverte de mines inépuisables de sel gemme et la probabilité qu'on en trouverait encore ailleurs, ont donné une haute importance à la question des engrais salins, et particulièrement du sel marin.

Un grand nombre de sels sont proposés et même employés avec succès comme amendement; d'une part, les nitrates de soude, de potasse et d'ammoniaque, les chlorate et sulfate d'ammoniaque, tous sels contenant l'azote, se distinguent parmi les sels fécondants; d'autre part, les sulfates de soude, de fer et de chaux, les phosphates de chaux, de soude et de potasse, qui ne contiennent pas d'azote, se font remarquer par une puissance fécondante encore plus grande.

Cependant l'emploi de tous ces sels comme amendement est presque une nouveauté en agriculture; l'expérience a donc encore appris peu de chose sur leur emploi, et ils présentent une foule de questions qui seront bien longues à résoudre; nous allons chercher à les étudier en nous appuyant sur la théorie et la pratique, mais plus particulièrement sur cette dernière.

CHAPITRE XVIII

De l'emploi du sel marin en agriculture.

L'emploi agricole du sel marin est, de toutes les questions que nous avons traitées jusqu'ici, celle qui éveille le plus de doutes; les expériences et les travaux faits jusqu'ici les ont plutôt multipliés que dissipés. Il est cependant quelques points sur lesquels on est plus près d'être d'accord; notre but serait de nous y attacher sans avoir la prétention ni l'espoir d'éclairer beaucoup la question ni de présenter sur l'emploi agricole du sel des principes assurés de conduite.

Le travail sans contredit le plus remarquable qu'ait fait naître cette question est l'ouvrage de M. Barral[1] sur l'importance du sel dans l'économie animale; cet ouvrage, qui traite d'une manière supérieure les principales circonstances de l'hygiène de l'homme et des animaux domestiques, qui analyse leurs divers aliments, leurs déjections et leurs sécrétions de toute nature, a révélé à la science un observateur habile, zélé, instruit, patient, plein de sagacité, et l'ouvrage restera alors même que l'expérience aura résolu les points douteux de la question principale.

Depuis cette publication ont paru le rapport plein de faits et d'impartialité de MM. Milne-Edwards et Dumas sur l'emploi agricole du sel en Angleterre, les travaux remarquables et les expériences de M. Becquerel sur ce sujet en France, les expériences de M. de Behague, et enfin les notices écrites sur cette question par deux hommes spéciaux, MM. Delafond et Barthélemy. Ce sont là de nouveaux et importants éléments de discussion; mais leurs résultats sont aussi peu concordants que les anciens, en sorte que la question en reste encore à peu près au même point.

Nous verrons toutefois que ces discordances peuvent s'expliquer; le sel, composant essentiel de l'organisation animale, devient utile, indifférent ou nuisible, suivant l'espèce des animaux, la nature des aliments qu'on leur donne, et suivant celle du sol et du climat qu'ils habitent; il peut être ajouté avec avantage à certaines natures de sol jusqu'ici mal définies et peut-être assez rares, tandis qu'il serait indifférent à la plupart des autres, et qu'il y deviendrait même nuisible

[1] *Statique chimique des animaux*, appliquée spécialement à la question de l'emploi du SEL; 1 vol. in-12 de 552 pages, 5 fr.

appliqué en trop grande proportion. On conçoit donc que les résultats des expériences, quoique sincères, ont dû varier et être souvent contraires, suivant les circonstances où on donnait le sel aux animaux ou au sol.

Cette question se divise naturellement en deux parties distinctes, qui finissent cependant par se confondre : la première, l'utilité du sel donné à nos animaux domestiques, et la seconde, les avantages du sel marin appliqué immédiatement au sol ou mêlé à l'engrais.

Nous nous occuperons d'abord de la première partie de la question, et en la traitant nous ne pensons pas sortir de notre sujet, qui consiste spécialement à traiter du sel comme amendement. Le sel qu'on donne aux animaux ne semble leur être utile que lorsque le sol n'en fournit pas une quantité suffisante aux plantes dont ils se nourrissent. Dans ce cas, le sol manque donc de sel; mais la dose qu'on en donne aux animaux retourne presque entière dans le sol par les engrais; elle y devient un amendement, et, sous ce point de vue, elle rentre dans notre sujet. Ce côté de la question a même provoqué beaucoup plus d'expériences que l'emploi du sel sur le sol.

Nous traiterons ensuite de l'emploi immédiat du sel marin sur le sol ou sur l'engrais; cette question, aussi controversée que la première, finit par se confondre encore avec elle, parce qu'on peut croire que le sel qu'on donnerait au sol formerait un des éléments de ses produits et dispenserait, par conséquent, d'en donner aux animaux.

PREMIÈRE PARTIE

Du sel marin dans l'hygiène des animaux domestiques.

§ 1. L'expérience de tous les temps et de tous les lieux avait établi que le sel est un condiment nécessaire de la nourriture animale. On ne peut d'abord conserver aucun doute sur sa nécessité dans l'hygiène humaine, et nous penserions encore qu'il en serait de même pour nos animaux domestiques; l'appétence remarquable que toutes leurs races affectent pour cette substance en est la preuve; au surplus, la présence de la soude dans tous leurs fluides, du sel marin dans tous leurs organes, doit, à ce qu'il semble, nous le faire regarder comme élément essentiel de leur organisme, et, comme ces substances se trouvent encore en abondance dans leurs déjections, on doit en conclure qu'il s'en fait, en quelque sorte, une circulation nécessaire dans tous leurs organes, et que, par conséquent, le sel leur serait d'un besoin incessant; aussi la Providence l'a-t-elle répandu plus ou moins généralement dans toutes les eaux, et tous les produits de la terre qui leur servent d'aliments en renferment-ils une plus ou moins grande proportion.

Toutefois les hommes en ont un besoin plus pressant que les animaux domestiques; son addition à nos aliments est indispensable à notre hygiène; aussi l'Auteur suprême l'a-t-il placé en profusion dans les eaux de la mer, dans le sein de la terre, d'où l'intelligence de l'homme l'extrait pour satisfaire à ses besoins; mais ses besoins sont bornés. Il résulte de données nombreuses que la consommation moyenne de sel par individu ne serait guère que de 5 à 6 kilogrammes par an; l'abaissement de prix paraît y avoir peu changé, et, lorsqu'on dépasse cette quantité normale, la santé en souffre. Ainsi les marins, réduits à une nourriture plus salée que celle qui est consommée à l'ordinaire, en deviennent souvent gravement malades.

Les circonstances sont différentes pour les animaux domestiques: leur organisme demande aussi le sel pour composant, leurs fonctions vitales en ont besoin pour s'accomplir, et leurs aliments le réclament pour condiment, mais en moindre proportion que la race humaine; et, comme leur intelligence n'allait pas jusqu'à pouvoir se le procurer, le suprême Auteur l'a réparti en dose assez souvent suffisante dans les productions végétales qui les alimentent, et il leur a donné ensuite une appétence marquée pour en rechercher le complément lorsque la dose naturelle en est trop faible; mais ce complément n'est jamais bien considérable; car, lorsqu'on met le sel à leur disposition, ils en consomment généralement peu. Ainsi, dans les pays où l'on suspend dans les écuries des blocs de sel gemme, la consommation en est remarquablement moindre que les doses normales que conseillent les publications qui ont été faites.

Il nous semble impossible de préciser ces doses d'une manière générale; elles doivent varier selon la race des animaux, leur âge, la nature du sol sur lequel ils vivent, et la nature des aliments qu'ils consomment; pour pouvoir les déterminer, il faudrait donc, dans chaque pays, analyser les sols de différentes natures, les fourrages et aliments de diverses espèces, chose tout à fait impossible.

§ 2. Lorsqu'on habite des pays humides, et qu'on a lieu de croire que la quotité de sel des aliments n'est pas suffisante, on pourrait, à ce qu'il nous semble, acquérir empiriquement des données sur les doses à administrer aux animaux; pour cela, on suspendrait dans les étables des sachets de toile claire pleins de sel ou des blocs de sel gemme qui resteraient à leur disposition; et, sans attendre beaucoup, en négligeant les premiers moments où l'attrait de la nouveauté peut en accroître la consommation, on pourrait juger, en pesant ces sacs ou ces blocs à plusieurs reprises, de la quantité de sel que l'instinct des animaux les porte à consommer; on aurait ainsi des données sur la dose qu'il serait convenable de leur attribuer; mais il faudrait plutôt diminuer qu'augmenter cette dose, qui, du reste, doit varier avec la nature des aliments, et il serait nécessaire de répéter les observations sur les différents régimes auxquels on les assujettit.

§ 3. Il est cependant, dans cette question, plusieurs points sur lesquels il reste assez peu d'incertitude; c'est d'abord qu'il y a avantage à répandre du sel sur les fourrages rentrés humides; cette addition empêche qu'ils ne s'avarient dans la fermentation qu'ils subissent sur les fenils; l'expérience a encore appris que les fourrages avariés et ceux des terrains marécageux s'améliorent par ce moyen; et enfin, lorsque les fourrages ont essuyé la pluie, les sels solubles qu'ils contenaient ont été en partie dissous et entraînés; une addition de sel leur rend donc en partie ce qu'ils ont perdu.

Remarquons que dans ces différents cas de pays humides, de fourrages avariés ou produits par des sols marécageux, l'eau surabondante a dissous en partie le sel contenu dans l'aliment, et que l'addition qu'on en fait rétablit plus ou moins l'état naturel et tend à compléter le condiment dont les circonstances particulières de climat, de saison ou de sol, avaient affaibli la quantité normale; les bestiaux consomment alors le fourrage avec plus de profit, parce qu'ils l'ont mangé plus volontiers; la digestion s'en fait mieux, parce que la mastication en a été plus entière; il en a dû résulter plus de salivation, plus de sucs gastriques, et, par suite, nous le pensons, une assimilation plus complète. Dans ce cas, on obtient encore un résultat qui n'est pas sans importance; le sel, par sa déliquescence, pénètre pendant la fermentation les tiges et les feuilles du fourrage, les assouplit et les empêche de se briser par les vents du nord et surtout par les froids secs de l'hiver.

Nous serions même d'avis, par cette raison, d'ajouter un peu de sel aux fourrages artificiels qu'on rentre pour l'hiver: dans les froids secs de cette saison, par le vent du nord, ces fourrages arrivent au râtelier dépouillés de feuilles, et présentent aux animaux des tiges sèches, d'une mastication difficile; si on les saupoudre de sel, ils restent plus souples, conservent leurs feuilles, et sont d'un usage beaucoup plus profitable; les foins des prés naturels qui renferment beaucoup de légumineuses s'en trouveraient aussi très-bien.

Pour obtenir ces résultats, il suffit de saupoudrer le foin, à mesure qu'on le décharge, d'une dose de sel pilé très-fin de 200 à 300 grammes pour 100 kilogrammes; la dose serait deux à trois fois plus forte pour les fourrages avariés et ceux produits par les sols marécageux.

La plupart des agronomes qui peuvent faire autorité seraient encore d'avis que, lorsque la nourriture et l'engraissement se font avec des pommes de terre ou des grains cuits, de la drêche de brasserie, des résidus de distillation ou de fabriques de sucre de betteraves, et d'autres aliments relâchants, une dose de sel est naturellement indiquée, parce que, dans tous ces cas, l'eau de cuisson ou de fermentation a dissous et entraîné une plus grande proportion du sel que contenait l'aliment dans son état naturel.

Tous ces avantages du sel marin, d'accord d'ailleurs avec le raisonnement, sont constatés par l'expérience de pays nombreux où ils n'ont pu devenir une certitude que par la pratique traditionnelle fondée sur des faits qui se sont répétés de génération en génération.

§ 4. — Mais ces faits ne seraient pas les mêmes dans tous les pays, sous tous les climats, et pour les diverses races de nos animaux domestiques; et c'est surtout l'usage quotidien du sel qu'il ne faut adopter qu'après une longue expérience.

Il résulterait d'observations nombreuses recueillies dans différentes contrées par MM. Delafond et Barthélemy, vétérinaires distingués, que les animaux nourris d'aliments toniques et qui vivent de fourrages substantiels dans des climats et sur des sols sains n'auraient pas besoin de supplément de sel; la race ovine de ces contrées verrait même les maladies inflammatoires, qui tiennent au climat, s'augmenter par l'addition quotidienne du sel à son régime.

Des observations suivies dans la Beauce par M. Delafond, sur quarante-cinq troupeaux de moutons qui recevaient de l'eau salée en boisson quotidienne pendant la saison du parc et du pâturage sur les chaumes, l'ont convaincu que le sel donnait plus d'étendue et de fréquence aux maladies qui tiennent au pays, telles que le coup de sang, le sang de rate, et que la mortalité y était plus grande que chez les cultivateurs dont les troupeaux n'en recevaient point. Ces observations, faites avant l'abaissement de l'impôt, lui ont été confirmées depuis; aussi conseille-t-il pour les pays dont l'air, comme celui de la Beauce, est sec et vif, et dont le sol est argilo-calcaire, de s'abstenir de l'usage quotidien du sel pour la race ovine et même pour la race bovine, soit qu'on veuille engraisser, ou même seulement entretenir en bon état.

De grandes et belles expériences ont aussi été faites sur la consommation du sel par les chevaux; douze cents chevaux, pris dans divers régiments de garnisons différentes aux environs de Paris, ont reçu des rations variées de sel; au bout de deux ans de ce régime, en les comparant à un même nombre en même état de santé qui n'en recevaient point, il en est résulté que les lots qui consommaient du sel se sont maintenus en moins bon état et ont eu plus de maladies.

On a voulu encore s'assurer si l'usage du sel pouvait rétablir des chevaux maigres et affaiblis; on en a fait des lots égaux, et pendant deux mois on a distribué du sel marin à l'un de ces lots. Dans celui qui en recevait, un moins grand nombre s'est rétabli, et ils ont plus maigri que dans l'autre lot. De cette double expérience on a cru devoir conclure que, pour les chevaux qui reçoivent, comme ceux de troupe, une nourriture tonique et de bonne qualité, l'addition de sel à leur régime quotidien serait plutôt nuisible qu'utile.

Mais nous croyons que les résultats seraient différents pour des chevaux qui ne recevraient que peu ou point d'avoine ou qui consommeraient des fourrages de qualité médiocre; à plus forte raison ne devrait-on pas renoncer à l'emploi du sel dans les pays marécageux, où les animaux, le plus souvent d'un tempérament lymphatique, ont besoin de voir relever par les toniques leurs aliments débilitants.

En analysant ces expériences, on est conduit naturellement à modifier les conclusions qu'on en a tirées. D'après le rapport de M. Barthélemy, pendant le premier trimestre de la grande expérience de deux années, les chevaux en général avaient acquis de l'embonpoint, la plupart des chevaux maigres s'étaient remis en état, ils paraissaient plus vigoureux, le nombre des malades et même des morveux était moins grand; dans le second semestre, la proportion de mieux s'était accrue; dans le troisième, les 5/6 des rapports étaient encore favorables; mais, successivement et dans les derniers trimestres, on a vu disparaître ces avantages et augmenter même le nombre des malades.

Il nous semble qu'il résulte de ces faits que l'usage du sel s'est montré avantageux pendant un temps assez prolongé, et qu'il est à croire que ces avantages se seraient soutenus si, dès le principe ou seulement à la fin du second semestre, on eût diminué les doses, ou mieux encore peut-être si elles n'eussent pas été quotidiennes.

Nous remarquerons, cependant, que les secondes expériences sur les chevaux maigres faites dans des climats différents de celui de Paris, qui n'ont duré que deux mois, et dans lesquelles on a administré quotidiennement les mêmes doses de sel que dans les premières, n'ont pas donné des résultats favorables; d'où l'on doit naturellement conclure que l'influence du sel sur les animaux se modifie suivant les climats; et cependant nous ne serions pas éloigné d'admettre que son emploi eût pu être avantageux si on eût affaibli les doses, ou qu'on ne les eût données que par intervalles.

Un fait bien remarquable, dont M. Delafond a été témoin, viendrait à l'appui de cette opinion.

Un postillon des environs de Paris soignait cinq chevaux qui se maintenaient constamment en bon état et vigoureux, au milieu de relais dont les chevaux, dans des conditions analogues, recevant la même ration, n'avaient ni la même santé ni la même vigueur; cet état de choses durait depuis quinze ans. Un postillon surprit son camarade donnant du sel à ses chevaux; croyant bien faire et voulant profiter de sa découverte, ce postillon acheta du sel et en donna chaque jour à peu près 100 grammes en deux rations, moitié le matin et moitié le soir; au bout de quinze jours de ce régime, les chevaux commencèrent à dépérir; l'un d'eux fut atteint d'une inflammation du canal intestinal et se rétablit à peine; huit jours après, un autre en mourut; les trois autres étaient atteints de la même maladie et ne se rétablirent qu'après un fort long traitement. L'usage du sel a donc été funeste dans le même pays où il a pu être très-utile; on s'explique cette anomalie apparente par la différence des doses. Le premier postillon donnait deux fois par semaine 12 à 15 grammes de sel mêlé à la ration d'avoine, pendant que le second en donnait 100 par jour, ou vingt-six fois plus.

Ainsi des doses faibles, données rarement, ont été évidemment utiles dans un pays où des doses fortes et quotidiennes ont amené la maladie et la mort. Et il est à croire que le résultat des expériences que nous venons de citer sur l'usage du sel eût pu être fort différent si les doses eussent été plus faibles ou données à intervalles plus éloignés; mais, en dernière analyse, on doit être très-réservé sur l'emploi du sel dans l'hygiène des animaux, surtout lorsque, dans des pays sains et à air vif, ils reçoivent une nourriture tonique; dans ce cas, la dose convenable à administrer serait une étude délicate et assez difficile.

§ 5. — Le sel, à ce qu'il semble, serait plus souvent utile aux ruminants qu'à la race chevaline; leur nourriture est loin d'être aussi tonique que celle des chevaux; la qualité des fourrages est le plus souvent moins bien choisie; ils ne reçoivent point d'avoine, rarement du grain; mais ce serait surtout dans les contrées marécageuses et avec de mauvais fourrages que l'usage du sel pourrait offrir des avantages.

Ce serait particulièrement à la race ovine que, dans les pays humides et ceux à grandes pluies, le sel pourrait être utile; elle est particulièrement sujette à la cachexie aqueuse, maladie de relâchement général, qui demande à être combattue par les toniques; dans ce cas, le sel est sans doute indiqué; les marais des bords de la mer, dont la terre est salée, sont un bon pâturage pour les bestiaux, et la Camargue nourrit de nombreuses bêtes à laine. Ainsi encore dans la vallée marécageuse de la Seille (Moselle), où se trouve le grand banc de sel gemme de Dieuze, les troupeaux prospèrent très-bien; partout ailleurs le pâturage et le fourrage des prés humides et marécageux leur donne la pourriture.

Cependant le sel est loin d'être un spécifique : nous avons vu pendant plusieurs années nos troupeaux de mérinos et métis sur des terrains de sol calcaire, sur la première croupe de la montagne, être attaqués de cette maladie, quoiqu'on ne les sortît jamais que lorsque la rosée était passée, et qu'on évitât de les faire paître dans les prés, et qu'ils eussent dans leur étable des blocs de sel à discrétion ; mais il tombe dans le pays $1^m,30$ de pluie, et cette pluie tombe en automne plus qu'en aucun autre temps; les pâturages de cette saison y sont donc funestes à la race ovine; la race bovine ressent aussi la même influence; dans les automnes pluvieux, sur le plateau argilo-siliceux qui couvre le pays au pied de la montagne, depuis Lyon jusque dans le Jura, les jeunes animaux de la race bovine contractent au pâturage cette maladie souvent mortelle; des fermes entières en sont parfois dépeuplées ; aussi, depuis quelques années, les fermiers prudents gardent-ils leurs jeunes animaux à l'écurie pendant l'arrière-saison.

Il est à remarquer que les races non acclimatées y sont plus sujettes que la race indigène; ainsi, à deux reprises différentes, nous avons vu périr nos importations des races de Fribourg, de Schwitz, et même les métis de première génération. Quelques fermiers combattent cette disposition au moyen du sel; nous eussions peut-être par ce moyen conservé nos animaux suisses. Nous avons réussi à guérir le mal dans quelques sujets, et à l'enrayer seulement chez d'autres, par l'usage de l'essence de térébenthine dans une décoction d'écorce de chêne. Nous avons depuis peu perdu une vache, reste de notre dernière importation suisse; nous l'avions rétablie en apparence, il y a trois ans ; mais cette année un nouveau traitement à la térébenthine n'a pu la sauver. En nous résumant donc sur ce point, nous pensons que la nourriture à l'étable de nos jeunes bêtes pendant l'automne, accompagnée de quelques doses de sel, les préserverait efficacement.

§ 6. — Avant les travaux multipliés que d'habiles agronomes ont faits depuis quelques années sur cette question, on pensait assez généralement que le sel favorisait l'accroissement du poids en vie et l'engraissement des bestiaux. Des expériences nombreuses ont été faites à ce sujet; celles de MM. Mathieu de Dombasle à Roville, Boussingault à Bechelbronn, Daurier à Nancy, Lequin à Neufchâteau, Dailly à Trappes, semblaient au premier coup d'œil plutôt défavorables que favorables au sel marin ; cependant M. Barral, en les discutant, en les rapprochant de celles faites par MM. Fartmann en Prusse, Turck à Sainte-Geneviève, Husson à Haussonville, et tout à l'avantage du sel, a fait voir qu'en résumé elles étaient plutôt favorables que contraires, et que, sur quatorze expériences qu'il analyse, une seule aurait été défavorable, trois auraient semblé sans avantage notable, et dix auraient donné des résultats satisfaisants.

En résumant tous les résultats de ces quatorze expériences, la somme des surplus de croissance par 100 kilogrammes du poids initial des lots salés sur ceux non-salés aurait été de 51,43, et la somme des déficits de 7,56; il y aurait donc eu 43,87 en faveur du sel, qui, divisés par 14, nombre des troupeaux expérimentés, donneraient 3,14 pour le surplus d'accroissement pour 100 kilogrammes d'animal en vie par l'usage du sel.

A l'aide de ce chiffre, on pourrait arriver à évaluer le bénéfice d'une manière plus précise. En admettant que l'engraissement accroisse de 15 pour 100 le poids de l'animal, résultat qui n'est pas toujours atteint, le surplus de 3,14, obtenu au moyen du sel, représente 21 pour 100 de l'accroissement total dans l'engraissement. Il y aurait donc 21 pour 100 de temps, de ration d'entretien et de tous frais de main-d'œuvre de bénéfice. Il faudrait cependant en retrancher : 1° le surplus de consommation par le régime salé, qui, d'après les expériences, peut s'évaluer à 1/22 de la ration journalière; 2° le prix du sel à 20 cent. le kilogr. Or ces éléments retrancheraient 5 à 6 des 21 pour 100 de bénéfice; les frais d'engraissement seraient donc diminués de 15 pour 100, avantage, il nous semble, assez grand, et qui doublerait souvent le bénéfice moyen.

Cependant nous devons dire que, depuis l'ouvrage de M. Barral, de nombreuses publications, sans changer notablement l'état de la question, affaiblissent l'autorité des conclusions que nous venons de tirer, en y apportant de nouveaux éléments.

§ 7. — Mais ce serait la dose qui serait le point le plus délicat et le plus difficile à régler; elle dépend du climat, de la nature du sol, de la qualité des aliments, de leur préparation, du but qu'on veut leur faire remplir; et, partout où les animaux ne sont pas habitués à l'usage du sel, il faut commencer par de petites doses, et ne les augmenter que graduellement et toujours avec mesure. Nous avons vu que la même dose de sel favorable à l'hygiène des chevaux, pendant six mois, avait fini, au bout de deux ans, par leur être sensiblement défavorable.

M. Flandrin, savant professeur de l'école vétérinaire d'Alfort, avait déjà remarqué, dans un écrit publié en 1794, plusieurs années après l'abaissement des droits sur le sel, que son usage immodéré augmentait considérablement les sécrétions et les excrétions, et conduisait les animaux, d'abord à l'inertie, plus tard au marasme et enfin à la mort; et nous avons vu, effectivement, que, dans la seconde expérience sur les chevaux, la maigreur s'était accrue par l'usage prolongé du sel.

Nous citerons, à l'appui de cette opinion, un résultat remarquable des expériences de M. Barral. Il a vu d'abord que l'usage du sel, en provoquant les animaux à boire, augmentait naturellement la quantité des urines; mais il a remarqué que ces urines charriaient une quantité de matières organiques plus considérable, et particulièrement deux fois et demie plus d'azote que sans l'usage du sel. Il s'ensuit bien, il est vrai, que le fumier que produit l'animal s'améliore; sans doute, encore, ainsi que l'a fait remarquer M. Barral, ce résultat prouve que l'usage du sel hâte la mutation des tissus; mais n'est-il pas à craindre que cette rapide mutation ne se fasse aux dépens des tissus eux-mêmes, de la chair, de la graisse, de l'assimilation normale que doivent subir les aliments et de l'animal lui-même? Sans le sel, une partie de ces substances lui serait restée, et la mutation des tissus eux-mêmes eût été moins rapide. Mais, aussitôt que la dose consommée dépasse les besoins de l'animal, il y a perte sensible pour lui; on y trouve la cause de l'amaigrissement du lot de chevaux maigres mis en expérience, et le principe de ce marasme que M. Flandrin avait observé comme résultat de l'exagération du régime salé et de l'accroissement des excrétions auquel il conduit. On ne doit donc introduire l'usage du sel pour l'hygiène des animaux, dans les pays où il n'est pas connu, qu'avec beaucoup de mesure, en tâtonnant et en ayant égard à la nature des aliments qu'on leur donne.

Lorsqu'on se sera assuré, par une assez longue expérience, que le sel sera avantageux aux races d'animaux domestiques d'un pays, le moyen le plus utile et le plus simple de le leur faire consommer sera de le mettre par couches alternatives au moment de la récolte sur le fourrage qui doit se consommer à l'écurie, et, lorsque les animaux seront nourris au pâturage, de le leur administrer, comme en Beauce, dissous dans leur boisson.

§ 8. — Les cultivateurs des pays dans lesquels l'usage du sel est établi depuis longtemps regardent comme certain qu'il concourt à entretenir les animaux en santé, qu'il leur tient le poil frais, et leur donne de la vivacité. M. Boussingault a reconnu ces résultats dans sa ferme, alors même qu'il semblait ressortir de ses expériences que le sel était peu favorable à la croissance et à l'engraissement. Cet avantage est très-grand, car il annonce une plus grande force musculaire et par suite plus de résistance à la fatigue, et surtout la valeur vénale en foire s'en augmente très-sensiblement.

Dans tous les pays où l'usage du sel pour les bestiaux est depuis longtemps établi, nous regardons comme certain qu'il y offre de grands avantages. On n'a pu se décider à une pratique qui ne laisse pas que d'être dispendieuse, qui augmente même la consommation de fourrages, sans une conviction longtemps affermie par l'expérience, et nous pensons que l'opinion qui fonde cet usage a bien autrement de certitude que des expériences isolées, quelque précision qu'on leur donne.

§ 9. — Une longue et ancienne pratique aurait constaté que l'usage continu du sel serait utile en Suisse, dans le Jura, dans la vallée du Rhin, etc., tandis que dans les environs de Paris, dans la Beauce, et peut-être en général dans la vallée de la Seine, le sel semblerait ne pouvoir être utilement administré aux animaux domestiques qu'à doses faibles et interrompues, ou pour modifier des aliments relâchants ou de mauvaise qualité. On en trouverait jusqu'à un certain point l'explication, en remarquant que les eaux des rivières Alpines, suivant l'observation de M. Milne Edwards, ne contiennent que un deux cent millième de sel marin, tandis que celles de la Bièvre et de l'Ourcq en renferment quinze à vingt fois autant.

De la proportion de sel marin que renferment les eaux, on pourrait conclure celle qu'en contient le sol lui-même, puisque les eaux s'en écoulent en très-grande partie et ont dû dissoudre une portion du sel marin qu'il contient. Il s'ensuivrait donc que l'analyse des eaux qui coulent dans un pays donnerait des lumières sur l'opportunité de l'emploi du sel pour les animaux.

§ 10. — Si l'usage du sel marin dans l'hygiène des animaux présente d'assez nombreuses difficultés, s'il n'est pas toujours utile et quelquefois nuisible, il ne semblerait pas en être de même du sulfate de soude (sel de Glauber) ; ce sel est moins cher, ne coûte à Paris que 10 à 12 francs les 100 kilogrammes, moitié du prix du sel marin ; il rafraîchit les animaux, leur donne comme le sel marin la soude dont leur organisation a besoin ; l'acide sulfurique, ou plutôt le soufre qui en est la base, prendrait peut-être avec avantage la place du chlore ; l'usage de ce sel est répandu depuis longtemps en Allemagne ; en Alsace on l'emploie au lieu du sel marin. En Amérique, comme en Europe, on le donne aux bestiaux, mais par intervalles ; dans les environs de la Tunja, suivant M. Boussingault, les Indiens le recueillent pour le vendre aux propriétaires de troupeaux ; dans le Wurtemberg, on en donne deux fois par semaine ; dans la Brie, la Beauce et le Midi, on le donne deux fois par semaine dans l'eau de boisson, la provende, la buvée ou l'avoine ; les cultivateurs qui, d'après les conseils de M. Delafond, administrent ce sel à leurs troupeaux en remplacement du sel marin, ont vu cesser les maladies qu'aggravait l'usage de ce dernier. Toutefois, comme l'effet sur l'organisation en est tout différent, nous ne pensons pas qu'il puisse convenir dans les mêmes circonstances. Il y aurait là toute une étude à faire sur les cas où on doit préférer l'un à l'autre et sur ceux où il conviendrait mieux de s'abstenir de tous deux.

D'autre part, le docteur Jacquot, médecin de l'hospice de Saint-Diez, a maintenu en bonne santé, par l'usage de la petite soude, un troupeau de moutons annuellement attaqué de gale, de tournis et de cachexie aqueuse. Après un premier succès, pour s'assurer qu'il ne se trompait pas, il voulut soumettre son troupeau à des conditions hygiéniques défavorables qu'il évitait toujours avant l'usage de la soude; il le fit pâturer dans des prés humides; il n'en résulta rien de fâcheux, parce qu'en même temps on lui donnait chaque jour par tête 6 à 9 grammes de petite soude avec une petite poignée d'avoine. Depuis quatre ans que son troupeau est soumis à ce régime, sa santé est excellente, les maladies ont disparu, et la laine est devenue plus abondante et de meilleure qualité. Cette addition au régime ne lui coûte pas plus de vingt centimes par an et par tête; il achète sa soude, produit de la décomposition du sel gemme de Dieuze, 36 fr. les 100 kilogrammes, prix triple de ce qu'elle vaut à Marseille.

Le succès de son procédé l'a convaincu que, si les moutons qui vivent sur les pâturages des bords de la mer sont dans un bon état de santé, cela serait dû plutôt à la soude qu'au chlorure de sodium; et effectivement les plantes des bords de la mer, favorables à la race ovine, contiennent beaucoup de soude et peu de chlorure de sodium que la végétation décompose en grande partie pour s'en assimiler la soude.

DEUXIÈME PARTIE

De l'emploi du sel marin sur le sol.

Nous arrivons à la question de l'emploi sur le sol du chlorure de sodium; ici les doutes s'accumulent plus encore peut-être que pour son utilité hygiénique dans la nourriture des animaux domestiques.

§ 1. — Des faits nombreux devaient faire penser que le sel serait favorable à la végétation. Les analyses chimiques en décelaient dans tous les végétaux des doses plus ou moins fortes, alors même que ces végétaux avaient crû dans des sols qui n'en montraient point à l'analyse. Il était donc naturel de conclure que sa présence leur était nécessaire, et que par conséquent on activerait la végétation en l'ajoutant au sol qui ne le contiendrait pas, ou qui n'en renfermerait qu'une trop faible dose. De plus, comme nous l'avons vu, la vase de mer, la tangue, sont d'excellents engrais pour les terres; le goëmon, les varechs, sont eux-mêmes très-fécondants, et leurs cendres, qui contiennent une certaine dose de sel marin, sont encore un très-bon engrais.

Nous avons vu précédemment que le sable de mer de la Basse-

Bretagne, qui contient 2 pour 100 de sel marin, produit plus d'effet sur le sol à mesure qu'on s'éloigne des bords de la mer, et par conséquent des lieux où les brouillards et les vents marins apportent au sol des molécules salines. Il était donc naturel d'attribuer au sel cette progression de fécondité. Dans le Morbihan, l'arrosement du fumier par l'eau salée est regardé comme très-utile sur tout le littoral; et dans tous ces pays les *laisses* de basse mer sont extrêmement fécondes.

Nous avons habité un cantonnement conquis sur la mer, où depuis soixante-dix ans, époque où on l'avait défendu des hautes marées au moyen de digues, on tirait du sol de grands produits sans fumier; la Camargue, lorsqu'on peut affaiblir par des lavages d'eau douce la trop grande proportion de sel que contient la couche supérieure, donne des produits considérables. Les polders, anciennes *laisses* de haute mer, les moëres de Dunkerque, qui sont au-dessous de la mer basse, sont d'une inépuisable fécondité lorsqu'on les débarrasse des eaux. Sans doute cette fécondité doit être attribuée surtout aux débris animaux et végétaux que les eaux de la mer ont laissés sur ces terrains; mais il est bien naturel aussi d'en attribuer une partie à l'effet du sel marin sur la végétation.

On cite encore son influence heureuse sur les pommiers des pays à cidre; les Assyriens, suivant Pline, le donnaient en certaine proportion à leurs palmiers, en le plaçant à quelque distance du tronc, et les Chinois, nous dit-on, en fécondent depuis une haute antiquité leurs champs et leurs jardins.

On s'appuyait encore sur le résultat d'expériences faites en petit, il est vrai, mais en assez grand nombre, en France, en Angleterre et ailleurs, desquelles il résultait que le sel était éminemment favorable aux produits agricoles de toute nature; assez naturellement, on faisait peu de mention des expériences dans lesquelles le sel s'était montré sans effet; comme cela arrive presque toujours, il est probable qu'on n'avait pas tenu compte des échecs.

§ 2. Quoi qu'il en soit, malgré le retentissement qu'on donnait aux expériences favorables, il y avait bien lieu d'avoir au moins des doutes; depuis longtemps Arthur Young avait essayé sans succès l'emploi du sel sur le sol; MM. Mathieu de Dombasle à Roville, Bodin dans la ferme expérimentale des environs de Rennes, Daurier à Nancy, Humphrey Davy en Angleterre, un professeur de chimie en Danemark, n'en avaient obtenu aucun résultat. Nous-même l'avons employé sans succès, à doses variées, sur différentes natures de sols et sur des récoltes diverses.

Au milieu de ces résultats contradictoires, tous obtenus par des expérimentateurs dignes de foi, il devenait évident que le sel marin pouvait être utile à certaines natures de sols et inutile à d'autres, propriété qu'il partageait d'ailleurs avec la plupart des autres amendements : c'était aux expériences en grand faites par l'agriculture de plein champ à faire connaître ces sols ; or des essais nombreux et en grand faits depuis plus de vingt-cinq ans en Angleterre, et ceux qui se firent en France lors de la première abolition des droits, étaient restés à peu près partout sans succès. Quoique tout tendît à faire penser que le sel, comme engrais, serait utile à peu de terres, les intéressés s'acharnèrent tellement à en obtenir le dégrèvement, que leurs vœux finirent par être exaucés, en Angleterre d'abord; l'opinion s'émut bientôt ensuite dans l'Europe continentale pour le demander au nom de l'agriculture ; presque partout les gouvernements ont cédé, et l'ont accordé d'abord pour le sel destiné aux usages agricoles, qu'ils dénaturaient exprès; bientôt on a demandé le dégrèvement général au nom des classes pauvres; on l'a obtenu à peu près partout, et en France un peu plus tard qu'ailleurs, mais cependant avant de connaître le résultat des enquêtes ordonnées pour éclairer la question.

§ 3. — Comme les concessions faites en Angleterre dataient de vingt-cinq ans, on pouvait présumer, par ce qui s'y passait, les résultats qu'on devait en attendre chez nous ; c'est donc là que l'administration a voulu faire vérifier les faits.

L'on savait que la consommation du sel, qui, d'après l'opinion qu'on voulait faire prévaloir, devait aller en progression géométrique, s'y était à peine augmentée d'un septième. D'autre part M. Clément Désorme qui avait voyagé en Angleterre quelques années après le dégrèvement, y avait vu des montagnes de sel, accumulées à grands frais en prévision des besoins agricoles, rester sans débit, quoiqu'on offrît cette denrée à des prix très-bas.

Pour acquérir des données plus précises sur la question, avant de prendre un parti, le gouvernement avait envoyé en Angleterre deux hommes éminents, MM. Milne-Edwards et Dumas; ils l'ont parcourue tout entière et ont même visité une partie de l'Écosse, se sont informés auprès des agriculteurs de tout le pays, théoriciens et praticiens, ont consulté les savants, et on ne leur a dit et ils n'ont vu nulle part, dans les environs des salines ou ailleurs, que l'usage du sel, essayé en une foule d'endroits, ait persisté et soit devenu une pratique agricole de quelque étendue ; tous ces pays cependant achètent à grands frais le guano, le nitrate de soude du Pérou, et font de grandes dépenses de drainage; ils n'auraient donc point reculé devant celle que l'usage du sel comme engrais leur eût occasionnée. Il faut que l'expérience lui ait été bien peu favorable, puisque le sel de rebut connu sous le nom de *stale salt*, qui peut être employé comme engrais, ne coûte qu'un schelling (1 fr. 25 cent.) la tonne, ou les 1,100 kilogrammes, quantité qui, d'après les données des expériences favorables à l'emploi du sel, peut amender 4 hectares au moins.

En 1819, première année où le sel agricole se vendit dénaturé, on en livra 41,000 boisseaux pour des expériences; l'année suivante la vente en fut de 22,000, en 1821 de 6,000, et enfin de 1,500 en 1822. Plus tard, le dégrèvement entier fut accordé; à ce moment les spéculateurs firent d'immenses magasins de sel agricole et publièrent, comme on l'a fait en France, une foule d'expériences qui prouvaient sa puissance sur le sol. L'agriculture était déjà détrompée; les livres se sont cependant vendus, celui de M. Cuthbert Johnston a eu jusqu'à treize éditions; mais les magasins de sel n'ont pu se vider, et il reste de tout ce mouvement de grands amas de sel, les mêmes sans doute que Clément Désormes avait déjà vus vingt ans auparavant; et ce sel attend et attendra longtemps encore des acheteurs.

On répond que l'Angleterre, entourée de tous côtés d'eau salée, se trouve dans des conditions exceptionnelles, et que les vents portent sur toute sa surface des vapeurs chargées de sel, qui en fournissent au sol la proportion dont il peut avoir besoin.

Mais, outre qu'une foule d'analyses de sol faites par des chimistes ne l'y auraient point rencontré, il est à croire que, si le voisinage de la mer fournit au sol une quantité très-notable de sel, ses produits doivent en contenir d'autant plus que la mer sera plus rapprochée. Or MM. Way et Ogson, chimistes distingués, dans un très-beau travail qui n'a point été fait dans le but d'étudier la question que nous traitons, en analysant le froment de diverses fermes de la province d'York, placées à 2 lieues de la mer sous l'influence des vents de mer les plus fréquents, n'y ont trouvé que 3 millièmes de soude, et la quantité totale contenue dans la paille et le grain ne dépassait guère 1 kilo par hectare, tandis que des blés pris à 10 lieues de la côte, et abrités contre l'action des vents de mer, ont donné trois fois plus de soude que ceux de Yorkshire; d'autres, un peu plus éloignés de la mer, ont donné encore un peu plus de soude que ceux du littoral d'York. Il en a été de même des blés de France analysés aussi par ces savants. Enfin des blés des environs d'Oxford, point à peu près central par rapport à la mer, renfermaient à peu de chose près trois fois plus de soude que ceux des pays voisins du littoral. Il ne serait donc pas probable que le voisinage de la mer envoyât sur toute l'étendue du sol anglais des quantités bien notables de sel marin, et que ce soit la raison pour laquelle il reste sans effet sur presque tous les terrains où il a été essayé.

Malheureusement il est à craindre qu'il en soit de même sur le continent; le sel a été dégrevé en Belgique, en Hollande, en Prusse, avant de l'être en France; les essais ont sans doute été multipliés, et nulle part on n'annonce que l'emploi du sel sur le sol soit devenu une pratique agricole; en France, son bas prix, lors de la suppression de l'impôt pendant la Révolution, n'a laissé non plus nulle part son usage établi sur le sol; il est donc à craindre que les terrains sur lesquels il pourra réussir ne soient fort rares.

Mais, alors même que le sel n'agirait que sur des sols d'exception, toujours encore serait-il très-utile de les connaître. C'est, il est vrai, une question assez difficile et qui ne peut se résoudre qu'empiriquement; le succès des tangues et des varechs sur les sols voisins du littoral peut faire penser que le sel réussit sur les sols qui le contiennent, et d'autre part son insuccès sur des sols qui ne le contiennent pas, prouve que son absence est loin d'être une présomption assurée de sa réussite. La plupart des analyses qu'on a données des sols n'annonceraient point qu'il y fût contenu, et cependant il n'a point réussi en général sur ceux où on l'a essayé en grand. Nous avons fait précédemment la distinction des sols calcaires et des sols siliceux; les essais n'ont pas mieux réussi sur ces derniers, auxquels la présence de la mer semble avoir été étrangère, que sur les sols calcaires, où les débris marins annoncent le séjour des eaux salées. Il s'ensuivrait donc qu'on ne peut, pour determiner les sols auxquels convient le sel, se guider d'après le principe aplicable aux autres amendements, tels que la chaux, la marne, le sulfate de chaux, les phosphates, qui n'agissent efficacement que sur les sols qui ne les contiennent pas, et qui restent sans effet sur tous ceux qui en contiennent une certaine dose; nous penserions cependant que l'absence du sel dans un sol serait bien encore un premier indice, mais ne suffirait pas pour faire présumer son succès. Ainsi, comme nous l'avons déjà énoncé, les pays dont les terrains ne renferment point de débris marins, ceux dont les cours d'eau renferment peu ou point de sel marin, offriraient une première probabilité. Il est sans doute d'autres conditions de succès. C'est là la recherche à faire : *Hic opus, hic labor est.*

Les difficultés et les doutes dans l'emploi du sel sur le sol s'accumulent donc plus encore que dans son usage pour l'hygiène des animaux.

§ 4. — Tous les végétaux donnent à l'analyse du chlorure de sodium en plus ou moins grande proportion; et cependant, ainsi que nous venons de le dire, la plupart des sols n'en contiendraient pas. Où donc les végétaux le prennent-ils, puisque l'atmosphère semble encore moins en contenir? il en serait donc du sel marin comme des phosphates, éléments essentiels de tous les végétaux, qu'on ne trouve ni dans le sol ni dans l'atmosphère, comme encore de la chaux que renferment les végétaux produits sur les sols granitiques. Mais nous avons déjà, dans ce qui précède, cherché inutilement la solution de cette grande difficulté.

L'emploi du sel appelle donc plus que jamais de nouvelles et nombreuses expériences qui se multiplieraient comme les natures de sols; nous remarquerons cependant que, bien que son succès ou sa non-réussite dans un lieu n'implique pas le même résultat dans un autre, néanmoins son effet avantageux dans plusieurs localités du bassin d'une rivière peut faire espérer qu'il en serait de même pour la moyenne des terres de ce même bassin, parce qu'en général il y a analogie de composition dans ces terres.

§ 5. — Mais quel serait le moyen le plus utile et le plus facile de donner le sel au sol, soit lorsque son succès est établi, soit même quand il serait seulement question de faire des essais ?

Trois moyens se présentent.

Le répandre en poudre sur le sol ou sur les récoltes en végétation.

Le dissoudre dans l'eau, et en arroser la terre ou les récoltes.

Enfin en saupoudrer le fumier par couches alternatives.

De ces trois moyens nous pensons que le dernier est beaucoup préférable, parce que le sel serait utile à l'engrais et par conséquent au sol, alors même que répandu immédiatement sur la surface il serait sans avantage.

Il est prouvé par l'expérience que le sel, répandu sur le fumier en certaine proportion, ralentit sa fermentation, diminue la trop grande évaporation que produit la fermentation ordinaire, l'empêche de se dessécher, de chancir et de prendre le blanc, ce qui lui enlève une grande partie de son poids et surtout de son effet sur le sol. Sa déliquescence entretient le fumier dans un état d'humidité favorable à la végétation, particulièrement dans les temps de sécheresse, où le fumier sec devient inutile et quelquefois même nuisible aux plantes. Il peut arriver aussi que les combinaisons des deux composants du sel marin avec ceux du fumier produisent un effet qui augmente la puissance de l'ensemble comme nous avons vu que cela avait lieu pour le plâtre et pour quelques autres amendements; d'ailleurs, il est encore probable que, comme la plupart des autres sels, le sel marin fixe dans le fumier, par les combinaisons qu'il détermine, les principes azotés qui s'évaporent dans la fermentation ordinaire, au grand détriment des sols auxquels on doit l'appliquer. Les expériences sur l'emploi du sel par l'intermédiaire du fumier pourraient donc se faire dans tous les cas avec avantage pour le sol; elles se feraient d'ailleurs avec peu de main-d'œuvre et sans grands frais, puisqu'il résulte de celles qui ont réussi que 2 à 300 kilog. par hectare sont la dose la plus avantageuse aux différents produits.

Le mélange du sel avec le fumier a en outre l'avantage de l'y incorporer parfaitement; en sorte que, lorsqu'on le répand avec soin, il donne et distribue aux racines des plantes, d'une manière régulière, la dose saline qui se mêle aux sucs alimentaires qu'il contient.

Quant aux doses à donner au sol, nous ne les trouvons nulle part mieux précisées que dans les expériences de M. Lecoq; elles seraient, pour le froment et le lin, de 250 kilogrammes par hectare; pour l'orge, pour les pommes de terre, les prés humides et froids, de 300 kilogrammes; pour les sols humides et tourbeux, elle serait double ou triple; et enfin il suffirait, pour les trèfles et les luzernes, d'une dose de 150 kilogrammes.

Il résulte des expériences faites jusqu'ici que l'emploi du sel offre de grands avantages sur les sols auxquels il convient; sans doute les doses n'en seraient pas les mêmes sur tous; elles varieraient suivant les circonstances; mais avec le bas prix actuel du sel, ces sols seraient vraiment privilégiés et pourraient donner à peu de frais de grands produits; on doit donc rechercher avec beaucoup d'empressement ceux qui jouiraient de cet avantage. Nous rappellerons cependant que, dans tous les cas, il serait nécessaire pour le sel, comme pour les autres amendements, de donner des doses de fumier d'étable en proportion avec les produits.

RÉSUMÉ ET CONCLUSION.

Après les développements qui précèdent sur l'emploi agricole du sel, nous hasarderons quelques conclusions qui renferment les principaux points de vue de la question, tels qu'ils nous semblent établis pour le moment présent, convaincus que nous sommes qu'ils pourront encore être modifiés plus tard par l'expérience.

§ I.

1. Les travaux nombreux qu'a provoqués la discussion, offrant souvent des résultats contradictoires, ont plutôt servi à accumuler des doutes qu'à résoudre les différents points de la question.

2. Les organes des animaux et leurs déjections contiennent des doses à peu près normales de sel marin, en sorte qu'il est tout à fait rationnel de le regarder comme nécessaire à l'organisme et aux fonctions animales; ce point de la question n'offre même pas de doutes à l'égard de l'hygiène de l'homme; l'addition du sel à ses aliments est partout demandée comme condition de santé, de force et d'assimilation; c'est pour lui un besoin de tous les temps et de tous les lieux, besoin qu'il peut presque toujours satisfaire au moyen de son intel-

ligence; mais la dose doit en être modérée, et l'individu en souffre aussitôt qu'elle dépasse une mesure déterminée.

3. Il n'en serait pas tout à fait de même pour nos animaux domestiques; leurs organes et leurs déjections contiennent bien aussi des doses normales de sel, et l'instinct de toutes leurs races les porte à le rechercher avidement; on peut donc aussi regarder cette substance comme leur étant nécessaire; mais ils n'étaient pas organisés pour trouver eux-mêmes la proportion de sel dont ils avaient besoin; aussi la nature prévoyante s'en est-elle en grande partie chargée et l'a-t-elle souvent placé elle-même en dose suffisante dans leurs aliments; mais ces doses sont beaucoup plus variables que les besoins; il faut donc modifier le supplément qu'on leur en accorde suivant la nature du sol, du climat et des aliments eux-mêmes.

4. Dans les pays humides, avec des aliments cuits, relâchants, avec des fourrages rentrés humides, avariés, ou récoltés dans des sols marécageux, une addition de sel aux aliments semble devoir être très-profitable. Il en serait de même dans les climats à automne pluvieux, lorsque surtout les bestiaux sont nourris au pâturage.

5. Dans les sols calcaires et secs, dans les climats à air vif, et particulièrement pour les chevaux nourris avec des aliments secs et toniques, des doses de sel longtemps continuées seraient plutôt nuisibles qu'utiles; toutefois, dans ces climats eux-mêmes, une dose de sel nous semble indiquée avec les nourritures cuites, les fourrages rentrés humides, lavés par la pluie ou récoltés dans des terrains marécageux; dans ces différents cas, la dose normale de sel s'est dissoute et entraînée dans l'élément aqueux surabondant.

Toutefois l'abus est près de l'usage; l'usage immodéré du sel, en provoquant chez eux des sécrétions et excrétions de substances utiles à l'accroissement des tissus, finit par amener le marasme.

6. Toujours encore faut-il distinguer les races. Les chevaux, dont l'organisation est naturellement sèche et nerveuse, en demandent de moindres doses; les races ruminantes bovine et ovine, d'un tempérament plus lymphatique, la demanderaient plus forte. La race ovine est celle à laquelle le sel peut être le plus souvent utile; il combat puissamment leur maladie la plus dangereuse et la plus fréquente, la cachexie aqueuse, qui attaque bien aussi la race bovine; mais, pour les unes et les autres, l'usage doit en être conduit avec mesure, et il faut même se défier de leur appétence pour ce condiment.

7. Il ne semble pas qu'on puisse formuler des doses pour chaque race d'animaux domestiques, puisqu'elles doivent varier avec l'espèce de nourriture, la nature du sol, le climat, et sans doute encore avec l'âge des animaux.

8. Dans les pays où l'usage du sel est admis dans l'hygiène des

animaux, alors même qu'il ne favorise pas l'engraissement, on est convaincu que le sel concourt à entrenir leur santé, leur tient le poil frais, et semble ajouter à leur vigueur; il serait même à croire que, dans les pays où il produit cet effet, donné en dose modérée, il abrégerait la durée de l'engraissement; mais il n'augmenterait pas la sécrétion du lait, il le rendrait seulement plus butyreux.

9. Si l'on en juge par son emploi habituel en Suisse, dans la vallée du Rhin, et sur les versants des Pyrénées qui regardent l'Espagne, on pourrait croire le sel utile aux animaux dans les pays primitifs; on le jugerait moins utile et même quelquefois nuisible donné à doses continues et habituelles, avec des aliments ou des pâturages sains et toniques, dans les pays de formations calcaires, sur lesquels le séjour de la mer a laissé des traces; la quantité de sel que contiennent les cours d'eau qui arrosent un pays peut aussi donner des indices sur celle que contient la couche supérieure du sol, puisque ces cours d'eau contiennent les eaux des sources sorties de tous les points du sol ajoutées à celles des pluies qui ont arrosé la surface.

10. Dans la plupart des sols, les végétaux contiennent du sel marin; mais les doses varient beaucoup; toutefois nous le croyons nécessaire ou au moins très-utile aux fonctions végétales, alors même que leur organisme n'en conserverait que de très-faibles proportions.

11. Lorsqu'on a des raisons suffisantes pour penser qu'un complément de sel serait profitable, on l'ajoute en poudre aux aliments des bestiaux, ou on le leur donne dissous dans leur boisson, ou enfin et mieux, on le met en couches alternatives sur les fourrages au moment de la récolte; il pénètre alors les tissus végétaux, augmente leur sapidité, empêche leur moisissure, leur altération, et les assouplit pour la distribution d'hiver; la dose en serait de 200 à 300 grammes par quintal métrique de nourriture; sous cette forme, il peut rarement être nuisible et se montre très-souvent utile, et encore fautil toujours, surtout s'il s'agit d'essais, le donner à faibles doses et par intervalles.

§ II.

1. On ne peut guère douter que le sel, comme amendement, ne convienne à certains sols; les expériences si remarquables de M. Lecoq, celles de M. Becquerel et d'une foule d'autres l'établissent d'une manière positive; le grand succès des engrais marins, tous plus ou moins imprégnés de sel, et dont l'influence est d'autant plus grande qu'on les emploie à une plus grande distance de la mer, viennent à l'appui de cette opinion; des témoignages nombreux anciens et modernes attestent l'utilité de son emploi dans maintes circonstances;

malheureusement il a échoué presque généralement dans les expériences en grand; les essais multipliés et étendus qu'on en a faits en Angleterre, en France, et dans tous les pays où le prix du sel a té réduit, et qui n'ont pu nulle part en populariser l'usage, doivent nous faire penser que les sols sur lesquels il convient ne seraient malheureusement qu'une exception.

2. Le sel, contenu en trop grande abondance dans le sol, nuit à la végétation de toutes nos plantes alimentaires et usuelles; mais, lorsque, par des lavages, des pluies, ou autrement, sa dose dans la couche végétale se trouve réduite à 1 ou 2 millièmes au plus de la masse, le sol donne alors des produits abondants et d'excellente qualité; mais, lorsqu'il en est imprégné dans ses profondeurs, alors même qu'on en a réduit la proportion dans la couche végétale, après un premier produit avantageux, le sel remonte à la surface, et le terrain doit, pour pouvoir produire de nouveau, recevoir de nouveaux lavages ou des pluies abondantes qui dissolvent et entraînent la partie exubérante de sel marin.

3. Il ne peut résulter aucun inconvénient de donner du sel à un sol qu'on présume en avoir besoin; 2 à 300 kilogrammes de sel par hectare, dose que les expériences ont fait regarder comme dose normale, ne pourraient nuire, alors même qu'ils seraient inutiles. On le donne au sol en poudre, ou dissous dans l'eau sur le sol nu ou sur les végétaux qui le couvrent; mais le mieux semble être de l'unir aux engrais d'étable; il y produit plusieurs effets avantageux, il s'oppose efficacement à une trop vive fermentation, qui évapore une partie notable de leur masse et de leurs principes essentiels; il empêche le chancissement; par l'humidité qu'il y entretient jusque dans les sécheresses, il tient tous ses sucs fécondants en dissolution; et enfin, mêlé avec eux, il reste à la disposition des plantes.

4. Il n'en serait pas du sel comme des autres amendements; la chaux, la marne, le sulfate de chaux, agissent sur les sols qui ne les renferment point, tandis que le sel resterait sans action même sur la plupart de ceux dans lesquels l'analyse ne le rencontre pas; ce ne serait guère que par des essais empiriques qu'on pourrait déterminer les sols auxquels ils convient; cependant il est à croire que ce serait plutôt sur ceux qui ne le contiennent pas que son emploi pourrait convenir; il serait donc utile de faire des recherches sur ce point; dans cette vue, sans recourir à de nombreuses et difficiles analyses de sols, on pourrait acquérir des données générales sur la question en se bornant à l'analyse des eaux des principaux cours d'eau qui arrosent la contrée.

5. On pourrait aussi présumer que les terrains primitifs, et ceux de transport formés par leurs débris, pourraient avoir besoin d'un

complément de sel pour leurs bestiaux et pour leur sol, parce que les eaux de la mer ne les ont points couverts, et par conséquent n'ont pu les imprégner de sel. Il n'en serait pas de même des terrains calcaires et à formations calcaires et renfermant des débris marins, qui peuvent être regardés comme contenant des parties salines.

6. Dans les pays où le sel convient généralement à l'hygiène des animaux, il est présumable que le sol en recevrait aussi avec avantage une certaine proportion; toutefois on conçoit que ces deux emplois se suppléent plus ou moins, et que les doses soit pour le sol, soit pour les animaux, doivent entrer en déduction l'une de l'autre.

7. En définitive, il nous semble que dans l'état des choses on doit conseiller au simple cultivateur de s'en tenir, sur l'emploi agricole du sel, aux usages du pays qu'il habite, et en même temps engager l'agronome qui peut disposer d'un peu de temps et d'avances à multiplier les expériences sur l'emploi du sel, qui peut influer beaucoup sur le produit net du sol et des animaux qui le cultivent.

CHAPITRE XIX

Chlorhydrate de chaux.

Les effets du chlorhydrate de chaux sur la végétation avaient été jusqu'ici très-contestés; il serait toutefois assez important que son action favorable sur le sol fût constatée, parce qu'il s'offre en grandes quantités comme résidu dans les fabriques de produits chimiques.

Son emploi est plus embarrassant que celui du sel marin, à cause de sa déliquescence; il est, par la même raison, d'un transport plus difficile, et ne pourrait pas être répandu en poudre.

On s'est borné ici à des expériences en petit, et on ne connaît pas d'application en grand qui constate son succès sur le sol. Cependant les essais de M. Dubuc, de Rouen, lui sont très-favorables : il pense que la tannée, les cendres lessivées, le charbon, la sciure de bois, les plâtras, doivent lui servir d'excipient et que 300 kilogrammes suffiraient pour l'amendement d'un hectare. Son effet a été grand sur le maïs, les pommes de terre, sur des arbres et arbustes de différentes espèces : il pense qu'il conviendrait beaucoup au chanvre, au lin, aux graines oléagineuses; il a vu doubler le volume des oignons et des pavots auxquels il l'a appliqué.

M. Schrader, sans obtenir des résultats aussi marqués, a néanmoins vu la végétation prendre de l'activité toutes les fois qu'il a employé le chlorhydrate de chaux sur le sol : il propose de le fabriquer en saturant avec la chaux les eaux mères des salines qui contiennent le chlorhydrate de magnésie.

D'un autre côté, M. Woss, à Postdam, a essayé le chlorhydrate de chaux sur une pièce de gazon concurremment avec d'autres engrais. Il a fait jaunir les feuilles de quelques plantes délicates : cependant il a fait plus produire que les cendres de tourbe et la poudrette, mais moins que l'eau de fumier, le fumier de vache, le fumier de cheval.

Essayé par le même sur des pommes de terre, des choux et autres plantes, son succès lui a paru à peine sensible.

CHAPITRE XX

Sels sulfuriques, sulfate de soude.

L'emploi des sels sulfuriques en agriculture produit des effets bien remarquables ; nous avons vu dans ce qui précède que le sulfate de chaux y joue un grand rôle, et que ce rôle semble beaucoup s'étendre. Nous avons vu encore que le sulfate de fer ranime la végétation des plantes malades, et donne quelques espérances de succès sur l'agriculture de plain champ. L'acide sulfurique lui-même, employé sur la poudre d'os, les cendres, et même pur, mais convenablement étendu d'eau, produirait de remarquables effets ; d'autre part, le sulfate de cuivre est un spécifique contre la carie des blés ; depuis peu, allié au sulfate de fer, il fournit pour le même emploi, sous le nom de sulfate mixte, un composé moins cher, un peu moins efficace, il est vrai, mais qui suffit cependant à détruire les germes des sporules du petit végétal malfaisant ; à l'état de sulfate de soude et uni à la chaux, il a fourni à M. de Dombasle et à ceux qui l'ont imité un nouveau spécifique pour le même objet. Il offre l'avantage d'être moitié moins cher que le sulfate de cuivre, et il permet de rendre à la consommation des animaux, sans aucun inconvénient, au moyen d'un lavage, les restes de semence non employés.

Nous avons vu aussi que le sulfate de soude pouvait dans bien des cas remplacer avec avantage le sel marin dans l'hygiène des animaux domestiques ; mais il paraît en outre que son emploi sur le sol pourrait devenir très-utile ; il offrirait l'avantage d'être beaucoup moins cher que toutes les autres substances salines, que le chlorure de sodium même, en raison de l'impôt qui le frappe encore[1].

[1] Depuis que ceci a été écrit, les soudes et leurs composés ont été frappés d'un droit proportionné à la quantité de sel employé à leur fabrication. (*Note de l'Éditeur.*)

Les expériences de son emploi sur le sol sont, il est vrai, peu nombreuses; celle de M. Lecoq prouve qu'à la dose de 300 kilogr. par hectare il augmente de près de moitié le produit du froment; et en dose plus forte, de plus de moitié celui de la luzerne. D'un autre côté, celles plus nombreuses de M. Isidore Pierre, professeur de chimie de la Faculté à Caen, offrent des résultats qui méritent d'être recueillis; il a essayé un grand nombre de sels et en doses variées; il ne les a appliqués, il est vrai, qu'à un champ d'esparcette, mais il est naturel de penser que le résultat serait le même sur les autres légumineuses, et par suite sur la plupart des prés, qui dans les terrains sains contiennent toujours une partie notable de plantes de cette famille. Dans ces expériences, le plâtre cru a eu un avantage marqué sur le plâtre cuit, et sur tous les sels en expérience; employé à la dose d'une semence de froment, il a augmenté le produit de près de moitié. Immédiatement après, vient le sulfate de soude, qui, à la dose de 133 kilogrammes par hectare, a produit moitié en sus. Les sels azotés ammoniacaux et nitrates, employés, il est vrai, à moindre dose, ont produit beaucoup moins d'effet que lui. Le sel marin a eu peu de succès; cependant, mêlé en faible proportion à demi-dose de plâtre cuit, l'effet a été plus grand que celui du plâtre ou du sel marin employés seuls.

Nous ne connaissons point d'expériences sur l'emploi du sulfate de potasse, dont le prix d'ailleurs est trop élevé pour qu'on puisse songer à l'employer comme engrais.

L'avantage des sels sulfuriques employés comme engrais sur les autres composés salins se révélerait encore dans l'emploi du sulfate d'ammoniaque : nous verrons plus tard qu'uni au fumier ou répandu sur le sol, il produit un effet plus fécondant que les autres sels ammoniacaux.

Pour nous résumer sur les sels sulfuriques, l'avantage que nous leur voyons en agriculture sur ceux dus aux autres acides, et l'effet produit par l'acide sulfurique lui-même employé seul, doivent nous faire penser qu'il joue un rôle important dans la végétation; et effectivement il se rencontre en notable proportion dans tous les produits agricoles, et ce serait, à ce qu'il semble, l'acide lui-même plutôt que le soufre ou les sulfures qui offrirait cet avantage, car les cendres de Picardie produisent plus d'effet, lorsque, par la combustion lente, ses sulfures sont arrivés à l'état de sulfate.

CHAPITRE XXI

Des nitrates de potasse et de soude.

Depuis douze à quinze ans, l'usage des nitrates de potasse et de soude s'est beaucoup étendu en Angleterre; il en arrive tous les ans un grand nombre de navires de l'Inde, du Pérou et même de Chine. Ces deux sels ne doivent pas se confondre; le nitrate de potasse contient 13 pour 100 d'azote, et celui de soude en contient 16 : cette quantité d'azote semblerait leur donner un bien grand avantage, puisque l'azote doit être regardé comme l'un des principes les plus précieux des engrais; cependant nous remarquerons que le nitrate de potasse, qui contient 3 pour 100 d'azote de moins, a une action plus marquée sur la végétation, résultat peu d'accord avec l'échelle d'équivalence qu'a produite la science. On pourrait toutefois s'en rendre raison jusqu'à un certain point; la végétation décompose ces deux sels pour s'approprier deux de leurs principes, l'azote et l'alcali; or, la potasse, qui fait partie essentielle de tous les végétaux cultivés, doit être un élément important à ajouter au sol, tandis que la soude ne se rencontre guère en certaine proportion que dans les végétaux marins ou dans ceux des terrains salés; le sol trouverait donc plus d'avantage à recevoir de la potasse au lieu de soude qu'à trouver dans l'engrais qu'on lui donne 3 pour 100 d'azote de plus, ce qui infirmerait encore beaucoup le rôle exclusif de puissance fécondante attribué à l'azote.

C'est particulièrement le nitrate de soude qu'on emploie en Angleterre, parce qu'il est moins cher et ne coûte que 40 fr. les 100 kilogrammes dans les ports; lorsqu'on en est à portée (et en Angleterre, les canaux et les chemins de fer étendent beaucoup les communications), avec la dose ordinaire de 100 à 150 kilogrammes, l'amendement du sol ne revient qu'à 50 ou 60 fr. par hectare; l'accroissement du produit couvre le plus souvent au double la dépense, mais l'effet est peu sensible sur la seconde récolte.

Il n'en est pas du nitrate de soude comme du guano, dont les sources seront facilement épuisées; les lois péruviennes, avant la conquête, proscrivaient son extraction aux époques où les oiseaux de mer réparaient les vides de la consommation; maintenant on l'extrait en tout temps; les volatiles qui le produisent seront bientôt écartés, et les amas qu'ils ont formés pendant des siècles seront bientôt épuisés; le nitrate de soude, au contraire, existe en grande masse et sur de grandes étendues au Pérou et en Égypte, et ne sera pas facilement épuisable. Les Péruviens n'emploient pas ce sel placé dans leurs mains à la fécondation de leurs champs, et vont à distance chercher le guano pour cet objet; il est à croire que le nitrate n'y produit aucun effet utile, ce qui peut faire présumer que leur sol serait de nature calcaire, puisqu'il paraît certain qu'il ne produit aucun effet sur les terrains de cette nature.

Ce sol ne doit pas être mis immédiatement sur la semence, il paraît qu'il en détruit les germes. Il se sème en poudre comme la plupart des engrais salins, particulièrement sur les récoltes en végétation; il favorise toutes les natures de récolte, mais plus encore les graminées que les légumineuses.

M. Vilmorin a essayé son emploi de la même manière que Franklin montra l'effet du plâtre à ses compatriotes; il a tracé avec ce sel en poudre des lettres sur le sol couvert de végétaux, et ces lettres ont été marquées par une hauteur plus grande des plantes qui avaient reçu l'engrais; il remarqua alors que les graminées paraissaient en avoir profité plus encore que les légumineuses.

Les nitrates ne semblent pas produire un effet sensible sur les sols calcaires, d'où l'on serait tenté de conclure que ces sols se suffisent à eux-mêmes pour la production de ce sel.

Cette inégalité d'effet a longtemps fait hésiter sur son emploi; son efficacité niée par ceux auxquels il n'avait pas réussi, assurée par ceux qui lui avaient dû un accroissement de produit, est maintenant incontestée, mais on n'est pas même encore bien complétement d'accord sur la nature des sols auxquels il convient. Nous ne reviendrons pas sur ce que nous avons dit précédemment de la formation spontanée du salpêtre. On conçoit bien comment a pu se former l'acide nitrique au moyen de l'électricité; les analyses de Liebig, qui a trouvé l'acide nitrique dans toutes les eaux d'orage qu'il a analysées, établissent bien que cet acide se forme dans les orages, et que la pluie qui survient alors le dissout pour le mettre à la disposition des végétaux qui couvrent le sol; ce serait peut-être là la cause d'impulsion remarquable que les temps orageux donnent à la végétation, mais ce ne serait point la source unique ni peut-être principale de la formation de l'acide nitrique; les nitrates se forment beaucoup mieux à l'abri de la pluie qu'à ciel ouvert; dans les murs, les caves, les celliers, les nitrières artificielles abritées, ces sels se produisent en assez grande abondance sans que la pluie nitrée des orages puisse les y porter.

Et puis comment, sur les bancs de craie de la Touraine, de la Saintonge, de la Roche-Bernard dans l'Oise, sur les murs des maisons de craie de la Champagne, la potasse a-t-elle pu se rencontrer de manière à pouvoir former des efflorescences de salpêtre? Comment ce sel peut-il se reformer dans les nitrières artificielles qu'on lessive tous les ans, et qu'on prive par là de leur acide nitrique comme de leur potasse?

Si l'on peut jusqu'à un certain point se rendre compte de la formation de l'acide nitrique, dont les éléments se rencontrent dans l'air et dans l'eau, il n'en serait pas de même de la potasse. Il est remarquable que le remuement du sol facilite la formation du nitrate de potasse; ainsi, en Espagne, un champ labouré en hiver et au printemps donne au lavage, dans le mois d'août, une quantité très-notable de salpêtre, et l'année d'après en donne encore autant si on le traite de la même manière. Il en est de même de la terre qui forme les nitrières artificielles, dont le mouvement à plusieurs reprises et le mélange avec des substances azotées renouvellent la richesse. Nous serions donc conduit à conclure de nouveau que le sol et l'atmosphère, par leur réaction réciproque, peuvent combiner les éléments non encore connus de substances qu'on regarde encore comme des corps simples, parce qu'on n'a pas encore pu les décomposer.

D'ailleurs, l'atmosphère renferme sous forme de gaz, à ce qu'il semble, beaucoup de substances qu'on regarde généralement comme fixes. Ainsi la terre, que les analyses trouvent dans les eaux de pluie, vient bien nécessairement de l'atmosphère; la potasse elle-même se volatilise, le feu des volcans la réduit en gaz, et celui des fours à chaux cuite au bois la volatilise à tel point, que la chaux produite sans aucun contact avec le bois ni les cendres en contient une quantité notable.

Quoi qu'il en soit, les Anglais, pour fumer leur sol, extraient de l'étranger de grandes quantités de nitrates, de guano, de marc d'huile et d'os; cependant ils ont un grand nombre de bestiaux qui, dans les circonstances ordinaires de l'agriculture, suffiraient à fumer abondamment leur sol; mais une bonne partie du fumier produit ne profite pas à leurs terres labourables; un tiers, moitié peut-être de leurs animaux, sont nourris et engraissés au pâturage; leur climat brumeux est très-favorable à la reproduction des herbes des prairies; leurs hivers doux permettent de nourrir les animaux presque toute l'année au pâturage; pendant leurs six mois d'hiver, deux acres de pâturage produisent autant de nourriture qu'un acre pendant l'été; ces circonstances favorables de climat, le haut prix de la viande, la cherté de la main-d'œuvre, les ont engagés à étendre beaucoup le système d'exploitation du sol par le pâturage; cette agriculture est simple, facile, mais est loin d'être favorable à la production des grains; les bestiaux passent le jour et la nuit sur le sol en pâturage, et y laissent par conséquent toutes leurs déjections; le sol pâturé s'enrichit incessamment, mais les terres en labour sont privées du fumier de ces bestiaux; pour soutenir le produit du sol, on a eu recours aux cendres de toute nature, à la marne, à la chaux, à l'argile brûlée, à l'écobuage, aux débris animaux et végétaux de toute espèce, aux résidus des manufactures; mais tout cela n'a pas suffi; on s'est vu obligé d'importer de l'étranger de grandes masses de guano, d'os, de nitrates, et de marcs de graines huileuses, et c'est avec ces engrais que leurs cultivateurs soutiennent leur produit de 24 hectolitres par hectare.

Mais toutes ces ressources ne font pas, comme nous l'avons dit, le fond de la terre; il y a donc un vice dans ce système, et pour en juger, il suffit de comparer l'état des choses en Angleterre et dans le département du Nord, où les bestiaux vivent principalement dans les écuries.

Le département du Nord, avec ses 567,000 hectares, fournit à peu près ce qui est essentiel à la vie de sa population de 1,100,000 âmes; c'est un demi-hectare par habitant; nous pourrions même en retrancher un cinquième de la superficie totale, occupée par des cultures industrielles qui demandent beaucoup d'engrais, ce qui diminuerait d'autant la proportion. Depuis quelques années, la culture de la betterave, qui s'y est étendue hors de toute mesure, ne semble même pas avoir modifié cette espèce d'équilibre.

L'Angleterre, avec ses 31 millions d'hectares, est obligée de tirer de l'étranger une partie très-notable de la nourriture de ses vingt-huit millions d'habitants; c'est cependant un hectare 11/100 pour chacun d'eux. Nous serions donc en droit de conclure que l'agriculture flamande serait au delà d'une fois plus productive en nourriture humaine que l'agriculture anglaise.

Toutefois l'ensemble de l'agriculture anglaise a encore beaucoup d'avantages sur l'agriculture française, puisque 53 millions d'hectares ne suffisent pas toujours à la nourriture de 35 millions d'habitants; c'est un hectare et demi par tête au lieu d'un hectare 11/100. Le supplément tiré du dehors en France est, il est vrai, relativement moindre, mais ce qui compense au moins cette différence, c'est que chaque individu en Angleterre consomme en moyenne plus de viande qu'en France, et boit au moins deux hectolitres de bière qui représent un hectolitre d'orge.

En résumé, ce qui caractérise la différence et les vices de ces deux agricultures, c'est que nous labourons trop, et que nous n'avons guère que la moitié des bestiaux nécessaires à l'engrais de notre sol, et qu'eux labourent trop peu, et que la moitié de l'engrais de leurs bestiaux profite peu à la consommation humaine.

Mais rentrons dans notre sujet, pour répéter que les amendements et engrais de peu de volume sont une grande ressource pour l'agriculture, mais que le fumier des animaux leur doit être ajouté en grande masse pour faire le fond du sol, c'est-à-dire, pour en accroître la richesse présente et à venir. On peut en général faire de bonne agriculture avec du fumier sans amendements ou sans engrais de petit volume, mais avec eux, il faut encore abondance de fumier. Répétons donc ce que nous avons dit en commençant ce traité, que c'est par l'emploi raisonné de ces deux ordres de ressources qu'on peut approcher de la perfection agricole.

CHAPITRE XXII

Des sels ammoniacaux.

Nous avons dit en passant quelques mots sur l'emploi des sels ammoniacaux; des expériences qui sont déjà assez nombreuses semblent annoncer que leur effet serait très-puissant sur la végétation; depuis longtemps on avait annoncé leur puissance sur le sol. Il y a plus de trente ans que M. Rigaud, de Lille, avait éprouvé l'effet avantageux du sulfate d'ammoniaque sur le froment. M. de Gourcy rapporte qu'en Angleterre celui des manufactures de gaz de houille, répandu sur le sol en froment à la quantité de cinquante, cent et cent cinquante kilogrammes, avait produit une augmentation de récoltes de deux jusqu'à neuf hectolitres, surplus de produit plus considérable que celui donné par la même quantité de guano. Nous citerons encore les expériences de MM. Huzard et Kuhlmann, qui ont produit des résultats analogues, et la pratique agricole déjà ancienne de M. Schattenmann.

Mais d'autre part, M. Bouchardat produit une série d'expériences qui établissent que les sels ammoniacaux seraient contraires à la végétation; les résultats contradictoires de ces expériences faites par des hommes dignes de toute confiance s'expliqueraient peut-être de la même manière que ceux que l'on a obtenus dans les essais faits sur l'emploi du sel, c'est-à-dire que les sels ammoniacaux conviendraient à certains sols et nuiraient à d'autres. Quoi qu'il en soit, *adhuc sub judice lis est*, et l'Académie des sciences a nommé une commission pour répéter les expériences et prononcer. Il est à désirer, pour que les résultats soient plus concluants que ceux qui ont précédé, que les expériences puissent porter sur des sols de natures diverses.

C'est ici le lieu de rappeler des résultats plus nouveaux obtenus par M. Kuhlmann de l'emploi des sels ammoniacaux. Il résulte de ses expériences que les terres auxquelles il avait appliqué une dose normale de ces sels ont donné en 1844 un produit très-supérieur aux parties voisines non fumées; mais qu'en 1845 le rendement de ces mêmes parcelles a été, au contraire, sensiblement moindre; d'où il résulte que l'emploi du sel azoté a épuisé les forces du sol plus qu'une récolte sur le même sol obtenue sans engrais; ou, en d'autres termes, M. Kulmann conclut que l'emploi des engrais azotés a pour effet de déterminer immédiatement une surexcitation dans la végétation aux dépens des récoltes suivantes; les mêmes parcelles, fumées de nouveau en 1846 avec des sels ammoniacaux, ont donné encore un excédant de produit, mais moins élevé que le premier; toutefois il serait hors de doute que leur emploi renouvelé, en produisant une nouvelle surexcitation, épuiserait de plus en plus le sol.

Mais voici un nouvel élément bien important qui surgit dans la discussion; l'illustre chimiste de Giesen, après avoir admis avec les praticiens et les théoriciens que l'ammoniaque était un principe essentiel et nécessaire des engrais, regarde maintenant l'ammoniaque comme l'un des principes constituants de l'air atmosphérique, et pense que les végétaux l'y puiseraient suivant leurs besoins, comme l'acide carbonique.

Il en a de plus trouvé dans les sols une grande proportion; il a fait déterminer sous ses yeux la quantité d'ammoniaque que renfermaient vingt-deux sols de nature différente, et il en a dû conclure qu'un hectare de terrain argileux de qualité moyenne en contient huit à neuf mille kilogrammes, et que le plus mauvais sable en renferme au moins deux mille. Or, continue Liebig, le meilleur engrais animal, suivant les analyses de M. Boussingault, ne fournit pas annuellement à la récolte qu'il produit, plus de cinquante kilogrammes d'azote par hectare, fraction si faible par rapport à la quantité d'ammoniaque qui fait partie constituante du sol, qu'il est difficile d'admettre qu'on lui doive sa fécondité; il persiste d'ailleurs à espérer qu'on arrivera à remplacer les engrais animaux par des subtances salines de petit volume. Dans son premier système, regardant les principes minéraux que contiennent les produits comme le besoin essentiel des plantes, et comme devant suffire presque exclusivement à leur production, il laissait de côté l'humus, qui depuis des générations était regardé comme jouant le principal rôle dans la végétation des sols; dans son nouveau système, il arriverait encore à éliminer à peu près l'azote, que cependant la pratique et l'expérience doivent nous faire regarder comme l'un des agents les plus actifs de la production.

La grande quantité d'ammoniaque que Liebig a trouvée dans différents sols, sans aucun rapport avec leur fécondité naturelle, prouverait que, dans l'état où elle s'y trouve, elle serait difficilement décomposable par la végétation, et que les plantes ne pourraient y puiser l'azote dont elles ont besoin que sous certaines conditions qui n'en permettraient même qu'une lente décomposition; mais elle ne prouverait rien contre le rôle de l'azote lui-même dans la végétation; nous avons bien vu que l'ammoniaque à l'état caustique et son carbonate seraient plutôt nuisibles qu'utiles à la végétation, puisque les engrais perazotés et le fumier lui-même, pour produire sans inconvénient leur effet utile sur les plantes jeunes surtout, ont besoin d'une première fermentation dans laquelle se dégagent l'ammoniaque caustique et le carbonate d'ammoniaque qu'ils contiennent. Mais ces engrais conservent une quantité notable d'azote dans un état de combinaison favorable à la végétation, et ils n'ont perdu par la fermentation que les combinaisons azotées qui ne lui sont pas immédiatement utiles, mais qui cependant, conservées par les moyens que nous avons indiqués, offrent des ressources à l'avenir de la plante.

D'ailleurs l'expérience prouve, ainsi que nous l'avons vu, que les sels ammoniacaux sont eux-mêmes d'utiles engrais, et que leur utilité s'accroît lorsqu'on les mélange avec les engrais d'étable; la raison en est que leur ammoniaque, par son union avec le fumier, éprouve des combinaisons qui offrent des ressources immédiates à la végétation. Les analyses de Liebig prouvent à la vérité que l'ammoniaque se rencontre en assez grande proportion dans les sols, sans s'y montrer, à ce qu'il semble, éminemment utile; mais elles sont loin de prouver que l'azote, qui se rencontre essentiellement dans toutes les parties des plantes où la vie est la plus active, et dont la plus ou moins grande proportion dans les engrais est souvent la mesure de leur puissance sur la végétation, n'y joue pas un rôle d'une haute importance.

Ainsi donc, après avoir prouvé que l'échelle d'équivalence des engrais fondée sur la proportion d'azote qu'ils contiennent ne donnerait pas la juste mesure de leur efficacité, nous sommes arrivé à défendre le principe qui lui sert de base, et qui n'a conduit à l'erreur que parce qu'on lui a donné trop d'étendue.

Mais, alors même que ce système aurait été poussé à des conséquences trop générales, les travaux sur lesquels il se fonde seront néanmoins très-utiles à l'agriculture en faisant connaître la composition des engrais et présentant une échelle souvent juste de l'effet des engrais analysés sur la première récolte; mais toujours, en dernière analyse, devrons-nous nous confirmer dans l'opinion de tous les temps et de tous les lieux, qui regarde les engrais animaux comme la base essentielle de l'agriculture, qui admet qu'eux seuls font le fond de la terre et peuvent préserver le sol de l'épuisement qu'y déterminerait l'emploi exclusif des amendements et des engrais perazotés.

Nous dirons plus; nous regardons la nécessité des engrais animaux pour féconder le sol comme une grande vue providentielle; elle force de recourir à la multiplication des bestiaux qui fournissent à l'homme un supplément de nourriture important, qui lui procurent les matières premières de ses vêtements et le dispensent des travaux les plus pénibles du sol. Les engrais qu'ils produisent sont le plus sûr garant contre les disettes et défendent mieux le sol des intempéries que tous les autres engrais ou amendements. Grâce à la multiplication du bétail en Europe, quoique la population y ait triplé, les famines sont devenues de plus en plus rares; c'est au contraire à sa rareté que l'on doit attribuer leur fréquence en Chine, où les hommes prennent la place des bêtes de labour, des bêtes de somme, et où des millions d'individus périssent de faim tous les douze à quinze ans. Les bestiaux, après avoir produit dans le sol, par leur travail et leur fumier, et hors du sol, par leur chair et leur laitage, la nourriture de toute la population, après avoir fourni la plupart des matières premières des manufactures, après que leur engrais a fait produire au sol toutes celles qu'ils ne fournissent ou ne donnent pas eux-mêmes, permettent, par leur puissant travail sur le sol, à une partie de la population de se dispenser d'y employer ses bras pour s'occuper des arts utiles, des sciences, des beaux-arts; il serait donc très-peu à désirer de voir vérifier les espérances du chimiste de Giesen, et il est bien préférable pour la prospérité du pays et l'aisance de toutes les classes que l'agriculture ait besoin du secours des engrais animaux et, par conséquent, de la multiplication des bestiaux.

CHAPITRE XXIII

De quelques amendements ou engrais nouveaux.

§ 1. Depuis que Liebig a proposé de remplacer le fumier par de faibles doses de substances salines, et qu'il a lui-même donné l'exemple de la vente de ces substances, les propositions d'engrais nouveaux ont plu dans toutes les parties de l'Europe; en France plus qu'ailleurs, des industriels surgissent de toutes parts pour remplacer les engrais d'étable et les engrais les plus énergiques par des substances en poudre ou en liquide, d'un volume cinquante fois, cent fois moindre que celui que l'expérience avait fixé pour les engrais qu'on employait à la plus faible dose. Depuis 1842, on compte quatre-vingt-six brevets d'invention pour des engrais nouveaux, et tous promettent la plus haute fécondité. Pour se faire accueillir, ils demandent pour leurs spécifiques des prix très-inférieurs aux dépenses ordinaires d'engrais; heureusement la plupart de ces inventions sont oubliées aussitôt que produites; mais quelques industriels s'obstinent à répandre des circulaires, à faire annoncer dans les journaux des succès prétendus et à employer toutes les ressources du charlatanisme. Nos cultivateurs, que la détresse rend crédules, se prennent trop souvent à ces piéges; nous croyons donc utile de dire ici quelques mots sur ce nouveau fléau qui menace notre agriculture.

De tout temps on a proposé des moyens de cette nature, et on a voulu les substituer aux engrais et aux amendements en usage; aujourd'hui que des hommes dévoués ont abordé la question et ont fait connaître l'absurdité de ces prétentions, nous nous aiderons de leurs travaux pour la traiter à notre tour.

C'est M. Girardin, de Rouen, qui a commencé la discussion; il a fait connaître la composition de ceux de ces prétendus engrais qui font le plus de bruit et révélé une partie des déceptions qu'ils ont déjà causées.

M. Barral, abordant ensuite la question dans sa généralité, a relevé au ministère la composition de tous les engrais brevetés depuis 1796; il a analysé ensuite des échantillons pris chez les inventeurs des plus accrédités de ces engrais pour les comparer aux compositions brevetées, de sorte qu'il ne reste plus aucun secret, et qu'on peut les apprécier, parce qu'ils se composent tous de substances dont l'effet est connu en agriculture, et qui sont déjà employées comme engrais. Les écrits de MM. Barral et Girardin, qui démasquent d'avides spéculateurs, qui préviennent des déceptions nombreuses, sont donc des services rendus au premier des arts et à ceux qui le pratiquent, et ce sont non-seulement de bons travaux, mais encore de bonnes actions

Les inventeurs les plus récents ont en général multiplié le nombre des substances dont ils composent leurs panacées, et en ont fait un mélange souvent bien plus propre à diminuer leur action qu'à l'augmenter; leur bénéfice résulte de ce que les doses qu'ils prescrivent comptent souvent par litre, comme celles en usage comptent par hectolitre; on conçoit qu'ils peuvent faire alors un *honnête* bénéfice.

Le prix du litre est élevé; mais, comme la dose est minime, celui de la fécondation d'un hectare est encore beaucoup moindre que celui des engrais ou amendements de toute nature; la puissance de leurs engrais est d'ailleurs *constatée* par des certificats nombreux; elle est proclamée dans des programmes répétés par les journaux de toutes les nuances. Avec leur emploi, on épargne beaucoup de frais de transport et de main-d'œuvre de toute nature; la terre ne doit plus produire de mauvaises herbes, et les insectes malfaisants se trouvent détruits. Il y a dans toutes ces promesses de grands moyens de séduction pour les agriculteurs, réduits, par les procédés ordinaires, à arracher à la terre des produits qui ne compensent pas toujours le travail et les frais; aussi le débit n'a point manqué.

Mais le bénéfice était grand, parce que les spécifiques se composent de substances peu chères : on vend 20 francs ce qui en coûte à peine un; l'appât est donc encore plus grand pour les inventeurs que pour les agriculteurs; aussi s'est-il présenté des concurrents en foule, et les nouveaux, pour se faire préférer, ont renchéri sur les merveilles de fécondité des premiers, ont successivement abaissé les doses, en sorte que, tout en augmentant le prix du litre, la dépense à faire se trouve néanmoins encore diminuée; c'était un appât de plus qu'ils présentaient aux agriculteurs en même temps qu'ils grossissaient leurs propres bénéfices; cette double progression en sens contraire d'accroissement de fécondité et de diminution de prix n'a pas cessé de s'accroître dans les programmes nombreux qui se sont succédé. Ainsi M. Huguin, l'un des derniers, a fini par réduire sa dose à 6 litres par hectare, et il n'est pas impossible que de plus habiles encore ne trouvent le moyen d'arriver à plus de fécondité avec des doses moindres.

Nihil sub cœlo novum; nos inventeurs copient les procédés, sinon les mélanges, que, dans tous les temps et dans tous les lieux, on a proposés aux agriculteurs pour faire produire au sol, à peu de frais, de grands produits; mais ils dépassent leurs prédécesseurs dans l'élévation de leurs prix et l'affaiblissement de leurs doses; et, comme ces doses de quelques litres ne pouvaient s'appliquer aux 10,000 mètres carrés de la surface d'un hectare, ils se bornent à agir sur la semence. Pour cela, ils supposent qu'il suffit, pour assurer le produit, de donner au germe de la plante une première impulsion de développement; ils appliquent donc à la semence un principe stimulant dont ils abaissent la dose en proportion de l'énergie qu'ils lui supposent.

Jusqu'ici, les poudres ou liqueurs végétatives des temps anciens ou des temps plus rapprochés de nous, après avoir commencé à créer quelques illusions, ont toutes fini par des déceptions ; en sorte qu'elles sont aujourd'hui oubliées comme leurs auteurs; et, sans remonter bien haut, sur près de cent brevets d'engrais à petites doses tombés dans le domaine public depuis la loi des brevets d'invention, il n'en a pas survécu un seul dans la pratique de l'agriculture. Nos vieux livres agronomiques, ceux même que nous ont laissés les Romains et le Bas-Empire, renferment tous des recettes de composés merveilleux qui devaient, à petite dose, assurer la fécondité du sol; les livres restent, mais les recettes sont reléguées au rang des fables; ceux qui font aujourd'hui tant de bruit ne peuvent manquer d'avoir le même sort;

ils sont à peu prés la copie les uns des autres, se composent des mêmes substances; seulement les effets qu'ils promettent sont de plus en plus merveilleux, les bénéfices de l'agriculture de plus en plus grands, les programmes de plus en plus séduisants; il faut donc convenir que, parmi nos industries, le charlatanisme n'est pas celle qui a fait le moins de progrés.

§ 2. Dans le siécle dernier, Duhamel en France, et Jethro Tull en Angleterre, s'appuyant sur ce que la végétation spontanée se suffit à elle-même, peut se reproduire indéfiniment, et que le sol qui la fournit, au lieu de s'épuiser, augmente, au contraire, de fécondité, établirent en principe qu'il devait en être de même de la végétation qui se produit sous la main de l'homme; que le travail suffit sans avoir besoin d'engrais pour entretenir la fécondité, et que les végétaux empruntent à l'atmosphère toutes les substances dont ils se composent. Les nouvelles découvertes de la chimie ont bien prouvé effectivement que l'atmosphère contient en abondance les substances volatiles dont se composent les végétaux, le carbone, l'oxygène, l'azote et l'hydrogène; mais la pratique agricole ancienne et nouvelle a démenti les espérances de Duhamel, et établi, en premier ordre, que les végétaux cultivés par l'homme ont besoin de trouver, dans le sol, une partie des substances volatiles dont ils se composent, et, bien plus, que leur énergie d'absorption sur le milieu atmosphérique s'exerce en raison de l'abondance de ces principes eux-mêmes que renferme le sol.

Le chimiste de Giesen a adopté le principe fondamental du systéme de Duhamel, que les végétaux puisent dans l'atmosphère tous les principes volatils qui entrent dans leur composition; mais en remarquant que les végétaux renferment aussi des principes minéraux fixes qu'on ne rencontre pas dans l'atmosphère, et que les récoltes successives priveraient bientôt la terre de ces substances nécessaires à l'organisation végétale, il a cru devoir ajouter au systéme de Duhamel, comme condition nécessaire, qu'il fallait donner au sol les substances minérales qui entrent dans la composition de la récolte qu'on veut en obtenir. Convaincu de la justesse de sa théorie, il a songé à en tirer parti; on a donc débité, sous son nom, en Allemagne et en Angleterre, des engrais artificiels, modifiés suivant la nature du sol et l'espèce des récoltes; le nom de l'habile chimiste a déterminé, dans ces deux pays, un grand nombre d'essais, auxquels il n'a manqué, en général, que le succès.

En Angleterre, au milieu des mécomptes résultant de l'emploi de l'engrais du maître, d'autres engrais artificiels, de diverses natures, se sont multipliés, et plusieurs même semblent trés-efficaces; mais ils ne se sont pas présentés avec des prescriptions de doses absurdes comme parmi nous; ainsi les guanos artificiels, composés de substances analogues à celles des îles péruviennes, ont produit des effets très-sensibles sur la végétation, et les os, modifiés sous différentes formes, ont presque toujours réussi.

M. Payen a été envoyé en Angleterre pour étudier ces engrais nouveaux et leurs résultats; il a publié sur son voyage une Notice pleine d'intérêt dont il est utile de rappeler ici les principaux traits. Il a d'abord rencontré un riche propriétaire, M. Bennet Lawes, qui dévoue son temps, ses capitaux et une vaste propriété à des expériences sur l'emploi des engrais artificiels; cet agronome zélé a déjà obtenu d'utiles résultats.

Ainsi le silicate de potasse et les sels de soude et de potasse employés seuls ont été sans effet sur le sol de M. Lawes, et les meilleurs engrais minéraux n'ont produit de fécondité remarquable que mélangés à des substances azotées ou des sels ammoniacaux.

Deux lots de terre égaux, fumés le premier avec une dose donnée d'engrais d'étable, et le second avec les cendres d'une pareille quantité de fumier, ont produit par hectare, le premier 20 hectolitres de froment, et le second 14. En France, M. Boussingault a vu les cendres du fumier rester absolument sans effet, pendant que, sur le lot voisin, la même quantité de fumier en nature amenait une forte récolte; cette double expérience, qui donne deux résultats identiques, sape par sa base le principe théorique fondamental du système de Liebig, que pour entretenir la fécondité d'un sol il suffit de lui donner les substances minérales que renferment ses produits.

L'entreprise de M. Lawes est sans doute bien louable, et il est bien à désirer qu'il publie ses résultats; cependant nous devrons faire remarquer qu'ils ne sont applicables qu'aux sols analogues à celui qu'il cultive; et nous serions disposé à penser que ce sol serait de nature calcaire, puisque les engrais minéraux ont été à peu près sans action sur lui, et que l'on sait que la plupart, agissant plus ou moins sur les sols siliceux, sont généralement sans action sur les sols calcaires.

Nous ne trouvons guère en France de dévouement désintéressé comme celui de M. Lawes, mais il serait bien à désirer que, dans la plupart de nos nombreuses fermes expérimentales, on poursuivît le même but; les résultats obtenus sur ces différents points, dont les sols sont variés, permettraient d'apprécier les divers engrais artificiels à leur juste valeur; ce serait en quelque sorte des expériences officielles que les prétendus inventeurs ne pourraient récuser, comme ils le font pour les expériences des particuliers; la publication de ces résultats mettrait obstacle aux déceptions et arrêterait l'essor du charlatanisme; ce serait l'un des moyens de compenser, pour le pays, les grandes dépenses qu'ont entraînées ces établissements.

On a essayé, dans plusieurs cantons de l'Angleterre, l'emploi de fossiles connus sous le nom de coprolithes; ces fossiles sont d'une assez grande dureté, et renferment du phosphate de chaux en proportion variable; mais, alors même qu'ils sont réduits en poussière, ils se décomposent difficilement en terre et y ont produit peu d'effet; aussi les usines qui les préparaient ont cessé leur travail, faute de débit.

L'emploi des os sous différentes formes est toujours en grand crédit; dans les grandes usines, avant de les pulvériser, on en extrait la graisse huileuse, dont on fait du savon; mais on les emploie surtout dissous par l'acide sulfurique; pour cela, on fait tremper les os grossièrement pulvérisés pendant un ou deux jours dans l'eau, après quoi on y mêle depuis 25 jusqu'à 50 pour 100 d'acide sulfurique; on obtient ainsi une pâte, qu'on mélange après quelques jours, pour la dessécher, à des cendres ou du noir d'os, puis on la répand sur le sol réduite en poussière; mélangé à du noir d'os, cet engrais se vend 24 à 25 francs les 100 kilogrammes; la dose en est de 220 kilogrammes par hectare; son effet très-puissant, particulièrement sur les turneps, est plus prompt si on le répand délayé dans l'eau.

Après les mécomptes qu'avait amenés l'emploi des engrais Liebig, on y a bientôt renoncé, et les engrais analogues qu'ils avaient fait naître n'y ont pas eu longtemps du crédit.

§ 3. En France, nous devons le dire, la question des engrais artificiels a soulevé plus d'avidité et de charlatanisme qu'en Angleterre; les connaissances agricoles y sont plus rares; il était par conséquent plus aisé d'y faire croire à de grands produits obtenus à peu de frais; mais nos habiles ont trouvé que les engrais Liebig, en raison du volume qu'ils conservaient, n'offraient pas encore assez de profit; ils ont donc jugé utile à leurs intérêts de réduire beaucoup leurs doses, et ils les ont successivement diminuées, au point que plusieurs d'entre eux seraient presque arrivés à substituer le litre à l'hectolitre qu'on prescrit pour nos engrais artificiels les plus connus, engrais qui font d'ailleurs le fond de leurs procédés; pour donner ensuite à leur entreprise plus d'apparence scientifique, les plus adroits, s'appuyant sur le maître, annoncent avoir modifié leurs recettes suivant la nature des récoltes qu'on veut amender et des sols qu'on veut féconder: ainsi M. Bickès débite dix-sept poudres; MM. Dusseau, quatorze liquides spéciaux; M. Huguin, vingt sortes d'engrais en poudre et liquides, et on annonce que chaque variété convient spécialement et exclusivement à une récolte et serait fatale à d'autres, moyen ingénieux de multiplier le débit, de pouvoir nier les analyses des chimistes, et enfin de pallier les insuccès, en disant que l'expérimentateur n'a pas employé la poudre spéciale.

Nous avons établi ailleurs en axiome agricole que les plus puissants de nos engrais, les engrais perazotés et même phosphatés, employés aux doses normales qu'a établies la pratique, avaient besoin d'être mélangés ou alternés avec les engrais animaux ; nos inventeurs seraient plus habiles ; ils prétendraient le plus souvent remplacer les engrais animaux comme les engrais artificiels connus par des doses de ces derniers, réduites à 1/40ᵉ ou 1/50ᵉ des doses normales ; ils croient ensuite échapper à l'évidence qui les condamne en multipliant les substances qu'ils emploient ; mais, dans ces mélanges, il se forme sans doute des combinaisons nouvelles qui peuvent paralyser l'effet des substances connues pour actives ; sous tous les points de vue donc nos inventeurs tombent dans l'absurde.

§ 4. Dans un écrit spécial sur les amendements, notre sujet nous entraîne à nous occuper d'une partie des substances mixtes qu'on peut regarder à la fois comme engrais et comme amendements ; toutefois nous ne pouvons nous occuper de tous ces engrais, dont le nombre s'élève à près de cent cinquante ; nous renvoyons pour la plupart d'entre eux au travail de M. Barral, inséré dans le *Journal d'agriculture pratique*[1], ce travail conduira, nous l'espérons, l'auteur à un ouvrage spécial sur la matière ; nous nous bornerons ici, en nous réservant de traiter ailleurs la question générale, à examiner d'une manière spéciale les trois qui font le plus de bruit, les engrais Bickés, Dusseau et Huguin.

Ces messieurs tirent les uns et les autres de leurs doses des prix relativement très-élevés ; M. Bickés vend 40 francs les 15 kilogrammes de poudre, dose d'un hectare ; MM. Dusseau, 35 francs les 15 à 16 litres nécessaires, et M. Huguin, 24 francs sa dose de 6 litres : ces concurrents s'accordent assez généralement à élever le prix de leurs ventes à vingt fois, trente fois, cinquante fois le prix de revient, et ils y arrivent d'autant plus facilement, que, dans les poudres ou les liquides qu'ils vendent, ils remplacent volontiers les substances de leurs brevets qui ont quelque prix par d'autres presque sans valeur.

1° M. Bickés, le premier des trois, a été l'un des plus ambitieux ; il a prétendu dispenser, par son spécifique, le sol de toute espèce d'engrais ; dans la recette qu'il donne pour son brevet, il dissout dans 10 litres d'eau :

Colle forte.	1 k.	»
Azotate et potasse.	0	250 gr.
Chlorure de sodium.	0	150

[1] Troisième série, vol. 1 et suivants.

Et il ajoute, pour les terres argileuses, de la chaux caustique et des cendres pour absorber sa dissolution.

Il débite son spécifique en poudre, mais pour l'emploi il prescrit de le délayer dans 5 litres d'eau, et de verser le tout sur un hectolitre de semence, que l'on doit remuer de manière que chaque grain soit autant que possible imprégné de liquide.

Nous remarquerons d'abord que les analyses de la poudre Bickès pour les céréales ont donné à M. Barral des résultats fort différents de sa recette brevetée. Il y a trouvé :

Carbonate de chaux.	56.71
Phosphate de chaux.	4.53
Silice.	5.28
Azotate de potasse.	3.63
Chlorure de sodium.	2 45
Gélatine.	27.40
TOTAL.	100. »

La poudre fécondante renferme donc 56 pour 100 de carbonate de chaux dont il n'est pas question dans le brevet, moyen fort commode de doubler son bénéfice; mais cette poudre ne pourra produire aucun effet sur les sols calcaires; les deux tiers de ses composants, les carbonate, phosphate de chaux et l'azotate de potasse qui sont très-fertilisants lorsqu'on les emploie à dose convenable sur les sols argilo-siliceux, sont sans effet sur les sols calcaires; il ne resterait donc, pour déterminer la fécondité d'un hectare de ces derniers, que 2 à 3 kilogrammes au plus de matière organique : *Risum teneatis.*

Mais, sur les sols non calcaires eux-mêmes, il ne serait pas possible que la dose indiquée pût avoir un effet sensible; le carbonate de chaux, qui en compose près des 3/5, s'y trouve à la quantité de 9 à 10 litres par hectare, proportion trois cents fois moindre que celle où il se rencontre dans les marnages les plus faibles connus, ceux de Sologne; à ces 10 litres de carbonate de chaux se joignent, d'après l'analyse, 1 litre d'azotate de potasse et de chlorure de sodium, 1 1/2 litre de phosphate de chaux et de silice, et 3 litres de gélatine, pour composer les 15 à 16 litres, dose d'un hectare. Quel effet peuvent produire de pareilles doses sur un hectare? L'expérience nous apprend qu'un hectare a besoin de deux à trois cents litres, au moins, des amendements les plus énergiques, soit qu'on les répande en poudre sur le sol, ou qu'on les emploie, comme la plupart des engrais des programmes, a pénétrer et envelopper la semence.

Si maintenant on veut juger l'engrais à l'œuvre, nous citerons la ferme nationale de Rambouillet et celle de M. Potel, à Créteil, dont le blé, préparé avec l'engrais Bickès, a produit moins que celui qui n'avait pas été fumé, et dont la semence avait reçu un simple chaulage.

M. Moll, sur d'assez grandes étendues fumées avec l'engrais Bickès, a recueilli à peine la semence, à côté d'une terre de même qualité fumée avec le noir d'os, qui a produit 28 hectolitres.

M. Masson, jardinier de la Société d'horticulture, qu'on invoquait en faveur de cet engrais dans le *Moniteur*, a donné peu de jours après un démenti formel.

M. Ménard a constaté que cet engrais est resté sans effet sur du froment et du seigle, en Sologne et dans les landes de Gascogne.

Enfin, en Allemagne, il a reçu de nombreux échecs, parmi lesquels nous rappellerons celui qu'il a subi, en 1844, chez M. Villeroy, dans le Palatinat.

Nous citerons encore M. de Westerweller, notre collègue, qui a vu sa complète inefficacité sur les terres de la ferme-école de Wiesbaden.

Toutefois M. Bickès ne se découragera pas, tant qu'il trouvera à vendre au prix de quarante francs la dose qui ne lui en coûte pas deux, et il exploite maintenant la France comme il a exploité l'Allemagne.

2° Nous arrivons maintenant à l'engrais Dusseau ; ces messieurs se déclarent les inventeurs *d'un engrais liquide propre à stimuler la végétation, le tallage, la fructification, et à augmenter le rendement de toutes les plantes utiles fumées et non fumées.* Leur recette devient plus complexe ; ils préparent d'abord un liquide pour servir d'excipient, et ils y mélangent d'autres substances, qu'ils font varier suivant la nature des récoltes.

Pour le premier liquide, dans quinze litres d'eau ils font digérer pendant deux jours, en élevant successivement la température jusqu'à quarante degrés :

Guano.	2 kil.
Colombine.	2
Poudrette.	1
Suie.	2
Rognures de peaux.	2

puis ils décantent, et mettent le précipité dans un sac dont ils expriment le liquide par la pression.

Pour les céréales, ils prennent dix litres de ce liquide, auxquels ils en ajoutent trois d'urine, à laquelle ils ajoutent deux centilitres d'acide sulfurique. Ils y font ensuite dissoudre :

Azotate de potasse.	2 k.	»
Sel marin.	1	»
Sulfate d'ammoniaque.	0	500

Enfin ils imprègnent de ce liquide un hectolitre et demi de semence, qui leur suffit par hectare; ils laissent sécher le grain et sèment par un temps sec.

Leur engrais se réduit donc à l'extrait soluble de 7 à 8 kilog. par hectare de substance fécondante, qui, par l'expression, se réduisent à 5 à 6 au plus; et ces 5 à 6 kilog. doivent faire produire au sol 4 à 5 mille kilog. de grains et de paille, quand l'expérience et la pratique agricole ont appris qu'il faut employer au moins 2 à 300 kilog. de ces substances elles-mêmes, et non pas seulement leurs parties solubles; car nous remarquerons que MM. Dusseau, en exprimant le marc de leurs dissolutions, rejettent en plus grande partie les portions non solubles des substances qu'ils emploient, perdent ainsi en grande partie l'humus, les portions fibreuses qu'elles contiennent, et surtout leur phosphate de chaux, et les privent par là de leurs éléments fécondants les plus essentiels.

Nous remarquerons en outre que la composition qu'ils indiquent dans leurs brevets pour les céréales diffère essentiellement de celles qu'ils vendent, et que ces dernières mêmes sont encore très-différentes entre elles, suivant les dépôts où on les prend, quoique, d'après le brevet, elles doivent être identiques.

MM. Lepage et Girardin ont analysé deux de ces compositions, et M. Barral une troisième, toutes trois pour les céréales, prises dans des dépôts de ces messieurs. D'une part, les compositions vendues contiennent en moyenne 4/5 d'eau et le brevet 1/4 de moins, ce qui attribuerait au brevet 1/4 plus de puissance qu'aux liqueurs vendues; mais, par compensation, au vendeur, 20 pour 100 de plus de bénéfice. Et puis la composition brevetée ne contient ni sulfate de fer ni sulfate de cuivre, tandis que les trois autres en contiennent une assez forte proportion.

Mais c'est surtout dans les quantités des différentes substances qui composent ces engrais que la différence se fait sentir; dans le brevet et les trois préparations vendues et analysées, que nous désignerons par les chiffres 1, 2, 3, 4, l'azotate de potasse, principe fécondant qui domine, se rencontre dans la proportion de 10, 5, 7, 2 pour 100: enfin le brevet ne parle pas de sulfate de fer. Or le n° 1 en renferme 1 1/2, le n° 3, 1/2 pour 100, et le n° 2 contient, à la place du sulfate de fer, 1/8 pour 100 de sulfate de cuivre; enfin, en sel marin, la proportion se trouve de 5, 3, 5, 1/3. Il faut donc en conclure que leur liquide fécondant est fait sans règle ni mesure, de substances essentiellement différentes, prises au hasard, et qui doivent plus ou moins se dénaturer dans les mélanges qu'ils en font; et on pourrait croire même que ces compositions, différentes de celles du brevet, ne seraient autre chose qu'un moyen que se sont réservé les inventeurs pour nier l'exactitude des analyses. Et, effectivement, ils ont dérouté au premier instant les chimistes qui ont trouvé des résultats différents pour une composition qu'ils croyaient identique; mais l'avantage qu'ils ont cru se donner devient purement illusoire, et finit par tourner contre eux; car la composition qu'ils ont déposée est seule brevetée; d'où il suit que toute personne peut distribuer et vendre leurs mélanges analysés, qui diffèrent essentiellement des brevets, et se composent de substances dès longtemps connues pour engrais; ils ne pourraient non plus exciper de leur procédé d'immersion ou pralinage de la semence, procédé que les auteurs anciens et modernes ont presque tous prescrit pour l'emploi de leurs recettes végétatives.

Nous remarquerons en outre que l'azotate de potasse, principe salin fécondant dominant dans leurs mélanges, d'après l'expérience peu contestable de l'agriculture anglaise, ne produit aucun effet sur les terrains calcaires; il ne resterait donc, pour en produire, par hectare, sur cette nature de sol, que 2 à 3 kilog. de substances azotées dépourvues à peu près d'humus et de phosphate de chaux, qui sont restées dans le marc lors de son expression.

Plus récent, mais plus bruyant encore que l'engrais Bickès, l'engrais Dusseau n'offre pas encore autant de certificats, et on ne peut pas citer encore autant de déceptions; cependant le Comice agricole de la Marne a constaté son inefficacité, tant chez M. Jacquesson que chez M. Ponsart.

MM. Dusseau ont contesté ces résultats chez M. Jacquesson, mais l'espèce d'enquête qui a suivi leur dénégation les a confirmés de la manière la plus précise.

Du reste MM. Dusseau ont pris des mesures pour s'assurer un avenir de débit; ils se sont fait breveter dans toute l'Europe continentale, en Angleterre, en Écosse, en Irlande, dans les États-Unis, où arrivent d'ailleurs les journaux qui contiennent leurs annonces. Ils préparent ainsi à leurs engrais des ressources comme M. Bickès. Quand ce dernier a eu échoué en Allemagne, il est venu exploiter son brevet en France, où la détresse agricole donne plus de prise au charlatanisme; MM. Dusseau, lorsque leur engrais sera apprécié à sa valeur en France, se préparent ainsi vingt ans au moins de débit dans les autres parties du monde.

3° Il nous resterait maintenant à apprécier l'engrais Huguin. Celui-là renchérit sur les autres en abaissant encore sa dose, mais en élevant le prix du litre; il féconde son hectare pour 24 fr., comme les autres pour 40 et 35 fr.

Sa composition pour les céréales a donné à l'analyse de M. Girardin, pour 100 parties en poids :

Eau.	26
Phosphate de chaux mêlé à un peu de sable.	32
Sel marin.	5
Sulfate d'ammoniac.	5
Matières organiques (charbon)	32
Total.	100

Il y a dans la dose de 6 litres jugée nécessaire à un hectare un peu plus de moitié, ou 3 kilog. de substances connues pour engrais sur certaines natures de sols; l'eau, le sable, le sel marin, le charbon, sont connus pour produire en général peu d'effet; c'est donc le 100ᵉ à peine de la quantité de la substance fécondante que l'expérience a fait juger nécessaire pour les engrais employés à plus faible dose; et pour les sols calcaires, sur lesquels le phosphate de chaux est sans effet, la dose se réduirait encore de moitié.

Le même engrais, pour les plantes fourragères, a donné à l'analyse :

Eau.	12. »
Phosphate de chaux.	17.40
Carbonate de chaux.	50.10
Sel ammoniaque, trace de sel marin et plâtre.	3.50
Matière organique (charbon).	17. »
Total.	100. »

Il résulterait de cette composition que M. Huguin dépense à peine 10 centimes pour faire un litre de mélange de son spécifique, qu'il vend 4 francs.

Nous remarquerons ensuite que ce qui domine ici, c'est le carbonate et le phosphate de chaux, qui ne produisent aucun effet sur les terrains calcaires; l'engrais renfermerait donc, pour la fécondation des terrains argilo-siliceux, à peine $\frac{1}{150}$ de la dose normale nécessaire, et, pour les terrains calcaires, il ne resterait de principe fécondant que 1 à 2 kil. de matières organiques et de sel ammoniac; et cependant on donne la recette comme devant convenir aux plantes fourragères sur tous les sols. Et puis cette proportion de carbonate de chaux en poudre, qui ne s'élève guère qu'à trois litres, serait tout à fait inerte sur les terrains siliceux, sur lesquels les doses de marne, pour produire leur effet, doivent apporter au moins, par hectare, 30 à 40 hectolitres de carbonate de chaux, ou une dose mille à douze cents fois plus forte ; la quantité de phosphate de chaux, qui n'est qu'un 300e au plus de la dose jugée nécessaire, ne peut rien y changer.

Tout ce qu'a appris la pratique agricole prouverait donc que cet engrais, comme les précédents, ne doit produire, sur les sols auxquels il convient, qu'un effet proportionnel à la dose de substances utiles qu'il renferme, et, par conséquent, très-peu sensible.

D'ailleurs, M. Girardin cite les expériences du président du comice agricole de Pavilly, M. Baudouin, dans lesquelles l'engrais Huguin, employé pour une culture de colza à la dose et suivant les méthodes recommandées, n'a produit aucun des deux effets essentiels qu'on lui attribue, de déterminer une grande fécondité et de préserver du ravage des insectes. On n'a pu voir aucune différence dans les apparences ni dans le produit entre la partie qui avait reçu l'engrais Huguin et celle qui ne l'avait point reçu ; et le ravage des insectes, altises et limaces a été aussi grand dans l'un des lots que dans l'autre.

D'autre part, nous connaissons une expérience faite sur l'engrais Huguin, dans laquelle du blé fumé avec l'engrais d'étable, et non fumé, semé depuis six mois et préparé avec cet engrais employé suivant la prescription, partie en immersion et partie en pralinage, ne se distingue en aucune manière des parties contiguës du même champ non fumées, ou fumées à la même dose d'engrais d'étable, et qui n'ont point reçu d'engrais Huguin.

Enfin, la Société d'agriculture de l'Ain a aussi en expérience un champ fumé avec l'engrais Huguin, envoyé par l'inventeur ; l'effet paraît tout à fait nul, et c'est cependant sur le premier développement de la plante que cet engrais, en raison du procédé de son emploi, pourrait montrer quelque influence avantageuse.

En comparant les analyses de ces trois engrais principaux, on voit que leur composition est à peu près analogue ; ils ont pour principe de fécondité des substances bien connues pour leur effet sur le sol, mais elles y sont dans une proportion tellement insignifiante, vu l'exiguïté de la dose prescrite, que, ainsi que nous l'avons dit, la composition de ces engrais suffirait seule pour les faire juger et les réduire à leur juste valeur.

Ainsi donc, la composition d'engrais donnée par les inventeurs dans leurs brevets, les analyses chimiques qui en ont été faites, la dose évidemment impuissante des substances fécondantes qu'ils renferment, comparée à celle qu'une longue pratique agricole a établie comme absolument nécessaire, enfin les expériences nombreuses qui prouvent leur inefficacité, tout se réunit pour réduire à l'absurde leurs prétentions de remplacer sur tous les sols les grandes masses d'engrais de ferme nécessaires pour produire et soutenir leur fécondité.

Nous trouverions encore la preuve du peu de valeur que nous leur attribuons dans les faits qui se sont révélés à leur sujet. En admettant, ce qui est possible, que leurs programmes ne soient pas de tout point mensongers, et qu'ils aient quelquefois réussi, ce serait alors dans des sols en très-bon état, mérite, à ce qu'il semble, assez médiocre, et auquel on serait arrivé sans engrais ou avec la plus faible dose d'engrais d'étable. Et puis, là où ils ont pu avoir du succès, on ne nous dit rien des récoltes suivantes, épreuve à laquelle ne résistent pas les meilleurs engrais perazotés, qui, employés à la dose normale, épuisent le sol pour la récolte qui suit; l'accroissement dans la première récolte, que pourraient déterminer les meilleurs des engrais à petite dose dans les sols en bon état, au moyen de la stimulation qu'ils portent sur la semence, se ferait nécessairement aux dépens de l'humus du sol, et, par conséquent, des récoltes suivantes; mais cette stimulation elle-même ne peut avoir lieu qu'en proportion de la dose stimulante qu'ils renferment; ils seraient donc bien loin de la valeur de l'un des engrais phosphatés ou perazotés, quel qu'il soit, car ces engrais, employés comme eux en pralinage, sous le volume qu'a appris l'expérience, c'est-à-dire cinquante fois, cent fois plus considérable que le leur, fournissent au sol pourvu d'humus, en outre de leur effet immédiat sur la semence, une quantité surabondante de l'un des principaux éléments de végétation, phosphate de chaux ou azote : or cet effet essentiel ne peut en aucune manière avoir lieu pour ces engrais eu, égard à leur volume; ils seraient donc, en résumé, sous tous les points de vue, une déception pour ceux qui, en les employant sur les sols de toute nature, croiraient pouvoir se dispenser de fumier.

§ 5. *Ab uno*, ou plutôt *a tribus disce omnes*. Tout ce que nous venons de dire sur les trois engrais principaux qui ont été analysés s'appliquerait à tous les autres engrais dits concentrés qui ne l'ont pas été; leur composition est connue et révélée dans leur brevet, et ils ne contiennent pas autre chose que des substances connues depuis longtemps en agriculture, ainsi que leurs doses nécessaires à la fécondation du sol, et dont le mélange inconsidéré, fait sans règle ni mesure, ne peut qu'altérer l'énergie.

Depuis des milliers d'années des millions d'hommes sont à la recherche de substances qui puissent venir en aide à l'engrais d'étable, toujours trop rare pour assurer la fécondité du sol; on en a trouvé un assez grand nombre qui sont connues dans leurs effets et dans les doses nécessaires à un bon produit; mais toutes, les plus actives même, exigent un certain volume en rapport avec l'étendue qu'elles doivent féconder, volume cinquante fois, cent fois plus considérable que celui de nos inventeurs. Et puis elles demandent un sol pourvu d'humus, et, sous peine d'épuisement, ont besoin d'être alternées avec les engrais d'étable ou de leur être mélangées. Il n'est donc pas possible d'admettre que nos fabricants d'engrais, dont aucun n'est connu par une pratique agricole ancienne et éclairée, aient pu, dans leurs recherches évidemment improvisées, trouver des combinaisons de substances connues qui auraient cinquante fois, cent fois plus de puissance fécondante que ces substances elles-mêmes. A l'aide de l'espèce de mystère qui séduit plus ou moins la race humaine, à l'aide du privilége que leur donne leur brevet, qui, aux yeux de la multitude, ressemble à une approbation du pouvoir, ils parviennent à donner de l'importance à leurs mélanges faits au hasard et sans aucune connaissance de cause; mais toute illusion s'évanouit lorsqu'on en connaît la composition.

Pour pouvoir attribuer aux doses de leurs spécifiques cette puissance regardée jusqu'ici comme impossible, il eût fallu appuyer leurs programmes d'expériences authentiques longtemps continuées sur les différents sols, sur les diverses natures de récoltes, et observées, dans les phases successives de la production, par des juges compétents et dont l'impartialité ne pût être attaquée. Et c'est ce qu'aucun d'eux ne produit, car nous comptons pour bien peu ces certificats mendiés et signés de noms presque toujours inconnus en agriculture, certificats qui ne manquent jamais à l'appui des nouveautés hasardées dans tous les genres et dont ont veut assurer le succès.

Pour traiter la question, qui n'est pas sans importance, des engrais à petite dose, nous avons cru devoir apprécier, dans leurs composants et leurs résultats, les trois d'entre eux qui font le plus de bruit; et, comme les mêmes raisons qui les font condamner à l'impuissance conservent vis-à-vis des autres la même force, nous n'hésitons pas à leur présager le sort de leurs devanciers du temps présent et de tous les temps, qui prétendaient comme eux avoir trouvé la pierre philosophale agricole, c'est-à-dire le moyen d'obtenir d'abondantes récoltes du sol avec de très-faibles sacrifices; c'est toujours ce qu'ont promis ces inventeurs, et toujours leurs promesses ont été vaines. C'est le sort qu'ont subi cette centaine d'engrais à petite dose qui, depuis un demi-siècle, ont offert à l'agriculture leur prétendue fécondité économique. Nous venons de discuter ceux qui ont pris le plus d'importance; mais ils sont tous, comme ces derniers, une spéculation financière de leurs inventeurs, qui veulent vendre à l'agriculture, avec des bénéfices de 15, 20, 30 pour 1 des engrais qu'elle connaît et qu'elle emploie, mais à des doses quarante fois, cinquante fois plus faibles que celles que la pratique et l'expérience ont fait juger nécessaires. C'est donc un acte éminemment utile que de combattre leurs prétentions; dans le moment de détresse où se trouve l'agriculture, elles sont accueillies d'une foule de cultivateurs qui espèrent y trouver une ancre de salut. M. Barral mérite donc la reconnaissance de tous pour l'écrit qu'il vient de publier, où il révèle la composition de ces engrais nouveaux, et par une conséquence nécessaire, leur impuissance.

§ 6. Ce serait peut-être ici le lieu de revenir sur une question qui n'est pas sans importance en agriculture et sur laquelle nous avons déjà eu à nous expliquer.

Thaër ne pense pas que l'immersion des semences dans un liquide fécondant, ou même leur pralinage, puisse produire beaucoup d'effet. « La plante, nous dit-il, se nourrit dans les premiers instants de la substance du grain, et, lorsque les racines sont prolongées pour prendre dans le sol la nourriture de la plante, elles sont déjà à distance de la poudre fécondante. »

Nous nous permettrons cependant d'opposer à cette opinion théorique de grands faits de pratique agricole.

Dans le département d'Indre-et-Loire, le noir d'os est employé en pralinage sur la semence; mais on n'est arrivé à ce procédé, qui demande des soins et de la main-d'œuvre, qu'après que des essais nombreux et comparatifs ont eu prouvé qu'il était préférable. Cette opinion prend encore plus d'importance si l'on remarque que le pralinage du noir d'os, dans ce pays, est beaucoup plus fécondant que son semis à la volée dans Maine-et-Loire et les départements voisins, sur des sols de même nature et de même formation.

Il nous semble même qu'on peut rendre raison de ce fait.

Lors même que la racine s'éloigne pour pomper dans le sol la substance nutritive, elle tire encore du grain imprégné et entouré de l'engrais fécondant une portion de sa force de végétation; mais les résultats de la pratique agricole prouvent encore que le noir d'os, employé en pralinage à une dose suffisante, continue d'agir sur toute la suite de l'évolution du végétal: il faut donc bien que celui qui est resté autour du grain, point de départ de la plumule et de la radicule, arrive encore dans la circulation des diverses parties de la plante; mais alors même que la racine et la tige du végétal, par leur développement, s'éloignent du centre de végétation, ce centre, point de départ de la partie souterraine et de la tige aérienne de la plante, reste toujours un point important d'activité végétale, qui approprie à sa nutrition les substances placées à sa portée immédiate; on sait que ce point, qui prend le nom de *collet*, est dans toutes les plantes un magasin de substances nutritives, et nous pensons que ce collet les pompe par tous ses pores sur tous les points qui le touchent; cette absorption de l'engrais par le collet de la plante nous semble peu contestable, puisque l'engrais du pralinage, qui n'a plus de contact qu'avec le collet de la plante, continue d'agir sur tout son développement, et que, lorsqu'il s'y trouve à une dose convenable, il la conduit à une récolte avantageuse.

§ 7. Depuis longtemps on emploie ces moyens de concentrer l'engrais sur la semence, soit en l'immergeant dans un liquide visqueux et fécondant, qui fixe sur le grain l'engrais pulvérulent, soit encore en répandant avec le semoir l'engrais mélangé avec la semence; ces méthodes déterminent bien à la fois une économie d'engrais et souvent une récolte avantageuse; mais il faut pour un hectare de 2 à 500 litres des engrais les plus fécondants, et il faut encore y ajouter une condition essentielle que passent sous silence nos inventeurs: il faut agir sur un sol qui contienne en abondance de l'humus, qui puisse fournir à l'entière évolution d'une bonne récolte, car cet élément essentiel manque toujours à ces engrais.

Nous ne serions pas éloigné d'admettre, quoique cependant l'expérience ne le prouve pas, que les engrais dits concentrés pourraient favoriser le premier développement de la plante; mais leur dose homœopathique s'épuise promptement, et la plante, manquant dans son évolution du secours qu'elle avait reçu dans son principe, s'affaiblit peut-être plus encore que si elle n'en eût point reçu.

Nous avons vu ailleurs que les meilleurs engrais artificiels, employés à une dose moindre que celle qu'avait fixée la pratique, après avoir favorisé les premiers développements de la plante, étaient usés quand il fallait arriver à lui faire produire du grain. Que peut-on donc espérer raisonnablement de ces engrais nouveaux qui emploient les mêmes substances à une dose cinquante fois moindre que celle reconnue insuffisante? Leur effet serait donc proportionnel à leur volume, et cet effet lui-même n'aurait lieu qu'avec une consommation proportionnelle d'humus du sol, plus forte encore qu'avec la dose normale, parce que l'effet spécial de ces engrais consiste à donner aux plantes une grande puissance d'absorption sur les éléments atmosphériques, et que la faible dose ne doit déterminer qu'à un faible degré cette faculté essentielle.

§ 8. — Avant de terminer cet important sujet de discussion, nous croyons devoir rappeler ici ce que nous avons dit ailleurs avec développement : l'emploi de l'engrais d'étable est une condition absolue de toute bonne agriculture ; toute substance facile à rencontrer ou à produire, qui pourrait sous un petit volume le remplacer, amènerait une immense perturbation dans l'ordre agricole et par suite dans l'ordre social; l'élève et l'engrais des bestiaux seraient par là complétement découragés. Quand on n'aurait plus besoin du fumier qu'ils produisent, leur nourriture et leur entretien à tous les âges serait une énorme charge qui conduirait bientôt à diminuer de plus de de moitié leur nombre et à le réduire aux animaux de travail strictement nécessaires. On se dispenserait de faire des engraissements qui coûteraient trop cher sans la compensation du fumier; on n'élèverait plus que quelques animaux de travail; on perdrait donc d'abord en plus grande partie la ressource de leur chair, de leur laitage, de leur beurre; et ces denrées arriveraient à un prix qui les rendraient inabordables à la population presque entière. Avec eux manqueraient les matières premières de nos manufactures, les laines, les cuirs, les suifs avec lesquels se préparent nos vêtements, nos chaussures, nos éclairages; les industries qui les travaillent rejetteraient alors dans la société la moitié au moins de leurs ouvriers qu'elles ne pourraient plus occuper.

Mais ce qui serait encore plus funeste, c'est que l'agriculture, qui n'aurait plus à soigner des bestiaux nombreux, à ménager et conduire leurs engrais, à créer, récolter leur fourrage et tous les produits nécessaires à leur nourriture, à défendre le sol des mauvaises herbes qu'amène l'emploi du fumier, l'agriculture, disons-nous, verrait disparaître la moitié au moins de ses besoins de main-d'œuvre; et la moitié par conséquent de la population qu'elle emploie resterait inoccupée. Que deviendrait la France avec des millions d'ouvriers agricoles et leurs familles sans travail qui s'ajouteraient aux ouvriers industriels sur le pavé? Le calme est déjà si difficile à maintenir dans l'état des choses! Que serait-ce avec plus de moitié de notre population oisive et sans moyen de satisfaire à ses besoins?

Il résulterait donc de tous les développements dans lesquels nous venons d'entrer que tous ces prétendus bienfaiteurs de l'agriculture, avec leurs moyens économiques de féconder le sol, n'en seraient en quelque sorte que les vampires; qu'ils vendent chèrement, sous l'égide du secret, des substances souvent sans valeur, et qu'ils trompent le public par leurs annonces fallacieuses. L'abus est donc grand, contraire à la morale publique, et en s'étendant deviendrait funeste à la propriété agricole; le gouvernement, chargé de protéger l'agriculture, d'encourager la production, de conserver la morale publique, doit donc intervenir. Une loi sur la police des engrais sera un véritable bienfait. Depuis longtemps l'ouest de la France, qui achète tous les ans des millions d'hectolitres de tourbe en poudre sous le nom de noir animal, la sollicite à grands cris; et pour toutes les parties de la France, pour le présent comme pour l'avenir, il est temps de mettre le cultivateur crédule à l'abri des promesses décevantes qui l'entourent de toutes parts.

CHAPITRE XXIV

Amendements par le mélange des terres.

Nous avons vu dans les chapitres qui précèdent l'effet produit sur le sol par la chaux et la marne; nous avons vu ensuite les résultats de l'emploi des cendres de toute espèce; ce sont là déjà des mélanges de substances fixes et terreuses dont le sol se trouve très-bien, mais il en est d'autres encore qui, sans avoir toute l'activité de ces mélanges, sont néanmoins très-utiles au sol et à la végétation.

Les agronomes ont souvent parlé de l'effet mécanique des mélanges du sable sur l'argile et de l'argile sur le sable; le premier comme donnant de la consistance au sol trop léger, et le second comme ameublissant le sol trop compacte; ils ont cru pouvoir réduire à un rôle analogue et en quelque sorte passif la plupart des mélanges de terres. Cet effet existe sans doute, mais il est loin de suffire pour expliquer le succès de ces mélanges; dans la nature, tout contact de deux corps donne lieu à une action chimique; il y a réaction réciproque et travail intime dont nous ne connaissons ni les lois ni les causes, mais dont nous recueillons et renouvelons les effets lorsqu'ils nous sont favorables.

La terre infertile dans la place qu'elle occupe, alors même qu'elle ne semble contenir ni humus, ni moyens d'aider la végétation, produit le plus souvent de bons effets, conduite sur la surface du sol et mélangée avec elle; ainsi nous voyons tous les jours dans les terres argileuses du département de l'Ain, conduire avec succès sur la surface du sol des terres qui appartiennent au sous-sol tout à fait infécond; après quelque temps de leur exposition à l'air et de leur mélange intime avec le reste du sol, la couche productive s'en trouve très-sensiblement améliorée.

Ces terres, mélangées avec la couche labourable, ajoutent à sa fécondité, quoiqu'il semble au premier aperçu qu'elles ne puissent que lui nuire; restées en place, dépourvues d'humus, leur produit est misérable, et cependant leur mélange accroît très-sensiblement celui de la terre à laquelle on les mêle, terre de même nature, mais modifiée par une culture ancienne et par l'exposition aux influences atmosphériques. Il est encore remarquable que cette terre blanchâtre prise en place prend, au bout de peu d'années de culture, une teinte fauve, signe ordinaire de fécondité. Nous pensons que l'oxyde de fer qu'elle contient prend plus d'oxygène au contact de l'atmosphère et amène ce changement de couleur, et nous serions disposé à penser qu'à ce nouvel état il influe favorablement sur la fécondité du sol.

L'argile est très-employée dans l'agriculture anglaise; dans quelques cantons même du Norfolk, on la préfère à la marne; il est cependant à croire que cette préférence n'a lieu que pour des sols sablonneux anciennement marnés, comme il s'en rencontre beaucoup dans le Norfolk, où le marnage est ancien et où une nouvelle addition de marne serait inutile; d'ailleurs on prend fréquemment l'argile pour la marne, et réciproquement. Dans les pays surtout où l'on emploie la marne pierreuse, la marne terreuse grise est employée sous le nom de glaise, ce qui peut donner lieu à d'assez graves erreurs; cependant l'argile elle-même est fécondante lorsqu'on la met sur des terrains légers, et son effet est encore avantageux sur des sols de consistance moyenne. Notre agriculture en donne assez souvent des exemples. Un cultivateur avait commencé à charger son fonds argilo-siliceux d'une argile grise qu'il prenait pour de la marne; ses récoltes s'accrurent très-sensiblement : il a continué ses charrois et amendé de même le reste de son champ; son argile, essayée par nous, ne contenait point de chaux, et cependant, depuis plusieurs années, la fécondité de son sol se soutient.

L'argile, il est vrai, nous dit Thaër, contient presque toujours de l'humus, et, d'après les analyses chimiques, une quantité notable de potasse; elle absorbe en outre l'azote, l'oxygène, l'hydrogène, ainsi que les émanations animales; bien plus, d'après les analyses de Liebig, elle contiendrait huit à neuf mille kilogrammes d'ammoniaque par hectare, mine inépuisable d'azote pour les produits agricoles, qui n'en absorbent d'ailleurs qu'une assez faible proportion; à tous ces titres donc elle serait fécondante.

La silice, avec toutes ses apparences de substance sèche, inodore, insipide, aride et inerte, produit aussi beaucoup d'effet sur la végétation; elle forme une partie constituante et essentielle de la charpente des végétaux et particulièrement de la paille des céréales; c'est elle qui lui donne sa consistance et l'empêche de verser. Les silicates, presque inconnus naguère, se sont multipliés sous le regard scrutateur de la science, en attendant qu'on puisse assigner à chacun d'eux son rôle dans la végétation et dans les forces actives du sol. Le silicate le plus connu est celui de potasse; il est à croire que c'est au moyen de cette combinaison soluble que la silice arrive en grande partie dans la circulation végétale.

Les eaux de la Durance, qui sortent des pays primitifs et roulent leurs débris siliceux, sont très-fécondantes sur les parties calcaires des rives du Rhône; d'autre part, les dérivations du Rhône, qui, depuis Genève, coule dans des formations calcaires, et charrie des sables et graviers en grande partie calcaires, fécondent éminemment les formations siliceuses de graviers rouges, qui couvrent une partie du fond de son bassin; nous pensons que cette double fécondation, par la Durance et le Rhône, est due à ce que la silice, d'une part, se répand sur des sols calcaires, et que, de l'autre, les détritus calcaires se répandent sur des sols siliceux : le mélange réciproque de ces terres serait donc essentiellement fécondant.

M. *Saunier d'Anchald*, dans le Puy-de-Dôme, a fécondé ses champs avec du sable mis en litière sous ses bestiaux, et l'effet produit a été beaucoup plus grand qu'il n'eût pu l'être avec la même quantité d'engrais animaux sans mélange avec le sable.

Dans les domaines de Chavannes, situés sur le grand plateau de sol argilo-siliceux du bassin de la Saône, des veines de sable, placées dans des chemins creux, sont exploitées pour féconder le sol; toutes les fois que les loisirs des fermiers le permettent, le sable est charrié directement, ou sur le sol pour y être répandu immédiatement, ou dans les cours pour y séjourner dans l'eau de fumier, ou enfin en litière pendant l'été, quand la paille manque. Dans ces trois circonstances différentes, l'effet du sable est très-grand, le sol des terres où on le met est devenu plus léger et plus maniable. Ces domaines doivent au sable une grande amélioration et ont vu par là augmenter leurs produits d'un quart au moins; et cependant, dans la commune de Dommartin, où ce hameau est situé, personne n'a imité cette pratique utile.

Sur ce même plateau, dans la partie qui prend le nom de Bresse, et qui s'étend depuis Bourg jusque dans les départements de Saône-et-Loire et du Jura, le sol, sans être de mauvaise qualité, est fortement argileux et imperméable; ces défauts se trouvent augmentés par des pluies annuelles de $1^m,25$, quantité plus que double de celles de Paris, qui sont à peine de 50 centimètres : il en résulte que le sol y est très-humide et s'égoutte mal, lorsque la pente n'est pas très-sensible. C'est par des charrois et des mélanges de terre qu'on est parvenu à soumettre ce sol indocile, à l'égoutter en lui donnant des pentes artificielles, et à en obtenir des produits passables; mais on y fait d'immenses transports de terre, et on est obligé d'entretenir cet état de choses par des travaux de tous les ans pour remonter ces terres sujettes à s'entraîner, travaux sans lesquels le sol, par le comblement des pentes artificielles qu'on lui a données, retomberait bien vite dans son infécondité native.

Le cultivateur divise ses terres en petites pièces, dont le nombre augmente avec l'humidité du sol et le défaut de pente : un hectare est souvent divisé en plus de sept à huit. Il bombe ces pièces dan- eur milieu, et les coupe par un système de fossés ou coulisses ou vertes perpendiculaires entre elles; les unes, sous le nom de *baragnons*, sont dans le sens de la pente générale du sol; les autres, presque horizontales, sous le nom de *chaintres*, conservent les terres qui s'écoulent des pièces, et reçoivent les eaux pour les faire arriver dans les baragnons; ces baragnons les conduisent dans des fossés qui entourent les pièces; et de ces fossés elles s'écoulent le plus souvent sur des prés placés au-dessous des terres : tous les deux ou trois ans, on lève la terre qui a coulé dans les chaintres, on la reporte sur le milieu de la pièce, et, au moyen de petits billons tracés dans le sens des pentes, le sol s'égoutte et donne des résultats à force de soins, de travail et d'engrais.

Tout ce système de travail, de transport de terre, de forme bombée du sol, de sa division en petites pièces, y est absolument nécessaire pour l'assainissement et l'égouttement d'une grande partie de la surface; nous avons peine à croire que le drainage pût suffire à l'assainissement, puisque les fossés, les coulisses ouvertes, sont souvent insuffisants sur ce sol imperméable; les pentes légères ne suffisent pas non plus, il faut en créer d'artificielles; la forme qu'on donne au sol, les billons grands ou petits, sont des conditions indispensables pour évacuer promptement les masses d'eau de ce climat humide, eau qui, sans cela, resterait à la surface, et dont le séjour énerverait d'abord et bientôt anéantirait la végétation.

On remarque que le transport et le mélange des terres qu'entraîne ce système de culture sont très-fécondants, et dédommagent, en grande partie, des frais énormes qu'ils occasionnent; et on voit souvent le sous-sol de sable argileux rougeâtre, tout à fait infécond par lui-même, une fois transporté sur le milieu des pièces, produire un très-bon effet sur les récoltes, sinon dans la première année, du moins dans la suivante.

CHAPITRE XXV

De la tourbe et de l'humus acide, de leur formation et de leur emploi comme amendement.

Après avoir développé les avantages du transport des terres et de leur mélange comme amendement, nous sommes naturellement amené à traiter de l'emploi, au même point de vue, de la tourbe et de l'humus formés par les végétations successives.

Ce sujet est important, parce qu'il peut trouver son application dans presque toutes les localités; presque partout, dans la plaine comme dans la montagne, on trouve des accumulations de tourbe ou d'humus acide : ce sont, en quelque sorte, des masses d'engrais qui se présentent à l'intelligence de l'homme pour qu'il en fasse usage, et néanmoins presque nulle part on ne les emploie.

Quelques considérations sur leur formation, sur les directions à suivre quand on veut les transformer en sol cultivable, ne seront pas sans intérêt, et serviront à éclairer la question de leur emploi comme amendement.

§ 1. — Formation de l'humus et de la couche végétale.

Les grandes vues de la nature se font apercevoir dans la formation de l'humus nécessaire à la végétation ; tous les sols, pour arriver à pouvoir donner les récoltes dont l'homme a besoin, demandent une certaine proportion d'humus, et c'est la nature elle-même qui tend à le produire par ses propres forces.

Dans la série des terrains placés dans les conditions ordinaires, depuis ceux de meilleure qualité jusqu'à ceux de qualité médiocre, la végétation spontanée de la plupart des plantes et des arbres s'établit à l'aide de l'eau des pluies et de l'humidité de l'atmosphère, les espèces se succèdent les unes aux autres, les légumineuses aux graminées, les grands végétaux aux petits ; l'intérieur du sol est traversé jusqu'à une certaine profondeur par leurs racines, qui, après la mort des plantes, se changent en terreau. Sa surface se tapisse de leurs feuilles, de leurs branches, qui se changent en humus : par ces végétations successives, le sol s'enrichit ; tout en consommant une partie des débris des végétations précédentes, il en conserve en plus ou moins grande proportion pour celles qui doivent suivre, et la couche supérieure du sol, à laquelle on a donné le nom de couche végétale, finit par devenir capable de porter la plupart des végétaux nécessaires à la nourriture de l'homme et des animaux : c'est ainsi que s'est formé tout le sol cultivé.

Nous voyons tous les jours ce travail s'opérer sous nos yeux, le sol commence par produire quelques petites plantes, puis il se gazonne, et ce sol naguère sans humus finit enfin par s'enrichir des débris des végétations successives dans toute l'épaisseur traversée par leurs racines.

§ 2. — Formation de la terre de bruyère.

Mais, pour arriver à l'état de sol productif, deux natures de terrains semblent demander des conditions différentes ; celles qui suffisent au reste du sol les eussent laissés inféconds : ce sont les sols arides et les sols inondés.

Dans les sols secs et arides, la plupart des végétaux qui couvrent ailleurs la surface ne peuvent réussir : un petit nombre d'espèces parvient à s'y établir, mais ces espèces ont été douées, par une main bienfaisante, de propriétés remarquables; elles se reproduisent dans le sol le plus médiocre, au moyen de leur puissance d'absorption sur l'atmosphère, sans le secours d'humus préexistant, et l'humus qu'elles créent par les débris que laisse leur désorganisation jouit de la faculté de se conserver sans se consommer au profit des végétations qui se succèdent; les bruyères, les mousses, les lichens, les myrtilles (*vaccinium*), le petit ajonc, les genêts, sont les plantes de ces terrains arides; ce sont elles qui enrichissent ces sols de ce terreau auquel nous donnons le nom de terre de bruyère; lorsqu'une certaine épaisseur de ce sol est formée, la couche nouvelle a des propriétés qui la font rechercher pour une foule de plantes d'agrément des divers continents dont la plupart, par suite de leur organisation particulière, ne peuvent réussir dans aucune autre nature de sol. Nous devons donc naturellement en conclure que ces plantes, dans leur climat originaire, appartiennent à des sols jadis arides, dont la couche végétale s'est formée par les générations successives de plantes des mêmes familles et de même nature que celles que nous voyons remplir cette destination dans nos climats.

Lorsque ce sol s'est formé à une certaine épaisseur sur la surface, il attire et conserve l'humidité de l'air; à l'aide de cette nouvelle faculté, il se modifie, change de nature; des végétaux des diverses familles s'y établissent, des graminées de diverses espèces viennent le tapisser, les grands végétaux eux-mêmes, surtout les espèces résineuses, auxquelles ce sol convient éminemment, le peuplent bientôt, s'ils sont aidés de circonstances favorables et surtout de la main de l'homme.

Ces sols, qui couvrent souvent des pentes et des cimes rocheuses, une fois peuplés de grands végétaux, au lieu de rester arides et secs, attirent de plus en plus l'humidité de l'air au moyen de leur humus; les grands végétaux qui les couvrent les mettent à l'abri de l'action du soleil et des vents, contiennent l'évaporation de l'eau des pluies et des rosées, favorisent l'accumulation et la conservation des eaux dans leur sein, et par ce moyen entretiennent les sources qui coulent dans les niveaux inférieurs et portent la fécondité sur le sol des plaines.

Ce sol, lorsqu'il était à l'état de terre de bruyère, ne suffisait pas aux végétaux qui servent à la nourriture de l'homme; mais par la longue végétation spontanée des autres plantes et surtout par la succession des générations des grands végétaux et leurs débris accumulés, il est devenu propre à la plupart des produits, et l'homme, à l'aide des engrais animaux qui favorisent et provoquent la décomposition de l'humus acide, peut l'employer à ses besoins immédiats.

§ 3. — Formation de la tourbe.

Des vues providentielles plus grandes encore se révèlent pour la formation de l'humus, dans les lieux inondés et les lieux humides; ces sols sont insalubres, ne produisent rien de nourrissant pour l'homme ni pour les animaux; mais il leur est donné de produire des plantes fortes, vigoureuses, de nature astringente, dont plusieurs sont annuelles, qui donnent d'abondants débris de tiges, de feuilles et de racines; ces débris accumulés se pénètrent des sucs astringents de plantes qui, sans empêcher leur organisation de se détruire, rendent acide l'humus qui en est le résidu; cet humus acide reste insoluble, ne s'attaque pas par les végétations successives; en sorte que, chaque année, de nouvelles couches de débris se forment, le sol s'élève, et se trouve bientôt au-dessus des eaux[1]. Dans cette nouvelle position et avec des circonstances favorables, des plantes nouvelles s'établissent sur le sol, forment un terreau de qualité différente, qui n'a plus l'acidité de la couche inférieure : à mesure que le sol s'élève, les influences atmosphériques en modifient la nature, et il devient propre à donner d'excellents produits.

Un grand nombre de prairies, de la meilleure qualité, ont été ainsi formées, et reposent sur une couche de tourbe, qui tremble encore sous les pieds qui foulent le sol un peu vivement : ce phénomène se présente dans les excellentes prairies des bords de l'Aisne, de la Somme, et d'un grand nombre de cours d'eau à faible pente; mais il faut bien du temps et des conditions particulières pour qu'on voie s'accomplir le double résultat d'élever le sol au-dessus des eaux et de le rendre de bonne qualité.

Lorsqu'une partie des eaux qui donnent naissance à la tourbière prend sa source sous la tourbière elle-même, elles produisent un phénomène remarquable : les points qui correspondent aux sources

[1] Il est bien remarquable que, par l'abaissement de la température, l'humus dissous dans les eaux se précipite et aide à l'exhaussement du sol, circonstance qui explique pourquoi les tourbières sont plus étendues dans le Nord que dans le Midi. Nous ferons remarquer encore qu'une même loi semble présider à féconder les terrains arides et à rendre cultivables les terrains inondés; dans ces deux extrémités de l'échelle des sols, il y a formation d'humus acide; ce qui constitue la différence, c'est que ce sont des plantes d'autres familles qui sont destinées à produire un même effet.

se reconnaissent parce qu'ils sont plus élevés, recouverts de mousse et de plantes, de familles différentes de celles qui peuplent le reste de la tourbière : la croissance de la tourbe y a été plus prompte, plus active, en sorte que la surface du sol y présente un mamelon qui s'étend à une assez grande distance. En ouvrant le sol sur ce point, jusqu'à la naissance de la tourbe, on rencontre la source, dont on peut conduire les eaux dans un canal de dessèchement. Ces tourbières ne peuvent être mises en prairies arrosées qu'au moyen de grands travaux, et sont d'une culture beaucoup plus difficile que celles d'un niveau régulier.

Un grand nombre de tourbières qui se sont élevées par les forces de la nature au-dessus des eaux stagnantes continuent de produire des plantes de mauvaise qualité; elles se couvrent de joncs et de grands carex, quand la surface reste encore humide; et, quand la surface est bien sèche, de bruyères et de petits carex.

Le dessèchement du sol, c'est-à-dire l'abaissement des eaux à 30 centimètres au moins au-dessous de la surface, ne peut pas suffire pour rendre féconde la prairie tourbeuse. Il est nécessaire encore, pour qu'elle se couvre spontanément d'herbes de bonne qualité, que, placé au-dessus des eaux stagnantes, son sol soit encore souvent recouvert par de bonnes eaux d'un écoulement facile; et c'est ce qui est arrivé pour la formation des excellentes prairies dont nous venons de parler; les eaux, en se répandant chaque année sur leur littoral, concourent, avec leur limon et la formation de la tourbe, à exhausser le sol; dans leur marche, elles déposent sur les parties supérieures du littoral la plus grande partie des terres qu'elles charrient, leurs dépôts s'amoindrissant à mesure qu'elles descendent, elles donnent ainsi une pente au bassin; lorsque la pente est suffisante pour que les eaux s'écoulent facilement, la tourbe cesse de se former; l'exhaussement et par conséquent la pente s'accroissent encore par les inondations successives; un sol d'alluvion se forme, et lorsque les dépôts sont de bonne qualité, une prairie saine et de bon produit recouvre la tourbe inféconde; mais ce n'est qu'au moyen de l'exhaussement primitif et plus rapide de la tourbe que le bassin a pu arriver à l'état fécond, car dans l'alluvion de bonne qualité, l'humus de la végétation se consomme en grande partie à mesure qu'il se forme, et les exhaussements sont par conséquent moins rapides.

Mais ce qui arrive ainsi par les forces de la nature, l'industrie de l'homme peut le produire avec un grand avantage; souvent il arrive que les eaux des tourbières sont vives et de bonne qualité : il en est qui nourrissent des écrevisses et des truites; dans ce cas, lorsque la pente du sol est telle que, conduites sur la surface, elles peuvent y couler en nappe sans y rester stagnantes, elles y portent une grande amélioration. Les eaux de tourbières qui reposent sur des couches marneuses offrent presque toujours ces qualités fécondantes. Lorsqu'elles font venir du cresson, qu'elles verdissent l'herbe au bord du ruisseau qui les amène, elles sont alors propres à féconder par l'irrigation la tourbe de la surface.

Une grande partie des prés des Vosges sont en terrain tourbeux; on les a améliorés en les coupant en planches bombées, sur le milieu desquelles est pratiquée une rigole qui répand l'eau sur les deux faces en pente de la planche. Nous avons créé, dans une tourbière médiocre, deux hectares de pré d'assez bonne qualité; mais, pendant que l'un des côtés de la petite prairie est devenu fécond, l'autre côté, plus étendu, n'a recueilli aucun avantage de la dérivation des eaux, parce que sa pente avait été rendue inégale par des sources intérieures, et que les eaux n'ont pu couler en nappe sur la surface, ni s'égoutter avec facilité. Si nous eussions été plus à portée, nous aurions sans grands frais *construit* la prairie en planches bombées, et nous aurions obtenu le même résultat que sur l'autre côté du ruisseau.

§ 4. — Culture de la tourbe.

Les tourbes, qui semblent formées par un même phénomène naturel, donnent cependant des sols de qualités fort diverses; les unes desséchées sont propres à tous les produits; d'autres, au contraire, conservent, quoique assainies, leur qualité acide, et ont un besoin absolu de beaucoup d'engrais, et particulièrement d'engrais calcaires, pour que leur humus devienne soluble et puisse s'employer au profit des végétations utiles à l'homme.

La culture des tourbes est une des questions agricoles qui offrent le plus d'anomalies : en aucun pays on n'a fait autant de travaux qu'en Angleterre pour cultiver et améliorer les terrains tourbeux; le plus souvent on a bien réussi, mais d'autres fois on a fait en vain de grandes dépenses. L'écobuage, la chaux, la marne, les cendres, sont les moyens les plus efficaces pour en tirer parti; cependant ces moyens même ont quelquefois échoué, et d'autres fois leur emploi a coûté plus qu'il n'a produit; mais le résultat général de leur emploi, au milieu des mécomptes éprouvés par des particuliers, a été l'assainissement du pays et l'augmentation de la surface productive. Il est donc des tourbes plus naturellement fécondes les unes que les autres; cela nous semble dépendre de la nature des eaux qui leur ont donné naissance; lorsque ce sont de bonnes eaux, l'humus, lorsqu'il arrive au-dessus des eaux, perd son acidité, et devient facilement fécond, pour peu qu'il soit secondé par la main de l'homme; pendant sa formation, tout en devenant acide, il s'est néanmoins pénétré des principes fécondants des eaux, qui développent leur puissance sur le sol dès qu'il est assaini. Les tourbières desséchées, comme nous l'avons dit, donnent assez souvent des sols d'excellente qualité; nous avons vu les plus belles moissons couvrir celles de la vallée de la Canche, près Montreuil-sur-Mer. Les marais tourbeux de la Vendée offrent les sols les plus fertiles du pays ; ceux de Bourgoin (Isère) ont produit beaucoup sur la plus grande partie de leur étendue, tant qu'on a curé avec soin les canaux de dessèchement. Il n'en serait pas de même des tourbes dues à des eaux médiocres ou mauvaises; l'humus produit contient alors, avec plus d'acidité, les principes eux-mêmes qui altèrent la qualité des eaux, et forme ces tourbes sur lesquelles le travail des hommes a échoué, ou n'a donné que des résultats médiocres. Dans les parties mauvaises et mal desséchées, la navette donne même encore un bon produit, et les pommes de terre réussissent, mais sont peu savoureuses. Le marais tourbeux desséché à Cormoranche, près Belley (Ain), par Branchu, dont la Société de l'Ain a couronné les travaux, continue à être productif; en général, les marais si nombreux des bords du Rhône offriraient des sols d'une qualité analogue, parce que les eaux de ce fleuve et de la plupart de ses affluents, grands ou petits, sont d'une nature fécondante. Les terrains tourbeux, les tourbes elles-mêmes de bonne qualité conviennent essentiellement à la culture de la plupart des légumes. La France n'a point de jardins plus productifs que ceux des *hortillons* d'Amiens, établis dans des terrains tourbeux, et le nom de marais, que portent encore les jardins de Paris, indique suffisamment quel était dans l'origine l'état de leur sol.

Il arrive le plus souvent que les tourbes sont improductives, parce qu'elles sont mal desséchées ou parce que leur couche supérieure n'est pas encore suffisamment élevée au-dessus des eaux de toutes les saisons. L'homme, pour qui le temps est tout, ne peut attendre que la nature ait fini son travail ; mais son intelligence et sa volonté peuvent presque toujours utiliser le terrain tourbeux dans l'état où il se trouve : il faut alors qu'il achève lui-même le travail de la nature, et qu'il mette la surface du sol au-dessus du niveau des eaux, ce qu'il peut faire le plus souvent en facilitant l'écoulement de celles-ci par des fossés profonds et directs qui profitent de toute la pente du sol. Si le niveau des eaux, après qu'on leur a donné tout l'écoulement dont elles sont susceptibles, se trouve encore, pendant une partie de l'année, plus haut que la surface, on peut alors élever une partie du sol en creusant l'autre; on forme ainsi des planches de 25 à 30 pieds de largeur, en les séparant par des fossés plus ou moins larges et profonds, suivant la quantité de terre nécessaire pour élever le sol des planches de 30 centimètres en moyenne au-dessus des eaux basses; ces fossés d'écoulement et l'exhaussement du sol réussissent presque toujours à l'assainir.

Lorsqu'on a été obligé de découper le sol par des fossés nombreux, et qu'il s'y trouve des sources intérieures qui ont altéré le niveau de la surface, la culture et l'irrigation y deviennent difficiles, et le moyen le plus avantageux d'en tirer parti consiste à y planter des arbres aquatiques. Dans plusieurs localités, lorsque la tourbe est de bonne qualité, les saules et les frênes y donnent un produit très-satisfaisant; mais les peupliers de diverses variétés semblent surtout s'y plaire. Le peuplier de la Caroline, dont la reprise par bouture ne réussit pas dans la plupart des sols, manque beaucoup moins dans les sols tourbeux; il y est cependant plus sensible aux gelées qu'ailleurs; mais, lorsque sa cime s'est élevée à 15 ou 20 pieds au-dessus de la surface, la gelée l'atteint moins; elle se borne à détruire l'extrémité du bourgeon; mais il repousse au-dessous de la partie gelée, et refait, avec une grande facilité et sans courbure sensible, son bourgeon terminal : il semble que la nature prévoyante lui ait accordé d'autant plus d'activité pour rétablir le bourgeon chargé de continuer sa tige, qu'elle l'avait formé plus délicat et plus susceptible d'accidents; et cette faculté est d'autant plus précieuse, que ce peuplier, qui donne, sans comparaison, le meilleur bois de tous les arbres de sa famille, est encore, dans les sols qui lui conviennent, celui qui croît le plus rapidement. Nous avons, dans des terrains tourbeux de bonne qualité, des plantations des diverses espèces de peupliers qui réussissent très-bien; mais le succès dépend beaucoup de la nature de la tourbe. Ainsi dans quatre hectares de sol tourbeux, en apparence cependant d'assez bonne qualité, et où se trouvaient beaucoup de sources intérieures qui en avaient modifié la surface, nous avons fait des plantations de peupliers qui promettaient un grand succès. Sur le sol divisé en planches de 7 à 8 mètres par des fossés parallèles larges de 2m,50 et profonds de 1 mètre, deux rangs de peupliers à 5 mètres de distance poussaient avec une grande vigueur; dans l'été de 1838, la grêle a commencé à les maltraiter; la gelée de l'hiver a augmenté le mal, et enfin quelque chose dans le sol que nous ne pouvons expliquer a achevé de leur ôter toute vigueur; il en a même péri un certain nombre; les remplaçants n'ont pu réussir, en sorte qu'il est évident que cette tourbe, quoique les eaux, pendant la plus grande partie de la saison, soient à 50 centimètres au-dessous du niveau du sol, ne convient pas à ces arbres; par compensation, des bouleaux, des vernes et quelques arbres résineux plantés à leur place, promettent un plein succès.

§ 5. — Régénération de la tourbe.

La nature ne s'est pas bornée, dans ses bienfaits, à la création des sols tourbeux : lorsque l'homme a exploité la tourbe pour son usage, le travail de la nature recommence, reforme petit à petit le sol enlevé, qui, après un certain espace de temps, se trouve reproduit au niveau qu'il avait à l'époque où l'industrie de l'homme l'a exploité. On remarque en Hollande, pays où la tourbe est, pour de grandes étendues, l'unique combustible, qu'au bout de cinquante à soixante ans, les tourbières se sont souvent reformées, et sont revenues à leur ancien niveau.

On peut suivre ces phénomènes de régénération dans la plupart des tourbières où l'on a fait des fossés de dessèchement ou d'exploitation : au fond de ces fossés pleins d'eau, naissent des plantes qui croissent tout entières, tiges et racines dans l'eau, et y accomplissent toute leur période de végétation ; elles y laissent tous leurs débris, d'autant plus considérables que ces plantes sont presque toutes annuelles et très-vigoureuses ; quelques autres plantes s'élèvent jusqu'à la surface, et viennent y accomplir leur fructification ; de nouvelles végétations annuelles qui se reproduisent, soit dans l'eau, soit à la surface, couvrent les débris de celles qui les ont précédées. Au bout de peu d'années, les plantes qui montent à la surface, devenues plus nombreuses parce que le fond s'est élevé, la recouvrent presque en entier d'une couche verte qui s'épaissit chaque année; ses racines se prennent entre elles et dans les débris des années précédentes ; cette couche épaissie, plus légère que l'eau, continue de rester à la surface et devient bientôt capable de porter des corps pesants, l'homme d'abord et puis les animaux.

C'est dans cet état qu'on voit la tourbe quelquefois aux bords de certains lacs s'avancer chaque année en nageant pour ainsi dire sur les eaux ; cette couche, qui surnage en s'épaississant de plus en plus, prend bientôt plus de poids, s'enfonce davantage, et finit par toucher la couche tourbeuse produite par la précipitation de l'humus et par les plantes qui croissent au fond de l'eau. Une nouvelle couche de tourbe est ainsi formée à la place de l'ancienne : le temps nécessaire à ce travail n'est pas partout le même; il dépend de la nature du sous-sol et surtout de celle des eaux et du climat. La formation de la tourbe n'a pas lieu, dans les contrées méridionales, aussi promptement que dans les contrées septentrionales, par la raison que l'acide humique et ses composés, auxquels la tourbe doit sa naissance, restent dissous dans l'eau chaude à une certaine température, pendant qu'ils se précipitent dans l'eau froide.

Des observations faites par M. Lequereux dans le canton de Neufchâtel ont prouvé que la croissance primitive de la tourbe serait de 66 centimètres par siècle, et que sa production dans les anciennes tourbières est de 3 centimètres par année. On a remarqué que dans certaines parties du Simplon la tourbe n'a commencé à se former que depuis que des forêts ont été abattues pour l'ouverture de la route.

Dans les marais tourbeux où nous avons fait des travaux de plantation, quatre fossés, datant de dix, vingt, trente et quarante ans, montrent le phénomène remarquable de la régénération des tourbes dans ses diverses phases de développement : on y voit la couche tourbeuse ici commencée, là, plus épaisse, nager encore sur les eaux; plus loin elle résiste aux pas des hommes, et enfin, dans d'autres parties, elle a déjà la consistance du reste du marais. Cet effet a été assez prompt dans ces marais de médiocre qualité, parce que les fossés pratiqués n'étaient pas d'une grande largeur, et que les plantes des deux bords du fossé, en se projetant sur la surface, ont eu bientôt fait de se joindre et de former sur l'eau une surface végétante. Cette marche de la formation et de la régénération des tourbières nous explique comment beaucoup de lacs arrivent à se combler; c'est ainsi que le grand marais des Échets, dans le département de l'Ain, qui, d'après la tradition, était jadis un lac, est devenu une immense tourbière qui sera peut être un jour une grande ressource pour la ville de Lyon, lorsque les générations successives auront épuisé les ressources combustibles des bassins houillers de Saint-Étienne et de Rive-de-Gier; l'exploitation de la houille y croît en progression géométrique, elle est loin d'être à son maximum, et le bassin et les ressources qu'il offre sont limitées et diminuent incessamment sans aucune compensation et ne tiendront pas longtemps avec la progression croissante et la mauvaise direction des exploitations.

§ 6. — Emploi de la tourbe comme amendement.

Après avoir envisagé la tourbe comme sol producteur et donné quelques idées sur sa formation, nous arrivons à l'envisager comme amendement sur les autres sols.

La tourbe est une accumulation d'humus, du principe qui semble le premier de tous pour fournir des aliments à la végétation, mais il est le plus souvent nécessaire que la main et l'intelligence de l'homme la rendent propre à cet emploi; dans plusieurs circonstances, elle ne demande que quelques modifications assez légères; d'autres fois elle a besoin de mélanges et de combinaisons diverses pour devenir un amendement, et prendre même le caractère d'un engrais.

Certaines qualités de tourbe, par l'exposition à l'air, à la gelée et aux autres influences atmosphériques, par l'espèce de travail de fermentation qu'elles éprouvent, placées en tas sur un terrain sec, deviennent presque immédiatement de bons engrais pour un assez grand nombre de récoltes. Cependant, pour y arriver, le tas doit être manié à plusieurs reprises, et la tourbe tout à fait brisée, de manière à pouvoir être répandue en poussière sur la surface : dans cet état, elle est excellente pour beaucoup de plantes, et particulièrement pour les oignons et les asperges. Répandue en poudre sèche, on l'a vue aussi très-bien réussir au pied de treilles de vignes placées dans des plates-bandes de jardins. Sur la plupart des récoltes en terrain chaud, mise en *top dressing*, au printemps, elle produit souvent de bons effets, d'autant mieux qu'elle ne renferme aucune semence de mauvaises herbes.

Le plus souvent on ne prend pas le temps ni la peine de la réduire en poussière, et on la met en gazons sur le sol, après l'avoir toutefois laissée ressuyer quelque temps exposée au soleil ou à la gelée Si la tourbe est argileuse, elle doit être placée dans les terres légères, et si le sable y abonde, elle doit être mise préférablement sur les terres argileuses. Cependant, lorsqu'on la met en masse un peu considérable, l'addition d'humus qu'elle apporte à la couche labourable l'allége quelquefois trop : ainsi une quantité assez considérable, charriée sur un gravier léger, en 1832, a donné un produit médiocre en froment, parce que la terre, déjà très-meuble, avait encore été allégée par les débris tourbeux ; mais des labours plus profonds ont fait produire au même sol, l'année suivante, une bonne récolte de maïs, et ce champ se trouve pour longtemps amélioré.

La dose de tourbe doit être proportionnée à la qualité du sol et au besoin d'humus qu'il peut avoir; la quantité de 30 mètres cubes par hectare sur la surface donne une couche d'un tiers de centimètre d'épaisseur : c'est, pour la couche labourable de 15 cent., près de 2 pour 100 d'humus à ajouter à celui du sol, proportion qui ne se rencontre pas toujours dans les sols de bonne qualité.

Cette amélioration est donc importante et durable ; nous l'avons vue réussir dans plusieurs circonstances : un excellent cultivateur de Dommartin (Saône-et-Loire) a ainsi puissamment amélioré toutes les terres d'un domaine situé sur un coteau qui domine un marais tourbeux ; et cependant le sol est en terre humide, mais bien égouttée, et on y a neutralisé la tourbe par de fortes doses annuelles de fumier animal. Sur un sol de gravier sans consistance, autre que celui dont nous avons parlé précédemment, des charrois de tourbe argileuse faits depuis 30 ans ont amélioré le sol d'une manière remarquable, et cet effet est devenu encore plus sensible par l'addition d'un compost de chaux et de tourbe, dont le résultat a été beaucoup plus puissant sur la pièce tourbée que sur les autres qui ne l'étaient pas.

Mais, pour que la tourbe sans préparation agisse comme humus, il faut que le sol, s'il est humide, soit très-bien égoutté, autrement la tourbe conserve son principe astringent, qui rend son humus insoluble et empêche son emploi dans la végétation : cette considération doit aussi engager à n'appliquer au sol la tourbe sans préparation qu'à dose modérée ; le sol, pour rendre la tourbe utile à la végétation, doit la neutraliser : on conçoit que, si elle s'y trouve en grande masse, elle communiquera plutôt au sol son principe astringent que le sol ne pourra le lui ôter. Dans les sols calcaires, la dose peut être plus considérable que dans les sols siliceux, parce que le principe calcaire a plus d'action sur la tourbe que l'argile ou la silice. Des engrais animaux abondants sont très-utiles l'année même où l'on répand la tourbe, parce qu'ils possèdent aussi une grande faculté neutralisante : dans les années sèches, l'effet de la tourbe est plus immédiat, et des essais tentés dans des années humides pourraient faire mal juger de la convenance de son emploi.

Dans toutes les positions, lorsqu'on veut employer la tourbe sans mélange comme amendement, il est essentiel, après l'avoir tirée, de la laisser pendant quelque temps exposée aux influences atmosphériques; le soleil, la pluie et la gelée la dépouillent en partie de son principe astringent, seul obstacle à son effet sur la végétation.

L'effet de la tourbe est plus prompt, plus puissant, s'applique beaucoup mieux à une plus grande variété de produits lorsqu'on a neutralisé son acide.

Plusieurs moyens se présentent pour remplir ce but; et d'abord on peut en faire pour les bestiaux, et surtout pour les moutons, une première couche de litière qu'on recouvre de paille; un mois passé dans les écuries à recevoir les urines et les émanations des animaux et des fumiers en fait un bon engrais.

Il est plus commode, plus tôt fait, mais peut-être moins profitable, de la placer sur le fumier par couches alternatives; mais il faut alors, comme en l'employant pour litière ou pour amendement direct, qu'on l'ait laissée sécher quelque temps à l'air. Sur une couche de tourbe, on met une première couche de fumier d'une épaisseur double ou triple; on recouvre le fumier d'une nouvelle couche de tourbe, et ainsi alternativement jusqu'à la dernière couche de fumier, qui se recouvre d'une couche de tourbe; on laisse le compost dans cet état jusqu'aux semailles. Par ce procédé, le fumier, pendant l'été, est parfaitement à l'abri du soleil, du dégât des poules et des autres animaux; et les eaux des grandes pluies, qui ne font que traverser les fumiers ordinaires, s'arrêtent aux couches de tourbe, les pénètrent, les neutralisent; toutes les émanations qui s'en échappent pour l'amener de l'état de fumier frais à l'état de fumier consommé, émanations qui font perdre au fumier près de moitié de son poids et se dissipent autrement en pure perte dans l'atmosphère, se combinent tout entières avec les couches de tourbe, pour en faire un engrais puissant; et enfin on a pour les semailles un fumier double en masse, et presque égal en qualité, volume pour volume, à celui qu'on aurait eu sans tourbe. Ce mélange de terres, de gazons, de terre tourbeuse et de tourbe pure a puissamment concouru à rendre fertile une partie du sol de la Campine, qui était précédemment à l'état de bruyère sablonneuse et stérile.

On peut encore répandre de la tourbe dans la cour à fumier, la mettre à portée des bâtiments pour l'arroser d'eaux ménagères, d'urines, et la mêler de tous les débris d'animaux et de végétaux. Lord Dundonald en faisait d'excellents composts avec les animaux morts.

Mais un moyen plus puissant encore de la neutraliser consiste à la mélanger par lits alternatifs, avec un sixième ou un huitième de chaux; la valeur des deux engrais est au moins doublée, et c'est la manière la plus utile de les employer tous deux. Par ce moyen, comme nous l'avons vu à l'article du chaulage, des graviers presque stériles, craignant également la sécheresse et l'humidité, et composant à peu près la moitié des terres d'un domaine, ont été rendus plus féconds que la terre argilo-siliceuse qui compose l'autre moitié, et à laquelle la chaux a été donnée sans addition. Ce compost demande à être mélangé, à plusieurs reprises, dans la saison, jusqu'à ce que le mélange, devenu gris, ressemble à des cendres. Il a réussi à M. Nivière, près Belley, dans ses bons sols d'alluvion du Rhône, aussi bien qu'à nous dans les mauvais sols dont nous venons de parler.

On trouverait presque autant d'avantage à substituer la marne à la chaux : ce compost serait beaucoup moins cher si la marne était à portée; mais il serait plus difficile à bien mélanger, surtout si l'on emploie la marne terreuse au lieu de la marne pierreuse. Cet amendement, employé par deux de mes frères, il y a trente ans, sur deux natures de sol différentes, la première de sol argilo-siliceux et léger, la deuxième de sol médiocre, reposant immédiatement sur une couche de marne, et ne faisant cependant point effervescence avec les acides, a produit des effets très-dissemblables. Sur le premier sol, le compost a été très-fécondant, et son effet est encore très-sensible; sur le second, il s'est à peine fait apercevoir, moins peut-être que si on eût mis la tourbe seule. Nous l'avons dit et nous le répétons, dans toutes les questions agricoles, avant de faire de grandes avances, il faut s'assurer du succès par des essais en petit; avant donc que de faire un grand emploi de la tourbe comme engrais, il faut par des essais réitérés s'assurer préalablement de son effet sur les différentes qualités du sol de la propriété qu'on veut améliorer.

Il est encore un autre moyen de féconder la tourbe et qui lui donne autant d'activité, au moins, que celui qui précède; il a même sur lui l'avantage de réussir dans les sols qui contiennent le principe calcaire : il consiste à la mêler, après l'avoir brisée et laissé sécher, aux déjections animales de toute espèce, et particulièrement aux déjections humaines; il offre l'avantage de détruire en grande partie, ou du moins de modifier presque subitement leur mauvaise odeur; projetée régulièrement dans les latrines, elle semble les assainir, arrête leurs émanations, et, au bout de quelque temps, elle donne un engrais très-puissant.

La tourbe sèche s'empare avec avidité de toutes les parties liquides, et par conséquent des urines, qui sont au moins aussi précieuses que les parties solides. Le volume de tourbe peut être huit à dix fois plus considérable que celui des déjections, tant liquides que solides, et on a alors un engrais qui se charge, s'enlève et se charrie presque aussi facilement que du fumier, et dont l'effet est beaucoup plus puissant. Des expériences suivies pendant plusieurs années dans un dépôt de mendicité qui touchait immédiatement à la petite ferme modèle de Brou nous ont prouvé la facilité de le produire et démontré sa grande puissance sur la végétation. Le noir désinfecteur des fabricants de noir animalisé est sans doute un bon moyen de neutraliser les déjections humaines et les débris animaux de toute espèce; les cendres de Picardie, que M. Lainé emploie, à ce qu'il semble, pour le même objet, produisent sans doute aussi un engrais de bonne qualité; mais ces moyens sont chers et hors de la portée de presque toute l'agriculture française; la tourbe peut les remplacer avec avantage, et elle se trouve presque partout. Nous croyons en outre que l'addition d'humus rendu soluble qu'elle apporte au sol lui est encore beaucoup plus utile que ce que peuvent lui fournir le noir désinfecteur et les cendres pyriteuses.

Si nous résumons, en finissant, les principales conséquences qui résultent des développements que nous venons de donner, nous dirons que la formation de la tourbe est un des grands moyens providentiels accordés par l'Être suprême aux besoins et à l'industrie de l'homme; qu'elle élève le sol au-dessus des eaux stagnantes, pour l'assainir et le rendre susceptible d'une culture productive; qu'après avoir, comme combustible, aidé l'homme dans un de ses plus pressants besoins, ses cendres deviennent un engrais puissant, et que, employée seule, elle prodigue à la terre l'humus, principe et moyen de végétation; que son effet est doublé par son union aux engrais animaux; qu'il s'active et croît encore en énergie en la combinant à la chaux et à la marne; qu'elle devient un puissant moyen de désinfection et un intermédiaire très-utile pour employer toutes les substances dont le contact et l'odeur répugnent à l'homme; que, se régénérant par les seules forces de la nature, les secours qu'elle porte à une génération peuvent se renouveler pour les générations qui se suivent; qu'enfin elle est d'une grande ressource pour l'avenir des provinces éloignées des houillères qui auraient consommmé sans mesure et sans prudence les bois qui devaient leur fournir des moyens de chauffage pour leurs habitants et de cuisson pour leurs aliments.

Mais tous ces avantages de la tourbe, que partout on rencontre, sont presque partout ignorés ou dédaignés; de toutes parts on voit d'immenses tourbières sans emploi qui attristent le pays par leur végétation pâle et sans vigueur, par leurs émanations malsaines, qui semblent repousser l'espèce humaine, qui n'offrent qu'aux bestiaux quelques ressources misérables: en les assainissant, l'homme pourrait y apporter la salubrité, y faire des plantations productives, y recueillir des fourrages de bonne qualité, et enfin y faire naître des moissons et des produits de toute espèce.

CHAPITRE XXVI

Emploi de l'argile brûlée.

Depuis plus d'un siècle, en Angleterre, des expériences, souvent répétées et appliquées même à l'agriculture en grand, ont établi en fait que l'argile brûlée produit sur la végétation du sol un effet très-remarquable. Dès le commencement du dix-huitième siècle, on employait l'argile calcinée dans le Sussex et dans plusieurs parties de l'Irlande; Arthur Young a donné, il y a plus de soixante-dix ans, la description d'un four dans lequel on calcinait l'argile pour les besoins de l'agriculture. John Sinclair rapporte que la culture des pommes de terre, dans la partie occidentale de l'Irlande, se fait, en grande partie, avec cet amendement.

Depuis le commencement du dix-neuvième siècle, ce procédé a été essayé par un grand nombre d'agriculteurs; les recueils agronomiques en ont souvent parlé comme d'une nouveauté, et n'ont eu que des succès à enregistrer; cette question nous semble donc fort intéressante.

Parmi les expériences citées, il en est peu de plus précises que celles de Cartwright.

Sur des étendues égales d'un même fonds, la première amendée, par hectare, avec 36 mètres cubes d'argile brûlée, la deuxième avec 4 mètres 1/2 cubes de suie, la troisième avec 9 mètres cubes de cendres de bois, et la quatrième sans amendement, le produit des turneps a été de 25, 23, 16, 10 tonnes par acre, ou de 620, 570, 400, 250 quintaux métriques par hectare; celui des pommes de terre, de 400, 380, 360, 284 hectolitres; celui des choux-raves, de 170, 150, 120, 115 quintaux métriques par hectare : l'avantage a été remarquable aussi sur les prairies; enfin, l'effet de l'argile brûlée a été beaucoup plus durable que celui de la suie et des cendres.

Son argile lui a coûté, à brûler et à manipuler, 1 franc le tombereau de 2/3 de mètre.

Nous croyons utile de donner la description de son fourneau pour brûler l'argile, qui nous paraît assez simple et peu dispendieux.

Il consiste en une tranchée de 1 mètre de profondeur et de largeur, et de 7 mètres de longueur, recouverte d'une voûte en briques maçonnées avec de l'argile, et percée de trous pour laisser passer la flamme. La partie antérieure de la voûte repose sur un mur en maçonnerie de 0m.66 d'épaisseur, et qui surmonte la voûte d'un pied.

Pour procéder à l'opération, on recouvre la voûte d'une épaisseur de 0m,66 de mottes d'argile taillées et rangées de manière à laisser passer la chaleur; on élève, en même temps, au bord de l'argile et à 0m,66 de la voûte, un mur en gazon d'argile, de 1 mètre à 1m,33 de hauteur; on allume alors le feu, on recouvre les premières mottes d'argile, à mesure qu'elles prennent la couleur rouge, de nouvelles mottes, jusqu'à ce que le tas monte à 1m,33 ou 1m,66 : cent soixante-quinze fagots de bruyère suffisent pour brûler, en deux jours et demi, trente-cinq tombereaux, formant une masse de 24 mètres cubes d'argile.

Après les expériences de Cartwright, on cite encore celles de Craigg, de Wallace, de Curtis, et d'un grand nombre d'autres, qui toutes ont eu des résultats au moins aussi favorables.

C'est à la même époque que se rapportent les travaux importants du major Beatson : cet agriculteur dévoué, pendant les cinq années qu'il eut le commandement de Sainte-Hélène, y introduisit, avec grand succès, la culture du Norfolk. De retour dans sa patrie, en 1813, il voulut reprendre la culture de sa propriété du Sussex : la terre y est forte, argileuse et peu perméable; l'agriculture du pays, avec de grandes dépenses, tire du sol d'assez bons produits : on y emploie la jachère, la chaux, de lourdes charrues et des attelages nombreux et par conséquent dispendieux. La préparation du froment, dans chaque rotation de quatre ans, coûte au delà de 16 guinées par acre, ou près de 1,000 francs par hectare : on tire la chaux de vingt-deux milles (36 kilomètres) de distance ; on en met tous les quatre ans sur la jachère 108 bushels par acre, ou 90 hectolitres par hectare, qui reviennent à 190 francs par acre, ou 475 francs par hectare. Le général cultivateur entreprit de changer tout cet ensemble ruineux, et il semble y avoir tout à fait réussi : il a supprimé la jachère, remplacé la chaux et le fumier par l'argile brûlée ; aux lourdes charrues, traînées par de nombreux attelages, il a substitué des instruments légers, conduits par un seul cheval.

Il employa quatre ou cinq ans à faire sur son sol des expériences de toute nature sur les engrais, les amendements et le travail du sol. En 1815, pour suppléer à la chaux, il brûla de la marne ; son effet sur les récoltes fut très-grand, mais il la trouva difficile à brûler, parce qu'elle se délitait trop facilement. A cette époque, il vint à connaître les expériences de Craigg, en Écosse, sur l'argile brûlée ; dès lors il l'introduisit dans son exploitation : il l'essaya, pendant plusieurs années, à doses diverses, sur différentes récoltes ; ses expériences ayant réussi, il l'appliqua à toute son exploitation avec le plus grand succès.

Il réussit également à supprimer la jachère : sa terre s'est parfaitement ameublie avec ses petits instruments, et il a recueilli sur ses fonds, en dépensant moitié moins, des produits supérieurs aux produits ordinaires de l'ancien système de culture du pays. A l'époque où il a écrit, ses terres et ses récoltes, depuis six ans, n'avaient pas reçu une seule voiture de fumier, ni d'autre amendement que l'argile brûlée. Il put d'autant plus facilement supprimer la jachère, que sa terre, amendée avec l'argile brûlée, donna beaucoup moins de mauvaises herbes qu'amendée avec le fumier.

Ce n'est pas ici le lieu de discuter l'ensemble de son système ; nous ne nous occuperons que de son amendement, qui, dans l'emploi qu'il en a fait, a montré de plus en plus son efficacité.

Il emploie l'argile brûlée une fois par rotation, c'est-à-dire tous les quatre ou cinq ans ; cependant, lorsqu'il fait succéder du froment à du froment, il y ajoute moitié de la dose habituelle. Ce retour de la même céréale, peu profitable dans la culture ordinaire, lui réussit néanmoins dans la sienne, parce que son sol est exempt de mauvaises herbes.

Sa dose est de vingt chars d'argile de 16 bushels par acre, ou de 30 mètres cubes par hectare, un cinquième de moins que Cartwright.

L'argile doit être bien étendue, pulvérisée, autant que possible, afin de bien garnir le sol qui s'ameublit avec son système de petits instruments.

Le succès a été le même en faisant brûler des terres fortes, de la marne, ou en écobuant le sol.

Toutes les fois que le major a recueilli une céréale, pour préparer la terre à la récolte suivante, il fait toujours brûler le chaume sur place.

Le char d'argile calcinée, de 3/5 de mètres cubes, lui revient à peu près à 1 franc, ce qui porte l'amendement de l'hectare à 50 francs, tandis qu'au prix ordinaire de la chaux dans le pays, nous avons vu que l'hectare en demande pour 475 francs.

L'argile doit être brûlée humide ; sèche, elle durcit au feu, fait de la brique, qu'il faut briser, et qui se pulvérise difficilement, au lieu que, brûlée humide, elle donne, après la combustion, des mottes poreuses, que le mouvement et le moindre choc réduisent en poussière.

On pourrait se dispenser de four pour brûler l'argile, surtout dans les premiers essais. Pour cela, après avoir creusé une tranchée, comme nous l'avons dit précédemment, on la remplit de fagots, de manière que leur surface supérieure ait la forme de voûte : avec des mottes mi-sèches d'argile, on forme une voûte sur les fagots, en laissant des interstices pour le passage de la fumée. Lorsque cette voûte est faite, on procède comme nous l'avons dit.

Quand le bois est bien sec, on peut même se dispenser de faire une tranchée; on place son bois sur le sol en tas égal et oblong, on le recouvre de mottes d'argile, on met le feu au combustible, et on ajoute de l'argile autant que le combustible peut le permettre.

Il serait donc tout à fait démontré que l'argile calcinée produit un grand effet sur la végétation. Sans vouloir expliquer ce phénomène, nous ferons seulement remarquer que l'argile calcinée change tout à fait de caractère extérieur ; elle perd sa ténacité, sa faculté de retenir l'eau, elle change d'aspect et de couleur ; au lieu de rendre le sol plus compacte, plus difficile à égoutter, elle le rend plus meuble, plus perméable ; mais en même temps que les caractères extérieurs qui tombent sous nos sens ont été ainsi modifiés, on conçoit bien que ses propriétés intimes, sa manière d'agir sur le sol et sur les végétaux, ses affinités et son action sur l'atmosphère doivent aussi être changées.

Cette modification serait durable : la brique ne revient jamais à l'état pâteux et liant de l'argile crue ; celle qui est brûlée dans les volcans conserve, depuis des siècles, les caractères nouveaux qu'elle y a reçus.

Les bons effets que le major Beatson a éprouvés de l'emploi de la marne calcinée doivent être attribués à l'argile que la marne terreuse contient toujours en très-grande proportion.

Mais cette puissance fécondante que le feu donne à l'argile, il la donne aussi, mais en moindre proportion, aux autres natures de terre qu'on met en contact avec lui. C'est là le secret de la fécondité donnée soit par l'écobuage, soit par le brûlement des chaumes.

En portant sur le sol la terre argileuse brûlée, on y ajoute une combinaison terreuse, nouvelle pour lui, car nous avons vu que l'argile, dans son nouvel état, change de caractère extérieur, d'affinités et de propriétés : elle est donc un amendement comme ceux dont nous nous sommes occupé jusqu'ici, puisqu'elle donne au sol une substance active qu'il ne contient pas, et que son application présente un résultat tout à fait analogue.

Sur les sols donc où conviennent les amendements calcaires, lorsque la chaux sera trop chère, la marne trop éloignée, et les autres amendements hors de portée, l'argile brûlée ou l'écobuage pourrait les suppléer. Tous les sols argilo-siliceux pourront recevoir cette première impulsion de fécondité, résultat de l'emploi des amendements, qui doit être le point de départ et le point d'appui de toute ère de grande prospérité en agriculture.

Mais sur les sols calcaires, auxquels la plupart des amendements dont nous nous sommes occupé ne sont pas applicables, la calcination de la terre argileuse offrirait encore plus d'intérêt; ce serait jusqu'ici, à l'exception de plâtre, le seul amendement pour cette nature de terre, le seul moyen d'y produire un effet analogue à celui de la chaux sur les autres sols, et le sol calcaire y trouverait des moyens d'amélioration d'autant plus puissants, plus durables, qu'on associerait la terre argileuse brûlée aux engrais animaux. Cet amendement serait donc, en quelque sorte, le complément du système général des amendements et de leur application à tous les sols.

Nous ne finirons pas cet article sans faire remarquer que dans les pays à tourbe, et ces pays sont nombreux, l'argile peut être brûlée avec de la tourbe au lieu de bois; pour cela on ferait des monceaux de gazons mêlés de tourbe et d'argile, au centre desquels un petit fagot de bois, couvert d'un lit de tourbe sèche, servirait à commencer le feu; on chargerait de nouvelle argile à mesure qu'on verrait rougir la première, et on aurait ainsi, en grande abondance et à peu de frais, un mélange très-actif de cendres de tourbe et de terres brûlées.

Cet usage serait surtout très-convenable dans les pays où l'on brûle la tourbe pour en avoir les cendres; la chaleur de la tourbe en combustion serait ainsi utilisée, et on décuplerait la quantité de ses cendres sans beaucoup de frais de main-d'œuvre; cet amendement, facile à obtenir dans les pays à tourbe, serait préférable à celui que donne l'écobuage, parce que la proportion de l'humus brûlé, et par conséquent des cendres et des sels qu'il produit, y serait beaucoup plus considérable.

Nous terminons en recommandant d'alterner l'emploi de la terre brûlée par des engrais animaux aussi abondants qu'on pourra se les procurer. Si, comme l'annonce le major Beatson, son sol paraît n'avoir point perdu de sa fécondité par six années continues de culture sans engrais, nous pensons cependant qu'il eût produit encore davantage s'il y en eût ajouté : d'ailleurs, le fait de la nécessité des engrais avec l'emploi de la terre brûlée est tellement prouvé par l'expérience des pays où l'écobuage, les cendres rouges et les cendres de tourbe sont en usage, que nous regardons comme tout à fait certain que l'emploi de l'argile brûlée, sans addition d'engrais animaux, finirait, au bout de quelques années, par donner de grands mécomptes.

CHAPITRE XXVII

De l'écobuage.

L'écobuage est l'un des amendements les plus puissants, celui, peut-être, qui s'applique à de plus grandes étendues de sol; il a les plus grands rapports avec l'amendement par l'argile brûlée dont nous venons de parler : ce qui constitue leur différence la plus essentielle, c'est que l'écobuage brûle la terre de la surface, pendant que, dans la calcination de l'argile, on brûle la terre extraite de l'intérieur.

L'écobuage est une méthode très-anciennement employée pour féconder le sol; on connaît les beaux vers de Virgile sur cette opération :

Sæpe etiam steriles incendere profuit agros,
Atque levem stipulam crepitantibus urere flammis,
Sive inde occultas vires et pabula terræ
Pinguia concipiunt; sive illis omne per ignem
Excoquitur vitium, atque exsudat inutilis humor :
Seu plures calor ille vias et cæca relaxat
Spiramenta, novas veniat qua succus in herbas;
Seu durat magis, et venas astringit hiantes,
Ne tenues pluviæ, rapidive potentia solis
Acrior, aut boreæ penetrabile frigus adurat.

L'écobuage de la surface et le brûlement des chaumes étaient donc d'un fréquent usage en Italie alors que Virgile écrivait ses *Géorgiques :* il s'y est perpétué dans un grand nombre de provinces; dans les Apennins, dans le Frioul, le Brescian, le Comasque, la province de Macerata et la Toscane; on brûle en général les terrains humides, marécageux, les pâturages qu'on veut défricher, et les terrains montagneux où il est difficile de conduire du fumier.

En Angleterre, cette méthode est aussi assez généralement répandue, et sur presque toutes les natures de sol. Arthur Young, dans tous les recueils de faits et de pratiques agricoles qu'il a réunis pendant sa vie, exalte les avantages de l'écobuage, particulièrement sur les sols humides et argileux : il a trouvé cette pratique établie dans presque toutes les provinces; dans quelques-unes elle existe depuis des siècles, et toujours, à ce qu'il semble, en conservant le même avantage.

Sur beaucoup de points l'usage s'est établi d'allier la chaux à l'écobuage : il semble que l'effet en est alors plus durable. Ébranlés par les raisonnements de quelques théoriciens, quelques cultivateurs du Devonshire ont voulu essayer de renoncer à cette pratique immémoriale; cette tentative a presque ruiné ceux qui s'en sont avisés.

John Sinclair, qui a résumé, dans son excellent ouvrage, les notes transmises de tous les points de l'Angleterre au département d'agriculture, regarde l'écobuage comme une des méthodes les plus utiles et les plus productives de l'agriculture anglaise.

Humphry Davy, qui, dans sa *Chimie agricole*, a raisonné et expliqué, avec tous les avantages de sa haute science, les questions agricoles les plus difficiles et les plus importantes, admet l'écobuage comme un des moyens de fertilisation les plus puissants : l'Angleterre est donc le pays où l'écobuage est le plus pratiqué et le mieux raisonné.

En Allemagne, Thaër regarde l'écobuage comme le meilleur moyen de défrichement des sols de toute nature, comme convenant essentiellement à la culture des terrains tourbeux, des terrains humides; cependant l'écobuage est loin d'être répandu en Allemagne comme en Angleterre.

En Belgique et en Flandre, cette méthode est peu en usage. Dans l'arrondissement d'Avesne, elle s'emploie sur quelques terrains humides et argileux : c'est la seule pratique de quelque importance dans laquelle ce pays offre peu de leçons au reste du monde agricole.

En Suisse, et surtout en Savoie, l'écobuage est fréquemment employé. Dans la vallée de l'Arve, depuis Bonneville jusqu'à Chamouny, on écobue les terrains frais, les terrains humides du fond de la vallée : cette méthode y est ancienne, et les résultats en sont regardés comme avantageux.

En Espagne, l'écobuage est aussi très-connu; l'agriculture catalane s'exerce, en grande partie, avec les ressources qu'offre cette seule opération : la Cerdagne française emploie aussi la même pratique.

Il est un grand nombre de provinces, en France, où l'on fait usage de cette méthode, et on la pratique sur presque toutes les natures de sol, dans les pays bien cultivés comme dans d'autres qui le sont mal; dans le Grésivaudan, vallée de l'Isère, pays d'agriculture modèle, comme dans quelques parties mal cultivées de l'Anjou, contre l'agriculture desquelles se récriait si fort Arthur Young. On l'emploie dans les pays de montagnes comme dans les pays de plaines. M. de Villeneuve, dans le département du Tarn, l'a introduite avec grand avantage sur de grandes étendues dans le domaine qu'il cultive : il renouvelle, par ce moyen, des prés anciens dont l'herbe était devenue de mauvaise qualité. Au bout de dix ans de labour, il les rétablit en prés, dont les produits sont plus abondants et meilleurs, après en avoir retiré dix récoltes consécutives en grains, dont sept en céréales, et le reste en cultures sarclées.

Dans le département de l'Ain, l'écobuage est peu répandu : cependant il s'emploie dans les plaines et dans les montagnes. Dans les plaines, des ouvriers étrangers, venus du Cantal, défrichent, en les écobuant, quelques terres en pâturages et en bois; des propriétaires de Dombes leur ont fait faire aussi des écobuages à forfait; les produits sont grands, égaux au moins à ceux des fonds amendés avec la chaux. Près de Bourg, un ancien bois en sol compacte et froid, qui donnait très-peu de produits, parce que le chêne qui le couvrait y gelait presque tous les ans, a été défriché depuis quelques années. L'écobuage et le chaulage s'employaient sur des parties voisines; on en a fait autant sur le grand défrichement; les deux méthodes y luttent en quelque sorte de succès; l'écobuage réussit mieux pour la première récolte, parce qu'il détruit tout à fait le gazon, les racines, les plantes et les insectes. La terre chaulée à la première récolte conserve encore beaucoup de mauvaises herbes, en sorte que son produit est inférieur à celui du sol écobué; à la deuxième année, les terres chaulées produisent à peu près autant, et plus tard elles ont l'avantage.

Dans le Bugey, on écobue les pentes des parties montagneuses pour en tirer, pendant plusieurs années, un produit en grains et surtout en céréales, puis on laisse de nouveau reposer le terrain. Ce moyen de tirer parti des sols difficilement abordables, où l'on aurait de la peine à faire arriver l'engrais, peut être convenable lorsque le sol n'est pas en pente; mais, lorsque le sol a une pente un peu rapide, les eaux des pluies et des fonds supérieurs ravivent les terres ameublies par l'écobuage, les entraînent dans le fond des vallées et mettent bientôt le rocher à nu, lorsque le terrain n'est pas profond, ou, lorsque la couche végétale est épaisse, elles lui enlèvent la terre meuble et ne lui laissent que des pierres.

Nous avons vu cette méthode pratiquée sur les montagnes d'Auvergne, du Forez, du Beaujolais; partout on est satisfait lorsque la position des lieux ne les expose pas à cet accident. Dans certaines montagnes du Tarn, nous dit M. de Villeneuve, on a converti, par l'écobuage, depuis cinquante ans, des pâturages maigres et couverts de genêts en champs qui portent, chaque année, des récoltes abondantes de seigle et de pommes de terre.

En résumé, il résulterait, de la pratique de tous les pays dont nous venons de parler, que l'écobuage convient éminemment à tous les terrains en prés, pâturages, bois qu'on veut défricher; que c'est une excellente pratique pour les terrains tourbeux de toute nature; qu'il convient dans les terres humides et argileuses et dans toutes celles qui contiennent une partie notable d'humus; mais il ne conviendrait pas aux terrains sablonneux, légers, excepté tout au plus pour un premier défrichement; enfin il paraîtrait inutile, nuisible peut-être aux terres riches, d'une consistance moyenne.

On l'emploie souvent sur les terrains secs, quoiqu'il paraisse convenir plus particulièrement aux terrains humides; on l'applique aux sols calcaires marneux ou très-compactes, mais plus utilement encore aux terrains argileux qui ne contiennent pas de chaux; il les allége, les assainit, les rend d'une culture plus facile, et leur communique cette activité qui manque presque partout où le principe calcaire ne se rencontre pas; mais toujours faut-il encore que le sol soit bien égoutté et que les eaux s'en écoulent facilement; autre analogie de l'écobuage avec les amendements calcaires.

L'écobuage détruit en outre les mauvaises plantes, les graines des mauvaises herbes, les insectes et leurs œufs, et enfin fertilise le sol pour douze ou quinze ans. Un de ses effets les plus remarquables serait de permettre, sur un même sol, le retour des plantes qui y ont végété; il détruit les déjections déposées dans le sol par leurs racines, déjections qui semblent le véritable obstacle à leur retour. Ainsi on a remarqué que dans les bois l'écobuage qui accompagne l'essartage permet au chêne de se perpétuer sur le sol où il languissait avant cette opération. L'écobuage enfin serait l'amendement spécial des terrains calcaires, où l'effet de la marne et de la chaux ne peut guère être que mécanique et quelquefois nuisible.

L'expérience a confirmé les avantages de cette pratique dans les vignobles; M. de Labaume y a essayé avec succès les cendres d'écobuage.

M. Pagési, du département de l'Hérault, l'emploie dans ses vignes et il y porte une vigueur remarquable; ses plantations de vignes ont particulièrement réussi dans les garrigues, lorsqu'elles ont été défrichées au moyen de l'écobuage. Ces vignes, établies en plants enracinés, ont produit à la troisième année 33 hectolitres, et à la quatrième

66 par hectare. Le vin de cette plantation, distillé, a donné 1/10 de plus en alcool que celui d'une plantation dans le même sol faite à la même époque, mais non écobuée.

Dans une vigne ancienne, l'effet de l'écobuage a encore été très-sensible; son vin a donné 1/15 de plus d'alcool que la moyenne des vignes anciennes.

§ 1. — Procédés d'écobuage.

Dans la méthode ordinaire, le gazon ou la couche de la surface s'enlève avec une espèce de pioche plate, bien acérée, avec laquelle on tranche horizontalement à une épaisseur de 0^m, 06 à 0^m, 08; on donne aux gazons une forme et une épaisseur régulières; on les place debout, en les appuyant les uns contre les autres pour les faire sécher pendant quelques jours. Il suffit qu'ils soient à demi secs pour pouvoir être employés à la combustion. Lorsque le sol qu'on veut écobuer est uni et sans racines, on emploie avec plus d'avantage une petite charrue, avec laquelle l'ouvrage s'expédie beaucoup plus promptement et se fait presque aussi régulièrement.

Lorsque les gazons sont à moitié secs, on place à 4 ou 5 mètres de distance des petits fagots de genêt, de bruyère ou de broussaille, qui servent de centre ou de foyer aux fourneaux. On place ensuite les gazons sur ces fagots en les renversant, de manière qu'il se trouve entre eux quelque intervalle pour que la fumée puisse passer; on laisse à découvert l'un des bouts du fagot, du côté du vent dominant; on y met le feu le soir. Il faut qu'il règne un peu de vent; s'il n'en régnait point, ou qu'il fût trop fort, on attendrait sans inconvénient, parce que la pluie ne peut pas gâter les fourneaux. Lorsque le feu est bien établi dans l'intérieur, on bouche avec des gazons l'ouverture qu'on a laissée; le lendemain matin, s'il s'est produit des fentes ou crevasses, on les bouche avec des gazons, ou en frappant la terre avec le plat de la bêche. Lorsque le feu s'est répandu dans toute la masse, qu'il a brûlé, ou au moins charbonné les gazons, on l'éteint ou on l'affaibit, en frappant la surface extérieure avec la bêche.

Il est essentiel que le feu soit un peu lent, un feu actif détruit tout l'humus, toutes les parties végétales ; un feu lent en laisse une partie en charbon, et le plus grand nombre à demi brûlé. Les fourneaux dans lesquels toute la terre a rougi sont les moins bien réussis ; ceux, au contraire, où le gazon de l'intérieur est brun-rougeâtre, et celui de l'extérieur noirâtre, donnent un meilleur amendement.

Dans les pays où le bois est rare, et où on peut se procurer facilement de la tourbe, des tourbes sèches dans le centre des fourneaux, recouvrant quelques brins de fagots, peuvent suffire à l'opération. Si la tourbe est abondante, les fourneaux se composeraient, ainsi que nous venons de l'indiquer, des gazons du sol mélangés de gazons de tourbe; le résultat qu'on obtiendrait donnerait un excellent engrais.

Lorsqu'on lève les gazons à 0m,10 d'épaisseur, la surface écobuée est loin d'avoir besoin de toute cette masse d'amendement; on peut amender avec le surplus une beaucoup plus grande étendue voisine. Nous avons vu qu'une quantité de 30 mètres cubes d'argile brûlée suffisait pour amender un hectare; or, la surface d'un hectare écobué à 0m,10 a dû donner près de 1 000 mètres cubes de cendres d'écobuage; il y aurait donc, si le sol écobué était très-argileux, de quoi amender 25 à 30 hectares avec l'écobuage d'un seul. On a donc un grand avantage à ne pas laisser accumuler, sur un seul point, un amendement évidemment surabondant.

M. de Villeneuve, dans sa pratique remarquable, après avoir ainsi amendé des fonds voisins avec les cendres superflues d'un fonds écobué, s'est encore mieux trouvé de transporter les gazons qu'il avait de trop pour les brûler sur les fonds qu'il voulait amender.

Nous remarquerons ici que la méthode de l'écobuage pourrait bien être le moyen le plus économique et le meilleur de brûler l'argile. Chaque voiture de cendres d'écobuage ne coûte pas le quart de ce que coûte un char d'argile brûlée. Il serait donc très-important, dans les sols argileux, de s'assurer par l'expérience si les doses du major Beatson doublées au moins ne seraient pas suffisantes pour recueillir tous les avantages de sa méthode : on y reviendrait comme lui tous les cinq ou six ans, et on se bornerait alors à appliquer l'écobuage aux fonds du domaine les plus argileux, sur lesquels il convient le mieux, et toute l'étendue profiterait du surplus de leurs cendres.

Nous avons vu la chaux, à petite dose, produire souvent autant d'effet qu'à grande dose : il en serait de même, ainsi que le prouve d'ailleurs la pratique du major Beatson, et autres, pour l'argile brûlée, dont les effets sont tout à fait analogues.

Il est probable même que les avantages évidents de l'écobuage, et ses effets semblables à ceux de l'argile brûlée, sont la principale raison qui a empêché l'adoption de la méthode de la combustion de l'argile, dont la puissance fécondante est depuis longtemps connue.

Ce qui nous confirme dans cette opinion, c'est que le major Beatson est arrivé à employer indifféremment l'écobuage ou l'argile brûlée ; il confond les effets des deux opérations et semble même, en finissant, donner la préférence à l'écobuage.

On peut écobuer depuis le mois de février jusqu'à la fin de septembre; les gazons qu'on lève au mois de février peuvent se brûler en mars, après quelques jours de hâle ou de vent du nord sec, très-fréquents à cette époque ; à mesure que la saison s'avance, il faut moins de temps pour sécher le gazon, et, suivant son épaisseur, un plus ou moins grand nombre de jours sans pluie sont nécessaires.

On peut répandre le produit de l'écobuage sur le sol aussitôt que le feu est éteint; mais alors il faut le couvrir par un labour léger, en attendant le moment de la semaille.

Les Anglais sèment souvent des turneps sur leurs terres écobuées au printemps : si l'on veut y semer un blé d'hiver, on couvre les cendres immédiatement après l'écobuage par un labour léger, ou bien on conserve sans y toucher les monceaux de cendres pour les répandre au moment de la semaille.

On épanche les cendres par un temps calme, en ayant soin de n'en point laisser à la place des fourneaux, parce que l'effet du feu a toujours suffisamment, et de reste, amendé cette place. On peut labourer et semer la terre écobuée, alors que les pluies empêchent de semer le reste des fonds du domaine. Les semailles tardives n'ont aucun inconvénient dans les sols écobués, en sorte qu'on ne les sème que quand on n'a plus à en semer d'autres.

§ 2. — De la succession des récoltes après l'écobuage.

En général on demande aux fonds écobués les récoltes qui ont besoin du sol le plus fertile et le mieux préparé : en Angleterre, on commence ordinairement par les turneps, qui sont suivis d'orge ou d'avoine, puis de trèfle et enfin de froment, après lequel reviennent les turneps; en Écosse, on commence la rotation par l'avoine patate, qui verse moins facilement; dans d'autres pays, c'est par le chanvre ou le colza : les plantes de la famille des crucifères réussissent, en général, très-bien sur le sol écobué. M. de Villeneuve y débute par le seigle, parce que toutes les autres céréales seraient plus sujettes à verser.

On pourrait bien dire en général que, dans tous les pays, on abuse de la fécondité qu'on a donnée au sol par l'écobuage; pendant plusieurs années, on ne lui donne presque point d'engrais, et souvent on en exige plusieurs céréales de suite. Ainsi M. de Villeneuve suit l'assolement, seigle, blé, maïs, avoine, etc.

Il ne paraît pas y avoir autant d'inconvénients à exiger beaucoup des sols écobués que des sols chaulés, et l'écobuage se renouvellerait sur le même sol sans laisser paraître les mêmes inconvénients que les chaulages réitérés.

Il semblerait à propos que les sols dans lesquels on fait revenir régulièrement l'écobuage fussent gazonnés à l'époque où on doit le recommencer. Un vieux trèfle, une luzerne ou un sainfoin tiennent le sol gazonné et permettent de le lever en tranches; l'écobuage est alors plus facile, la terre renferme plus d'humus, plus de substances combustibles; la combustion, en s'attaquant particulièrement à cet humus nouveau qui n'est passé à aucune combinaison et offre de gros débris, ménage d'autant plus l'humus naturel du sol, et le reste de l'humus des engrais qu'on lui a donnés pendant la rotation. L'écobuage semblerait donc convenir plus particulièrement dans les assolements avec pâturage, et on y recommencerait la rotation par l'écobuage du sol gazonné.

Dans beaucoup de pays de montagnes, après l'écobuage, on tire du sol, sans engrais, toutes les récoltes successives qu'il consent à donner; lorsqu'on cesse les labours, le sol se reprend en gazons, s'il n'a pas été trop épuisé ou s'il n'est pas de nature trop sèche ou trop aride. C'est après que le gazon s'est rétabli qu'on recommence l'écobuage : toutes ces circonstances de culture semblent éminemment épuisantes; cependant cet usage se perpétue depuis des siècles dans les mêmes lieux.

Dans les cultures régulières, l'écobuage revient tous les douze à quinze ans : l'intervalle dépend beaucoup de la nature du sol et de celle des récoltes qu'on en a tirées. Lorsque le sol redevient compacte, d'une culture difficile, qu'il craint de nouveau l'humidité et qu'il reprend enfin ses anciens défauts, il faut revenir à l'écobuage, en le faisant, autant que possible, sur une surface gazonnée.

On a remarqué en Allemagne que l'essartage des bois, c'est-à-dire leur écobuage, redonnait de la vigueur au chêne sur des sols qu'il semblait avoir lassés par son séjour; il s'ensuivrait donc que l'écobuage ou l'argile brûlée modifie la couche végétale et les principes solubles qu'elle renferme, de manière à les rendre assimilables pour une nouvelle génération de la plante qui a occupé le sol.

Mais, puisque l'écobuage produit cet effet sur les parties du sol où plongent les racines du chêne, à plus forte raison le produira-t-il dans celles où pénètrent celles des céréales et des fourrages; c'est d'ailleurs ce que prouvent les assolements qui suivent d'ordinaire l'écobuage, et dans la plupart desquels les récoltes de céréales se succèdent avec moins d'inconvénients qu'après tout autre système d'amendement.

Ainsi on prolongerait le succès de l'assolement du Norfolk à l'aide de l'écobuage, et on pourrait, en général, sur les sols écobués, rapprocher sans inconvénient le retour des fourrages légumineux, des luzernes, trèfles, esparcettes, qui laissent de grands débris dans le sol et produisent abondance de fumier par leur consommation.

De savants agronomes veulent rejeter l'explication bien naturelle de l'insuccès du retour des mêmes plantes dans un sol, par les déjections qu'elles y laissent et qui répugnent à leur nature; cependant ce système, fondé sur de grandes analogies et même sur des expériences précises, admis par Decandolle et avant lui par des hommes habiles, nous semble tout à fait fondé en raison, et, nous dirons même, arrive à se confondre avec celui qu'on veut lui substituer.

Sans vouloir entrer dans la discussion en forme de cette importante question, nous ferons cependant remarquer qu'on admet de part et d'autre que, puisque la nouvelle récolte réussit mal, c'est que le sol a été privé par la végétation précédente des principes les plus favorables aux plantes de même nature. Or on admet aussi que les racines ou plutôt les spongioles absorbent indistinctement les liquides aqueux qui se trouvent à leur portée dans le sol ; ces liquides sont chargés des principes que renferme le sol, quelle que soit leur nature; le végétal absorbe donc les principes qui lui sont défavorables, en même temps que ceux qui conviennent à sa nature ; il doit donc, en prenant dans le liquide séveux qu'il a absorbé les principes qui lui conviennent, rejeter dans le sol ceux qui lui sont contraires ou inutiles et qu'il avait reçus en même temps. Il faut donc admettre dans le second système, comme dans le premier, des organes excréteurs et des excrétions ; on voit donc qu'il y aurait entre eux à peu près identité complète, et qu'il n'y aurait même pas un mot à changer, à moins que les partisans du second ne préférassent le mot d'excrétion à celui de déjection, modification que ne contesteront pas les partisans du premier.

Quel que soit d'ailleurs le système adopté, il est certain qu'une plante, en revenant sur le même sol, perd de sa vigueur native et fructifie moins, alors même qu'on répare les forces du sol avec le fumier, ce grand promoteur de végétation. Il en est de même des bois, où les essences doivent en général se succéder pour que leurs produits se soutiennent; or l'écobuage, à ce qu'il semble, modifierait plus ou moins cette inappétence du sol à reproduire immédiatement des végétaux d'une même famille; il produirait l'effet qu'amène d'ordinaire un certain laps de temps, ou la succession de récoltes de nature différente.

§ 3. — Dépenses.

L'écobuage, dans le Cambridgeshire, coûte de 36 à 45 fr. par hectare, et 36 fr. seulement dans le Derbyshire. La nature peu argileuse du sol de ces deux comtés, et la grande pratique qu'on en a, ont beaucoup réduit les prix : ailleurs on estime la dépense moyenne de 60 à 80 francs.

Arthur Young résume un assez grand nombre de prix, dont la

moyenne est peu différente de celles qui précèdent; ces prix sont faibles, parce que les salaires des ouvriers de la campagne sont généralement assez peu élevés en Angleterre, par suite de la taxe des pauvres, qui leur fournit souvent un supplément de ressources égal au prix total des salaires qu'ils reçoivent : en outre, ces prix sont ceux d'écobuages réguliers de terres en labours et non d'écobuages de défrichement; au surplus, ils datent de 60 ans et ont sans doute beaucoup augmenté depuis.

M. de Villeneuve donne de 40 à 65 fr. par hectare, pour lever à la pioche et renverser le gazon des prés et pâturages qu'il défriche : il ne dépense que le quart de cette somme avec une charrue spéciale pour cet objet. Des femmes et des enfants arrangent les gazons pour les faire sécher; cette façon, la construction et le soin des fourneaux, et le combustible, valent à peu près la moitié du premier travail, en sorte que l'écobuage sans charrue lui coûte de 75 à 100 fr. par hectare. On conçoit qu'avec la charrue la dépense totale est, au moins, de 25 fr. moins forte, et c'est depuis qu'il l'emploie qu'il lève des gazons plus épais, de manière à amender, outre ses prés défrichés, d'assez grandes étendues de terre avec ses cendres d'écobuage.

Dans le département de l'Ain, le prix à forfait que M. Greppoz a donné pour défrichement et écobuage de terrains couverts de bruyères et genêts est de 120 fr. par hectare. Les écobuages près la ville de Bourg, et qui se font à la journée par des ouvriers peu exercés, coûtent un tiers de plus; on conçoit que les prix seraient moindres si la surface à écobuer était gazonneuse au lieu d'être couverte de bruyères et de genêts.

§ 4. — Inconvénients de l'écobuage.

On reproche à l'écobuage de détruire l'humus du sol et la plus grande partie des substances végétales et animales de la couche écobuée; ce reproche est juste en quelques points : l'écobuage réduit bien en cendres une partie notable de ces substances; mais le reste, à demi-charbonné, n'est que modifié au lieu d'être détruit, et il paraît que ces débris, sous leur nouvelle forme, seraient plus fécondants, mais moins durables qu'avant la combustion; et puis le sol reçoit de grandes compensations de la perte qu'il fait; et l'argile brûlée qui résulte de l'écobuage lui communique la faculté d'extraire de l'atmosphère, soit par ses propres affinités, soit au moyen des organes absorbants des plantes qu'il produit, une quantité beaucoup plus considérable de substance végétale qu'il n'en a perdu. Ce qui le prouve incontestablement, ce sont les assolements avec écobuage, qui se répètent de temps immémorial et avec succès dans l'agriculture de beaucoup de pays; mais ces pailles, cet fourrages, ces grains, sortent du sol, en y prenant encore un peu de son humus après qu'une portion a été déjà réduite en cendres. Il est donc nécessaire, pour que ce sol ne s'appauvrisse pas, qu'on lui donne une quantité d'engrais qui compense cette double perte.

D'ailleurs, il est bien à remarquer que la fécondité d'un sol semble moins dépendre de la quantité d'humus naturel qu'il contient, que de sa qualité; on voit des sols qui renferment à peine 1 ou 2 pour 100 d'humus, être beaucoup plus productifs que d'autres qui en contiennent 4 à 5.

Assez souvent, l'humus naturel d'un sol se trouve engagé dans des combinaisons qui l'empêchent de passer dans les végétaux; une partie de l'effet des amendements consiste à le dégager de ces combinaisons.

La sagesse de la nature s'oppose à ce que cet humus naturel s'épuise promptement : ainsi une assez longue succession de cultures épuisantes n'en consomme, même dans les bons sols, qu'une petite proportion.

Il est même des natures de produits où l'humus naturel semble à peine nécessaire pour les plus grandes productions de substance végétale : ainsi les sables blancs, sans consistance et presque sans humus, des plateaux de la Sologne, du Maine, des Landes, se couvrent, en quarante ans, de forêts de pins maritimes, dont les masses recouvriraient de plus d'un décimètre d'épaisseur toute la surface du sol. Dans le pays de Bade, sur des coteaux presque sans couche végétale, sur le grès des Vosges à gros grain, avec une couche végétale presque nulle, des chênes séculaires arrivent à la dimension de 4, 5 à 6 mètres de tour. La plus riche végétation peut donc avoir lieu dans des sols dépourvus d'humus. Toutefois remarquons bien que sur ces sols on ne voit réussir que les végétations spontanées ou celles des bois, et qu'une quantité notable d'humus naturel ou donné par les engrais y est nécessaire pour le succès des récoltes que l'homme cultive pour lui-même ou pour les animaux qui le secondent dans son travail : la végétation spontanée et celle des bois a pour mission providentielle de créer, avec la succession des temps, l'humus dans les sols qui en sont dépourvus, et la végétation artificielle que l'homme entretient pour ses besoins le consomme au contraire et demande qu'on lui en fournisse presque incessamment de nouvelles doses. Ainsi cet humus des engrais, bien différent de l'humus naturel, produit par de longues périodes de végétation, s'épuise très-facilement et disparaît en grande partie dans une seule période d'assolement.

D'ailleurs, dans la plupart des sols qu'on écobue, les sols humides, les sols qui ont été longtemps sans être cultivés, longtemps en gazons, il y a une quantité surabondante d'humus dont il peut être plus utile que nuisible de détruire une partie en modifiant le reste.

Cependant cet inconvénient de la destruction de l'humus n'est pas, sur tous les sols, balancé par des avantages assez considérables pour que l'écobuage puisse convenir partout : sur les sols féconds, de consistance moyenne, et qui contiennent peu d'humus, l'écobuage doit être évité, par la raison qu'il les allégerait plus qu'ils n'ont besoin de l'être, qu'il leur enlèverait une partie de l'humus, qui déjà leur manque, et que surtout contenant peu d'argile, l'écobuage ne peut leur donner qu'une faible proportion d'argile brûlée, que nous regardons comme le principe spécial de l'action fécondante de l'écobuage. Par la même raison, cette opération serait nuisible aux terres sablonneuses, à moins qu'elles ne soient humides et que la végétation n'y ait produit une quantité notable d'humus acide. Ces sols recevraient toutefois, avec grand profit, une partie des cendres d'écobuage d'autres sols argileux voisins.

On dit encore que l'écobuage diminue l'épaisseur du sol; cependant cette pratique réussit dans beaucoup de terrains à couche végétale très-mince, où il est établi de temps immémorial, sans qu'on s'aperçoive que le sol diminue d'épaisseur. Arthur Young pense que cette objection a peu de fondement; cependant on doit convenir que la destruction de l'humus entraîne, particulièrement aux premiers écobuages, une diminution plus ou moins forte dans la couche labourable. Ainsi, si une couche labourable de 15 centimètres perd 1 pour 100 d'humus, dans une tranchée écobuée de 5 centimètres, elle perd 1/300e de son épaisseur, perte qui, répétée pendant des siècles, diminuerait beaucoup l'épaisseur du sol si l'humus brûlé n'était remplacé par une proportion au moins égale de l'humus des engrais, que les récoltes n'auront pas consommé.

En Irlande, on se plaint que l'écobuage, trop souvent appliqué au sol pour en obtenir des pommes de terre, a fini par nuire sur quelques points : l'effet de l'écobuage est analogue à celui de la chaux; il agit sur les sols qui ne contiennent pas l'argile brûlée comme la chaux sur ceux qui ne la renferment pas; mais, lorsqu'ils en contiennent encore une quantité suffisante, et qu'on vient à en donner de nouvelles doses, la dose nouvelle reste sans effet; le sol contenait déjà une suffisante quantité du principe excitant; ce qu'on lui en a donné lui a donc été inutile et a pu même arriver à lui nuire, surtout si les récoltes se sont succédé sans engrais.

Ailleurs encore, et dans notre pays même, on se plaint que des sols où les premiers écobuages avaient été très-productifs ne produisent plus, à leur renouvellement, qu'une ou deux chétives récoltes : c'est que le cultivateur, sur des terres qui appartiennent presque toujours à la commune, ne fait et ne veut faire qu'une culture temporaire; il en tire, sans engrais, une succession de récoltes épuisantes, et il en stérilise ainsi le sol; ce sol amaigri et abandonné ne produit qu'un maigre gazon; le cultivateur revenant à le brûler achève d'en détruire l'humus, brûle de nouveau l'argile qui n'en avait plus besoin; on conçoit alors que le produit de son nouvel assolement devienne très-médiocre.

Nous devons rappeler ici une assez grave objection que nous a suggérée l'emploi du noir d'os sur les défrichements écobués, et qui viendrait à l'appui des reproches que lui font beaucoup d'agronomes.

L'expérience prouve que le noir d'os reste sans effet sur les défrichements écobués; il semble naturel d'en conclure que l'écobuage y a détruit les éléments de fécondité que met en action le noir d'os; cependant cette objection perd beaucoup de sa force, si l'on remarque que les sols chaulés et marnés présentent la même anomalie; mais on ne peut accuser ni la chaux ni la marne, de détruire aucun élément de fécondité, elle les met seulement en action comme le noir d'os; il s'ensuivrait que la chaux, la marne, l'écobuage et le noir d'os, produisent sur les sols le même effet et se suppléent mutuellement; ce ne serait donc pas à la destruction des principes de fécondité qu'on devrait attribuer la non-action du noir d'os après l'écobuage, mais à la simultanéité et à la similitude de leur action, qui se confondent et peuvent s'aider ou se nuire, sans qu'on puisse assigner à chacune de ces substances sa part d'action.

Nous remarquerons encore que l'écobuage nuit essentiellement aux terrains en pente rapide, qu'il faut absolument l'en proscrire, et que la législation elle-même devrait offrir des moyens de répression contre cet énorme abus.

Les pentes écobuées laissent entraîner par les eaux des pluies, et surtout des pluies d'orage, leurs terres dégazonnées et ameublies; bientôt il n'y reste plus que la roche ou des pierrailles; il se détruit ainsi un capital qui appartient à la société plus encore qu'au propriétaire, et dont elle doit protéger la durée par tous les moyens en son pouvoir.

Les pentes peuvent produire des bois de toute essence, des pâturages; mais elles doivent être interdites à la charrue, à moins qu'on ne les emploie à des cultures spéciales, telles que la vigne ou l'olivier, dont le produit permette de remonter les terres, ou de couper le sol transversalement par des terrasses qui empêchent les terres de s'avaler.

Comme nouvelle réponse aux objections contre l'écobuage, nous croyons devoir rappeler ici l'usage étendu et immémorial qu'en font les Catalans, et les procédés qu'ils suivent sur une grande partie de leurs sols, et particulièrement sur les sols argileux : tous les deux, trois ou quatre ans, et quelquefois tous les ans, ils répètent l'écobuage : après un ou deux labours sans hersage suivis de quelques jours secs, ils placent de petits fagots de broussailles comme centre de leurs fourneaux, *formigas* ou fourmilières : avec un râteau à dents écartées ils accumulent sur chaque fagot les mottes qu'a laissées le labour; ils recouvrent le tout avec la terre même; ils mettent ensuite le feu à leurs fourneaux, et pendant la combustion ils jettent de la terre sur les fentes par où s'échappe la fumée, pour ralentir la combustion et faire profiter la plus grande masse possible de terre de l'action du feu. On répand la terre brûlée sur le sol aussitôt qu'elle est refroidie : on brise les mottes; on laboure, on sème, et on obtient sans fumier une bonne récolte.

Le cent de fourneaux leur coûte 6 fr. de façon : l'opération se fait au mois de juillet pour les semailles d'automne, et au printemps pour les marsages : elle s'emploie sur toute nature de culture et même dans les vignes. Deux conséquences, à ce qu'il semble, résulteraient de cet usage ancien et toujours profitable : c'est que d'une part l'écobuage n'y épuiserait pas le sol, et que, de l'autre, ce serait l'action du feu sur la terre et non sur les parties végétales, grandement réduites par un brûlement souvent répété, qui en déterminerait la fécondité.

Toutefois, en énonçant les conséquences qu'on pourrait tirer de la pratique ancienne de l'écobuage en Catalogne, nous croyons devoir exprimer l'opinion que l'écobuage, avec tous les avantages qu'il présente, exige, surtout lorsqu'il se renouvelle souvent sur des terres non gazonnées, plus d'engrais encore que les autres amendements. L'écobuage détruit, à chaque renouvellement, une partie de l'humus; il est évident que, si les engrais ne viennent pas compenser cette perte au bout d'un certain nombre de rotations, la couche végétale finira par en être absolument privée.

§ 5. — Théorie de l'écobuage.

Après avoir parcouru les principaux faits que nous présente la pratique de l'écobuage, il serait convenable de nous occuper à rechercher, autant que possible, l'explication des phénomènes qu'il présente. La théorie, lorsqu'elle arrive à la vérité, est très-importante, parce qu'elle éclaircit les doutes, qu'elle rectifie les fausses directions, qu'elle lie tous les faits entre eux, qu'elle dirige dans la pratique et empêche des erreurs qui conduisent souvent à de fâcheux mécomptes.

Et d'abord, à quoi doit-on attribuer l'augmentation de produits que donne le sol écobué? Nous pensons qu'il doit être attribué à l'effet du feu sur le sol, et particulièrement sur les parties argileuses qui entrent dans sa composition; ce n'est pas aux cendres produites par la combustion qu'on doit l'attribuer : dans les systèmes de culture qui emploient régulièrement l'écobuage, 5 à 6 centimètres de la surface qu'on brûle tous les dix ou quinze ans contiennent à peine 1 ou 2 pour 100 d'humus ou de substance combustible; les 550 mètres cubes qu'on brûle dans un hectare renferment donc à peu près 80 mètres cubes d'humus, dont le feu réduit le tiers en cendres, en charbonnant ou laissant intact le reste; mais il en résulte à peine un hectolitre de cendres ou une couche de 1/100e de millimètre sur le sol. Or il est impossible qu'on puisse attribuer à cette quantité de cendres une partie notable de l'effet produit pendant dix ou quinze ans sur la surface d'un hectare en labour, puisqu'on sait que l'effet de 30 hectolitres de cendres de bois par hectare, ou une couche de 3/10e de millimètre, est assez peu sensible la deuxième année : d'ailleurs nous avons vu encore, par les expériences de Cartwright, que 100 hectolitres de cendres ont produit beaucoup moins d'effet, et surtout un effet moins durable que 36 mètres cubes d'argile calcinée. L'effet de l'écobuage est donc dû particulièrement aux brûlis du sol et aux modifications que sa surface a reçues du feu.

Mais à quel composant du sol attribuer cet état nouveau, cette nouvelle force d'absorption que le sol écobué possède, et qu'il transmet aux plantes, pour puiser dans l'atmosphère les principes végétaux qui y sont répandus? Le feu, au degré de chaleur qui se développe, n'agit pas sensiblement sur la silice, et nous savons que les sols sablonneux gagnent peu et perdent même souvent à être écobués. Il n'agit pas davantage sur le carbonate de chaux, qui d'ailleurs se trouve assez rarement dans les sols qu'on écobue : c'est donc à l'effet produit sur l'argile que sont dus les résultats de l'écobuage, résultats d'ailleurs tout à fait semblables à ceux que l'argile pure brûlée produit sur le sol labouré. Le feu, en effet, change tout à fait les caractères apparents de l'argile; il lui ôte sa ténacité et l'ameublit; de blanche il la rend rougeâtre; l'argile imbibée qui retenait l'eau comme un verre, une fois modifiée par le feu, la laisse passer sans obstacle aux couches inférieures; et, au lieu de se réduire en pâte par l'effet des pluies, elle reste meuble et d'un travail facile, et enfin elle persiste indéfiniment dans cet état, Mais, en modifiant ainsi tous ses caractères extérieurs, le feu doit avoir, à plus forte raison, modifié ses caractères intimes, ses affinités, ses combinaisons de toute espèce, ses moyens d'absorption sur l'atmosphère, tout son rôle enfin dans la végétation : on a donc un composé nouveau; l'écobuage introduit donc dans le sol une substance pourvue de facultés nouvelles, qu'il ne contenait pas auparavant; et cette substance est un puissant stimulant pour la végétation; elle est donc un amendement, suivant la définition que nous avons donnée de ce mot.

La terre argileuse brûlée jouerait donc, dans la végétation, un rôle analogue à celui de la chaux; elle servirait, en quelque sorte, de condiment au sol et activerait la végétation. Dans l'état de nature, elle est le principe de la ténacité, de la compacité des sols, les rend froids, humides et souvent inféconds; lorsqu'elle est brûlée, elle les rend meubles, chauds et fertiles.

L'argile brûlée, devenant en quelque sorte un corps nouveau, ou du moins doué de facultés et de propriétés toutes différentes de celles de ses composants et de celles qu'elle manifestait avant sa calcination, doit donc agir et agit effectivement sur toutes les natures de sol qui ne la contiennent pas, sur les sols tenaces comme sur les sols légers, sur les sols siliceux comme sur les sols calcaires. L'argile ou la terre brûlée serait donc en quelque sorte le complément des autres amendements, qui n'agissent, comme nous l'avons vu, que sur des sols spéciaux; c'est là une propriété éminemment utile, éminemment précieuse, parce qu'on pourra, avec le plus grand avantage, faire alterner sur les sols argilo-siliceux la chaux et la marne avec l'écobuage; et, sur les sols calcaires où la plupart des amendements ne réussissent pas, on pourra, au moyen de l'argile brûlée, développer cette activité de végétation, caractère particulier des amendements, avec les cendres d'écobuage des sols argileux. Nous avons vu que, lorsqu'on écobue une couche de 5 à 6 centimètres de leur surface, la plus grande partie des cendres produites par l'écobuage ne lui est pas nécessaire. Ainsi donc, après en avoir laissé sur le sol écobué une dose suffisante, on pourrait porter la fécondité sur les sols légers auxquels l'écobuage ne convient pas; suppléer dans les vignes le fumier, si cher dans les pays vignobles, le réserver pour le sol en labour, et recueillir ainsi, avec une dépense moindre, un vin meilleur, plus spiritueux et au moins aussi abondant.

Mais dans cette combustion de l'argile, que deviennent les 8 à 10,000 kilog. d'ammoniaque que le chimiste de Giesen a trouvés dans la couche labourable des sols argileux, se volatilise-t-elle? dans ce cas, ce serait une grande perte pour l'avenir de la végétation; ou plutôt ne passerait-elle pas à une combinaison nouvelle dans laquelle elle prendrait un rôle actif sur la végétation, au lieu du rôle inerte auquel elle semble réduite dans l'argile crue? On s'expliquerait ainsi les effets fécondants de l'argile brûlée, et même ceux de l'écobuage.

Après avoir analysé dans ce qui précède les effets de l'écobuage, nous nous trouvons tout naturellement amenés à des observations qui rentrent dans notre sujet.

Le brûlis des chaumes est en usage dans la plupart des pays de l'Europe; il serait donc utile partout où on l'emploie, car c'est une pratique sur laquelle, chaque année, on acquiert de nouvelles données qui conduiraient naturellement à le faire rejeter là où il cesserait de convenir.

Cet usage remonte à la plus haute antiquité : Virgile le rappelle dans ses vers sur l'écobuage, et, comme nous, il pense que son effet est dû à l'action du feu sur le sol.

La plupart des agronomes ont voulu attribuer son effet aux cendres qu'il produit; mais il est aisé de s'assurer que c'est une erreur : dans un produit moyen de 12 hectolitres de grains par hectare, un chaume de 5 pouces de longueur ne pèse pas plus de 15 quintaux, qui, brûlés, font à peine 20 kilog. de cendres; il est donc impossible que tout l'effet produit sur la végétation soit dû à un centième à peu près de la dose de cendres nécessaire à l'amendement d'un hectare; d'ailleurs, cet effet se fait sentir sur tous les sols, tandis que les cendres n'agissent que sur les sols non calcaires : l'effet ne peut donc être dû aux cendres, mais à l'action du feu sur le sol.

L'action des cendres rouges de Picardie sur la végétation nous semble aussi due, en grande partie, à une cause semblable, c'est-à-dire à l'action du feu sur les molécules terreuses qu'elles renferment; la quantité de substances salines qu'elles contiennent est peu considérable; la proportion calcaire n'y est pas forte non plus; tout ce qu'elles pouvaient contenir d'humus, de parties charbonneuses, de principes volatils, n'existe plus; et puis nous avons vu qu'alors qu'on en extrait les sulfates de fer et d'alumine qui s'y trouvent, leur effet est encore à peu près le même sur le sol. C'est donc beaucoup moins aux parties salines qu'à l'effet du feu sur les parties terreuses que contiennent les cendres rouges, qu'est due leur action sur la végétation.

Il en serait de même de la plupart des cendres de tourbe et même des cendres de houille? elles contiennent, en général, peu de principes salins; la plupart ne contiennent pas le principe calcaire : c'est donc aux terres brûlées qu'elles doivent la plus grande partie de leur action.

Mais, pour juger convenablement des effets et de la puissance du feu sur le sol, nous le considérerons dans l'un des grands phénomènes de la nature. Le suprême Auteur, qui, des plus grands bouleversements, fait souvent sortir l'ordre et le bien-être, en abandonnant de grandes parties du globe à des volcans nombreux et terribles, a, par le fait, doué les contrées qu'ils ont ravagées d'une fécondité presque inépuisable; la Limagne d'Auvergne, la grande vallée du Rhin, les vallées et les coteaux du Vivarais et des Cévennes, les parties les plus riches d'Italie, la Sicile entière, la Crimée, une partie de la Hongrie, les contrées entières qui, en Amérique, ont été couvertes des éruptions des grands volcans des Andes et des Cordilières, offrent, dans les deux hémisphères, le type de la plus haute fécondité; or, cette fécondité anormale, ils la doivent évidemment aux terres brûlées par les volcans; car elle disparaît ou diminue beaucoup dans ces pays sur toutes les parties que n'ont pas modifiées les débris ou la chaleur des volcans. Ces pays, en outre, jouissent d'une température plus douce, plus égale que ceux qui, appartenant à la même latitude, n'ont pas subi le feu des volcans parce que le feu central y traverse plus facilement la croûte moins épaisse qui le sépare de la surface du sol, et que les basaltes et les roches volcaniques du sous-sol, contenant plus de parties métalliques, sont meilleurs conducteurs de la chaleur.

Dans ce grand écobuage, nous voyons se reproduire les divers phénomènes de nos petits brûlis, et nous devons, par conséquent, y puiser d'utiles observations pour notre pratique.

Ainsi, pendant que les laves, les pouzzolanes et les débris volcaniques de toute espèce, mêlés au sol de la contrée, ont produit un mélange d'une fécondité presque inépuisable, quelques parties sablonneuses ont en vain éprouvé la plus vive chaleur; elles sont restées peu fécondes. Le plateau sablonneux qui entoure le Puy-de-Dôme, et ceux très-nombreux qu'on rencontre dans ce pays, ne produisent que le genêt, le seigle et le blé noir, et cependant, au milieu de quarante cimes qui vomissaient le feu et les laves enflammées, ces plateaux ont dû éprouver une bien forte chaleur. Nous trouvons donc ici représenté sur une grande échelle ce fait agricole que nous avons précédemment remarqué, que l'écobuage ou le brûlis de la surface produit peu d'effets sur les sols sablonneux, sur la silice qui les compose presque entièrement; ce serait à l'argile brûlée et aux roches alumineuses calcinées que serait due la fécondité des terrains volcaniques.

Nous y apprendrons ensuite que ce n'est pas l'humus à demi-consumé qui produit la fécondité de l'écobuage, puisque l'humus a dû être détruit tout entier par l'immense chaleur qu'a produite le volcan.

Nous remarquerons encore que la fécondité a été portée par les cendres ou débris volcaniques sur toutes les natures de sols où ils se sont répandus, sur ceux de formation granitique comme ceux de formation calcaire, et même sur les sols légers et sablonneux, comme sur les sols tenaces. Nous voyons donc ici en grand que les produits de l'argile brûlée ou de l'écobuage portent la fécondité sur toutes les natures de sols.

Enfin nous pouvons y puiser des notions sur la durée des effets du feu. Les volcans éteints d'Auvergne, par exemple, brûlaient avant les temps Génésiens, dans les Epoques de Cuvier, Jours de l'auteur sacré, et postérieurement aux soulèvements des montagnes du pays, puisqu'on voit les restes de lave déposés dans leurs anfractuosités.

Mais depuis ce temps les effets du feu sur le sol, formé ou modifié par les débris volcaniques, ne semblent pas avoir diminué; ce sol conserve, à ce qu'il semble, le même ameublissement, la même fécondité; les pouzzolanes, qui ne sont elles-mêmes que des argiles brûlées, présentent toujours les mêmes caractères extérieurs; la modification que l'argile reçoit du feu semblerait donc se prolonger indéfiniment, ou, si elle s'altère, ce n'est que bien lentement et d'une manière insensible.

Sans doute, les feux de nos petites *formigas* sont loin de l'énergie des feux des volcans; mais, à l'époque volcanique, toutes les nuances de chaleur se sont fait sentir aux environs des cratères, et il est des terres dans lesquelles la chaleur a à peine déterminé la couleur rouge, et qui, néanmoins, conservent encore les propriétés qu'elles ont reçues du feu. On doit donc admettre que l'argile, modifiée par l'écobuage, conserve et transmet indéfiniment sa faculté fécondante.

L'argile brûlée devient, ainsi que nous l'avons dit, un corps tout nouveau, modifié dans ses affinités, ses propriétés intérieures; elle offre de grandes ressources à l'art des constructions : elle lui fournit les briques, la tuile, dont la durée dans ce nouvel état est presque indéfinie, et lorsque la gelée et les chlorhydrates ou les nitrates viennent à les désunir, les débris conservent toujours les mêmes caractères extérieurs et les mêmes propriétés; les Romains employaient la poudre des tuileaux à fabriquer des mortiers inaltérables; de nos jours on a perfectionné ce procédé; en donnant un certain degré de cuisson à l'argile, on obtient une pouzzolane artificielle qui, mêlée à la chaux grasse, produit un mortier hydraulique d'une grande puissance, un mortier qui résiste aux influences atmosphériques de toute nature, à la gelée et même à l'action dissolvante des eaux de mer; la calcination de l'argile en fait donc un corps nouveau doué de propriétés nouvelles d'une durée indéfinie.

Pour recueillir ici toutes les lumières qui peuvent éclairer la question que nous traitons, nous devons citer un mémoire écrit sur ce sujet par M. de Labaume, et qui révèle des faits nouveaux : il est extrait d'un travail plus étendu, qui a remporté le prix à l'Académie du Gard, et dont tous les amis de l'agriculture doivent désirer la publication.

Nous nous dispenserons de rappeler les points nombreux dans lesquels nous nous sommes rencontré avec l'auteur; mais il a encore recueilli, comme résultat d'expériences précises, que la terre écobuée augmente en pesanteur spécifique, s'échauffe plus facilement au soleil; que, quoique retenant plus fortement l'eau nécessaire à la végétation, elle se débarrasse néanmoins plus facilement, par l'évaporation ou la filtration, du superflu nuisible; enfin, qu'elle contient deux à trois fois plus de parties solubles qu'avant d'être écobuée.

Ces propriétés nouvelles que la terre reçoit du feu expliqueraient en partie sa fécondité par la plus grande quantité de parties solubles qu'elle contient; elles expliqueraient encore comment le sol craint à la fois moins la sécheresse et moins l'humidité.

M. de Labaume a encore constaté que la chaux en compost produisait, sur la terre argileuse qu'on lui unit, un effet analogue à celui que produit l'écobuage; ce qui expliquerait pourquoi l'effet de la chaux en compost est plus grand que celui de la chaux seule. Enfin, citant sa propre expérience, celle de la Catalogne, du Grésivaudan, celle de tous les pays où on écobue et le témoignage de la plupart des auteurs qui ont écrit sur ce sujet en s'appuyant sur la pratique, il conclut, en définitive, que l'écobuage est une méthode d'amélioration presque toujours utile.

§ 6. — *Essartage ou écobuage des bois.*

L'essartage des bois se fait de deux manières, à feu courant ou à feu couvert; à feu courant, il consiste à brûler immédiatement sur le sol les petits bois et débris qu'a laissés l'exploitation; il faut qu'il y en ait assez pour que toute la surface puisse ressentir la chaleur bienfaisante du feu, et que le gazon lui-même soit un peu altéré par le feu dans sa surface supérieure. Ce procédé est grandement en usage dans les Ardennes; 40 communes des environs de Mézières, Givet, Rocroi, Marienbourg, etc., ont peu de terres labourables et tirent en grande partie leur subsistance des essartages qu'elles font sur les bois voisins; dans le duché de Luxembourg, dans le pays de Liége, l'essartage est aussi pratiqué sur de grandes étendues.

Cette méthode demande peu de main-d'œuvre, mais une certaine quantité de bois; les cendres qu'elle produit et le brûlis de la surface supérieure du gazon suffisent pour faire donner un très-bon produit en seigle, au moyen d'un simple piochage qui défriche et ameublit le gazon.

Dans la seconde méthode, l'essartage à feu couvert, il y a plus de main-d'œuvre, on brûle les gazons de la surface au moyen des débris laissés par l'exploitation; ce n'est autre chose que l'écobuage ordinaire appliqué aux gazons qui séparent les souches; on obtient ainsi une proportion d'argile brûlée beaucoup plus grande que par la première méthode, et le travail du sol pour semer est en plus grande partie fait par celui de l'écobuage.

Après avoir brûlé, on sème, on répand et on brise les gazons, et le produit est à peu près assuré. Une première récolte est loin d'épuiser la fécondité qu'a créée cet essartage, et le cultivateur en fait, si on le lui permet, une seconde; mais cette seconde nuit sensiblement à la repousse du taillis dont les brins sont détruits par les charrois, les instruments, les pioches et tout le mouvement sur le sol; et, comme ces bois sont domaniaux ou communaux, l'administration est arrivée à empêcher ces secondes récoltes qu'on accuse même de nuire à la végétation de la troisième année.

Nous ferons remarquer que dans les bois aménagés à 20 ans et au-dessus, la repousse des deux premières années est toujours faible; les grosses souches des taillis ainsi aménagés souffrent de leurs larges plaies et demandent 2 ans au moins pour reprendre de la vigueur; la repousse de 2 ans dans ces taillis équivaut à peine à celle de 1 an de ceux aménagés à 10 ans; mais à 6 ans l'équilibre est à peu près rétabli, et déjà de 10 à 12 ans le bois à long aménagement a plus de masse et de vigueur.

L'essartage ne peut guère se faire avec quelque avantage que dans les bois à longs aménagements de 18 à 25 ans; dans les autres, les souches sont trop serrées et laissent trop peu de terre aux récoltes.

On a beaucoup différé sur la question de savoir si l'essartage était nuisible ou favorable aux bois; nous pensons que, sous certaines conditions, il peut en résulter plus d'avantages que d'inconvénients. En premier ordre, on ne doit pas tolérer deux récoltes, et, en second lieu, l'opération doit être surveillée avec soin; les cultivateurs cherchent à faire disparaître les souches et les jeunes brins de semis afin de faire plus grande place aux récoltes, ils les arrachent ou placent sur elles leurs fourneaux; avec de la surveillance on peut parer à ces deux abus. L'écobuage apporte au sol tous les avantages de l'argile brûlée, de sa puissance active sur le sol; cet avantage est acheté, comme dans l'écobuage des champs, par la réduction en cendres et en parties charbonnées d'une petite portion d'humus; mais les bois en sont éminemment créateurs; leurs feuilles de chaque année, leurs branches, les racines des vieilles souches, les gazons des plantes annuelles qui croissent entre elles, créent chaque année une quantité très-notable d'humus. La végétation des bois est le plus puissant moyen qu'emploie la nature pour créer la couche végétale qui devient plus tard la richesse de l'homme et lui fournit ses ressources alimentaires; en outre, les débris, le chaume, les racines que laisse la récolte, et la vigueur que l'essartage détermine dans la pousse des bois, produisent, nous le pensons, plus d'humus que le brûlis n'en a détruit; tous ces avantages rachètent bien la perte d'une partie de l'humus.

Il faut éviter de placer les fourneaux sur les souches elles-mêmes et sur leurs couronnes; mais il est dans les taillis tant de places libres pour les petits fourneaux, tant de places occupées par des essences médiocres, qu'il est toujours facile de placer les fourneaux convenablement. Aussi, en Allemagne comme en France, l'opinion locale est loin d'être opposée à l'essartage; on regarde l'opération comme particulièrement favorable au chêne dans les sols surtout qu'il semble avoir lassés par son séjour. L'ordonnance de 1669 l'avait proscrit, il se maintenait par tolérance; de nouvelles ordonnances, sollicitées par les agents fatigués de la surveillance que leur imposait cette pratique, faisaient renouveler les anciennes; mais les communes, qu'on dépouille par là de tout moyen de subsistance, ont résisté de tous leurs moyens; enfin il paraît qu'on est arrivé à permettre l'essartage en réprimant ses abus; et il y a raison et justice dans ce parti : raison parce que l'essartage, contenu dans de sages limites, est plus utile que nuisible; et justice, parce que le droit d'essartage est la propriété immémoriale des habitants qui l'exercent, et qu'elle est d'absolue nécessité pour leur subsistance.

§ 7. — Résumé.

1. Le grand effet que produit à faible dose l'argile pure brûlée, l'action nulle de la silice, du carbonate de chaux, le succès de l'écobuage, d'autant plus frappant qu'il s'exerce sur des sols plus argileux, son effet presque nul et souvent fâcheux sur les sols sablonneux, enfin la quantité insignifiante de cendres produites par l'humus brûlé, nous ont conduit à admettre que c'est particulièrement à l'argile brûlée que sont dus les effets de l'écobuage.

2. De puissantes analogies nous ont fait rallier à une même cause les effets produits sur le sol par l'écobuage, par l'argile pure brûlée, par la marne ou terre argilo-calcaire calcinée, par le brûlis des chaumes, par les cendres de tourbe, de houilles, les cendres rouges, le feu des volcans, etc.

Tous les moyens de donner au sol le principe actif et fécondant de l'argile brûlée peuvent donc se suppléer mutuellement, suivant la position, la nature du sol et les circonstances de cherté de main-d'œuvre ou de combustible.

3. L'argile brûlée étant un composé nouveau qui ne se rencontre que dans des sols volcaniques, s'applique donc à toutes les autres natures de sols; elle offre le moyen de produire sur les sols calcaires un effet analogue à celui de la chaux sur les sols qui ne la contiennent pas; et sur les sols légers, sablonneux même, auxquels l'écobuage ne convient pas, elle apporterait la fécondité; et par con-

séquent serait un amendement pour tous les sols : l'écobuage féconde ceux sur lesquels les autres amendements se montrent impuissants.

4. Avant qu'on connût l'effet du noir d'os sur les défrichements, l'écobuage était regardé comme le meilleur moyen de féconder les défrichements dans tous les sols ; il y détruit à la fois tous les obstacles à la végétation, les mauvaises plantes et leurs graines, les insectes destructeurs et leurs œufs, les racines et débris des végétaux non décomposés ; il convient plus particulièrement aux sols humides qu'il ameublit, qu'il concourt à dessécher, et dont il neutralise l'humus acide; aux sols gazonnés dont les débris végétaux, en brûlant, épargnent l'humus naturel du sol. Son succès séculaire dans des pays étendus et bien cultivés prouve que la consommation de l'humus qu'il entraîne peut facilement être compensée par les engrais.

5. L'écobuage, comme les autres amendements, donne une première impulsion de fécondité qui n'a besoin, pour être soutenue, que de doses convenables d'engrais ; il ameublit le sol tout en augmentant sa densité, le rend moins sensible à la sécheresse, à la trop grande humidité, et augmente ses parties solubles.

6. On ne donne d'ordinaire point d'engrais d'étable dans les premières années de l'écobuage, mais nous pensons que c'est à tort ; le fumier ajouté immédiatement répare les pertes du sol, et, comme pour les autres amendements, ces deux substances redoublent d'énergie et d'effet par leur union ; les forces du sol sont ménagées, et l'effet de l'amendement est prolongé.

7. Nous avons vu que l'écobuage favorisait le retour des mêmes essences dans les bois essartés ; l'expérience prouve en outre que les récoltes de céréales peuvent se succéder sans inconvénient sensible sur le sol écobué; il faudrait donc en conclure que l'argile brûlée modifie immédiatement les excrétions ou déjections des racines des plantes, et qu'elle les rend assimilables pour les récoltes de même nature qu'on fait succéder dans le sol ; toutefois nous pensons que son effet fécondant augmenterait encore sensiblement de durée en alternant les récoltes comme en ne ménageant pas au sol les engrais d'étable.

8. On expliquerait encore une grande partie des effets produits par l'écobuage en admettant que l'ammoniaque, que Liebig a trouvée dans la couche argileuse du sol, passerait au moyen de la combustion à des combinaisons qui mettraient son azote à la disposition des besoins de la végétation.

9. L'écobuage détruit une partie de l'humus qui servirait à la nourriture des plantes ; mais cette destruction est compensée au delà par la plus grande énergie d'absorption du sol sur les principes atmo-

sphériques, et par les engrais que ses plus grands produits peuvent permettre de lui donner.

10. L'écobuage doit être proscrit sur les terrains en pente dont il rend le sol meuble et facile à être entraîné; mais dans les positions et les sols où il ne convient pas, on peut encore en recueillir les avantages en y portant des cendres d'écobuage des terrains argileux voisins.

La grande fécondité des sols volcaniques serait due au même principe que celle des sols écobués; nous y trouvons une grande et irrécusable preuve des effets du feu sur le sol argileux et de la durée indéfinie des modifications qu'il en reçoit.

11. Le noir d'os a peu de succès sur les sols défrichés par l'écobuage, et l'effet produit par le double amendement est beaucoup moindre que celui du noir d'os seul. Faudrait-il en conclure que l'écobuage aurait la faculté de tirer du sol, ou de l'atmosphère, les éléments du phosphate de chaux ou le phosphate de chaux lui-même, principe d'action des os brûlés. Il n'en serait pas de même de la chaux employée sur l'écobuage; leur emploi simultané à demi-dose est plus fécondant que celui de l'un ou l'autre amendement isolé employé à dose normale.

12. Lorsqu'on écobue à une certaine épaisseur, à 8 ou 10 centimètres par exemple, un sol notablement argileux, on peut avec avantage enlever une partie des cendres d'écobuage pour en féconder des sols légers, des sols de consistance moyenne, sur lesquels l'écobuage semble contre-indiqué; la dose qu'on en donne à ces sols doit se mesurer sur la quantité d'argile que contient le sol écobué; elle peut se borner en moyenne à 60 ou 80 mètres cubes par hectare, puisque nous avons vu que l'argile pure brûlée, à la dose de 30 mètres cubes, féconde un sol pour toute la durée d'un assolement de 5 ou 6 ans; par ce moyen, on peut féconder 3 ou 4 hectares, en enlevant 1/3 de la couche terreuse brûlée. Il est prudent de se borner à cet enlèvement d'un tiers, parce que le sol écobué perd tout l'humus de la surface qu'on enlève, outre celui qu'a détruit la combustion dans la terre brûlée qu'on lui laisse. Il faudra donc, pour réparer ces pertes, donner à ce sol une bonne dose d'engrais d'étable, mais il y aura plus que compensation dans la fécondité qu'il aura apportée à 3 ou 4 hectares de sol.

13. L'écobuage réunit donc un bien grand nombre d'avantages; nous le trouvons pratiqué partout, et partout ailleurs qu'en France réunissant les suffrages des agriculteurs théoriciens comme des agriculteurs praticiens. Il ne fallait rien moins que cette masse de grands exemples, que les succès séculaires de cette pratique dans presque toutes les provinces de France, joints aux suffrages imposants de

Thaër, d'Arthur Young, de Humphry Davy, etc., pour balancer l'opinion admise par nos principaux écrivains agronomiques, Rosier, Yvart et Bosc, qui, les uns après les autres et un peu par imitation, ont à peu près condamné cette méthode sans l'avoir étudiée de bien près, sans l'avoir observée dans la pratique; ils se sont appuyés sur des raisonnements fournis par la science et le calcul, dont nous avons apprécié toute la portée, mais qui sont détruits par les faits, l'expérience et les suffrages des hommes pratiques de tous les temps et de tous les lieux. Mais encore devrons-nous, en terminant, insister sur la nécessité de réparer par d'abondants engrais d'étable la perte d'humus que l'écobuage fait essuyer au sol.

FIN

TABLE DES MATIÈRES

INTRODUCTION 1

PREMIÈRE PARTIE

EMPLOI DE LA MARNE

CHAPITRE PREMIER. — Nature et classement de la marne. 14
CHAP. II. — Ancienneté de l'usage de la marne. 19
CHAP. III. — Fécondité produite par la marne. 20
CHAP. IV. — Dangers de l'abus de la marne. 22
CHAP. V. — Des sols auxquels la marne convient. 24
CHAP. VI. — Effet de la marne sur le sol. 27
CHAP. VII. — Pratique du marnage dans divers pays. 37
CHAP. VIII. — Théorie et pratique des seconds marnages ; durée des effets de la marne. 60
CHAP. IX. — De la nécessité d'allier le fumier à la marne, et des moyens d'y suppléer. 66
CHAP. X. — Analyse de marne. 76
CHAP. XI. — De la dose de la marne à donner au sol. 80
CHAP. XII. — Des seconds marnages. 88

Chap. XIII. — De la consommation de la chaux par la végétation. . . . 89
Chap. XIV. — De la recherche et de l'extraction de la marne. 92
Chap. XV. — Des soins à prendre pour le marnage. 99
Chap. XVI. — Salubrité produite par la marne; son introduction en Dombes et dans les pays insalubres. 102
Chap. XVII. — Vues générales sur la marne. 106

DEUXIÈME PARTIE

EMPLOI DE LA CHAUX

Chapitre premier. — De l'emploi de la chaux en agriculture. 110
Chap. II. — Ancienneté de l'emploi de la chaux sur le sol. 115
Chap. III. — De la nature des sols auxquels convient la chaux. . . . 119
Chap. IV. — Des moyens de s'assurer de la nature du sol. 121
Chap. V. — Appréciation de l'étendue du sol à chauler en France. . . 122
Chap. VI. — Des divers procédés de chaulage. 127
1re section. — Chaulages de l'Ain. . . . . *id.*
2e section. — Chaulages du Nord. 140
3e section. — Chaulages de Normandie. 142
4e section. — Chaulages de l'Ouest. 145
5e section. — Chaulages de l'Angleterre. 152
6e section. — Chaulages de la Belgique. 155
7e section. — Chaulages de l'Allemagne. 156
8e section. — Chaulages de l'Italie. 158
9e section. — Chaulages de l'Amérique. . . . . *id.*
Chap. VII. — Des divers moyens de réduire la chaux en poussière. . . 159
Chap. VIII. — Des conditions nécessaires au succès des chaulages. . . 161
Chap. IX. — De l'époque des chaulages. 162
Chap. X. — Des diverses qualités de chaux. 163
Chap. XI. — De la dose de chaux à donner au sol. 165
Chap. XII. — De l'emploi de la chaux sur les sols légers et secs. . . . 166
Chap. XIII. — De la fabrication de la chaux et du renouvellement des chaulages. 169
Chap. XIV. — Des différentes méthodes de cuisson. 171
Chap. XV. — Du meilleur parti à tirer du sol après le chaulage. . . . 173
Chap. XVI. — Des causes de l'action fécondante de la chaux et des modifications qu'elle opère dans le sol. 176

CHAP. XVII. — Recherches sur la puissance d'absorption des végétaux sur l'atmosphère. 187
1re section. — Puissance d'absorption de la végétation spontanée dans les sols non cultivés. . . . . *id.*
§ 1. — Origine et appréciation des principes volatils des végétaux dans la végétation spontanée. . . . . *id.*
§ 2. — Formation et appréciation des principes fixes salins et terreux dans la végétation spontanée du sol non cultivé. . 193
2e section. — Appréciation de la puissance d'absorption des végétaux sur l'atmosphère dans le sol cultivé. 204
CHAP. XVIII. — Quantité de chaux absorbée par la végétation. . . . 221
CHAP. XIX. — Épuisement du sol par la chaux. 222
CHAP. XX. — Assainissement du sol par les agents calcaires. 227
1re section. — Causes d'insalubrité. . . . . *id.*
2e section. — Insalubrité des plateaux argilo-siliceux. 229
3e section. — Moyens d'assainissement. 233
CHAP. XXI. — Considérations sur l'application des amendements calcaires à tout le sol de la France. 237

TROISIÈME PARTIE

DES DIVERSES ESPÈCES D'AMENDEMENTS

AVANT-PROPOS. 242

CHAPITRE PREMIER. — Considérations sur l'emploi des amendements et sur la nécessité de leur allier les engrais d'étable. 248
CHAP. II. — Sulfate de chaux, gypse, plâtre. 256
CHAP. III. — Union du plâtre au fumier. 263
CHAP. IV. — Acide sulfurique. 268
CHAP. V. — Sulfate de fer. 269
CHAP. VI. — Emploi des plâtras ou débris de démolition comme amendement. 272
CHAP. VII. — Du falunage ou de l'emploi des coquilles comme amendement. 274
CHAP. VIII. — Cendres de bois. 275
§ 1. — Effet des cendres sur la végétation et sur le sol. 276

§ 2. — Composition des cendres, et principe auquel on doit attribuer leur effet. 276
§ 3. — Emploi des cendres lessivées. 278
§ 4. — Prix de revient et produit net des cendres. 282
§ 5. — Consommation annuelle des cendres lessivées par le sol. 283
Chap. IX. — Emploi des os moulus. 284
Chap. X. — Noir d'os. 288
Chap. XI. — Emploi du noir d'os sur les défrichements. 290
Chap. XII. Du phosphate de chaux comme engrais et du rôle de l'humus dans la végétation. 300
§ 1. — Du phosphate de chaux. . . . . *id*.
§ 2. — Bi-phosphate de chaux. 303
§ 3. — Phosphate natif. 306
§ 4. — Nécessité de l'humus pour le succès des amendements. . 307
§ 5. — Du rôle comparé de l'azote et du carbone comme aliments des végétaux et des animaux. 308
§ 6. — De l'épuisement du sol par les engrais perazotés et les amendements. 312
§ 7. — Travaux de M. Soubeiran sur les engrais. 315
Chap. XIII. — Des moyens d'augmenter l'effet des amendements et de prévenir leurs inconvénients. 319
Chap. XIV. — Des cendres de tourbe, de houille et de lignite. . . . 327
Chap. XV. — Cendres pyriteuses, cendres noires, cendres rouges, cendres de Picardie. 330
Chap. XVI — Engrais de mer. — Vase ou limon, tangue, cendres de varech, sable de mer. 334
Chap. XVII. — Des amendements salins. 338
Chap. XVIII. — De l'emploi du sel marin en agriculture. 339
1re partie. — Du sel marin dans l'hygiène des animaux domestiques. 340
2e partie. — De l'emploi du sel marin sur le sol. 350
Chap. XIX. — Chlorhydrate de chaux. 360
Chap. XX. — Sels sulfuriques, sulfate de soude. 361
Chap. XXI. — Des nitrates de potasse et de soude. 363
Chap. XXII. Des sels ammoniacaux. 367
Chap. XXIII. — De quelques amendements ou engrais nouveaux. . . 370
Chap. XXIV. — Amendements par le mélange des terres. 388
Chap. XXV. — De la tourbe et de l'humus acide, de leur formation et de leur emploi comme amendement. 391
§ 1. — Formation de l'humus et de la couche végétale. 392
§ 2. — Formation de la terre de bruyère. . . . . *id*.
§ 3. — Formation de la tourbe. 394
§ 4. — Culture de la tourbe. 396

§ 5. — Régénération de la tourbe. 399
§ 6. — Emploi de la tourbe comme amendement. 400
Chap. XXVI. — Emploi de l'argile brûlée. 405
Chap. XXVII. — De l'écobuage. 410
§ 1. — Procédés d'écobuage. 414
§ 2. — De la succession des récoltes après l'écobuage. 416
§ 3. — Dépenses. 418
§ 4 — Inconvénients de l'écobuage. 419
§ 5 — Théorie de l'écobuage. 423
§ 6. — Essartage ou écobuage des bois. 429
§ 7. — Résumé. 431

FIN DE LA TABLE DES MATIÈRES

EXTRAIT DU CATALOGUE DE LA LIBRAIRIE AGRICOLE

AGRICULTURE (Cours d'), par DE GASPARIN. 6 vol. in-8 et 255 gravures. . . 39 »
BON FERMIER (Le), par BARRAL. 1861 et 1862. 1 vol. in-12 de 1,200 p. et 180 gr. 7 »
BON JARDINIER (Le), almanach horticole, par MM. POITEAU, VILMORIN, BAILLY, NAUDIN, NEUMANN, PÉPIN, 1 vol. in-12 de 1,616 pages et 15 gravures. . . . . 7 »
CHEVAUX (Manuel de l'éleveur de), par VILLEROY. 2 vol. in-8 avec 121 grav. . 12 »
CHIMIE AGRICOLE, par le Dr SACC, 2e édit. 1 vol. in-12 de 454 pages. . . . 3 50
CULTURE AMÉLIORANTE (Principes de la), par LECOUTEUX. 1 v. de 300 p. 3 50
DRAINAGE, par BARRAL, 4 vol. in-12, et 600 gravures. . . . . 25 »
FLORE DES JARDINS ET DES CHAMPS, par LEMAOUT et DECAISNE. 2 v. in-8. 9 »
IRRIGATEUR (Manuel de l'), et *Code*, par VILLEROY, 384 pages in-8 et 121 grav. 3 »
JOURNAL D'AGRICULTURE PRATIQUE, sous la direction de M. BARRAL, par MM. BOUSSINGAULT, GASPARIN, LAVERGNE, MOLL, PAYEN, VILLEROY, etc. — Une livraison de 64 pages in-4, paraissant les 5 et 20 du mois, avec de nombreuses gravures noires et une gravure coloriée par mois. — Un an. . . . . 19 »
MAISON RUSTIQUE DU 19e SIÈCLE. 5 vol. in-4 et 2,500 gravures. . . . 39 50
MAISON RUSTIQUE DES DAMES. 2 vol. in-12, ensemble 1,400 p. et 231 gr. 7 75
POULAILLER (Le), par CHARLES JACQUE. 1 vol. in-12 et 120 gravures. . . . 3 50
REVUE HORTICOLE, publiée sous la direction de M. BARRAL, par MM. LECOQ, BONCENNE, CARRIÈRE, DU BREUIL, HARDY, MARTINS, PÉPIN, VILMORIN, etc. — Un no de 24 pages in-4, les 1er et 16 du mois, et 24 gravures coloriées. — Un an. . . 18 »
VERS A SOIE (L'Éducateur de), par ROBINET, 1 vol. in-8 et 51 gravures. . . 3 50
VIGNE et VINIFICATION, par JULES GUYOT. 2e édit. 452 pages in-12 et 30 grav. 3 50

BIBLIOTHÈQUE DU CULTIVATEUR, publiée avec le concours du Ministre de l'Agriculture.

EN VENTE : 23 VOLUMES IN-12, A 1 FR. 25 LE VOLUME, SAVOIR :

Agriculteur commençant, par SCHWERZ, traduit par VILLEROY. 1 vol. de 332 p. . 1 25
Travaux des champs, par BORIE, 250 pages et 150 gravures. 1 25
Culture générale et instruments aratoires, par LEFOUR. 1 vol. in-18 de 160 p. . 1 25
Fermage (estimation, plans d'améliorations, bail), par GASPARIN, 3e éd., 584 pag. 1 25
Sol et Engrais, par LEFOUR, 170 pages et 512 gravures. 1 25
Métayage (contrats, effets, améliorations), par GASPARIN, 2e édition, 166 pages. . 1 25
Engrais et Amendements, par FOUQUET. 2e édition. 274 pages. 1 25
Fumiers de ferme et Composts, par FOUQUET. 2e édition, 276 pag. et 19 grav. . 1 25
Noir animal, par BOBIÈRE, 156 pages et 7 gravures. 1 25
Prairies, par DE MOOR, 212 pages et 77 gravures. 1 25
Plantes-Racines, par LEDOCTE. 1 vol. de 250 pages et 24 gravures. 1 25
Houblon, par ERATH, traduit de l'allemand par NICKLÈS, 128 pages et 22 grav. . 1 25
Animaux domestiques, par LEFOUR. 1 vol. in-18 de 162 pages et 57 grav. . . 1 25
Cheval, Ane et Mulet, par LEFOUR. 1 vol. de 162 pages et 300 gravures. . . . 1 25
Cheval (Achat du), par GAYOT. 1 vol. de 216 pages et 25 gravures. 1 25
Vaches laitières (Choix des), par MAGNE. 3e édit., 144 pages et 30 gravures. . . 1 25
Races bovines, par le marquis DE DAMPIERRE. 2e édition, 192 pages et 28 grav. 1 25
Bêtes à cornes, par VILLEROY, 4e édition, 300 pages et 60 gravures. 1 25
Basse-cour. — Pigeons. — Lapins, par Mme MILLET-ROBINET. 4e éd. 180 pag., 51 gr. 1 25
Économie domestique, par Mme MILLET-ROBINET, 2e édit. 324 pages et 106 grav. . 1 25
Biens-Fonds (Manuel de l'Estimateur de), par NOIROT, 360 pages. 1 25
Constructions et Mécanique agricoles, par LEFOUR. 160 pages et 141 grav. . . 1 25
Comptabilité et Géométrie agricoles, par LEFOUR, 204 pages et 104 gravures. 1 25

CHACUN DE CES VOLUMES EST VENDU SÉPARÉMENT

BIBLIOTHÈQUE DU JARDINIER, publiée avec le concours du Ministre de l'Agriculture.

EN VENTE : 12 VOLUMES IN-12 A 1 FR. 25 LE VOLUME, SAVOIR :

Jardins (Tracé et Ornementation des), par BONA. 172 pages et 104 gravures. . . . 1 25
Arbres fruitiers (taille et mise à fruit), par PUVIS, 2e édit., 220 pages. 1 25
Pépinières, par CARRIÈRE, 144 pages et 16 gravures. 1 25
Légumes et Fruits, par JOIGNEAUX, 100 pages et 12 grands tableaux. 1 25
Potager (Le), par CHARLES NAUDIN, 188 pages et 34 gravures. 1 25
Asperge (culture naturelle et artificielle), par LOISEL, 2e édit., 108 pages et 6 gr. . 1 25
Melon (culture sous cloches, sur buttes, et sur couches), par LOISEL, 3e éd., 112 p. 1 25
Dahlia (bouture, taille, multiplication), par PIROLLE. 148 pages. 1 25
Pélargonium, par THIBAULT, 108 pages et 40 . . .
Plantes de serre froi . . . 1 25
Rosier. — Violette. — . . . 1 25
tunia. — Pivoine, Es — Pé- pag. 1 25
Chimie et Physique h . . . 1 25

CH

PARIS. -

www.ingramcontent.com/pod-product-compliance
Ingram Content Group UK Ltd.
Pitfield, Milton Keynes, MK11 3LW, UK
UKHW012004240726
13965UKWH00001B/139

9 782013 442527